R을 활용한 통계학

Statistics with R

전병찬·이성근

도서출판 청람

| 차례 |

Chapter 01 왜 통계학을 공부하는가?

Chapter 02 R과 통계학

Chapter 03 기술통계

Chapter 04 확률

Chapter 05 확률분포

Chapter 06 표본분포와 중심극한정리

Chapter 07 추정

Chapter 08 검정과 단일모집단에 대한 가설검정

Chapter 09 두 모집단의 비교에 대한 가설검정

Chapter 10 상관관계분석

Chapter 11 단순선형회귀분석

Chapter 12 일원분산분석

Chapter 13 분할표와 카이제곱검정

CHAPTER 01

왜 통계학을 공부하는가?

CHAPTER 01

왜 통계학을 공부하는가?

1장에서 학습해야 할 내용

1장은 통계학을 왜 공부해야 하는가에 관한 기본적인 질문에 대한 해답이다. 과학이란 무엇이고, 그 과학은 연구자의 질문에 어떻게 대응하는가? 그리고 데이터란 무엇이고, 데이터는 과학과 어떤 관계가 있는가에 관한 기본적인 의문에 대한 실마리를 주는 장이다. 생각이 필요한 부분이지만, 너무 어려우면 넘어가도 좋다. 1장에서 다루고자 하는 내용은 다음과 같다.

1. 과학과 이론이란 무엇인가?
2. 이론과 통계는 어떤 관련이 있는가?
3. 과학철학과 통계는 어떤 관련이 있는가?
4. 통계학이란 무엇이며, 왜 통계학을 배워야 하는가?
5. 통계학에는 어떤 종류가 있으며, 데이터의 유형과는 어떤 관련이 있는가?
6. 데이터를 생산하기 위한 측정이란 무엇이며, 어떻게 측정하는가?

1.1 시작하며 : 과학과 이론

더빈(Dubin, 1978)은 그의 책 『Theory Building』에서 이런 재미있는 이야기를 한다. "이론가는 자신을 둘러싸고 있는 세상의 일부를 관찰하고, 경험의 영역에 있는 복잡한 혼돈에서 '질서'를 찾으려는 사람이다. '질서'에 대한 생각(the idea of order)과 '질서'에 대한 감각(the sense of order)을 만드는 데 쓰이는 도구들은 이론가의 생각(정신)에 있다. 이것이 매우 중요한 점인데, 이는 이론의 위치가 사람들의 생각(human mind)이라는 것을 의미한다. 생각은 이론(질서)에 대한 욕구(need for theory)에 있으며, 또한 이론을 기반으로 논리적 작용이 발생하는 곳에 있다. (중략) … 욕구는 과학자나 이론가의 호기심(curiosity)으로 특징 지워지며, 호기심은 경험에 기반한 질서에 의해 충족된다. …(중략)"

요약하면 이론에 대한 욕구는 **질서가 없는 세계에 질서를 부여하려는 사람들의 생각과 행동**에 있는 것이다. 그에 의하면 **이론 또는 과학**이란 '**질서를 발견하려는 노력**'이다.

그렇다면 '**질서**'를 통해 발견하려는 과학의 목표는 무엇인가? 그는 두 개의 목표가 있다고 주장한다. 그 중 하나가 **예측**(prediction)이고, 다른 하나가 **이해**(umderstanding)이다. 예측은 다음의 둘 중 하나를 의미한다. 그 중 하나는 **결과**(outcome)에 관한 것인데, 시스템을 구성하는 하나 또는 그 이상의 단위들의 **값**(value)을 **예견**(foretell)하는 것이며, 다른 하나는 전체로서의 시스템의 **상태**(state)와 **조건**(condition)을 **예상**하는(anticipate) 것이다. 즉, 예측이란 어떤 결과가 어떤 상태에서 발생될 것이라고 주장하는 것이다.

이해는 시스템 내의 단위들이 서로 어떻게 **상호작용**하는가에 관한 **지식**이며, 여기에서 중요한 것은 **상호작용**의 **과정**이다.[1] 즉, 이러한 조건(시스템의 상태에 대한 이해)에서 이러한 결과가 예측(결과에 대한 예측)된다. 그 이유는 원인이 결과에 긍정적으로(또는 부정적으로) 영향을 그게 주기 때문이다(이해).

과학은 결국 이러한 질서를 발견하려는 것이며, 그 질서의 내용은 **예측**과 **이해**이다. 통계학은 이러한 질서의 발견에 도움을 주는 과학적 방법이다.

통계학은 이러한 이론 또는 과학을 만들어가는 하나의 방법론이다. 즉, 질서를 발견해나가는 방법이다. 앞으로 이 책에서 제시하려고 하는 통계적 가설은 연구자가 발견하려고 질서를 진술문(장)의 형태로 표현하고자 하는 것이고, 이를 데이터와 분석으로 검증하려고 하는 것이다. 데이터와 데이터의 분석을 통한 질서의 발견이 바로 통계학이다.

데이터에 기반한 통계적 방법론의 문제점은, 전혀 관련이 없어 보이는 데이터도 통계적 방법에 의해서 관련이 있는 것처럼 검증될 수 있는 경우가 종종 있다는 것이다. 이를 **허위관련성**(spurious correlation)이라고 한다. 따라서 통계학에서 사용하고자 주장, 즉 통계적 가설은 허무맹랑한 주장이 아니라 이전의 이론이나 관찰, 논리적 추론 등과 같은 선행과정을 거쳐야 한다. 그래야 이론의 목표인 예측("이런 상황에서 이런 결과가 나올거야")과 이해("왜 그럴까")를 만족할 수 있으며, 허위관련성에서 벗어날 수 있다.

---

1) 이 부분은 로버트 더빈(Robert Dubin)이 1978년에 저술한 Theory Building의 일부분(pp.5-6, 15-20)을 요약한 것이다. 더빈의 저서는 연구자들이 실증적 연구를 해나가는 데 있어서 많은 시사점을 준다.

따라서 만약 통계적 가설이 논리적 추론이나 이론에 의하여 구축된 것이 아니라 단순한 개인의(감정적이거나 비논리적) 주장에 의해서 만들어졌다면, 더빈의 견해에 나타난 것처럼 '이해'와 '예측'이라는 과학과 이론의 목적에 부합할 수 없다.

즉, 통계적 가설도 논리적 추론이나 과거의 이론 또는 과학에 기반하여 이루어져야 하고, 이것이 통계적 과정에 의하여 검증되어야 한다. 통계학은 과학과 이론을 구축해나가는 데 도움을 주는 과정이다.

1.2 이론적 모델과 통계

더빈(1978)의 이야기를 좀 더 해보자. 이론, 즉 과학이란 혼돈의 상태에서 질서를 발견하는 것이라고 정의했다. 따라서 이론가, 즉 과학자는 이러한 질서를 발견하려는 사람이라고 정의할 수 있다. 과학자가 이론을 만들어내려면, 즉 질서를 발견하려면 먼저 **이론적 모델**(theoretical model)을 만들어야 한다. 그에 의하면 이론적 모델은 다음과 같이 구성된다고 하였다. 첫째는 **단위**(units)이다. 이를 **변수**(variables)라고 해도 무방하다.

이론가의 관심대상은 단위들 또는 변수들의 **상호작용**(interaction)이다. 이론적 모델은 이러한 단위들 또는 변수들이 서로 상호작용하는 방법을 규정하는 것이다. 따라서 이론가의 두 번째 관심은 모델의 단위들이 가지는 **상호작용의 법칙**(laws of interaction)이다. 그러나 이러한 상호작용은 항상 그리고 모든 상황에서 작동하는 것은 아니다. 상호작용이 작동하는 한계가 존재한다. 따라서 이론적 모델은 일정한 범위 내에서만 작동하게 되는데, 이 한계를 **범위**(boundary)라고 한다. 대부분의 이론적 모델은 실제 현실의 여러 복잡한 일부분이다. 이러한 복잡성의 부분들은 상호작용의 정도가 다르게 나타날 수 있는데, 이를 **시스템의 상태**(system states)라고 한다. 변수 간의 또는 단위 간의 상호작용은 상황에 따라 다르게 나타날 수 있다. 시스템의 상태는 단위(변수)들이 가지는 값의 범위라고도 할 수 있다. 그러한 상호작용이 작동하기 위해서는 시스템을 구성하고 있는 단위들이 가지는 값의 범위 내서만 이론적 모델의 상호작용법칙이 작동하고 그 범위를 벗어나면 작동하지 않거나 다르게 나타날 수 있다.

정리해보자. 법칙이란 ① 단위들이 ② 상호작용한다는 것이다. 그런데 그 상호작용은 일정한 ③ 범위하에서 작용하며, 같은 범위라고 하더라도 ④ 시스템의 상태에 따라 다르게 결과가 나타난다. 과학자는 이러한 조건을 만족하는 질서를 발견하려는 사람들이다.

이와 같이 이론적 모델을 구성하고 있는 네 가지 요소들이 정해지면 이론가들은 모델에 대한 논리적 추론을 하게 되는데, 이를 모델에 대한 **가정**(proposition) 또는 **가정문**(proposition statement)이라고 한다. 이 가정들을 **검증가능한 지표**(empirical indicator)로 전환한 것을 **가설**(hypothesis)이라고 한다. 따라서 가설은 예측가능한 값들을 얻을 수 있도록 **측정가능한 값**들로 구성되어 있는 것이다.

이를 위해 더빈은 **허쯔버그**(Herzberg)의 **2요인 이론**[2)]을 예로 들고 있다. 2요인 이론은 조직 내에서 종업원들의 만족(satisfaction)에 영향을 주는 요인은 내적인 요인들(intrinsic factors)이며, 불만족(dissatisfaction)에 영향을 주는 요인은 외적 요인(extrisic factors)이라는 것이나. 내적 요인은 성취감과 같이 종업원의 내적 심리적 상태를 의미하며. 외적 요인이란 급여와 같이 환경적 특성들을 의미한다.

허쯔버그의 2요인 이론을 통해 보면 **단위(변수)**는 내적 요인, 외적 요인, 만족, 불만족의 4개로 구성되어 있다. 4개의 변수를 통해 **상호작용**의 **법칙**을 살펴보면 2개가 있는데, 하나는 외적 요인의 지각된 적정성은 불만족에 역(−)의 관계가 있다는 것이며(외적 요인의 적정성 지각이 높아지면 불만족이 낮아진다), 다른 하나는 내적 요인의 적정성 지각과 만족은 정(+)의 관계가 있다(내적 요인의 적정성 지각이 높아지면 만족도는 높아진다)는 것이다.

---

2) 허쯔버그의 2요인 이론은 경영학의 조직행동론 분야에서 다루어지는 이론 중의 하나이다. 만족에 영향을 주는 요인과 불만족에 영향을 주는 요인이 다르다는 것이다. 즉, 만족에 영향을 주는 요인은 내적인 요인이며, 불만족에 영향을 주는 요인은 외적인 요인이라는 것이다. 기존의 이론들과는 달리 만족과 불만족이 다른 개념이라고 생각한 이론이다.

그림 1.1 | 2요인 이론

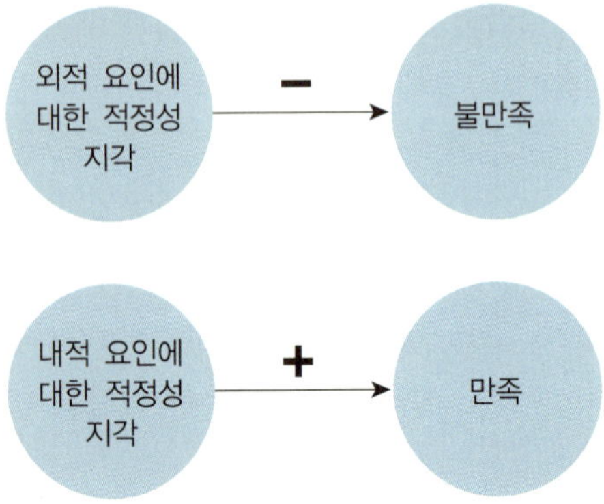

이 2요인 이론은 조직 내에서의 고용관계 상황에 초점을 맞추고 있으며, 이 이론이 작동하기 위해서는 **개인이 조직에 의해 고용된 사회적 상황**에 예측 적용이 가능하다는 것이다. 즉, 적용가능한 **범위**가 설정되어 있다. 또 다른 적용가능한 범위는 이 이론적 모델의 작동은 **개인과 조직 내에서의 고용 간의 관계**이지 개인의 집합(집단)과 조직 내에서의 고용 간의 관계는 아니라는 것이다. 더빈은 또 다른 측정값에 관한 범위도 제기하고 있으나, 이 책에서는 다루지 않기로 한다.

허쯔버그의 2요인 이론에서 **시스템의 상태**에 대하여 생각해보자. 앞서 시스템의 상태란 시스템을 구성하고 있는 모든 단위들 또는 변수들이 가지는 값에 의하여 정의될 수 있다고 한 바 있다. 허쯔버그의 2요인 이론에서는 중요한 변수들, 즉, 단위들은 만족, 불만족이 있는데 개인들에게 있어서 만족이나 불만족의 정도가 같을 수도 있고, 아니면 불만족의 정도가 만족의 정도보다 클 수도 있고, 반대일 수도 있다. 그렇다면 우리는 세 가지 상태, 즉 같은 경우, 만족 정도가 불만족 정도보다 큰 경우 또는 불만족 정도가 만족의 정도보다 큰 경우의 세 가지 시스템 상태를 생각해야 하며, 세 가지 시스템의 상태에 따라 이론적 모델에서 상호작용의 지속성이 어떻게 다르게 나타날지에 대하여 예측을 하여야 할 것이다. 이것이 정해지면 가정과 가설의 형태로 전환하여 이론적 모델을 검증해 나가게 될 것이다.

이론적 모델에 관한 설명은 이론을 구축하고자 하는, 또는 과학을 탐구하고 다른 연구자들의 관점에서 통계학의 필요성과 역할을 설명하기 위하여 제시한 것이다. 가설에는 검증가능한 지표, 측정가능한 값으로 구성된 변수 또는 단위들이 존재하고, 이 측정가능한

값은 통계에서 사용하고 있는 값들, 수치들과 동일한 것이다. 만약 통계적 수치 또는 값들이 없다면 가설에 대한 검증을 통한 이론구축은 불가능한 것이나 다름없다.

만약 독자께서 이론구축을 위한 연구자라고 한다면, 더빈의 저서를 잘 읽어볼 필요가 있고, 이 특히 가설을 통한 실증적 연구를 하는 연구자라면 검증가능한 지표, 측정가능한 값들과 같은 용어에 더욱 관심을 가져야 한다.

1.3 과학철학과 통계학

통계학을 배워야 하는 이유를 생각하기 위해 논점을 좀 확대해보자. 보통 경영학을 사회과학의 영역 중 하나라고 한다. 기업이라는 사회현상을 다루기 때문일 것이다. 그렇다면 사회학의 관심대상 중의 하나이며, 나아가 사회과학 중의 하나라고 한다. 보통 이러한 **과학**이라는 용어가 주는 의미에는 경험적인 방법, 즉 관찰과 실험에 의한 사실의 수집과 그에 기반한 논리적 절차가 포함되어 있다.[3)]

찰머스(Allan Chalmers, 1986)의 책에 의하면 "과학적 지식은 입증된 지식이다. 과학이론은 관찰과 실험을 통해 얻어진 경험적 사실에서 엄격한 방법을 통하여 이끌어 내진다. 우리가 볼 수 있고, 들을 수 있고, 만질 수 있는 것 등은 과학의 기초가 된다. (중략) … 과학은 객관적이다. 과학적 지식은 객관적으로 증명된 지식이기 때문에 믿을 수 있는 지식이다" 라고 기술하고 있다. 이러한 설명은 현대의 과학적 지식에 관한 일반적인 설명이라고 할 수 있다.

이론 또는 지식 또는 법칙을 발견해 나가는 과정이 귀납적이든 가설연역적이든 관계없이 중요한 것은 **관찰, 경험, 실험**이라는 과정이다. 가설을 증명한다는 것은 많은 수의 관찰이 뒷받침되어야 하며, 그 관찰이 수치적으로 제시될 때 객관성을 갖는다.

---

3) 엘런 찰머스 저, 신일철과 신중섭(1986)이 옮긴 현대의 과학철학 pp.19-20을 참고하였다.

통계를 위한 창 1.1 | 과학적 지식과 관찰

법칙 또는 이론을 만들어내는 2개의 큰 방법론을 생각해보자. 그 중 하나가 귀납법이고, 다른 하나가 연역법이다. 이 두 개의 방법을 통해 만들어진 법칙과 이론은 모두 관찰을 필요로 한다.[4)]

- **귀납법** : 멘델(Mendel)은 증거로부터 추론하였고, 법칙에 도달하였다. 그는 완두콩을 재배하여 이종교배하고, 각 세대마다 나타나는 형질에 해당하는 완두콩의 숫자를 세었다. 그가 관심을 가지고 있었던 형질은 완두콩의 모양과 색깔이었는데, 예들 들어 둥근 것과 주름진 것, 초록색과 노란색이었는데, 이종교배 결과 둥근 것과 주름진 것의 수가 5,474 대 1,850으로 나타났고(2.96 : 1), 초록색과 노란색은 각각 428대 152(2.82:1)로 나타났다. 이 결과를 근거로 2세대에서 우성과 열성이 나타날 비율이 대략 3:1이라고 주장하였다.
- **가설연역법** : 케플러(Kepler)의 관심 중 하나는 화성의 운동모양에 대해 관심이 있었다. 그는 지름의 확장과 수축이론에 따라 화성의 운동모양이 달걀(타원형)모양이라고 생각하였는데, 이를 기초로 화성의 위치를 관찰하여 계산하고, 그 위치의 모양을 관찰하였다. 그 결과 화성의 운동이 타원형이라는 사실을 관찰을 통해 검증하였다.

과학적 지식을 발견하려는 두 개의 방법은 출발은 다르더라도 공통의 과정을 필요로 한다. 그것은 관찰이다. 귀납법과 연역법과 관련된 과학철학에 관한 다양한 견해와 논쟁은 이 책을 진행하면서 조금씩 다룰 것이다.

우리는 어떤 지식을 발견하고자 하고, 그를 통해 많은 의사결정을 한다. 그것이 연역적이든 귀납적이든 관계없다. 두 개의 큰 축은 서로 영향을 주면서 이론을 구축해 나간다.

더빈이 주장하는 이론의 구축과 이론의 역할을 생각해보자. 그는 예측과 이해라는 이론이 가져야 하는 두 개의 특성을 제시하였고, 우리는 그 이론을 기반으로 의사결정을 하고, 그 의사결정을 통해 원하는 것을 얻어낸다. 따라서 의사결정은 정확해야 하고, 오차가 적어야 한다. 통계학은 의사결정에 도움을 주는 관찰과 경험, 그리고 그 의사결정에 따른 오차의 학문이다.

4) R 하레 저, 민찬홍과 이병욱(1985)이 옮긴 과학철학 pp.54-56을 참고하였다.

1.4 왜 통계학을 배워야 하는가?

사람들은 살아가면서 많은 **의사결정**의 상황에 직면한다. 대부분의 일상적인 경우에는 직관에 의존해서 의사결정을 하게 된다. 즉, 일상생활에서 점심식사할 때의 식당 선택, 영화 등과 같은 사소한 것처럼 보이는 의미있는 의사결정을 한다. 식당을 고르는 것이나, 영화를 고르는 것은 모두 개인의 취향을 반영하는 것이다. 먹고 싶은 음식, 보고 싶은 영화를 보게 된다.

그러나 가끔은 자기의 취향과 상관없이 이런 생각을 할 때가 있다. 요즘 사람들이 뭐 많이 먹지? 매일 먹던 것 말고 새로운 것 없을까? 이런 저런 정보를 간단하게 탐색해보고 판단하기도 한다. 간단해보이지만 어딘가에 있는 데이터를 확인해보는 것이다. 그 데이터는 개인의 기억 속에 있는 데이터일 수도 있고 간단한 핸드폰을 통해 얻어 낼 수도 있다.

영화를 보는 경우에는 좀 더 다르다. 2시간이 넘는 긴 시간을 영화를 보는 데 소비한다. 때로는 같이 영화를 보는 동반자가 있기도 하다. 그래서 좀 더 신중하게 모바일폰을 통해 어떤 영화가 있는지, 그 영화에 대한 평이 어떤지를 보기도 한다. 영화를 선택하는 것도 **데이터**에 의존하는 것이다. 우리는 이러한 일상적인 상황에서도 부지불식간에 **데이터**를 사용한다. 데이터에 대한 신뢰성을 무시하고라도 그렇다. 영화 선택보다 더 큰 의사결정은 더 많은 데이터를 필요로 한다.

기업은 어떨까? 의사결정의 상황이 개인보다 더 심각하고 어렵다. 어떤 제품을 생산할 것인가? 이 제품을 생산해서 판매할 것인가 말 것인가? 생산된 제품을 시장에 출시하기 위해 품질검사를 어떻게 할 것인가? 어떻게 품질검사를 할 것인가? 직원들에게 상여금을 줄 것인가 말 것인가? 기업경영의 이러한 측면들은 매일, 그리고 많은 부서에서 발생한다. 어떻게 의사결정할 것인가? 실무자라면 어떤 보고서를 만들 것인가? 데이터에 근거한 보고서를 만들 것인가, 단순히 개인의 논리적인 취향에 근거한 보고서를 만들 것인가? 보고서를 받아든 의사결정자는 어떤 보고서를 더 신뢰할 것인가? 그리고 어떤 보고서가 기업의 의사결정의 오류를 줄일 수 있는가?

저자들은 의사결정이라는 관점에서 통계학을 보려고 한다. 의사결정의 직전 단계는 판단이다. 현상에 대한 판단을 통해 의사결정은 이루어진다. 물론 마지막 의사결정은 데이터에 근거한 정보 외에 경험적이고 직관적인 정보들도 많이 활용된다. 그러나 그러한 것들은 통계학의 관심이 아니며, 통계학으로 접근할 수도 없다. 그래서 저자들은 데이터에 의해 판단을 돕고, 그 판단에 의해 개인이든 조직이든 의사결정을 잘할 수 있는 과정을 데이터를 다루는 통계학을 통해서 제시하려는 것이다. 즉, 의사결정과정을 위한 통계학을 생각하고 있는 것이다. 그러나 분명히 해야 한다. 앞서 설명했듯이 데이터와 데이터를 분석하는 통계학은 의사결정의 한 부분이라는 것을 기억해야 한다. 물론 의사결정이 아니더라도 통계학은 또는 통계는 세상을 이해하는 데 많은 도움을 준다.

이 책은 기본적으로 경영학도를 위해서 쓰여졌지만, 경영학이 사회과학의 일부라는 점을 감안한다면 경영학도가 아닌 다른 공부를 하는 사회과학도가 읽어도 무방하다. 결국 판단과 의사결정적 관점에서 모든 것을 설명하게 되기 때문이다. 물론 자연과학도나 예술인들이 이 책을 읽는다고 해서 문제가 될 것은 없다, 사례의 생소함이 통계학의 이해를 방해할 가능성이 있다는 점은 이해하기 바란다. 그러나 통계학의 출발이 농업, 생물학과 같은 자연과학에서 주로 이루어졌고, 발전되었다는 점은 알고 있어야 한다. 성당의 신부인 멘델(Mendel)은 완두콩으로 통계 연구를 시작했고, 수학자인 피셔(Fisher)가 농업에서의 실험을 통해 자신의 이론을 발전시켰다는 것은 주지의 사실이다.

통계학을 이용하는 분야는 실로 다양하다. 정당이 관심을 가지고 있는 선거는 어떠한가? 국회의원을 선출하는 총선과 대통령을 선출하는 대선, 그리고 도지사, 군수, 구청장을 선출하는 지방선거에 이르기까지 출마자는 유권자의 생각을 알고 싶어 하고, 이들의 생각을 통해서 당선을 위한 전략을 수립하고 홍보한다. 이들은 조사를 통해 유권자의 생각을 알 수 있는 자료를 수집하고 분석한다. '출마할 것인가 말 것인가'라는 초기의 의사결정에서부터, '출마 후에는 어떻게 유권자의 마음을 얻을 것인가' 하는 선거 전략에 이르기까지 유권자에 관한 데이터가 필요하다.

정부는 국민에게 도움이 될 수 있도록 지속적으로 정책을 입안하고 실행한다. 정부가 제안하는 정책에 대하여 국민이 얼마나 찬성하는지, 아니면 반대하는지. 반대한다면 왜 반대하는지. 그 반대는 합리적인지, 아니면 비합리적인지 등은 정부의 정책 수립과 실행에 큰 영향을 줄 수 있다. 즉, 정부정책의 수립과 집행에는 그 정책에 대한 국민의 생각에 관한 데이터가 반드시 필요하다.

우리 주위의 모든 분야에서 의사결정을 위해 데이터는 필수적이며, 그 데이터의 정확한 분석은 의사결정을 위한 대안의 준비와 대안의 결정에 필요하다. 경영학 분야에 종사하거나 하려는 사람들에게 있어서 데이터에 관한 다양하고도 깊이 있는 지식은 업무의 수행을 위해 더욱 중요하다. 기억해두자. 통계학은 판단과 의사결정을 위해 데이터를 수집하고 분석하기 위해 만들어진 학문이다.

1.5 통계학이란 무엇인가?

영어로 'statistics'라는 말은 '**통계**'라는 의미와 '**통계학**'이라는 두 가지 의미를 모두 가지고 있다. '통계(statistics)'라는 말은 사전에서 "**집단적 현상이나 수집된 자료의 내용에 관한 수량적인 기술**"이라고 정의되고, 영어에서는 항상 복수로 취급한다. 수출증가율 10%, 평균평점(GPA) 3.5, 인플레이션 2.0% 등은 모두 통계이다.

이러한 수치적인 정보가 가지는 의미는 제한적이다. 현상에 대한 사실을 보여주기는 하지만 의미는 제한적이다. 이 통계는 어떻게 만들어졌는가? 또한, 이번 분기의 수출증가율이 10%라면 이것은 전기에 대비한 것인지, 아니면 전년의 동기와 비교한 것인지, 그렇다면 높은 것인지 아니면 낮은 것인지, 희망적인지 절망적인지 이러한 내용이 궁금해진다. 이때 필요한 것이 바로 통계학(statistics)이다. 통계학이란 "효과적인 의사결정에 도움이 되는 데이터를 수집하고, 조직화하고, 표현하고, 분석하고, 해석하는 과학"이다.[5)]

정의 1.1 ● 통계와 통계학

- **통계(statistics)** : 집단적 현상이나 수집된 자료의 내용에 관한 수량적인 기술
- **통계학(statistics)** : 효과적인 의사결정에 도움이 되는 데이터를 수집하고, 조직화하고, 표현하고, 분석하고, 해석하는 과학

5) Lind, Marchal, Wathen(2015)이 쓴 Statistical Techniques in Business & Economics의 한국어 번역본 3쪽을 참고하였다.

1.6 통계학의 중요성

최근 들어 통계학은 더욱 그 중요성을 더해가고 있다. 데이터마이닝, CRM, 빅데이터(big data), 딥러닝(deep learning) 등과 같이 IT 분야에서, 그리고 경영학 분야에서 기업들의 관심을 끌고 있는 분야는 모두 통계학에 기반을 두고 있다. 독자들이 잘 알고 있는 Google이란 기업은 어떠한가? 구글은 검색이라는 분야에서 최고의 기업이다. 논리는 간단하다. 이용자는 검색을 하고, 그 이용자의 검색기록은 데이터로 남는다. 남겨진 데이터는 이용자의 관심사를 반영하는 것이다. Google은 이용자의 데이터를 기반으로 얻어진 분석결과를 통하여 다시 추천한다. '당신의 기록을 보니 이런 게 당신이 원하는 것 아닙니까' 하고 제안해주는 것이다. 이용자는 그것이 너무 편안하게 받아들이고, 그들의 추천에 근거한 선택을 하기도 한다.

아마 여러분들이 마케터라면 Google과 같이 마케팅하고 싶지 않겠는가? Google은 검색 데이터를 통해 분석하고, 추천하고, 사업을 하고 있는 것이다. Google의 분석과 추천은 통계학이 근간을 이루고 있는 것이 당연하다. Amazon은 어떤가? 당신이 원하는 서적을 검색하고, 그 검색기록은 Amazon의 서버에 남는다. Amazon은 검색기록을 분석해 이용자에게 제안을 한다. 이용자는 제안을 평가하고 받아들이기도 하고 거부하기도 하지만, 제안된 내용이 없는 것보다 있는 것이 이용자의 의사결정에 훨씬 도움이 된다. 만약 이용자가 제안의 내용을 받아들인다면 그 서적을 구매할 것이고, Amazon은 매출을 올릴 것이다. Amazon은 판매를 위한 판단에 통계학을 이용한 것이고, 이용자는 구매를 위한 판단에 통계학을 이용한 것이다.

통계학의 발전을 가속화시킨 요인 중의 하나가 바로 정보기술(information technology)이다. 정보기술은 복잡한 수식을 간단하게 처리해 줄 수 있도록 할 뿐만 아니라 방대한 데이터를 아주 빠른 시간 안에 처리할 수 있도록 도와준다. 사실 통계학과 정보기술은 불가분의 관계가 있으며, 통계학을 공부하는 사람들은 정보기술을, 정보기술을 공부하는 사람들은 통계학을 어느 정도 알아야 각자의 공부목표를 달성하는 데 도움이 된다. SPSSWN, SAS, MINITAB, R, MATLAB, EXCEL 등 많은 소프트웨어들이 통계학을 위해 개발되었고, 발전 중에 있다. 이들 중 어느 하나는 독자들이 반드시 알아야 한다.

1.7 통계학의 종류

통계학은 크게 두 가지 종류로 나누어진다.[6] 그 중 하나가 **기술통계학**(descriptive statistics)이고, 다른 하나는 **추론(추측)통계학**(inferential statistics)이다. 기술통계학은 통계적 자료의 기술(설명)에 목적이 있으며, 이때 통계적 자료는 전수조사에 얻은 것을 전제로 한다. 즉, 도수분포, 집단의 특성값(평균과 분산 등), 상관 및 회귀분석 등이 대상이다. 표본조사에서도 이와 같은 분석을 시도할 수 있지만, 이는 모수를 추정하기 위해서 한다. 즉, 표본에서 얻어진 분석결과는 전체 집단에 관한 정보가 아니므로 표본에서 얻어진 분석결과를 활용해 모집단 전체(전수조사)에 대한 정보를 추측하기 위해서 사용하는 것이다. 따라서 기술통계와 추론통계는 다음과 같이 정의할 수 있다.

▶ 기술통계(학)

통계적 데이터의 기술을 목표로 하는 통계학이며, 여기에서 기술이라 함은 통계적 데이터의 특성을 요약된 형태로 설명하는 것이다. 통계적 데이터의 전제는 전수조사이며, 이 통계적 데이터의 빈도, 상대빈도, 평균, 분산 등은 통계적 자료의 특징에 대한 요약된 수치이다. 다음은 기술통계의 예들이다.

- 대한민국의 총가구는 2015년 1,901만 가구(빈도)이며, 전체가구 중 1인가구의 비중이 27.2% (상대빈도, 518만 가구)이다. (자료 : 통계청)
- 65세 이상 고령인구는 2017년 707만 명이며, 고령인구 구성비는 13.8%이다. (자료 : 통계청)

▶ 추론통계(학)

모집단의 일부인 표본에서 얻어진 통계적 데이터의 특성들을 모집단에 관한 통계적 데이터의 특성으로 추측하려는 통계학이다. 모집단이란 관심의 대상이 되는 모든 개체 또는 개체들로 얻어진 측정자료를 의미하며, 표본은 관심의 대상이 되는 모집단의 일부를 의미한다. 다음은 추론통계의 예이다.

6) 한국통계학회(1994), 통계용어사전, p.41.

• 문화체육관광부 국립국어원은 전국의 성인 12,137명(19~79세, 16개 시·도 5,212가구)을 대상으로 기초 문해력 조사를 실시하였다. 조사 결과, 19세 이상 79세 이하 성인의 98.3%가 문해자이며, 1.7%(전체 성인인구 대비 62만 명으로 추정)가 글을 읽지 못하는 비문해자로 나타났다. (자료 : 통계청)

1.8 측정과 척도

통계학이라는 학문이 존재하려면 데이터가 있어야 한다. 데이터 양의 문제가 아니라 현상에 대한 이해와 예측을 하려면 현상을 잘 표현해주는 데이터가 있어야 한다. 현상들은 어떻게 데이터로 전환될 수 있는가?

법칙을 발견하고자 하는 과학자들은, 그리고 연구자들은 그 법칙을 발견하기 위해 현상의 수치화, 데이터화를 먼저 시도한다. 이를 측정이라고 하고, 측정의 결과인 데이터는 몇 가지 유형으로 나누어진다. 이를 한번 살펴보자.

(1) 측정

통계학에서 **측정(measurement)**은 매우 중요한 의미를 갖는다. 통계학은 '수(number)'를 다루는 공부이다. 수로 만들어지지 않았다면 통계학을 공부할 수 없다. 그렇다면 수를 생산하는 측정이란 무엇인가? 캠벨(Campbell)은 측정을 "물질적인 체계의 속성을 표현하기 위하여 그 속성에 관련된 법칙에 따라 수를 부여하는 것(the assignment of numerals to represent properties of material systems other than number, in virtue of the laws governing these properties)"이라고 정의하였으며(1938), 스티븐즈(Stevens)는 "일정한 규칙에 따라 대상이나 사건에 수를 부여하는 것(the assignment of numerals to objects or events according to rules)"이라고 정의(1958)하고 있다.[7]

7) 이 정의는 Togerson, Warren S.(1958), Theory and Methods of Scaling의 p.13에서 인용하였다. 측정과 척도를 연구하는 연구자들은 이 고전을 읽어볼 필요가 있다.

사람들이 측정을 정의할 때에는 캠벨이나 스티븐즈의 정의를 다루는 것이 보통이며, 양자의 정의는 대체적으로 비슷하다고 할 수 있다. 그러나 양자의 개념에는 약간의 차이가 있다. 즉, 캠벨의 경우 측정의 대상으로서 대상의 속성(property)을 강조한 반면, 스티븐즈의 경우에는 측정의 대상을 속성이 아닌 대상 그 자체를 의미했다. 그러나 측정의 결과들, 사람에 대하여 측정을 하는 경우에는 사람이 가지고 있는 속성인 몸무게, 키 등이 측정대상이 되므로 측정의 대상은 대상 그 자체(사람)가 아니라 그 대상이 가지고 있는 속성(키, 몸무게)이라고 할 수 있다. 예를 들어 측정의 대상은 제품이나 구매자를 보면 구매자의 선호도, 이용률, 소득, 태도 등이다. 그러므로 이 책에서는 양자의 견해를 종합하여 측정을 "대상의 속성에 속성이 가지고 있는 특성에 일정한 법칙에 따라 수를 부여하는 것"이라고 정의한다.

정의 1.2 ● 측정

- 측정(measurement) : 대상의 속성에 속성이 가지고 있는 특성에 관련된 일정한 법칙에 따라 수를 부여하는 것

(2) 측정의 중요성

통계학에서 측정이 왜 중요한가 논의를 해보자. 이미 측정에 대하여 개념적인 정의를 내렸지만, 측정이란 말 그대로 '재는(measure, measurement)' 작업이다. '잰다'는 것 자체가 모호할 수도 있지만 길이, 높이, 무게, 부피 등에 관하여 우리는 '재는' – 측정의 작업을 수없이 해왔기 때문에 측정이라는 개념에 대해서 상당 부분 알고 있다. 우리의 키는 대략 몇 센티미터이며, 서울에서 부산까지는 대략 몇 킬로라든가 하는 것들이 재는 것 – 측정의 결과들이다. 우리가 통계학에서 다루고자 하는 것도 이 범주를 벗어나지 않는다. 예컨대, 특정 기업의 매출액이 얼마라든가, 종업원의 수, 판매하는 제품의 가짓수 등이 통계학과 관련하여 측정될 수 있는 내용들이다.

측정은 '수(number)'라는 도구를 이용한다. 그러나 측정하기 곤란한 것들이 있다. 예컨대, '사랑'이라는 것을 생각해보자. 어떤 사람이 자신의 부모를 사랑한다고 하자. 그렇다면 자신의 부모를 사랑한다는 것은 어떻게 측정할 수 있을까. 한국사람들이 외국사람들

에 비하여 '효도'라는 것을 더 중시한다. 그러나 이것을 어떻게 증명할 수 있을까? 이때에도 측정은 필요하다. 한국사람들이 부모에 대하여 효도하는 정도와 미국사람들이 부모에 대하여 효도하는 정도에는 차이가 있다는 것을 측정해야 한다. 그렇다면 효도는 어떻게 측정할 수 있는가?

그냥 막연히 보고 이야기하는 것만으로는 불충분할 수 있다는 것이다. 그러나 어떻게 측정할 것인가. 이를 위해서는 바로 측정을 위한 수단이 필요하다. 앞서 언급했듯이 사람의 몸무게나 키를 재는 수단들은 이미 개발되어 객관적인 지표로 많이 이용되고 있다. 즉, 그러한 물질적인 것들은 측정을 하는 데에 큰 문제가 없지만 사랑, 효도 등과 같은 추상적인 것들에는 측정에 문제가 발생하게 된다. 적절한 측정수단이 없다. 그러나 이러한 추상적인 것들에 대해서도 가능한 한 객관적인 수단들이 많이 개발되어 이용되어 왔다. 이른바 척도(scale, 자-尺)라는 것들이 바로 이것인데, 여기에는 물질적인 세계를 측정할 수 있는 수단도 포함되어 있으며, 비물질적인 추상적인 개념들을 측정할 수 있는 것도 많이 개발되어 있다. 이러한 측정의 수단에 대하여 좀 더 살펴보자.

(3) 수와 척도

측정의 개념에서 관심을 가지고 보아야 할 것이 수(number)가 가지고 있는 특성이다. 우리가 사용하는 수에는 네 가지 특성이 있다. 첫 번째 특성은 수는 **고유하다(unique)**는 것이다. 즉, 1과 2는 다르고 1과 3도 다르다. 각 수는 세상에 하나밖에 없다. 대상의 속성에 고유성을 부여하는 것이다. 두 번째 특성은 수에는 **순서(order)**가 있다는 것이다. 1은 2보다 앞서고 2는 3보다 앞선다. 이것은 대상의 속성에 순위를 부여하는 것이다. 세 번째 특성은 수에는 **동일한 간격(equal difference, equal interval)**이 있다는 것이다. 1과 2의 차이는 1이고 2와 3의 차이도 1이다. 이것은 대상의 속성에 같은 간격을 가진 양적 특성을 부여하는 것이다. 네 번째 특성은 같은 **비율(equal ratio)**을 가지고 있다는 것이다. 예컨대 10은 5의 2배이고, 6은 3의 2배이다. 이것은 대상의 속성에 양을 부여하되 비율의 개념과 절대영점(absolute zero)을 부여하는 것이다. 절대영점이란 대상이 특성의 속성을 아무것도 보유하지 못하는 것을 의미한다. 즉, '재산이 영이다'라는 것은 재산이 아예 없다는 것을 의미한다. 그러나 '온도가 섭씨 0도이다'라는 것은 온도가 없다는 것이 아니라 물이 어는 시점의 온도를 0으로 기준을 정해 놓은 것이다. 화씨 0도와 섭씨 0도는 다른 개념인 것이다. 그래서 '20도의 온도가 10도의 온도보다 두 배다'라는 비율의 개념을 주장할 수 없다, 반면 '재산이 100만원인 경우가 재산이 50만원인 경우보다 두 배나 많다'라고 주장할 수 있다. 즉, 우리가 어떤 대상의 속성을 측정한다고 할 때에 수를 이용하는 것은 대상의 속성들이 수와 비슷한 특성을 가지고 있기 때문이다. 그러므로 수는 측정의 기본적인 수단으로 이용되는 것이다.

대상의 속성들이란 수처럼 4가지 모두의 성질을 가지고 있을 수도 있고, 수의 특성 중 일부분의 성질만을 가진 경우도 있다. 이러한 수의 특성들을 가지고 만들어진 것이 척도이다. 척도는 기본적으로 수의 4가지 특성을 반영한 것이며, 이것을 가지고 대상의 속성을 측정하게 된다. 명목척도(nominal scale), 서열척도(ordinal scale), 등간척도(interval scale), 비율척도(ratio scale)가 그것인데, 이 네 가지 척도에 대해서는 1.9에서 설명하기로 한다.

표 1.1 수의 성질과 척도

척도	수의 성질
명목척도	고유성, 범주성
서열척도	서열성
등간척도	등간격성
비율척도	등비율성

(4) 측정을 위한 전제조건 – 조작적 정의

물질적인 세계를 측정하든 추상적인 세계를 측정하든 필연적으로 수반되는 것이 바로 **조작적 정의(operational definition)**이다. 우리가 측정하려고 하는 대상이 바로 특정 대상이 보유하고 있는 속성이라면 그 속성이 무엇인지 정확히 정의해주지 않으면 측정은 이루어질 수가 없다는 것이다. 그러므로 측정을 위해서는 속성의 개념적 범위를 정의해주는 작업, 조작적 정의가 선행되어야 한다. 예를 들어 한국인의 독서량을 측정하여 유럽인들과 비교하고자 한다. 그렇다면 독서란 무엇인가? 책을 읽는 행위아닌가? 책이란 무엇인가? 교양서인가, 소설인가? 시집인가? 아니면 전문서적인가? 또한 온라인 서적도 포함시킬 것인가 말 것인가? 이러한 조작적 정의라는 과정이 있어야만 측정이 가능하다. 어떤 20살의 대학생 한국인에게 질문하였다. "귀하는 일주일에 몇 권의 책을 읽습니까?"

그 한국인은 이렇게 다시 물어보았다. 전공서적이요 아님 소설 같은 거요? 6학년의 초등학교 학생들에게 동일한 질문하였다. 이 학생에게 독서란 만화책 같은 재미있는 것일 수도 있고 진지한 위인전일 수도 있다. 독서란 어떤 책을 읽는 것인가?

조작적 정의를 이해하기 위하여 몇 가지 필요한 용어들을 이해해보자. 우리는 살아가면서 많은 사람들과 의사소통을 한다. 그러한 의사소통을 위해서는 사람들 간의 공통된 언어 또는 용어가 필요하다. 사람들은 살아가면서 많은 직 · 간접적인 관찰을 하게 된다. 지하철을 타고 가다 보면 사회적 약자들을 종종 만난다. 가끔 내 친구가 그 사회적 약자들에게 일부의 기부를 했다고 하자. 나는 내 친구를 어떻게 평가할까 혹은 어떤 사람이라고 생각할까? 내 친구는 여기서 그치지 않고 서 있는 연장자에게 자리를 비켜주었다. 자신은 좀 힘들었을지 몰라도 그가 한 행위들은 그보다 어려운 사람들에게 자신이 가진 것을 일부 공유해주는 일을 한 것이었다. 이러한 행위를 한 내 친구를 나는 어떤 사람이라고 할까. 내 친구뿐만이 아닌 다른 사람들이 그와 유사한 행동을 하였을 때 우리들은 그들이 어떠한 유형의 사람이라고 할 수 있을까. 그러한 행위들을 무엇이라고 부르면 좋을까?

내 친구 혹은 내 주위 사람들이 하는 일들은 하나의 영상 혹은 이미지로서 머릿속에 저장될 것이다. 만약 내가 약자에게 약간의 기부를 하는 내 친구의 이미지를 저장하여 그가 '동정심이 있다'라고 이름을 붙였다고 가정하자. 몇 분 후 나는 다시 내 친구의 자리 양보 행동에 대하여 몇 분 전 친구가 약자에게 베푼 행동과 비슷하다고 생각하여 그 역시 '동정심이 있다'라고 생각할 수 있을 것이다. 이러한 과정을 **개념형성(conception)**이라고 한다.[8]

개념형성은 일종의 과정(process)이다. 유사한 형태의 이미지를 저장하고, 그에 대한 공통의 무엇인가를 찾아내는 작업, 그것을 우리는 개념형성이라고 부른다. 그렇다면 **개념(concept)**이란 무엇인가? 개념이란 이러한 개념형성과정의 집합이다. 즉, 개념형성의 총체인 것이다. 개념형성 과정을 통하여 '동정심이 있다'라는 말에 대하여 추상적으로 머릿속에서 그려 생각해볼 수 있는 것, 이것이 개념이다. 흔히 연구에서 많이 사용되는 **이론적 개념(construct)**과 개념과는 어떻게 다른가? 실제로 이것은 같은 용어라고 할 수 있

8) Babbie, Earl(1986), The Practice of Social Research의 제5장 pp.93-106의 내용을 참고하였다.

다. 이것이 다른 점은 개념형성의 과정을 거쳐 만들어진 것이 개념이라면 이 개념을 측정 가능하도록 변화시키고, 이론적(혹은 이론구축) 틀 안에서 사용될 때 이를 이론적 개념(혹자는 구성개념이라고 부른다)이라고 한다.

이제 측정으로 연결해야 한다. 동정심이라는 개념을 연구로 연결하기 위한 작업이 필요하다. 약자에게 선행을 베푸는 내 친구의 행위에 대하여 전해 들은 다른 사람이 내 친구의 행위를 동정심이 있다고 하지 않고 '감상적이다'라고 이야기했다고 하자. 즉, 다른 사람은 내 친구가 매우 자기만족적인 사람이며, '동정심이 있다'라고 하기보다는 약자가 된 이유가 자신이 게으르기 때문인데, 그런 사람에게 기부를 하는 것이 뭐 그리 대단한 일인가? 오히려 그것은 현실을 직시하지 못하고 현실의 단편적인 면만을 봄으로써 약자가 의타심만 생겨 자력으로 세상을 살아가지 못하게 하는 원인이 된다고 주장한다. 그래서 그 행위는 다분히 '감상적이다'라고 주장한다.

이 상태에서 내가 사람들의 동정심 정도를 측정한다고 가정해보자. 그리고 지하철에서의 금전적 기부행위를 사람들의 동정심 정도의 척도로서 사용했다고 하자. 사람들 간에 현상을 보는 시각이 다르기 때문에 이를 현상을 이해하고 측정하는 기준으로 사용할 수는 없다. 즉, 동일한 말이라도 동일한 현상이라도 다르게 생각하고 다르게 받아들일 수 있는 것이다. 이때문에 **개념화(conceptualization)**라는 작업이 필요하다. 즉 개념화는 우리가 어떠한 용어를 사용할 때 무엇을 의미하는지 정확하게 구체화하는 과정이다. 즉 의사소통에 있어서 우리는 먼저 동정심이 있다는 것에 대한 내용이 무엇인지 서로 동의를 해야만 한다.

여기서 우리는 재미있는 사실을 발견할 수 있다. 즉, **사람들은 관찰을 통하여 개념을 형성하고**('기부한다', '자리를 양보한다' 등과 같이 이미지들을 목록화), 그 개념형성의 결과로서 **개념을 만들고**(그러한 행위들의 공통적인 특성은 **사람들에게 베푸는 것**), 그에 맞는 용어(동정심)를 정한다. 그리고 일상적으로 '동정심'이라는 용어를 사용한다. 그런데 가끔 동정심이라는 것에 대한 의사소통상의 오해(개념에 대한 불일치)가 생긴다. 다시 동정심이 무엇인지 설명한다(개념화).

개념화의 결과로서 만들어지는 것이 바로 **지표(indicator)**이다. 지표란 개념의 측정을 위한 구체적인 내용이다. 즉, 동정심이라는 개념이 존재한다고 하자. 동정심이라는 용어를 보다 정확히 사용하기 위하여 또는 동정심이라는 용어로 정확히 의사소통하기 위하여, 동정심이라는 용어에 해당하는 구체적인 내용들을 나열한다고 하자. 어떤 것들이 있을까. 예를 들어 ① (연말이면) 사회복지 단체를 방문한다 ② 정기적인 혹은 부정기적인 기부행위를 한다 ③ 어려운 이웃을 보면 슬퍼진다 ④ 다친 동물을 보면 불쌍하다는 생각이 든다 등이 있다고 하자. 물론 더 많이 있겠지만 대략 4개 정도가 동정심을 나타내는 내용이라고 하자. 만약 의사소통하는 사람들 간에 동정심이 있다 또는 없다 라는 것을 알기 위해서는 이런 것들을 이용하여 그 정도를 알 수 있다고 하는데 대체적으로 합의했다면 이것들이 바로 지표이다.

이러한 지표들을 가만히 살펴보면 두 가지 부류로 나누어 볼 수 있을 것이다. ① (연말이면) 사회복지 단체를 방문한다 ② 정기적인 혹은 부정기적인 기부행위를 한다는 구체적으로 나타난 행동이며, ③ 어려운 이웃을 보면 슬퍼진다 ④ 다친 동물을 보면 불쌍하다는 생각이 든다 등은 아직 나타나지 않는 감정적인 측면이다. 즉, 지표들도 그들이 가진 특성에 따라 다시 몇 가지 재분류해 볼 수 있는데, 이를 **차원(dimension)**이라고 한다. 그래서 행동적 요소를 행동차원과 감정적 측면을 감정차원이라고 부를 수도 있을 것이다. 차원에 대한 명명과 분류는 개념과 그 지표들에 따라 달라진다.

앞서 우리는 동정심이라는 용어를 사용한 바 있다. 동정심이라는 용어는 사실 우리가 명명한 것이다. 개념화를 통하여 개념이 만들어지면 그에 우리는 적절한 이름을 붙인다. 개념은 추상적인 것이다. 개념화의 결과로서 만들어지는 개념화의 집합이라고 하였다.

조작적 정의란 이러한 과정을 거쳐서 사람들에게 다르게 형성되어 있는 개념의 범위를 정해주는 과정이다. 그래야만 측정이 정확해지고, 이 측정은 과학적 지식의 근거가 되는 것이다. 따라서 조작적 정의는 측정을 위한 선행 단계이다.

정의 1.3 ● 개념과 조작적 정의

- **조작적 정의(operational definition)** : 측정을 위해 개념의 범위를 정해주는 과정, 예를 들면 년간 독서의 양을 측정하고자 할 때 독서를 '책을 읽는 행위'라고 한다면, 책의 범위를 정해주는 작업
- **개념형성(conception)** : 관찰의 과정을 거쳐 사람들의 머릿속에 현상의 이미지를 저장하는 과정
- **개념(concept)** : 개념형성 과정의 집합

- **이론적 개념(construct)** : 개념을 측정가능하도록 변화시키고, 이론적(혹은 이론구축) 틀 안에서 사용되는 개념
- **개념화(conceptualization)** : 어떠한 용어를 사용할 때 무엇을 의미하는지 정확하게 구체화하는 과정
- **지표(indicator)** : 개념화의 결과로서 만들어지는 것
- **차원(dimension)** : 유사한 지표들의 집합

그림 1.2 | 현실세계

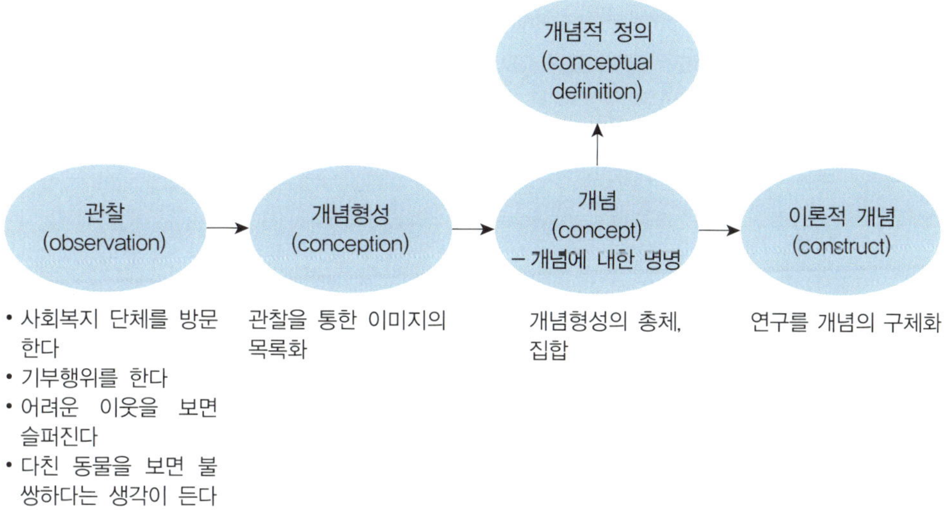

그림 1.3 | 측정의 세계 : 현실세계와 이론세계의 연결

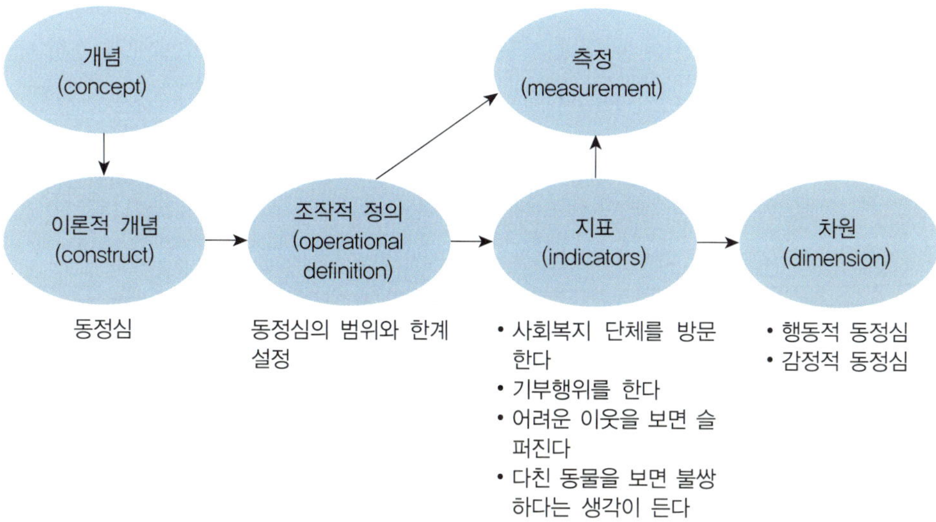

1.9 4가지 척도

측정을 하기 위해 사용하는 도구를 척도(scale)라고 하였다. 여기에는 4가지 척도가 있다. 이는 수(number)가 가지고 있는 속성을 반영하여 만들어졌다. 그 4가지는 명목척도(nominal scale), 서열척도(ordinal scale), 등간척도(interval scale), 비율척도(ratio scale)이다. 이 4가지 척도를 하나씩 간략하게 살펴보자. 〈표 1.2〉는 앞서 제시한 표이며, 이를 기반으로 설명해보자.

표 1.2 수의 성질과 척도 : 앞의 표를 다시 제시한 것임

척도	수의 성질
명목척도	범주성,고유성
서열척도	서열성
등간척도	등간격성
비율척도	등비율성

(1) 명목척도

명목척도란 수가 가지고 있는 범주성과 고유성을 이용하여 만들어진 척도이다. 범주성이란 특성의 대상이 가지고 있는 특성 속성의 존재 유무를 의미한다. 리서치 회사는 대통령 선거를 앞두고 유권자들의 정당지지성향을 조사하고 있다. 유권자들의 정당지지성향은 (가)진보, (나)중도, (다)보수, 이렇게 3가지 범주로 나누어지고, 유권자들은 각 정당지지성향의 존재유무에 따라 어느 한 유형으로 포함된다. 즉, 대상이 가지고 있는 정치적 성향이라는 속성에 세 가지 유형을 나누고 여기에 각각 '1', '2', '3'이라는 수를 부여했다고 하자. 이는 대상이 가지고 있는 3가지 속성을 각각 '1', '2', '3'으로 측정했다는 것이다. 이때 '1', '2', '3'은 양적 개념이 있는 것이 아니라 정당지지성향의 3가지 (가)진보, (나)중도, (다)보수에 '1', '2', '3'이라는 범주성을 대응시킨 것이다. 즉, (가)진보='1' (나)중도='2', (다)보수='3'의 개념이다.

1부터 무한대까지의 수에서 각 수는 오로지 하나씩 밖에 존재하지 않는다. 이를 고유성이라고 한다. 이 세상에 특정의 사람은 한 명밖에 존재하지 않는다. 그렇다면 수와 특정의 사람을 일 대 일로 대응시킬 수 있다. 이처럼 고유성은 수와 대상을 일 대 일로 대응시키는 것을 의미한다. 주민등록번호나 대학의 학번을 살펴보자, 각 수는 학생과 일 대 일로 대응되어 있으며, 상호배타적이다. 같은 학번에 다른 학생이 할당될 수 없다.

이렇게 범주성과 고유성을 측정하게 되면 통계적 분석을 할 수 있는 방법은 고유적 특성의 존재 유무이며, 도수(frequency), 비율(percentage)과 관련된 분석이 대부분이다.

(2) 서열척도

서열척도란 수가 가지고 있는 서열성을 이용하여 만들어진 척도이다. 1은 2보다 앞서고 2는 3보다 앞선다. 이처럼 대상의 속성에 순위를 부여하는 것이다. 한 직장에 10명의 회사원이 있다. 사장은 10명의 사원 중에서 3명을 골라 연말에 성과급을 지급하고자 한다. 3명을 고르라고 한다면 먼저 사장이 해야 할 일은 10명의 사원을 성과에 따라 1등에서 10등까지 등수를 매기는 것이다. 따라서 사장은 인사고과점수를 기반으로 다음과 같이 서열을 정했다. 95점에 '1'을 부여하고, 94점에 '2'를 부여하고, 90점에 '3'을 부여한 것이다.

표 1.3 인사고과점수에 따른 직원의 서열

서열	1등	2등	3등	4등	5등	6등	7등	8등	9등	10등
점수	95	94	90	85	80	79	75	70	69	40

〈표 1.3〉에 의하면 1등과 2등의 점수차는 1점이고, 2등과 3등의 점수차는 5점이다. 의사결정자인 사장은 의사결정을 위해 대상(직원)이 가지고 있는 속성(인사고과)에 서열이라는 특성을 부여한 것이다. 의사결정은 3등까지 성과급을 지급하기 위해서이다. 이때 서열에는 양적 개념은 존재하지 않는다, 순위만이 부여되는 것이다.

(3) 등간척도

등간척도는 대상의 속성에 **동일한 간격(equal difference, equal interval)의 속성을 부여하는 것**이다. 앞서 언급한 온도의 예를 들어보자. 섭씨는 섭씨온도는 1기압에서 물의 어는 점을 0℃로, 끓는 점을 100℃로 하여 그 사이를 100등분한 온도이다. 그리고 기온이 올라가는(내려가는) 정도에 따라 같은 양의 변화를 온도(따뜻함의 정도)라는 속성에 부여했다. 기온의 상승(하락)량과 수가 가지고 있는 양적 개념을 온도에 적용한 것이다.

표 1.4 대상의 양적 속성에 대한 수의 할당

대상의 속성 – 온도	수의 할당(같은 양)
온도가 같은 일정량 더 올라간다	2도이다
온도가 일정량 올라간다	1도이다
물이 언다	섭씨영도
온도가 일정량 내려간다	–1도이다
온도가 같은 일정량 더 내려간다	–2도이다

재미있는 것은 화씨에 의한 온도측정이다. 화씨는 1기압하에서 물의 어는 점을 32°F, 끓는 점을 212°F로 해서 그 사이를 180등분한 온도이다. 1724년 독일의 물리학자 파렌하이트(G. Farenheit)가 최초로 사용했다.

이 둘을 비교해보면 재미있는 결과가 있다. 등간척도에서 영(0)의 개념은 '온도가 존재하지 않는다'가 아니라 하나의 기준인 것이다. 원래 영(0)이란 아무것도 없다는 양적 개념으로 만들어진 수이지만 등간척도에서의 영(0)이란 하나의 '기준'에 불과하다. 그래서 '아무것도 없다'라는 개념이 불필요한 대상의 속성을 측정할 때 사용하는 것이 등간척도이다.

사실 대부분 잘 알고 있는 것이지만 섭씨와 화씨는 다음의 관계가 있다.

$$C = (F - 32)/1.8 \qquad \text{(식 1.1)}$$

주가지수 데이터, 물가지수, IQ와 같은 수량화된 데이터들도 같은 성격을 가지고 있다. 이 경우 양적 특성 때문에 평균, 표준편차 등과 같은 통계적 정보를 생성할 수 있다.

(4) 비율척도

비율척도는 앞서 언급했듯이 대상의 속성에 비율(equal ratio)의 개념이 가능하도록 수를 부여하는 것이다. 즉, 10은 5의 2배이고, 6은 3의 2배이다. 이것은 대상의 속성에 양을 부여하는 것인데, 비율의 개념을 부여하려면 **절대영점(absolute zero)**이 존재해야 한다. 절대영점이란 속성이 존재하지 않는 것이다. '재산이 0이다'는 '재산이 없다'는 의미이다. 등간척도와 마찬가지로 양적 특성 때문에 평균, 표준편차 등과 같은 통계적 정보를 생성할 수 있으며, 평균과 같은 개념에 비율과 같은 개념을 추가할 수 있다. 키, 몸무게, 매출액, 시장점유율, 광고비, 급여 등이 이러한 척도에 의한 측정에 해당한다.

그림 1.4 | 등간척도와 비율척도

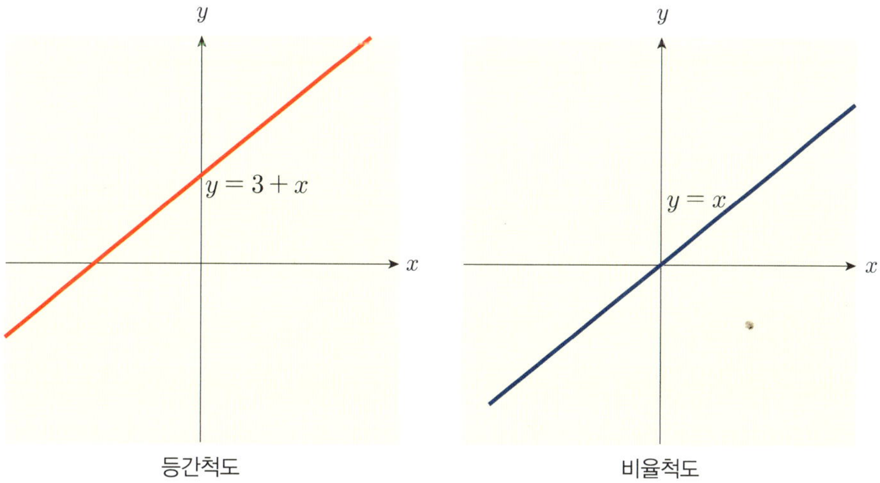

등간척도와 비율척도의 차이는 〈그림 1.4〉로 쉽게 파악해볼 수 있다. 〈그림 1.4〉의 왼쪽 그림 등간척도에서 $y=x+3$이라는 함수를 생각해보자. x는 측정값(수)이고, y는 실제 현상이다. 함수의 개념이니까 등간척도의 측정값인 수(x)와 실제 현상(y)을 대응시킨다고 생각해보자. 측정값이 1과 2로 측정되었다고 하자. 2는 1의 두 배이니까 실제현상 y도 두 배가 되어야 하지만 y는 각각 4와 5이다. 5는 4의 두 배가 아니다. 측정값이 가지고 있는 수의 의미를 실제 현상에서는 다르게 나타난다는 것이다. 즉, 측정은 수가 가지고 있는 비율의 개념을 실제 현상에서 반영되지 않는다는 것이다.

반면 〈그림 1.4〉의 오른쪽 그림 비율척도에서는 측정이 두 배이면 실제현상도 두 배로 나타난다. 마찬가지로 비율척도에서 측정값 x가 1과 2로 측정되었다고 하자. 이를 식 $y=x$에 대입해보자, y는 마찬가지로 1과 2이다. 2는 1의 두 배이니 실제현상 y도 각각 1과 2로 두 배이다. 그 이유는 절대영점이 존재하기 때문이다.

$y=2x$도 마찬가지이다. 측정값 x가 1과 2로 측정되었다고 하고, 이를 식 $y=2x$에 대입해보자, y는 마찬가지로 2와 4이다. 2는 1의 두 배이고, 실제현상 y도 각각 4와 2로 두 배이다. 이러한 개념이 바로 비율척도이다.

1.10 맺는 말

1장이 독자들에게 조금 어려울 수 있겠다. 그러나 왜 통계학을 배우는가에 대한 약간의 답은 얻어야 할 것 같다. 많은 통계학들이 데이터가 있다고 가정한다. 데이터를 획득하는 과정은 연구조사방법론이라는 주제에서 다루기 때문에 대학 저학년에서 통계학을 처음 접하는 학생들에겐 조금 생소할 수 있다. 불행히도 연구조사방법론은 조금 고학년에서 배운다. 그래서 통계학을 처음 시작하는 학습자에게 1장이 장애가 될 수 있다, 그렇다면 읽다가 건너 뛰어도 좋다, 다만 이 책을 다 읽은 후에 다시 한번 읽어보기 바란다. 1장의 내용에 너무 얽매이지 말라는 의미이다. 사실 시간이 지나 지식이 쌓여야 이해가 되는 것이 많다.

연습문제

01 과학의 목표는 무엇인가? 그리고 과학에서 통계학은 어떤 역할을 하는가?

02 통계와 통계학의 개념을 설명해보시오.

03 통계학을 왜 배워야 하는가? 경영학도(또는 사회과학도)로서 통계학을 배워야 하는 이유를 설명해보시오.

04 귀납법과 연역법을 비교해서 설명해보시오.

05 기술통계학과 추론통계학을 비교해서 설명해보시오.

06 관찰, 개념형성, 개념, 개념적 정의, 이론적 개념, 조작정 정의, 지표, 차원 등을 경영현상에서 예를 들어 설명해보시오.

07 측정이란 무엇인가? 그리고 수와 측정은 어떤 관계를 가지고 있는가?

08 측정에 사용되는 4가지 척도에 대하여 설명해보시오. 4가지 척도는 정보의 양에서 어떤 포함관계를 가지고 있다고 생각하는가?

09 절대영점(absolute zero)이란 무엇인가? 주가지수는 절대영점이 존재하는가?

CHAPTER 02

R과 통계학

CHAPTER 02

R과 통계학

2장에서 학습해야 할 내용

R언어는 연산에 편리하도록 만들어진 언어 중 하나이다. 이 장에서는 R언어를 이용하여 어떻게 통계적 분석을 할 것인가에 관한 R언어 활용의 기초를 학습한다.

1 R언어의 설치

2 R언어를 이용한 통계적 분석의 기초

2.1 R언어에 대한 이해

R은 컴퓨터 언어 중 하나이다. 컴퓨터 언어라고 하면 C언어, Basic언어 등을 대표적으로 생각할 것이다. 조금 오래전에 공부하신 분들은 Fortran, Cobol, Pascal 등과 같은 언어가 생각날 것이고, 최근에 많이 접할 수 있는 컴퓨터 언어에는 Python이 있다. R도 유사한 컴퓨터 언어 중의 하나이다. 어떤 언어를 생각하든 목적과 결과는 같다. 사람들이 생각한 목적을 정형화된 규칙에 따라서 달성할 수 있도록 만들어 놓은 대화와 명령의 양식인 것이다.

사람들이 컴퓨터를 통해서 목적을 달성하려면 컴퓨터에게 정확하게 지시해야 한다. 지시를 위해서는 컴퓨터와 사람들이 대화하는 정형화된 양식, 즉 대화의 문법을 가지고 있어야 한다. 가장 좋은 것은 우리가 사용하는 언어를 가지고 컴퓨터와 대화하는 것이지만 컴퓨터는 사람이 아니다. R은 인간과 컴퓨터가 대화하기 위하여 만든 언어 중의 하나이며, 그 중에서도 연산 또는 계산을 보다 잘하도록 만들어 놓은 언어이다. 물론 컴퓨터(computer)라는 말도 '계산기'의 의미이긴 하지만 말이다.

우스꽝스러운 주장이긴 하지만 어떤 컴퓨터 언어를 배우는가 하는 것은 사실 운명이다.

학습자가 우연히든 아니면 학교에서 강제로 교과목에서 배우든 그것은 학습자의 운명이다. 그러나 언어 아닌가. 하나의 언어를 배우게 되면 언어들은 유사한 구조를 가지고 있어 다른 언어를 학습하는 것은 그다지 어렵지 않다. 특히 컴퓨터 언어는 더욱 그렇다. 그러니 그냥 하나의 언어를 배워보는 것도 나쁘지 않다. 많은 사람들이 특정의 컴퓨터 언어를 배우라고 권한다. 그럴 때 **운명처럼** 받아들이면 된다. 배우다 보면 약간의 차이가 있고, 강조하는 바가 다르긴 하지만 '**그게 그거**'라는 생각이 들기도 한다.

컴퓨터 언어는 컴퓨터에서 사람들이 생각한 작업을 손쉽게 하도록 만들어 놓은 언어이며, 이 언어로 컴퓨터가 알아듣도록 문법에 맞게 컴퓨터에게 작업지시를 하면 컴퓨터는 이 지시내용을 고도의 연산능력을 가지고 작업을 수행하는 것이다. 컴퓨터 작업, 이를 연산(computation, 계산, 컴퓨테이션)이라고 한다. 우리는 컴퓨터에게 작업을 지시할 수 있는 컴퓨터와 '나' 사이의 **대화방식**을 배우는 것이다.

생각해보자. 아주 어린 아이들과도 대화가 가능하다. 그 대화의 내용은 "뭐 먹고 싶어?", "뭐하고 싶어?" "어디 갈까?" 이런 내용들이다. 수준을 조금 높여 인수분해 이야기를 해보자. 아마 서로의 대화는 더 이상 안될 것이다. 어린 아이가 인수분해를 알아야 이야기는 더 진전된다. 언어는 대화의 수단이며, 대화의 양 당사자가 내용을 알아야 대화를 하는 것이다. 우리가 컴퓨터와 대화하려면 일단 대화의 형식인 언어를 알아야 하고, 그 다음에는 무엇에 대하여 이야기할지 내용을 알아야 한다. 결론적으로 대화를 위해서는 '언어'와 '지식(내용)'을 다 알아야 하며, 그래야 대화가 더 진전된다. 'R'은 '언어'이며, '지식'은 '통계'이다.

우리는 통계라는 작업을 컴퓨터에게 지시하려고 한다. R이라는 언어를 통해서 통계작업을 시키려고 하는 것이다. 그렇다면 왜 R인가? 통계작업을 시키는데 왜 R인가? 다른 언어는 없는가? 물론 있다. 다른 언어를 배우면 안 되는가? 물론 된다. 왜 그러면 R인가? 운명이다. 당신이 이 책을 선택했기 때문이다. 이 말이 조금 너무하다는 생각이 든다면 이렇게 위안해보자. 일단 요즘에 사람들이 많이 쓰는 컴퓨터 언어이다. 세계인들이 공용으로 많이 쓰는 영어, 중국어 이런 언어 중의 하나처럼 말이다. 그리고 더욱 중요한 것은 R은 무료이다.

사실 이 책을 쓰기 시작한 저자들도 처음에 통계작업을 위해 SPSSPC+라는 통계패키지를 이용했다. 이것도 하나의 언어였다. 통계작업을 위해 통계패키지의 구조를 공부하고, 작업지시를 하는 명령어를 배우고, 작업을 수행하였다. 너무 편했다. 지금은 SPSSWIN

으로 발전하여 사용자 편의성은 너무 좋아졌다. 물론 저자들은 SAS라는 통계패키지도 사용하였다. 유사한 문법구조를 가지고 있었고, 쉽게 학습할 수 있었다. 그러나 시간이 지나면서 문제가 발생했다. 학교를 졸업하고 나니 그러한 패키지들을 사용하기가 어려웠다. 라이센스의 문제가 있었다. 라이센스 비용이 어마어마 했으며, 구하기도 갈수록 어려워졌다. 시간이 흐를수록 이 통계패키지들은 사용자 편의도 좋아지고 내용도 업그레이드 되었다. 그럴수록 라이센스 비용은 높아져 갔다. 교육기관도 고민이 많을 것이다. 높아가는 라이센스 비용을 지불하면서 사용자 수를 제한하는 통계패키지를 교육기관들이, 그리고 기업들이 매년 구매한다는 것이 이만저만 큰 고민이 아니다.

S+라는 언어가 있다. 통계연산을 하기에 적합한 언어이다. 이것 또한 유료이다. 통계학을 공부하는 사람들에게 수학과 행렬연산을 하기에 적절한 언어이다. 그러나 유료이면서 사용자 편의성이 부족한 이 언어는 많이 보급되지 않았다. R은 S+를 기반으로 만들어진 연산을 위한 무료의 컴퓨터 언어이다. 우리가 통계분석에 활용하려고 하니 그냥 통계 언어라고 해도 무방하다. 요즘에는 기계학습, 딥러닝과 같은 분야로 발전해 가고 있지만 그냥 컴퓨터 언어 또는 통계 언어라고 하자.

이 R이 '**무료**'라는 것에 대해서 가치를 두지 않는 사용자들이 있다. 왜냐하면 SPSSWIN이나 SAS처럼 친절한 사용자 편의성을 가지고 있지 않기 때문이다. 그러나 약간의 불편은 이용자들을 발전시킨다는 장점도 있다. 그 이유는 생각하게 하기 때문이다. 생각을 조금 더 하게 되면 힘은 조금 들어도 개인이 발전한다. 우리가 공부하는 것은 발전하려고 하는 것 아닌가? 그러니 너무 많이 생각하지 말고 R을 배우자. 방대한 통계작업을 할 수 있는 강력한 이 언어가 무료이다. 그리고 R도 날로 발전해 나간다. 수많은 개발자들이 지속적으로 좋은 내용들을 무료로 업데이트한다. **그냥 배우자.**

그러나 하나만 기억하자. 우리는 이 책에서 통계작업을 R언어로 하려는 것이다. 그렇다면 통계적 지식이 반드시 있어야 한다. 우리는 통계적 목적을 가지고 있고, 그 목적으로 달성하기 위해 R이라는 언어를 수단으로 삼는 것이다. 우리는 해결하기 위한 문제를 가지고 있고, 그 문제를 해결하기 위한 수단이 통계이며, 그 통계적 결과를 얻기 위해, 연산을 위해 R언어를 사용한다는 것을 명심해야 한다. 물론 R언어는 여러 분야에서 사용할 수 있다. 다만 이 책에서는 통계를 위하여 R언어를 사용하는 것 뿐이다. 물론 딥러닝과 같은 분야에 대해서도 R을 사용할 수 있으며, 그 부분은 **저자들의 다른 책**에서 만나기로 하자.

2.2 R언어의 설치

(1) R언어 저장소에 대한 접근

R언어를 사용하기 위해서는 R언어를 사용할 수 있도록 설치하여야 한다. 다른 많은 통계관련 패키지들이 라이센스를 사서 프로그램을 설치하는 것과는 다르게 R언어는 www.r-project.org에 접속하여 무료로 얻을 수 있다.

▶ R언어 설치를 위한 URL

www.r-project.org

이 URL에 접속하면 다음과 같은 화면을 만나게 된다. 화면 왼쪽의 많은 메뉴들은 학습자들이 그냥 한 번씩 확인해보시라. 아님 그냥 지나쳐도 좋다.

그림 2.1 | R언어 설치를 위한 URL 화면

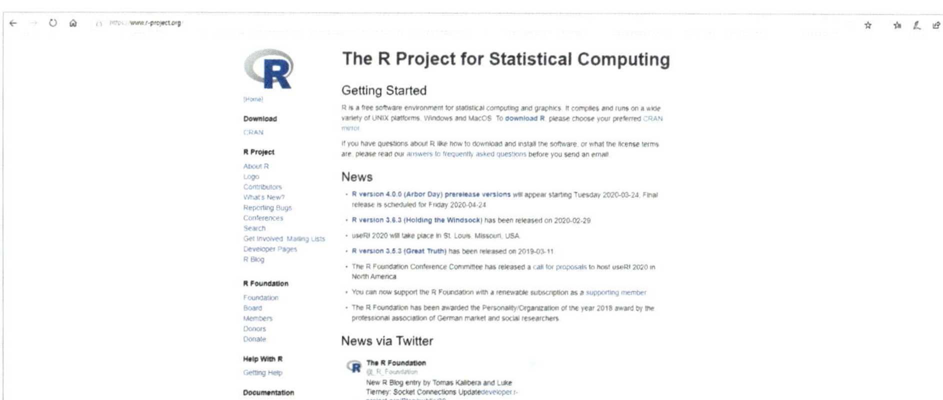

이 화면의 **위 왼쪽**에 프로그램 설치를 위한 CRAN이라는 메뉴를 만나게 된다. CRAN은 Comprehensive R Archive Network('통합저장소' 정도의 의미이다)의 이니셜이며, 세계 각국에 퍼져 있는 R코드 및 관련 문서의 저장소라고 생각하면 된다. 이 페이지에서 CRAN을 클릭해보자.

또는 화면에서 download R을 클릭하거나 CRAN mirror을 클릭해도 같은 결과인 〈그림 2.2〉를 얻는다.

> **The R Project for Statistical Computing**
> **Getting Started**
> R is a free software environment for statistical computing and graphics. It compiles and runs on a wide variety of UNIX platforms, Windows and MacOS. To **download R**, please choose your preferred CRAN mirror.
>
> If you have questions about R like how to download and install the software, or what the license terms are, please read our answers to frequently asked questions before you send an email.

그림 2.2 | R프로그램저장소(CRAN)

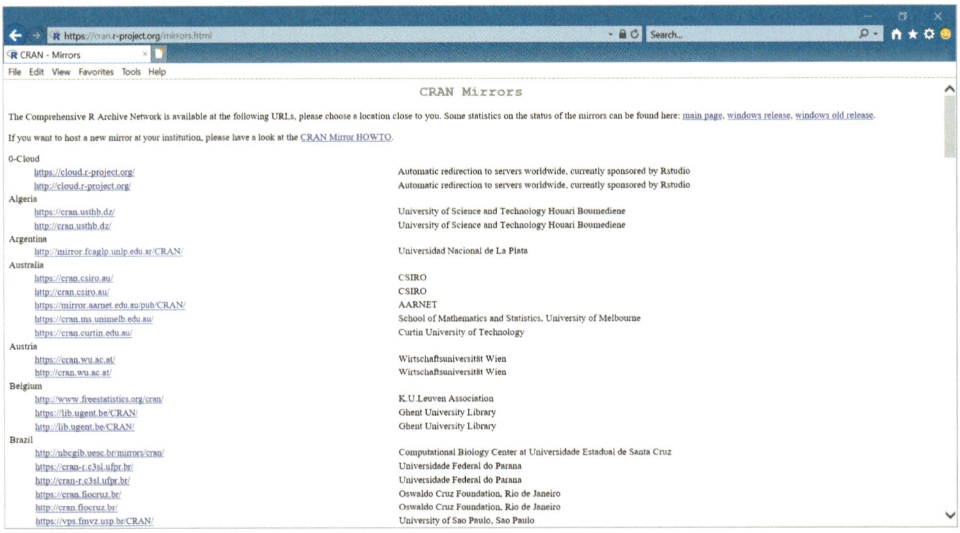

이 화면은 각 국가에서 R프로그램을 저장하고 있는 서버의 URL 주소를 보여주고 있다. 이미 R언어는 전 세계의 사용자들이 활발히 이용하고 있는 언어이다. 따라서 거의 대부분의 나라들이 이 CRAN 미러링 서비스를 하고 있다.

아시다시피 **미러링**이란 데이터를 하나 이상의 장치에 중복 저장하는 것이다. 독자들은 어떤 서버에 접속해도 같은 결과를 얻을 수 있으므로 원하는 URL을 클릭하면 된다.

이 화면을 아래로 스크롤링하여 내리면 우리나라에서 R언어를 저장하고 있는 기관과 서버 리스트(<그림 2.3>)를 보여준다. 우리나라에는 현재 5개의 기관과 서버에서 R언어를 미러링(mirroring) 서비스를 하고 있다는 것을 알 수 있다.

자 이제 화면을 아래로 쭉 스크롤링하여 내려가면 Korea에서 우리나라의 미러링 서버를 만날 수 있다. 이 중 https://cran.seoul.go.kr/를 클릭하여 접속해보자.

그림 2.3 | 우리나라의 미러링 서버 리스트

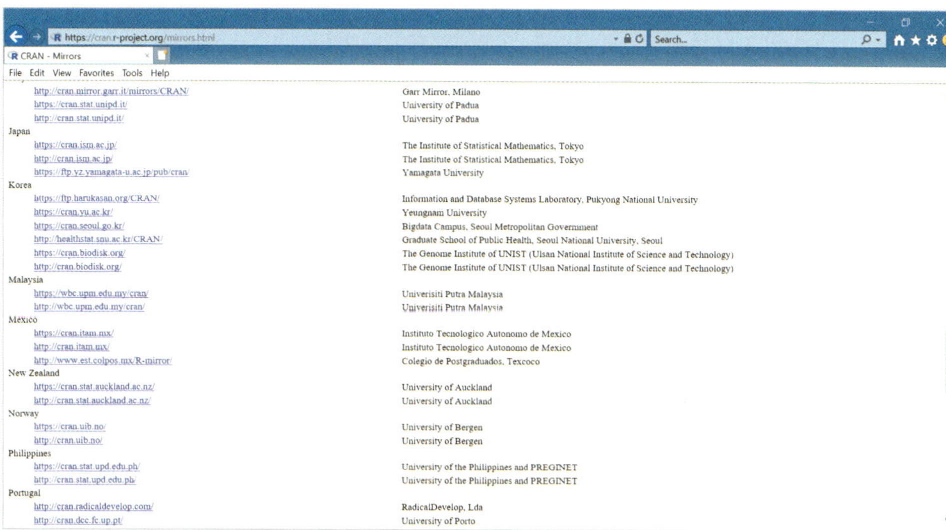

그러면 다음과 같은 <그림 2.4>를 만나게 된다.

그림 2.4 | R언어 설치 기초화면

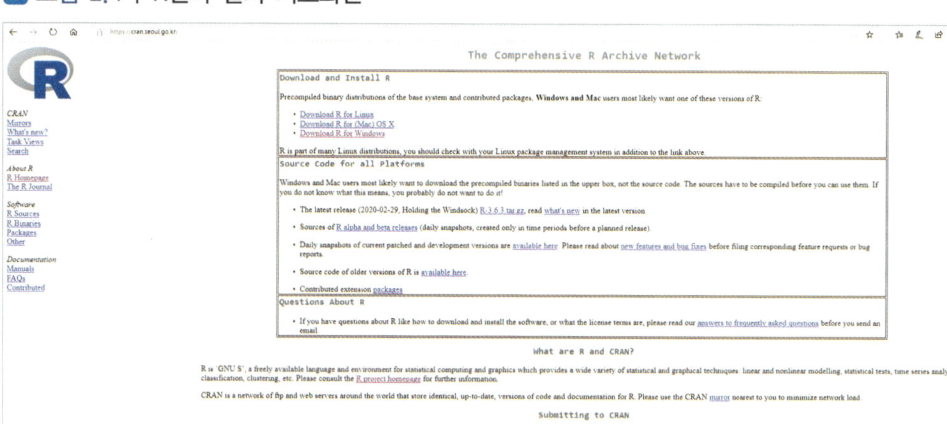

(2) R언어 저장소로부터 R언어 설치

▶ R언어 설치

https://cran.seoul.go.kr/를 클릭하면 같은 화면(페이지)을 만나게 된다. 이 중 자신의 컴퓨터 OS환경을 선택하면 되며, 독자들이 컴퓨터에 Window 환경을 가지고 있다면,

- Download R for Linux,
- Download R for (Mac) OS X,
- Download R for Windows

의 세 가지 중에서 Download R for Windows를 클릭해보자.

그림 2.5 | R언어 설치 기초화면

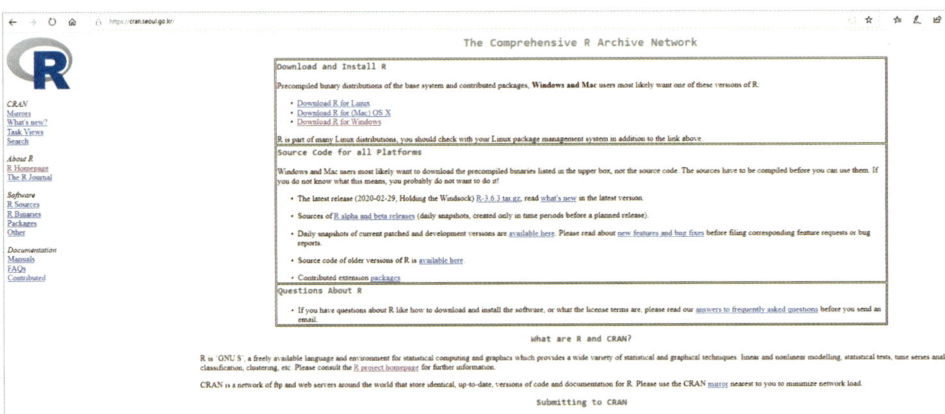

Download R for Windows를 클릭하면 다음의 <그림 2.6>의 화면을 만나게 되며, 처음 설치를 하는 독자들은 이 화면에서 install R for the first time을 클릭해보자.

그림 2.6 | R언어 설치 시작화면 1

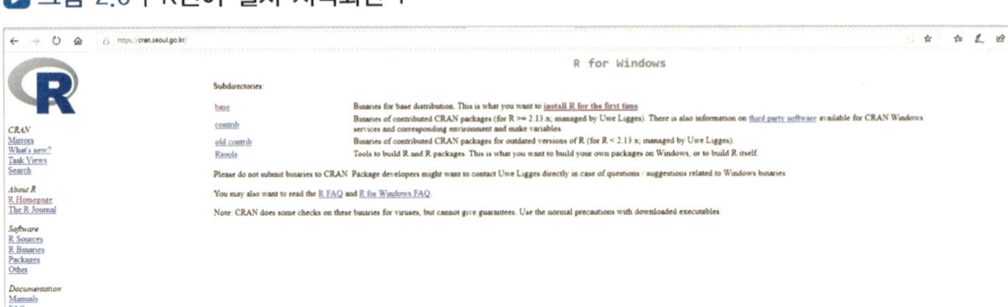

install R for the first time을 클릭하면 다음의 〈그림 2.7〉 화면을 만나게 되고, Window 환경을 위한 R언어의 버전이 3.5.2이라는 것을 알 수 있으며,[1] 이 화면에서 Download R 3.5.3 for Windows(79 megabytes, 32/64 bit)를 클릭해보자.

그림 2.7 | R언어 설치 시작화면 2

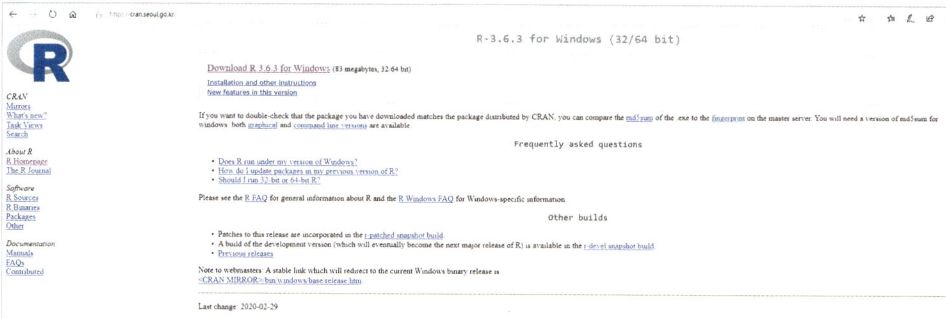

Download R 3.6.3 for Windows(79 megabytes, 32/64 bit)를 클릭하면 R언어의 설치가 시작된다.

설치가 시작되면 먼저 독자의 컴퓨터에 프로그램들이 다운로드될 것이며, 자동적으로 설치가 시작된다. 설치가 시작되면 **대화창(dialogue)**이 생성된다. 독자는 대화창에서 설치에 해당하는 옵션을 선택하고 다음 단계로 넘어가면 된다. 첫 번째 만나는 대화창이 바로 언어의 선택이다. 한국에서 사용하는 것이므로 아래의 화면에서 사용언어를 **한국어**를 선택하고 [확인]을 클릭하면 사용을 위한 설치를 위한 사용자 동의 창(〈그림 2.9〉)으로 이동한다.

그림 2.8 | R언어 사용국가 언어선택 대화창

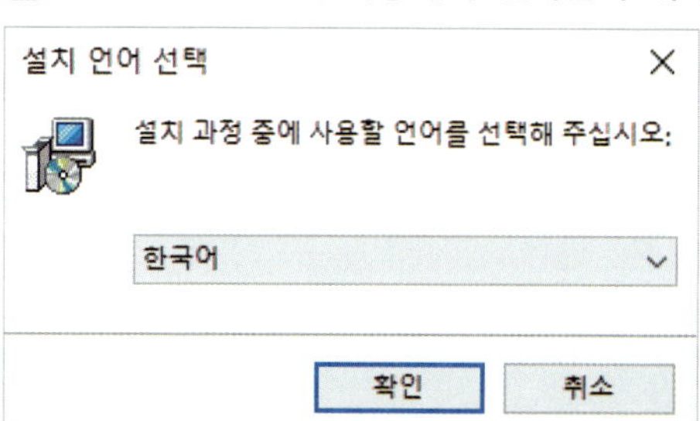

1) 이 버전은 계속 업데이트되므로 학습자는 이를 고려하기 바란다.

그림 2.9 | R언어 설치 동의 대화창

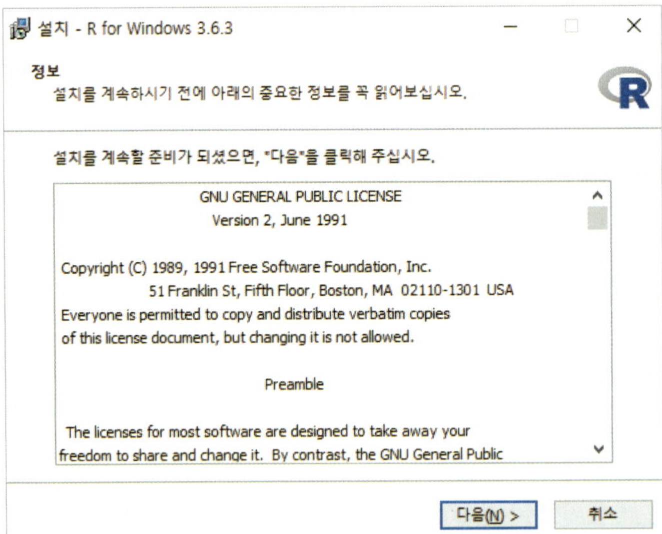

이 설치 동의 대화창(〈그림 2.9〉)에서 설치를 위해서 [다음(N)]을 선택하면 된다. 설치 동의가 끝나면 설치될 폴더의 위치를 정해주는 창(〈그림 2.10〉)이 나타나며, 사용자가 변경을 원할 때는 찾아보기를 통해 폴더를 지정할 수도 있다. 이 대화창에서는 프로그램 파일의 폴더에 (R-3.6.3)이라는 새로운 폴더를 생성하여 설치할 것을 알려준다.

그림 2.10 | R언어 설치 폴더선택 대화창

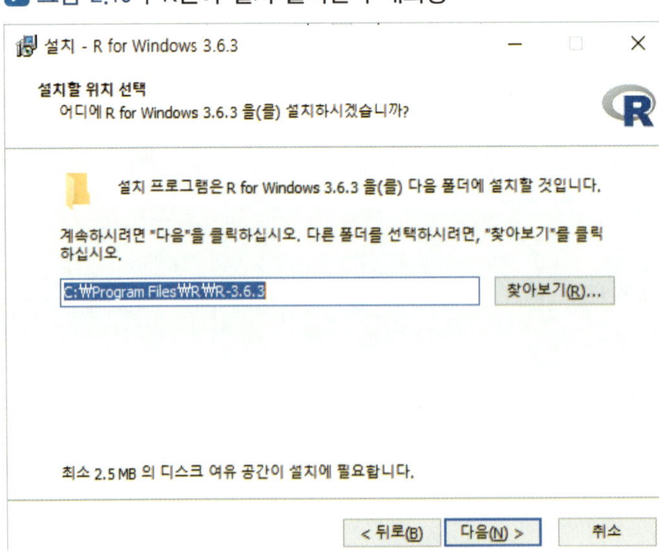

대화창에서 [다음(N)]을 선택하면 구성요소 설치를 위한 대화창(〈그림 2.11〉)이 나타난다.

구성요소 설치를 위한 대화창에서는 사용자의 컴퓨터 사양을 위해 32비트 또는 64비트 중 원하는 사양을 선택할 수 있으며, 기본값으로 두 가지를 모두 설치하기로 하자. 최근의 컴퓨터들은 대부분 64비트를 사용하므로 32비트는 설치하지 않아도 좋다.

그림 2.11 | R언어 구성요소 설치 대화창

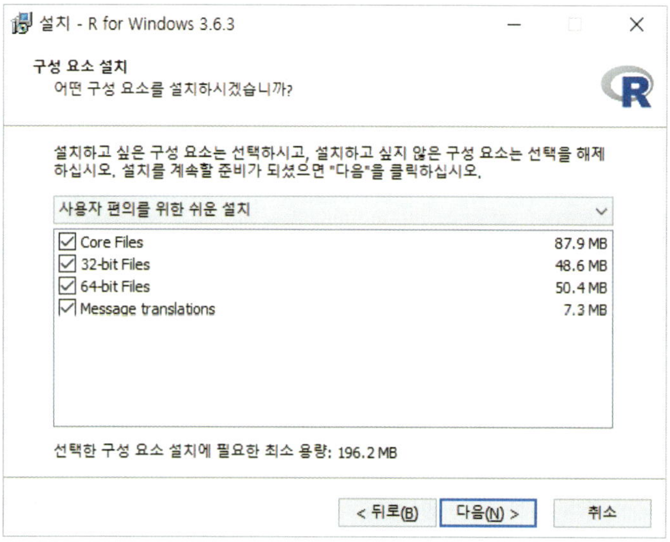

대화창에서 [다음(N)]을 선택하면 초기의 기본값 설정을 위한 대화창(〈그림 2.12〉)이 나타난다. 일단 기본값으로 설치를 시작해보자. 따라서 기본값 설정을 위한 대화창(〈그림 2.12〉)에서 [다음(N)]을 선택하면 바로가기 폴더를 지정하기 위한 대화창(〈그림 2.13〉)이 나타난다. 〈그림 2.13〉에서 [다음(N)]을 선택하면 다운받은 프로그램의 압축을 풀어 설치를 시작할 수 있다.

그림 2.12 | R언어 스타트업 값 설치 대화창

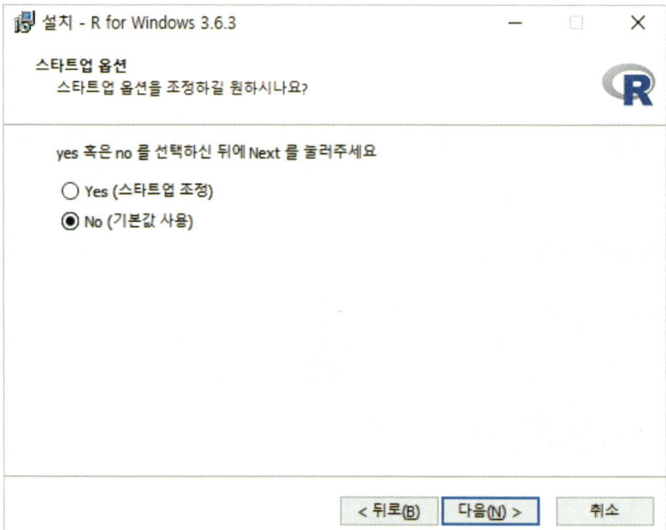

이 〈그림 2.13〉 대화창에서도 별다른 사용자의 생각이 없다면 [다음]을 선택하자. 그러면 바로가기를 위한 추가 옵션 대화창 〈그림 2.13〉이 나타난다. 마찬가지로 [다음(N)]을 선택하면 〈그림 2.14〉와 같이 다운받은 프로그램의 압축을 풀어 설치한다. 설치가 완료되면 〈그림 2.15〉와 같이 설치 완료 화면이 나타난다.

그림 2.13 | 아이콘 생성 등 추가사항의 설치

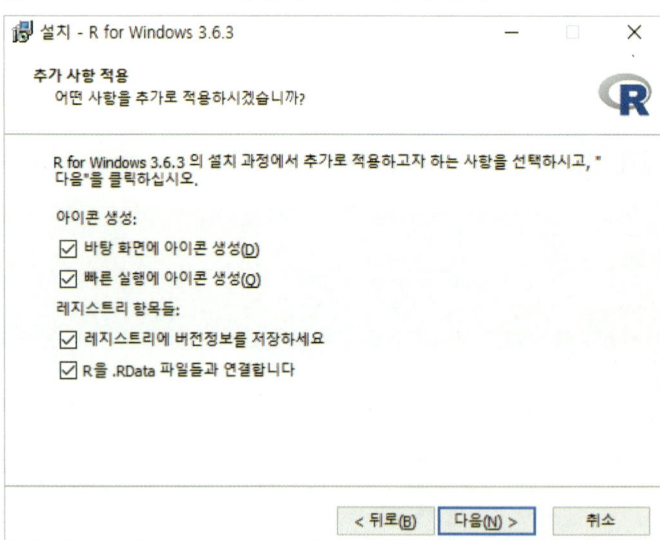

그림 2.14 | 다운받은 프로그램을 압축을 풀어 설치

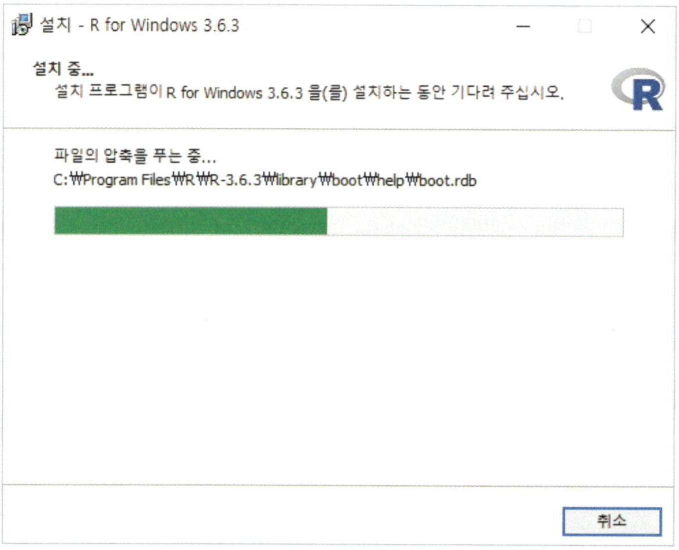

그림 2.15 | R언어 설치 완료 화면

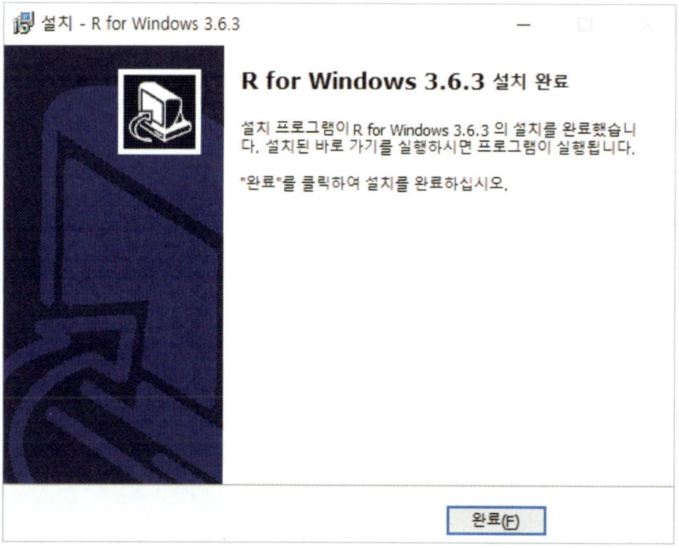

설치가 완료되면 완료(F) 버튼을 클릭함으로써 설치를 끝낼 수 있다. 이와 동시에 학습자가 사용하는 컴퓨터에 바로가기 아이콘(〈그림 2.16〉)이 생성된다.

그림 2.16 | R실행 아이콘

R의 버전은 계속 업데이트되고 있으므로 이 책을 읽는 학습자들은 더 높은 버전을 사용할 수도 있다.

2.3 R언어 개발환경 둘러보기

(1) 명령어 실행창(R콘솔, R Console)에서 명령어 실행해보기

설치가 끝나면 이제는 R언어 개발환경을 한번 대략 둘러보자. 깊은 내용들은 사용하면서 익힐 수 있으니 그때 가서 학습하기로 하고 일단 한번 살펴보자. 먼저 바탕화면에 설치된 64비트용 아이콘을 클릭하면 다음과 같은 화면(〈그림 2.17〉)을 만난다. 이 화면에 나타난 창은 명령어를 실행할 수 있는 실행창이다. 이를 R콘솔(R Console)이라고 부른다.

그림 2.17 | R언어 명령실행창 1

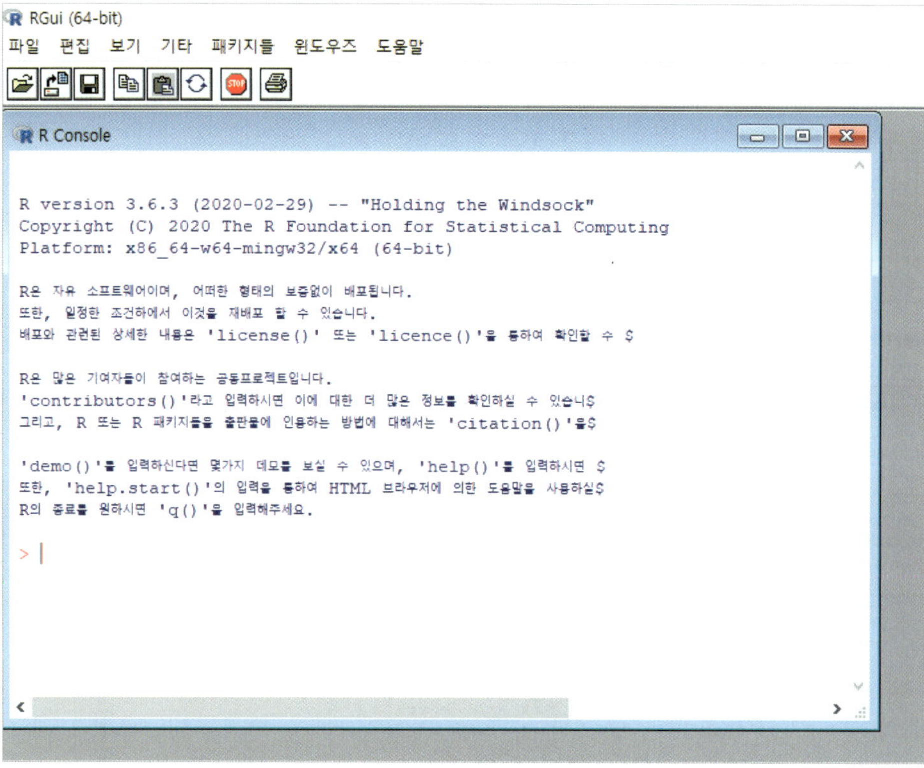

R콘솔 화면의 붉은색 꺾쇠표시 > 오른쪽에 다음과 같이 명령어를 입력하여 엔터키를 누르면 바로 실행된다. 한번 시도해보자.

R코드 2.1

```
> a <- 3  ↲
> b <- 5  ↲
> a * b   ↲
[1] 15
>
```

이 명령어는 객체 a를 생성하고, 객체 a에 3이라는 값을 할당하고, 또 객체 b를 생성하고, 객체 b에 5이라는 값을 할당한 뒤, a와 b의 곱을 구하라는 명령을 하면 15라는 값이 생성된다. 물론 할당기호 "<-" 대신 "="를 써도 결과는 같다. 이 책에서는 "<-"를 앞

부분에 일부 사용하다가 "="를 사용할 것이다. 그 이유는 "<-"보다는 "="이 더 편하기 때문이다.

실제화면은 〈그림 2.18〉과 같다. 코드를 위한 문법은 나중에 살펴보고 일단 전체적인 구조를 살펴보는 데 초점을 두자. 가장 좋은 것은 메뉴 하나 하나를 클릭해보는 것이지만 성급한 실행은 오히려 좌절을 가져올 수 있으니 천천히 해보자.

그림 2.18 | 명령실행창 2

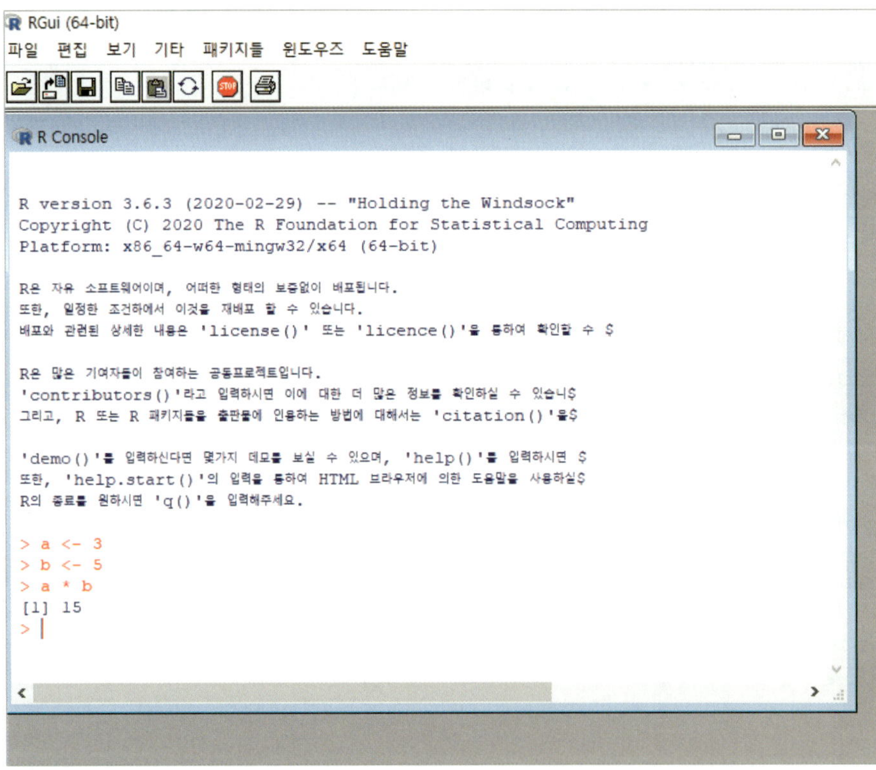

(2) 편집기에서 명령어 실행해보기

R콘솔(실행창)에서 명령어를 직접 입력하는 대신 다른 방법으로도 명령을 실행할 수 있다. 다른 방법은 편집기를 이용하는 것이다. 대부분의 컴퓨터 언어들은 실행창 이외에 편집기를 보유하고 있다. 편집기란 명령어를 입력하고 수정하고 저장하고 실행하는 기능을 가진 또 하나의 소프트웨어이다.

같은 방식으로 화면의 풀다운 메뉴에서 파일이라는 메뉴를 선택하고, 새스크립트라는 하위메뉴를 선택하면 다음의 화면과 같이 편집기를 생성할 수 있다. 이 편집기는 **R편집기**라는 이름으로 명명되어 있고, 이 편집기를 이용하여 명령어를 작성하고 수정하고 실행할 수 있다.

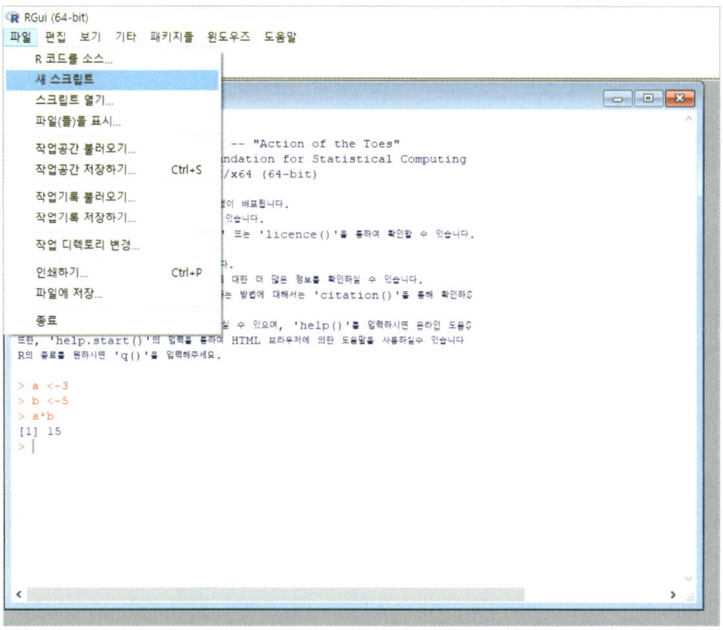

그림 2.19 | R편집기 불러오기 1

R편집기에 R콘솔(실행창)과 동일한 내용을 입력해보자.

그림 2.20 | R편집기 사용 1

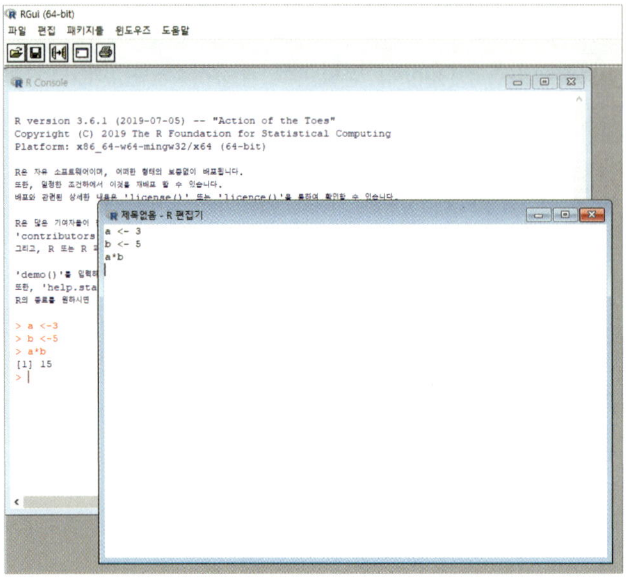

R편집기의 내용을 그대로 편집기에서도 실행시킬 수 있다. 커서를 R편집기에 위치한 상태에서 풀다운 메뉴의 편집을 클릭해보자. 풀다운 메뉴의 하위 메뉴에서 전부 실행하기를 클릭해보자.

그림 2.21 | R편집기 사용 2

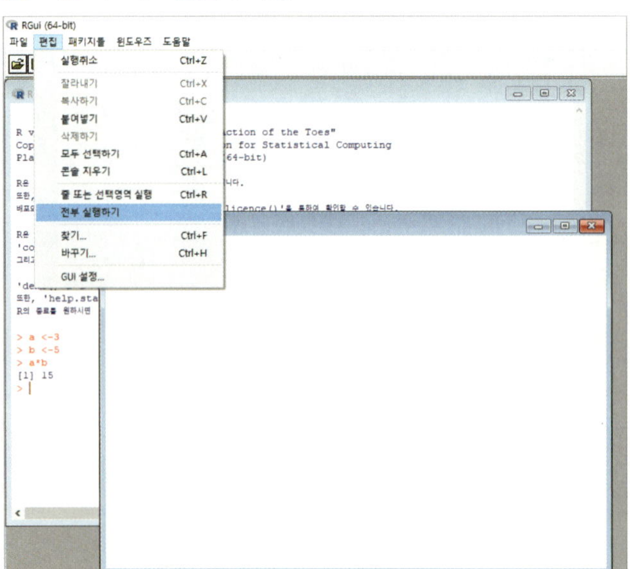

그림 2.22 | R편집기 사용 3(R편집기에서 작성한 코드 전체실행)

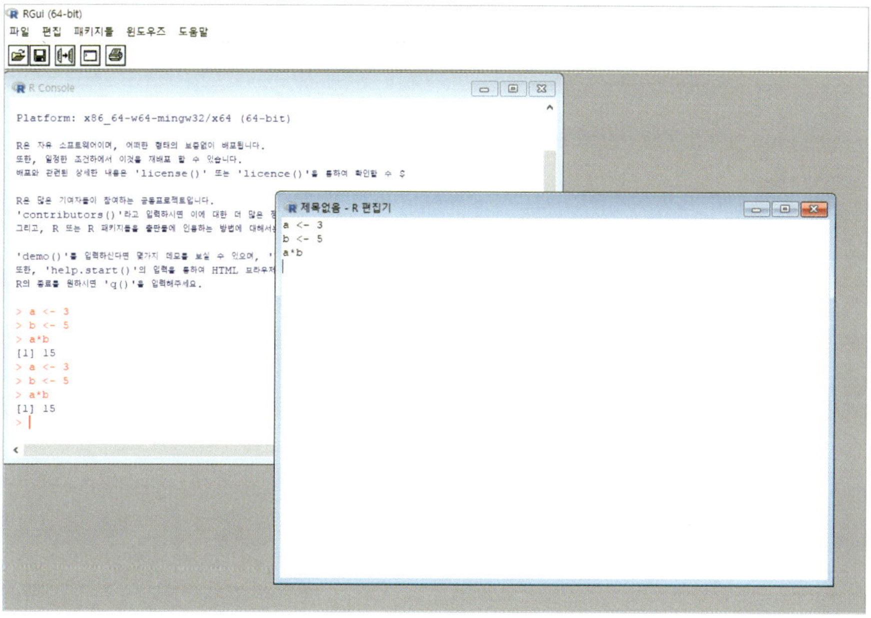

마찬가지로 동일한 실행결과가 R콘솔(실행창)에 나타난다는 것을 확인할 수 있다. 〈그림 2.23〉과 같이 R편집기에서 입력된 코드를 마킹하여 일부분만을 실행해도 된다.

〈그림 2.23〉과 같이 커서를 R편집기에서 실행시킬 영역을 마우스를 이용하여 마킹한 후, 풀다운 메뉴의 편집을 클릭하여 풀다운 메뉴의 하위 메뉴에서 줄 또는 선택영역 실행을 클릭하면 같은 결과를 얻을 수 있다.

R편집기는 메모장처럼 코드의 내용을 저장하고 관리하는데 유용하게 사용할 수 있으므로, 학습자들은 이 부분에 대한 이해를 높이는 것이 R언어를 사용하는데 도움을 줄 수 있다.

그림 2.23 | R편집기 사용 4(편집기에서 작성한 코드의 일부 실행)

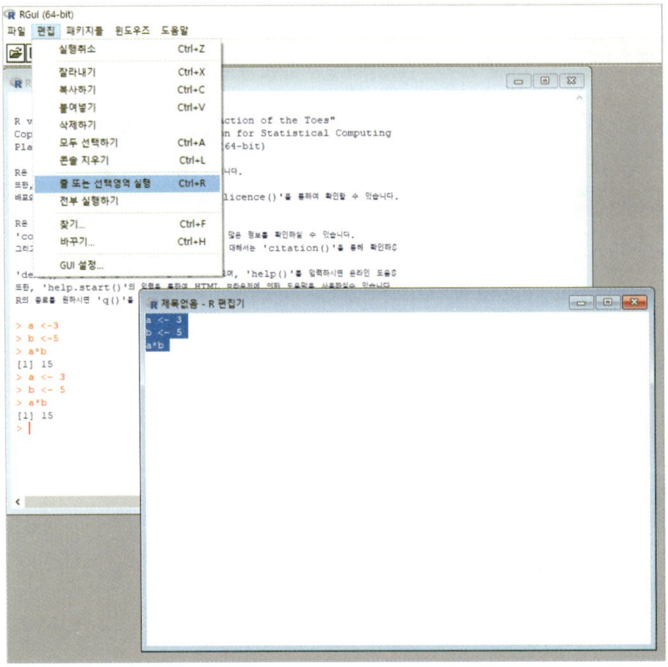

하나의 R편집기 안에 여러 개의 코드를 작성한 경우 일부분만을 실행하고 싶다면 〈그림 2.23〉과 같이 일부분만을 마우스로 마킹하여 실행하면 편리하게 이용할 수 있다.

이제 R편집기에서 작성한 코드들을 어떻게 저장하고 불러들여 사용할지를 연습해보자.

(3) R편집기의 사용

R편집기에 입력한 내용은 당연히 저장했다가 다시 불러들여 사용할 수 있다. 커서를 R편집기에 위치시키고 풀다운 메뉴의 파일을 클릭하여 저장하기를 선택한다. 부여할 파일명(여기서는 'practice1'으로 입력하였음)을 입력하고 저장버튼을 누르면 된다. 저장된 파일의 확장자는 R로 부여된다(〈그림 2.24〉, 〈그림 2.25〉).

그림 2.24 | R편집기 사용 5 : 편집기의 내용을 저장하기

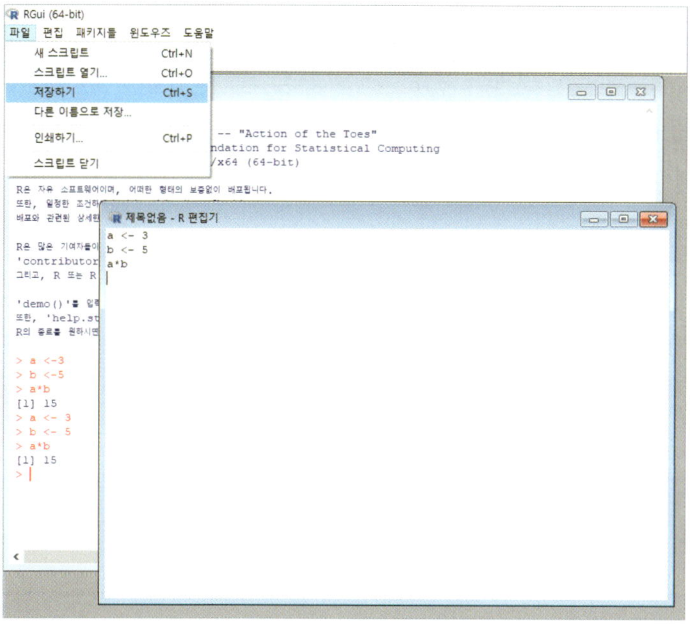

그림 2.25 | R편집기 사용 6 : 파일명의 확장자 확인

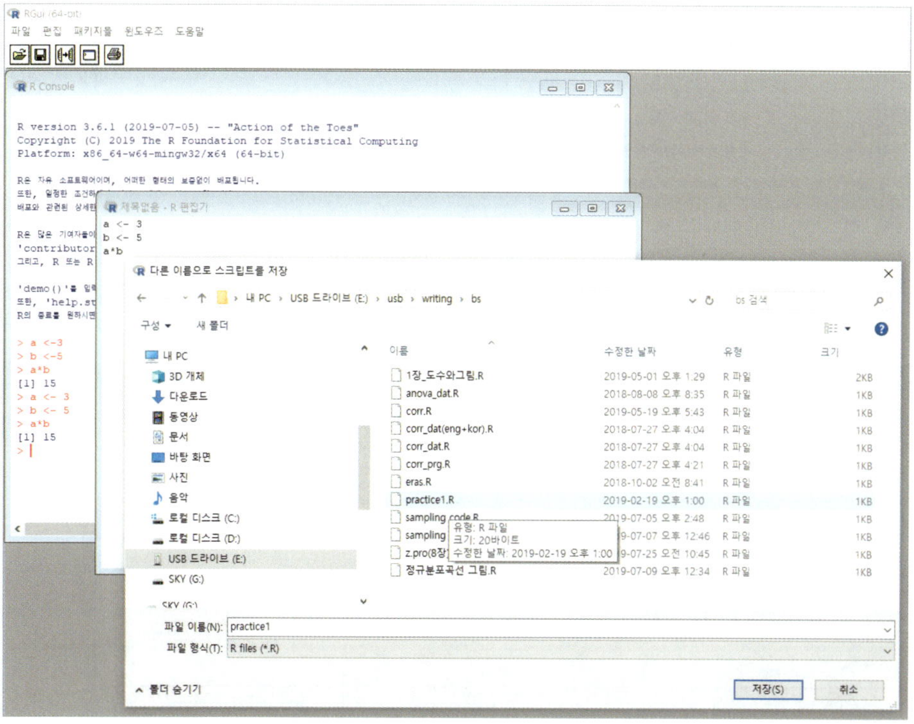

(4) 통계분석을 위한 분석패키지 둘러보기

R언어는 많은 개발자들이 개발하여 만든 무료의 공개용 오픈소스들의 집합이다. 따라서 R언어를 설치할 때 독자들이 확인했겠지만 가장 기본적인 base들을 설치한 후 분석에 필요한 도구들은 그때그때 불러들여 설치하여 사용하는 구조를 가지고 있다.

아래와 같이 풀다운 메뉴의 패키지들이란 통계분석 또는 다양한 분석들을 개발자들이 개발한 뒤 서버에 올려놓고 필요할 때 불러들여 사용할 수 있도록 만든 메뉴이다. 버전이 업데이트될수록 패키지의 수는 많아지는 것이 당연하다. 따라서 패키지들이라는 메뉴에 대해서 대략 살펴보는 것이 중요하다.

먼저 풀다운 메뉴의 패키지들이란 메뉴를 클릭하여 하위 메뉴 중 패키지 설치하기를 선택해보자(〈그림 2.26〉).

그림 2.26 | 통계분석을 위한 패키지 설치하기 1

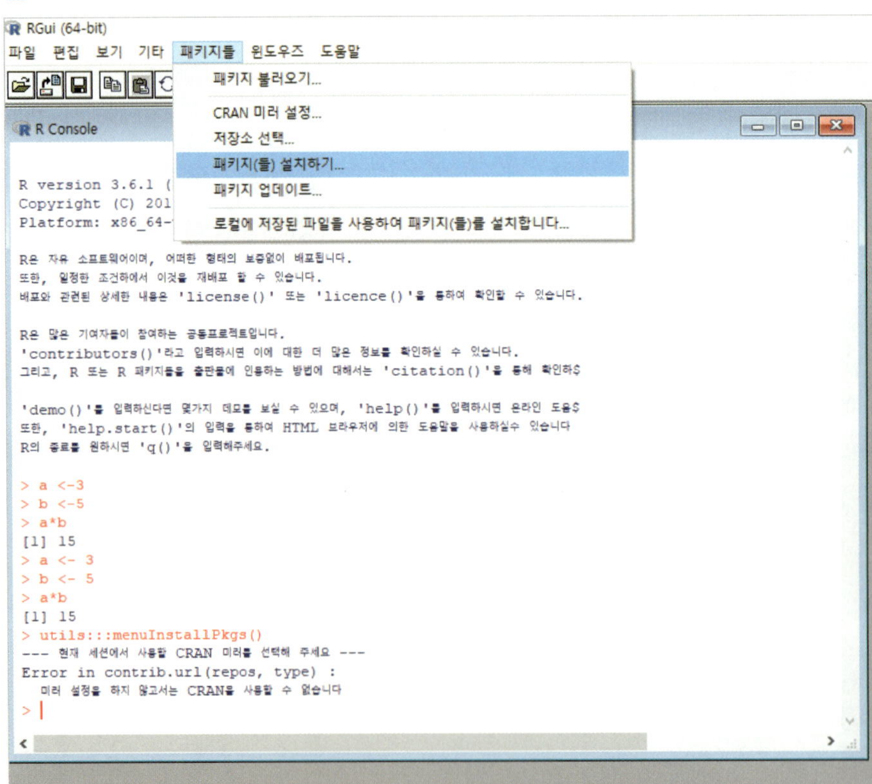

그러면 각국에서 R언어 서비스를 제공하는 서버들의 리스트가 제공된다. 만약 Korea라는 국가가 보이지 않는다면 맨 아래의 other mirror를 선택해보라.

그림 2.27 | 통계분석을 위한 패키지 설치하기 2

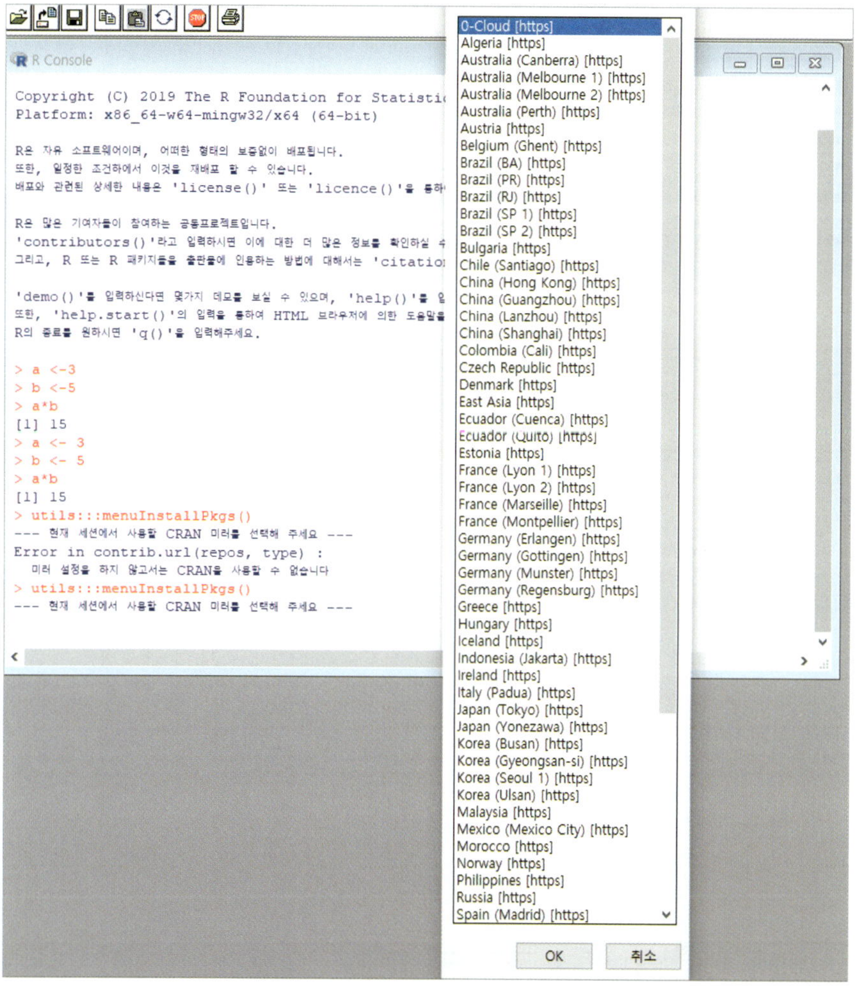

Korea(Seoul)을 선택하면 설치할 수 있는 패키지의 리스트가 나타난다. 이 중 원하는 패키지를 선택하고 OK를 누르면 사용자의 컴퓨터 안에 설치된다. 이 작업은 개발자들이 개발한 소프트웨어나 데이터들을 서버에 올려 놓으면, 사용자들은 그 서버의 분석도구들인 패키지들을 자신의 컴퓨터에 설치하는 과정이다. 오픈소스인 R언어는 개발자들이 지속적으로 자신들이 개발한 분석도구들을 서버에 올려놓기 때문에 서버에 올려진 패키지들의 수는 계속 증가한다. 각 패키지들의 개발자들이 누구이며, 어떤 분석을 위한 것인지는 https://mran.microsoft.com/packages에 들어가면 독자들이 확인해볼 수 있다.

그림 2.28 | 통계분석을 위한 패키지 설치하기 3

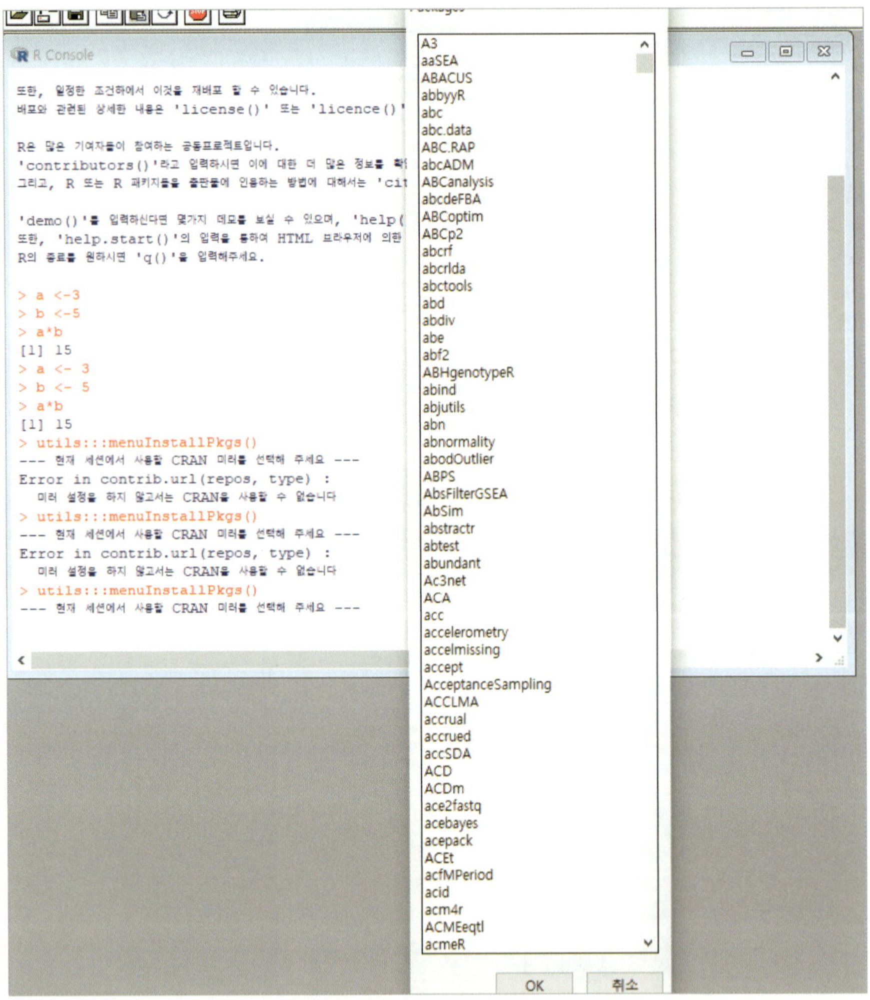

원하는 분석도구들을 클릭하여 설치하면 설치하는 과정과 분석도구들이 어디에 저장되는지 R콘솔(실행창)에 나타난다. 그리고 R언어를 처음 설치할 때 기설치되어 있거나 패키지 설치하기를 통해 설치된 분석도구들의 리스트는 풀다운 메뉴의 패키지들 하위메뉴에서 **패키지 불러오기**를 통해 확인할 수 있으며, 분석에서 해당 분석도구를 클릭하면 R콘솔(실행창) 안으로 불러들여진다.

한번 시도해보자. **패키지들 → 패키지(들)설치하기 → pls 설치**를 선택하면 **R콘솔**(실행창)에서 설치과정을 확인할 수 있다.

그림 2.29 | 통계분석을 위한 패키지 설치하기 4

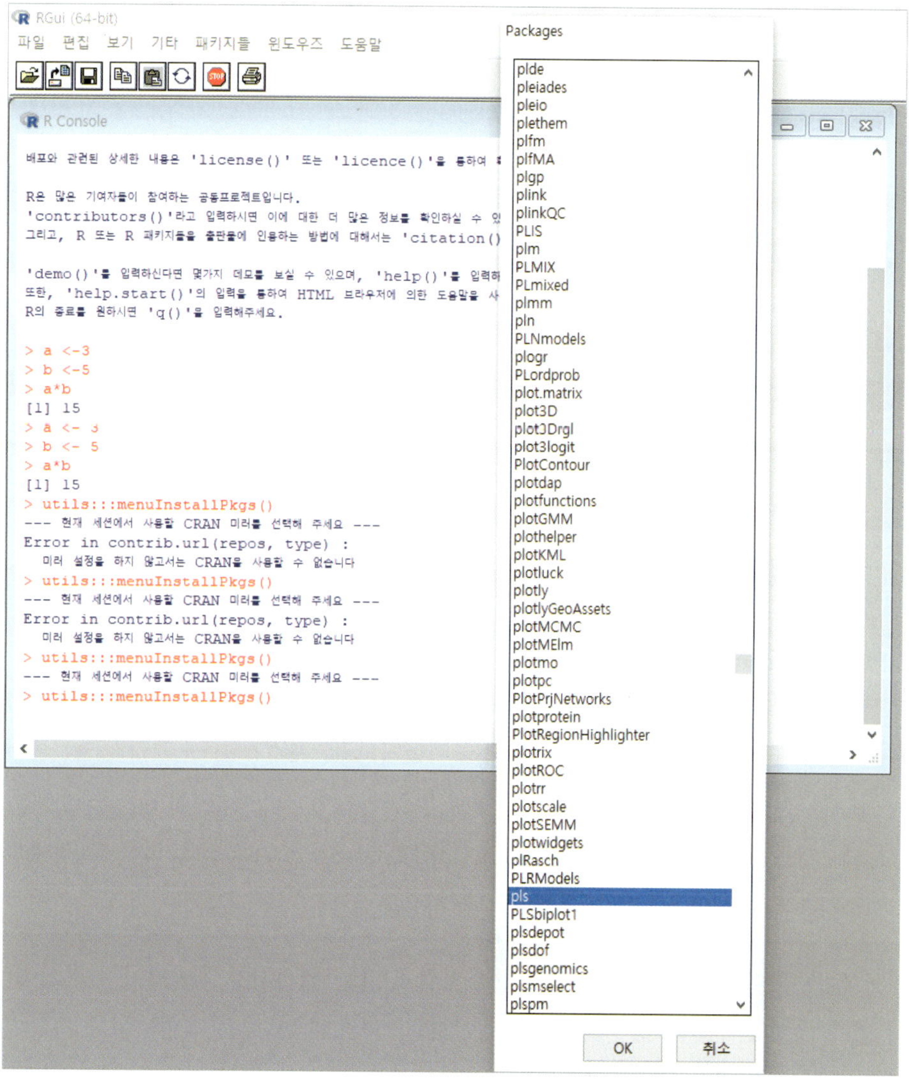

그림 2.30 | 통계분석을 위한 패키지 설치하기 5

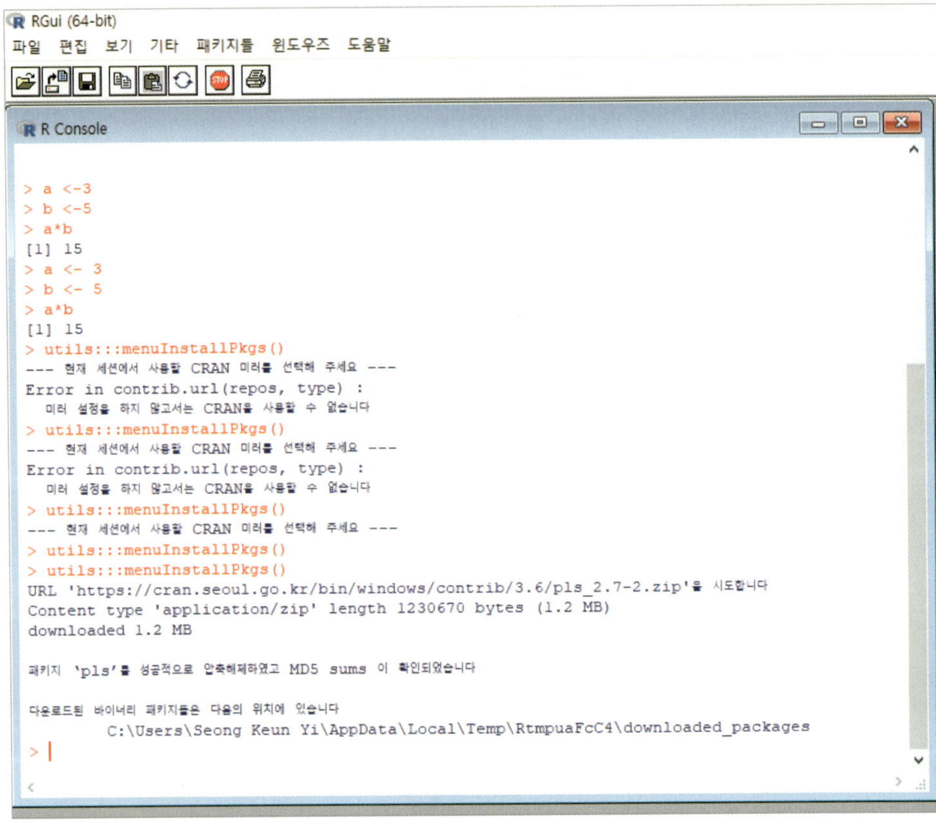

이제 설치된 통계분석 패키지를 사용을 위해 불러들여보자. 패키지들 → 패키지(들) 불러오기 → pls를 선택하면 〈그림 2.31〉, 〈그림 2.32〉와 같이 실행을 위해 R콘솔(실행창)에 로딩되는 것을 확인할 수 있다. pls는 Partial Least Square 분석을 위한 도구(패키지)이다. 이제 이 패키지를 사용하고자 할 때 사용할 준비가 된 것이다.

이외에도 많은 통계분석을 위한 〈그림 2.29〉처럼 다양한 패키지가 개발되어 서버에 탑재되어 있다. 이 모든 것을 다 설명할 수는 없으니, 앞으로 이 책을 설명하면서 하나씩 학습하도록 하자.

그림 2.31 | 통계분석을 위한 패키지 설치하기 6

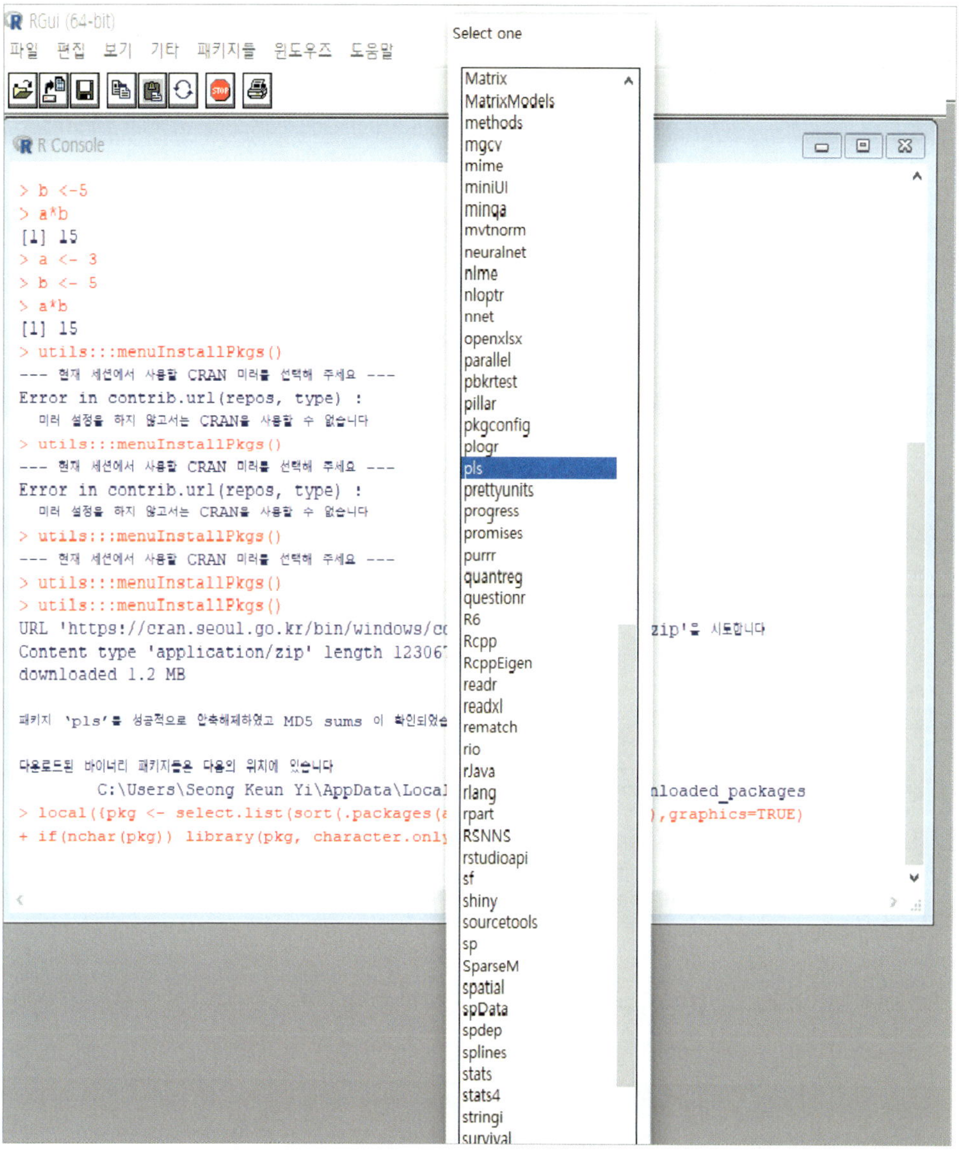

그림 2.32 | 통계분석을 위한 패키지 설치하기 7

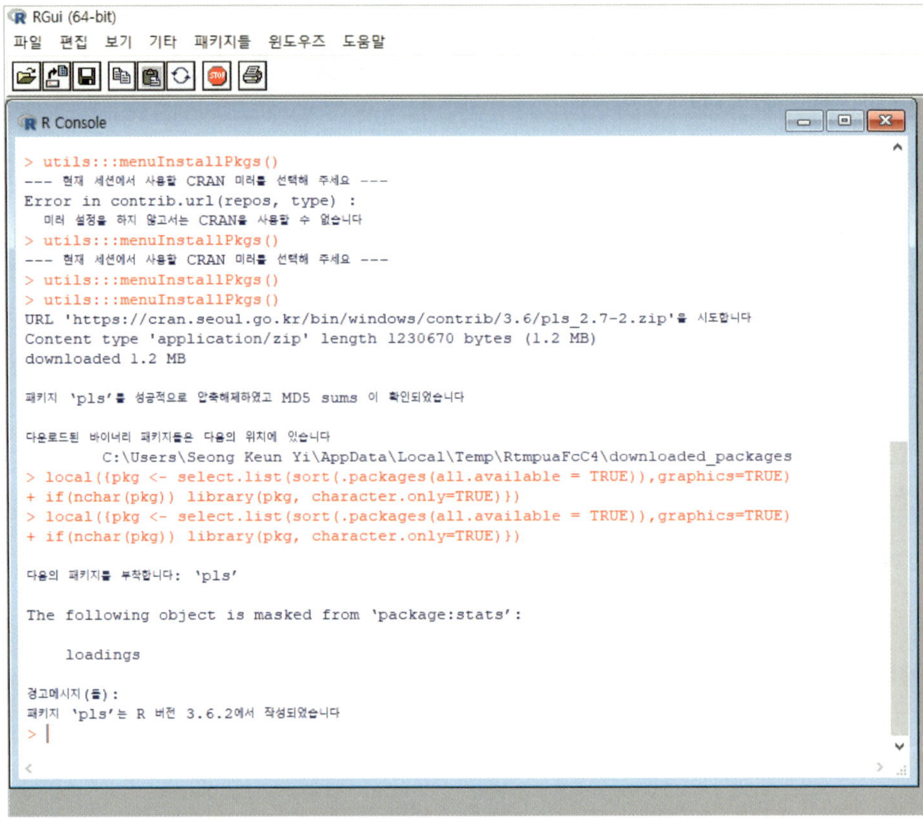

(5) 정리

이제 다시 정리해보자. R언어는 기본적인 연산 이외에 필요한 분석도구들은 패키지 형태로 저장되어 있다가 필요할 때 R콘솔(실행창)에서 불러들여 사용한다. 그리고 새롭게 개발되는 분석도구들은 개발자들이 서버에 탑재해 놓으면 사용자들이 자신의 컴퓨터에 설치하여 저장하고, 이를 필요할 때 불러들여 사용하는 방식을 취하는 것이다. 물론 이 분석도구들에는 분석을 위한 데이터셋도 같이 포함되어 있다.

2.4 데이터 살펴보기

R언어에는 개발자들이 많은 예제 데이터들을 탑재하여 놓았다. 물론 새로운 분석도구들이 만들어지면서 데이터도 계속 추가된다. 이 데이터는 데이터베이스 형태로 되어 있기 때문에 이 데이터베이스를 관리할 수 있는 ODBC 같은 데이터베이스 소프트웨어를 설치해야 하고, 또 그 데이터베이스 소프트웨어를 잘 알지 않으면 이 데이터를 확인하기 어렵다.

그러나 〈그림 2.33〉과 같이 내장데이터의 데이터명을 입력하면 이 데이터를 R콘솔(실행창)에서 출력해준다. trees는 R의 내장데이터 중의 하나이다.

그림 2.33 | 내장데이터 trees의 입력과 내장데이터의 확인

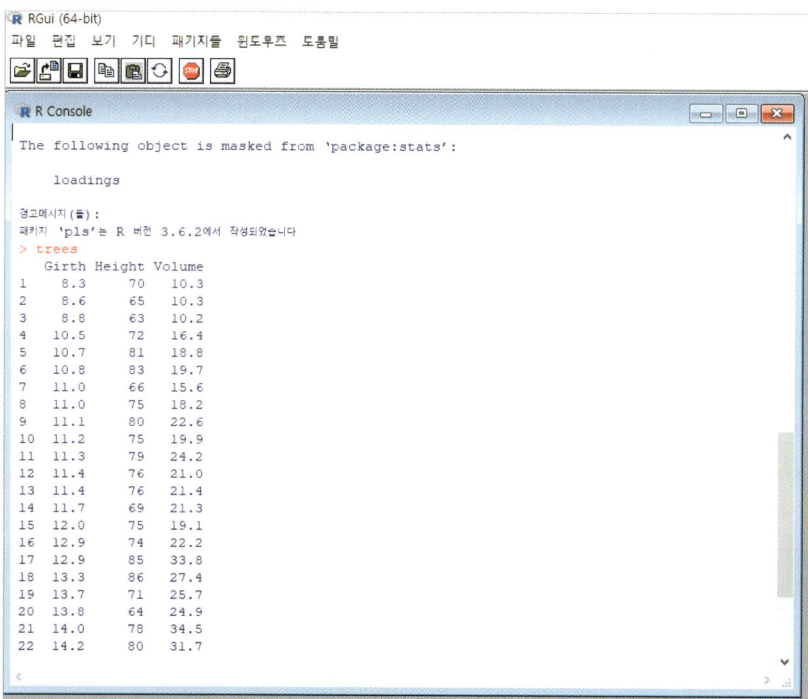

R이 어떤 내장데이터를 가지고 있는가 하는 것은 〈그림 2.34〉와 같이 R콘솔(실행창)에서 확인할 수 있다. 이 경우 R콘솔(실행창)에서 〈R코드 2.2〉와 같이 입력하여 실행하면 내장데이터의 리스트를 보여준다.

사용자가 통계분석에 관한 연습이나 훈련을 위해, 또는 통계학에 관한 지식을 기르기 위해 어떤 데이터를 활용해볼 수 있을까? 이러한 의문이 들 때 〈R코드 2.2〉와 같이 또는 〈그림 2.34〉와 같이 R콘솔(실행창)에서 data()라고 입력하면 어떤 데이터들이 내장되어 있으며, 그 데이터들이 어떤 내용인지 확인해볼 수 있다. 이 설명을 참고하면 데이터를 활용하는 데 참고가 될 것이다.

R코드 2.2 | 내장데이터 리스트 확인

[입력]

```
>data()
```

[출력]

그림 2.34 | 내장데이터 리스트 확인

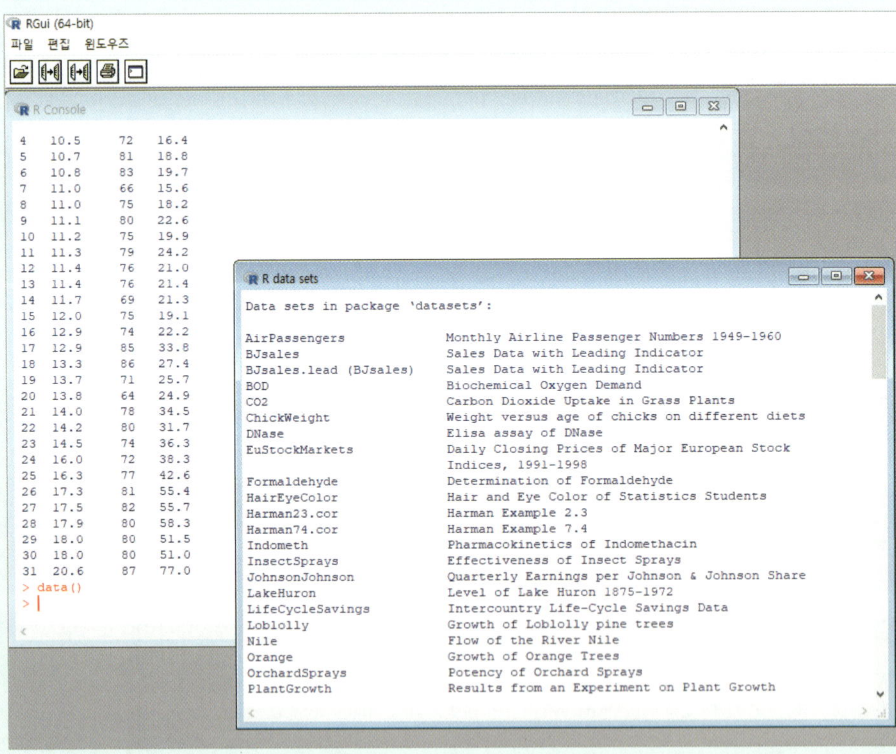

먼저 데이터 'trees'를 살펴보자. 이 데이터가 어떤 데이터인지 알기 위해서 R콘솔에서 〈그림 2.35〉 또는 〈R코드 2.3〉과 같이 입력해보자. 이 명령어를 입력하여 실행하면 데이터에 관한 자세한 설명이 나온다.

R코드 2.3 | 데이터 trees의 내용 확인

[입력]

```
>? trees
```

[출력]

그림 2.35 | 데이터 trees의 내용 확인

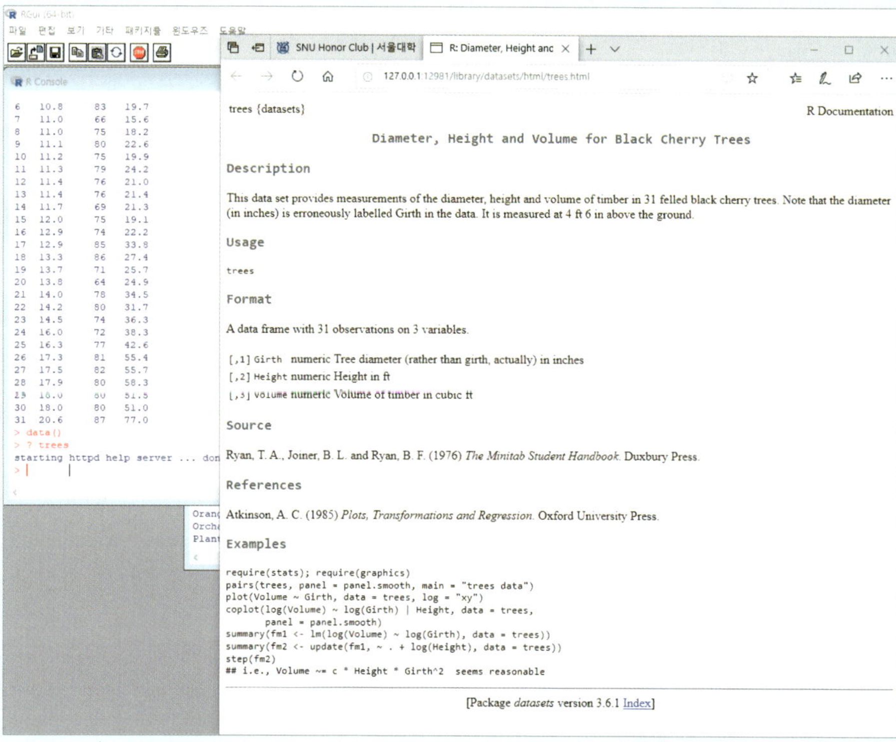

이 설명을 읽어보면 31개 검은 체리나무의 둘레(diameter, girth), 키(heitht), 부피(volume)를 측정한 것이며, 데이터에 의하면 둘레는 직경을 인치로, 키는 피트로, 부피는 입방피트로 측정했다고 설명하고 있다.

2.5 데이터의 저장과 활용

내장된 데이터는 간단한 방법으로 다른 데이터 포맷으로 저장할 수 있다. 많이 사용하는 방법 중의 하나는 엑셀형식으로 데이터를 저장하는 것인데, 이는 엑셀에 이 데이터를 보내어 저장한 뒤 나중에 다시 사용할 수 있다. 이를 위해 다음과 같은 간단한 명령어로 가능하다. 즉, trees라는 데이터셋을 e드라이브(드라이브와 폴더는 사용자가 지정하면 된다)에 "e:/trees.xlsx"라는 이름으로 저장해보자. 마찬가지로 R콘솔(실행창)에서 〈R코드 2.4〉와 같이 입력하면 데이터를 엑셀형식으로 저장할 수 있다.

R코드 2.4 | 내장데이터를 엑셀로 저장(패키지 xlsx 이용, write.xlsx() 함수 이용

[입력]

```
> library(xlsx) #R 라이브러리의 xlsx사용 선언
> write.xlsx(trees, "e:/trees.xlsx") #엑셀형식으로 내장데이터를 e드라이브에 저장
```

이 작업을 위해서는 R에서 엑셀패키지를 설치하고 이를 불러들여야 한다. 엑셀패키지의 설치는 〈그림 2.36〉과 같이 R의 풀다운 메뉴에서 찾을 수 있다. 이를 데이터 익스포트(export, 내보내기)라는 전문적인 용어로 부르기도 하므로 독자가 참고하기 바란다.

다만 참고할 것은 패키지 xlsx를 설치하고 나서 xlsx를 불러들일 때 가끔 에러가 나는 경우가 있으며, 이때의 에러 메시지는 대부분 JAVA 때문이다. 즉 다음과 같은 메시지가 호출된다.

```
Error : .onLoad가 loadNamespace()에서 'rJava' 때문에 실패했습니다:
```

이 경우 R의 처리 비트와 Java의 처리비트가 맞지 않아서 그렇다. 이 책을 학습자들은 대부분 64비트 컴퓨터를 사용하고 있는데, Java가 32비트로 설치되어 있는 경우가 있다. 이 경우 다음의 사이트에 들어가서 Java를 업데이트하고 컴퓨터를 다시 부팅하면 된다.

```
https://www.java.com/en/download/manual.jsp
```

▶ 그림 2.36 | 엑셀패키지의 설치

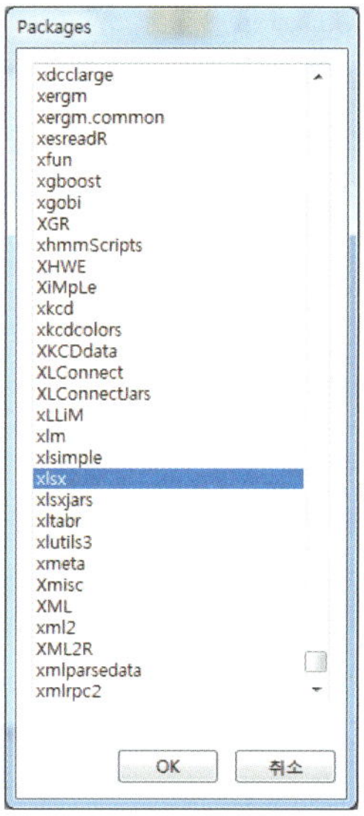

데이터가 잘 저장되었는가 하는 것은 엑셀파일을 열어서 확인할 수 있다. 〈그림 2.37〉은 R의 내장데이터를 엑셀로 저장한 결과를 보여주고 있다.

▶ 그림 2.37 | 엑셀로 저장된 내장데이터 trees

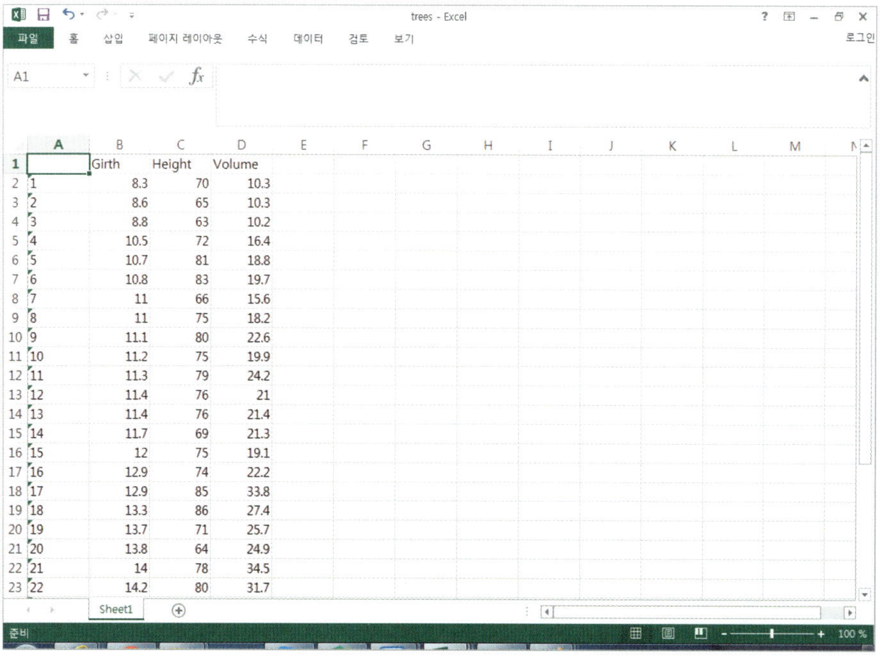

	Girth	Height	Volume
1	8.3	70	10.3
2	8.6	65	10.3
3	8.8	63	10.2
4	10.5	72	16.4
5	10.7	81	18.8
6	10.8	83	19.7
7	11	66	15.6
8	11	75	18.2
9	11.1	80	22.6
10	11.2	75	19.9
11	11.3	79	24.2
12	11.4	76	21
13	11.4	76	21.4
14	11.7	69	21.3
15	12	75	19.1
16	12.9	74	22.2
17	12.9	85	33.8
18	13.3	86	27.4
19	13.7	71	25.7
20	13.8	64	24.9
21	14	78	34.5
22	14.2	80	31.7

엑셀로 저장했으니 엑셀데이터를 읽어 오는 것도 가능하지 않겠는가? 이 방법은 3장에서 다루도록 하자.

엑셀뿐만이 아니라 SPSSWIN이나 SAS의 데이터 포맷으로도 전환하여 저장할 수 있음을 기억하는 것이 좋을 것이다. 앞으로 이 책을 전개해 나갈 때에는 내장데이터셋을 주로 사용할 것이며, 각 통계분석의 주제들에 따라 데이터는 마이클 크롤리(Michael J. Crawley)가 쓴 『The R Book』을 참고할 것임을 독자들에게 미리 알린다.[2)]

2) 마이클 크롤리 저, 정사범 · 권정민 역(2014), Tht R Book, 2판, 에이콘

부록 통계분석을 위한 R활용 2 : 데이터 생성과 관리

제2장에서는 R을 설치하고 R이 무엇인가 하는 정도의 내용을 담았다. 그러나 우리는 R을 무엇 때문에 배우는가? 사용하기 위해서 아닌가? 이제 R을 조금씩 사용해보자. 그러나 R을 사용하기 위해서 가장 먼저 필요한 것이 데이터 아닌가? 이 장에서는 먼저 데이터를 어떻게 만들어내는가 하는 것부터 조금씩 연습해보자.

모든 공부가 그렇듯이 계속된 반복과 관심만이 숙련도를 만들어낸다. 그러니 서둘지 말고 하나씩 살펴보자.

1. 데이터 관리 : 텍스트 형태의 데이터 불러들이기

먼저 "treedata.txt"라는 텍스트 형식의 파일이 **e드라이브의 data라는 폴더**에 들어있다고 하자. 이 파일을 R코드 안에 불러들여 분석할 준비를 해보자. 이 데이터는 2장에 R의 내장데이터로 저장되었던 것을 저자들이 다시 텍스트 형태로 저장하여 놓은 것이다. 이 데이터는 메모장에서 확인할 수 있으며, 다음과 같이 구성되어 있다.

treedata - Windows 메모장

파일(F) 편집(E) 서식(O) 보기(V) 도움말

	Girth	Height	Volume
1	8.3	70	10.3
2	8.6	65	10.3
3	8.8	63	10.2
4	10.5	72	16.4
5	10.7	81	18.8
6	10.8	83	19.7
7	11.0	66	15.6
8	11.0	75	18.2
9	11.1	80	22.6
10	11.2	75	19.9
11	11.3	79	24.2
12	11.4	76	21.0
13	11.4	76	21.4
14	11.7	69	21.3
15	12.0	75	19.1
16	12.9	74	22.2
17	12.9	85	33.8
18	13.3	86	27.4
19	13.7	71	25.7
20	13.8	64	24.9
21	14.0	78	34.5
22	14.2	80	31.7
23	14.5	74	36.3
24	16.0	72	38.3
25	16.3	77	42.6
26	17.3	81	55.4
27	17.5	82	55.7
28	17.9	80	58.3
29	18.0	80	51.5
30	18.0	80	51.0
31	20.6	87	77.0

이 **텍스트 형식 데이터**를 R코드에서 분석하려면 다시 **R코드의 데이터 형식**으로 불러들인다. 이 텍스트 형식 데이터를 살펴보면 첫 행은 변수명으로 구성되어 있고, 나머지 31개의 행은 각 개별 관측데이터로 되어 있다. **header=T**는 첫 행이 변수명이라는 의미이다. 이 텍스트 데이터를 R코드의 데이터 형식으로 불러들이려면 다음과 같이 **R콘솔(실행창)**에서 입력하여 실행한다.

R연습코드 2.1 | 텍스트 형식의 데이터 불러들이기

[입력]

```
> treedata <- read.table("e:/data/treedata.txt", header=T) #텍스트 형태의 데이터파일을 R데이터 형식으로 불러들여 treedata라는 파일명으로 저장
> treedata #이 데이터파일을 확인한다.
```

[출력]

```
R Console
> treedata
   Girth Height Volume
1    8.3     70   10.3
2    8.6     65   10.3
3    8.8     63   10.2
4   10.5     72   16.4
5   10.7     81   18.8
6   10.8     83   19.7
7   11.0     66   15.6
8   11.0     75   18.2
9   11.1     80   22.6
10  11.2     75   19.9
11  11.3     79   24.2
12  11.4     76   21.0
13  11.4     76   21.4
14  11.7     69   21.3
15  12.0     75   19.1
16  12.9     74   22.2
17  12.9     85   33.8
18  13.3     86   27.4
19  13.7     71   25.7
20  13.8     64   24.9
21  14.0     78   34.5
22  14.2     80   31.7
23  14.5     74   36.3
24  16.0     72   38.3
25  16.3     77   42.6
26  17.3     81   55.4
27  17.5     82   55.7
28  17.9     80   58.3
29  18.0     80   51.5
30  18.0     80   51.0
31  20.6     87   77.0
> |
```

2. 벡터데이터의 생성 : 함수 c()

기존의 데이터를 불러들이는 것 이외에도 데이터를 직접 생성할 수도 있다. 다음과 같이 R콘솔(실행) 창에서 입력해보자. 이때 사용하는 함수는 **c()**이다. 이는 combine(결합), concatenate(연결)의 첫 글자라는 의미가 있다고 알려져 있지만, 확실하지는 않다. a=c(1,2,3,4,5,6)은 **열벡터**를 생성해주므로 그냥 열벡터의 의미인 column vector라고 해도 무방하다. 즉,

$$a = \begin{pmatrix} 1 \\ 2 \\ 3 \\ 4 \\ 5 \\ 6 \end{pmatrix}$$ 인 것이다.

R연습코드 2.2 | 벡터데이터의 생성 : 함수 c()

[입력]

```
> a=c(1,2,3,4,5,6) #a에 수치 1,2,3,4,5,6으로 이루어진 열벡터를 생성하여 a에 저장(할당)
> b=c(1,2,3,4,5,6) #b에 수치 1,2,3,4,5,6으로 이루어진 열벡터를 생성하여 b에 저장(할당)
> c=a%*%b #수치벡터 a와 수치벡터 b를 내적(1*1+2*2+3*3+4*4+5*5+6*6)하여 변수 c에 저장
  (할당)
> c #c를 출력(=print(c), print()함수를 사용해도 같은 결과를 얻는다)
```

[출력]

```
     [,1]
[1,]   91
```

[해설]

출력물은 행([1,]과 열([,1])에 표시가 되어 있다. 대부분의 출력은 이렇게 행과 열로 표시해준다. 91은 1행과 1열의 데이터라는 의미이다.

이러한 방법으로 벡터로 이루어진 데이터를 생성할 수 있다. 여기에서 벡터나 행렬의 곱(내적)은 기호 **%*%**를 사용한다. 연산에 대해서는 앞으로 조금씩 다룰 것이므로 조급해하지 말고 천천히 살펴보자. 여기에서는 단지 벡터를 활용하여 연산이 가능하다는 예를 든 것이다.

3. 벡터데이터의 행렬화(행렬데이터의 생성) : 함수 matrix()

벡터로 저장된 데이터를 약간의 과정을 거처 행렬형태의 데이터로 만들어보자. 이때 사용하는 함수는 matrix()이다.

R연습코드 2.3 | 벡터데이터의 행렬화 : 함수 matrix()

▪ 3×2 행렬의 생성(열기준으로 데이터를 배열, 디폴트)

[입력]

```
> a=c(1,2,3,4,5,6) #a에 1,2,3,4,5,6으로 이루어진 벡터를 생성하여 저장(할당)
> ma=matrix(a, ncol=2) #벡터 a를 열이 2(ncol=2)개인 행렬로 만들어 ma에 저장(할당)
> ma #ma출력(=print(ma))
```

[출력]

```
     [,1] [,2]
[1,]    1    4
[2,]    2    5
[3,]    3    6
```

▪ 3×2 행렬의 생성 : 행기준으로 데이터를 배열

[입력]

```
> mar=matrix(a, ncol=2, byrow=T) #벡터 a를 열이 2(ncol=2)개인 행렬로 만들어 mar에
  저장하되 수의 배열은 행기준(byrow=T)
> mar #mar 출력(=print(mar))
```

[출력]

```
     [,1] [,2]
[1,]    1    2
[2,]    3    4
[3,]    5    6
```

▪ 2×3 행렬의 생성

[입력]

```
> mb=matrix(b, nrow=2) #벡터b를 행이 2(nrow=2)개인 행렬로 만들어 mb에 저장(할당)
> mb  #mb 출력(=print(mb))
```

[출력]

```
     [,1] [,2] [,3]
[1,]    1    3    5
[2,]    2    4    6
```

■ 2×3 행렬의 생성 : 행기준으로 데이터를 배열

[입력]

```
> mc=matrix(b, nrow=2, byrow=T) #벡터 b를 행이 2(nrow=2)개인 행렬로 만들어 mc에
  저장(할당)하되 데이터의 배열을 행부터(byrow=T)
> mc  #mc 출력(=print(mc))
```

[출력]

```
     [,1] [,2] [,3]
[1,]    1    2    3
[2,]    4    5    6
```

4. 벡터데이터의 결합에 의한 행렬데이터의 생성 : 함수 rbind(), cbind()

벡터데이터를 결합하여 행렬데이터 형태로 만들어보자. 이때 사용하는 함수는 rbind() **(벡터데이터를 행기준으로 병합)**, cbind()**(벡터데이터를 열기준으로 병합)**이다.

R연습코드 2.4 | 벡터데이터의 결합 : 함수 rbind(), cbind()

■ 데이터를 행기준으로 결합

[입력]

```
> a=c(1,2,3,4,5,6) #a에 1,2,3,4,5,6으로 이루어진 벡터를 생성하여 저장(할당)
> b=c(1,2,3,4,5,6) #a에 1,2,3,4,5,6으로 이루어진 벡터를 생성하여 저장(할당)
> rab=rbind(a,b) #두 개의 벡터 a와 b를 행으로 결합하여 rab에 저장(할당)
> rab  #rab를 출력(=print(rab))
```

[출력]

```
  [,1] [,2] [,3] [,4] [,5] [,6]
a    1    2    3    4    5    6
b    1    2    3    4    5    6
```

■ 데이터를 열기준으로 결합

[입력]

```
> cab=cbind(a,b) #두 개의 벡터 a와 b를 열로 결합하여 cab에 저장
> cab #cab를 출력(=print(cab))
```

[출력]

```
     a b
[1,] 1 1
```

```
[2,] 2 2
[3,] 3 3
[4,] 4 4
[5,] 5 5
[6,] 6 6
```

5. 수열데이터의 생성 : 함수 seq()

seq() 함수를 이용하여 수열데이터를 생성해보자.

R연습코드 2.5 | 수열데이터의 생성 : 함수 seq()

■ **1~10까지 공차 1인 수열생성**

[입력]

```
> s=seq(1,10,1) #1부터 10까지 공차1의 수열로 이루어진 벡터를 생성하여 s에 저장(할당)
> s #s의 출력(=print(s))
```

[출력]

```
 [1]  1  2  3  4  5  6  7  8  9 10
```

■ **1~30까지 공차 3인 수열생성**

[입력]

```
> s1=seq(1,30,3) #1부터 시작하여 30까지 공차3의 수열로 이루어진 벡터를 생성하여 s1에
  저장(할당)
> s1 #s1를 출력(=print(s1))
```

[출력]

```
 [1]  1  4  7 10 13 16 19 22 25 28
```

데이터분석을 잘하기 위해서는 데이터에 대한 이해가 가장 필요하다. 따라서 이 책의 전반에 걸쳐 많은 부분들을 데이터에 대한 이해를 다룰 것이다. 사실 통계적 분석에 관한 내용은 데이터를 얼마나 잘 이해하는가에 달려있다고 해도 과언이 아니다.

일단 2장에서는 이쯤 해두자. 벡터니, 행렬이니 이런 수학적 용어들도 생소하거나 지겨울 수 있다. 학습을 진행하면서 조금씩 이해도가 높아질 것이다.

CHAPTER 03

기술통계

CHAPTER 03

기술통계

3장에서 학습해야 할 내용

3장은 데이터가 어떤 특성을 가지고 있는가를 탐색해보는 기법에 대하여 설명하고 있다. 좋은 분석을 위해 먼저 데이터의 전체적인 특성을 파악해보는 것이 필요하다. 데이터에 대한 개괄적인 이해를 위해 이 장을 잘 이해하는 것이 반드시 필요하다. 따라서 이를 탐색적 데이터분석이라고도 하며, 이에 관한 방법은 무궁무진하다. 이 장에서는 가장 기본적인 몇 가지 방법에 대하여 학습한다.

1. 기술통계란 무엇인가?
2. 표로 데이터를 요약한다는 것은 무엇을 의미하는가? 그리고 어떤 방법들이 있는가?
3. 그림으로 데이터를 요약한다는 것은 무엇을 의미하는가? 그리고 어떤 방법들이 있는가?
4. 수치로 데이터를 요약한다는 것은 무엇을 의미하는가? 그리고 어떤 방법들이 있는가?
5. R코드로 표, 그림, 수치로 데이터를 요약할 때 어떻게 작성하고 활용할 것인가?

통계적 데이터(데이터, data, 자료, 이 책에서는 데이터로 표현)가 어떤 특성을 가지고 있는지를 분석하려고 하는 시도를 **기술통계(descriptive statistics)**라고 한다. 통계학의 목표 중의 하나는 데이터의 이해, 정리, 요약인데, 데이터에 대한 정리와 요약의 방법은 수치로 하는 방법도 있고, 그림이나 표를 통해서 할 수도 있다. 이 장에서는 데이터를 **표(table)**, **그림(그래프, graph)**, 그리고 **수치(number)**에 의해 정리하고 요약하는 방법에 대하여 알아볼 것이다

이 책을 서술하면서 왜 통계적 지식이 필요한가를 생각하고, 어디에 사용할 것인가를 적절한 위치에서 언급하려고 한다. 물론 유용성만이 통계학의 목적은 아니다. 앞서 과학 또는 이론을 언급하면서 현상에 대한 이해, 설명, 그리고 예측도 유용성의 차원을 넘어 '법칙발견'이라는 인간의 지식에 대한 근본적인 욕구를 충족시킨다는 점을 상기하기 바란다.

3.1 표에 의한 데이터의 요약

(1) 도수분포표

데이터에 대한 요약(summary)은 데이터가 어떠한 특성을 가지고 있는가를 확인하고자 하는 것이다. 물론 데이터에 대한 요약은 데이터의 특성을 확인하는 목적 이외에도 확인된 특성을 가지고 의사결정에 직접적으로 활용할 수 있다. 예를 들어 자동차를 생산하는 기업은 소비자들이 선호하는 자동차의 차종을 통해 공장에서의 생산라인의 조정, 부품의 소요와 주문량 등을 결정하는 데 사용할 수 있다.

도수분포표(frequency table)는 표(table)를 통해 데이터를 정리하고 요약하는 방법이다. 도수는 발생빈도를 의미하며, 데이터에서 **특정의 변수**(예를 들면, 학년, 학과, 선호하는 스포츠 등)가 **특정의 변수값**('학년'이라는 변수에서 1학년, 2학년, 3학년, 4학년, '학과'라는 변수에서는 경영학과, 경제학과, 영문학과 등, '선호하는 스포츠'라는 변수에서는 배구, 농구, 축구 등)들을 몇 회씩 가지고 있는가를 정리하고 요약하려는 시도이다.

정의 3.1 ● 도수분포표

- 도수분포표(frequency table) : 도수에 관한 표(table)를 통해 데이터를 정리하고 요약하는 방법

교양체육을 담당하는 주임교수는 학생들이 선호하는 구기종목에 따라 몇 개의 반을 개설하고, 몇 분의 교수가 이 해당 과목을 담당하게 할 것인가를 의사결정하려고 한다. 다음과 같이 새로 대학에 입학한 경영학과 학생 20명이 교양체육 시간에 선택한 구기종목에 관한 다음과 같은 데이터가 있다고 하자.

표 3.1 경영학과 신입생의 교양체육 선택 구기종목 – 데이터

학생1–야구, 학생2–축구, 학생3–야구, 학생4–배구, 학생5–농구,
학생6–야구, 학생7–축구, 학생8–축구, 학생9–농구, 학생10–테니스,
학생11–핸드볼, 학생12–야구, 학생13–축구, 학생14–농구, 학생15–배구,
학생16–테니스, 학생17–농구, 학생18–농구, 학생19–농구, 학생20–야구

이때 이 데이터에 있어서 **변수(variable)**는 교양체육 선택과목이고, **변수값(value)**은 각 학생들이 선택한 구기종목들이다. 이 데이터를 정리하고 요약하는 방법은 각 종목들의 발생빈도를 확인하는 것이다. 이 데이터를 이용하여 다음과 같은 〈표 3.2〉를 만들었다.

표 3.2 경영학과 신입생들의 교양체육 선택 구기종목 – 도수분포표

교양체육 선택과목	도수
야구	5
축구	4
배구	2
농구	6
테니스	2
핸드볼	1
합계	20

이 표를 통해 학생들이 선호하는 구기종목을 파악해볼 수 있다. 학생들이 가장 선호하는 구기종목은 농구이며, 별로 선호하지 않는 구기종목은 핸드볼이라는 것을 알 수 있다.

(2) 상대도수분포표

〈표 3.2〉에서 확인할 수 있는 것은 신입생들이 선호하는 구기종목은 농구(6명)와 야구(5명)등이 전체 선호종목의 절반 이상을 차지하고 있다는 것과 핸드볼(1명)에 대한 선호도는 매우 낮다는 것이다. 이 표만 가지고는 정보가 부족하다. 농구 6명, 야구 5명이 많다는 것은 분명하지만 전체 20명 가운데에서 어느 정도를 차지하고 있는지, 테니스를 선택한 2명과는 어떻게 비교할 것인지와 같은 의문이 남는다. 즉, 같은 데이터라고 하더라도 어떻게 보는가에 따라 의사결정의 방향이 바뀐다. 즉, '6명이 농구를 선택했군'. '많이 한 것인가?', '겨우 6명인데.' '20명에서 6명이면 많은 거야 아니면 적은 거야?' '6개의 종목에서 선택한 것인데' 등과 같은 의문이 남는다.

따라서 이 데이터를 변화시켜보자. 경영학과 신입생 20명으로 선택된 각 구기종목의 발생빈도, 즉 도수를 전체 합계(도수)로 나누어보자. 이 경우 다시 다음과 같은 〈표 3.3〉이 얻어진다.

표 3.3 | 경영학과 신입생들의 교양체육 선택 구기종목 – 상대도수분포표

교양체육선택과목	상대도수
야구	0.25
축구	0.20
배구	0.10
농구	0.30
테니스	0.10
핸드볼	0.05
합계	1.00

이렇게 만들어진 변수값의 발생비율(퍼센트)에 관한 도수를 **상대도수(relative frequency)** 라고 하며, 만들어진 표를 **상대도수분포표(relative frequency distribution table)**라고 한다. 이 표를 이용하면 각 선택 구기종목의 발생빈도를 더욱 명료하게 알 수 있다. 변수값들이 '몇 번(회) 출현하는가' 하는 관심을 '어느 정도의 비율로 출현하는가' 하는 관심으로 바꾸어 볼 수 있다. 신청한 **전체** 학생들의 수가 많으면 각 변수값들의 발생빈도는 당연히 많아지기 때문이다. 비율개념의 상대도수는 의사결정에 대한 중요한 단서를 제공한다. 핸드볼의 경우 20명 중 1명이 선택했다. 이는 1명에 불과하지만 5%에 해당한다. 이 핸드볼 강좌를 개설할 것인가 말것인가.

정의 3.2 ● 상대도수분포표

- 상대도수분포표(relative frequency table) : 상대도수(발생비율)에 관한 표(table)를 통해 데이터를 정리하고 요약하는 방법

이러한 도수와 상대도수를 구할 수 있는 R코드는 다음과 같다.

R코드 3.1 | 도수분포표와 상대도수분포표 : 함수 table(), 함수 prop.table()

[입력]

```
> sport=c("야구", "축구", "야구", "배구", "농구", "야구",
          "축구", "축구", "농구", "테니스", "핸드볼", "야구",
          "축구", "농구", "배구", "테니스", "농구", "농구", "농구", "야구")  #데이터
> table(sport) #데이터 sport에 대한 도수 구하기
```

```
> prop.table(table(sport)) #데이터 sport에 대한 상대도수 구하기
[출력]
sport
  농구   배구   야구   축구 테니스 핸드볼
    6     2     5     4     2     1

sport
  농구   배구   야구   축구 테니스 핸드볼
 0.30  0.10  0.25  0.20  0.10  0.05
```

(3) 연속된 데이터의 도수와 상대도수

통계학이 이 정도에서 그친다면 통계학이 매우 쉽다고 느낄 것이다. 사람들이 얻으려는 정보의 종류가 많아지고, 정보의 질을 높이려는 의지를 가지고 있다면, 통계학은 좀 더 복잡한 양상으로 발전하게 된다. 다음과 같은 데이터를 살펴보자.

변수값들이 야구, 농구 등과 같이 명료하게 잘 구분되어 있는 경우에 도수분포표를 만드는 것이 별 문제가 없지만, 실제 현실에서 발생되는 데이터는 다양한 형태를 가진다. 다음의 〈표 3.4〉의 데이터를 살펴보자. 이 데이터는 31개의 나무에 대한 데이터인데, 나무의 둘레(girth), 키(height), 부피(volume)를 측정한 것이다. 이 데이터는 변수값들이 소수점으로 표현되어 있고, 각 변수값들에 대한 도수가 대부분 1개 정도이다. 이러한 데이터를 각 변수의 변수값으로 도수를 계산하는 것은 의미가 없다. 따라서 변수값들을 의미있는 일정한 구간(계급)으로 나누고, 각 계급에 따른 도수를 표현하는 방식으로 데이터를 요약하고 정리해보자.

표 3.4 31개 나무에 관한 데이터(R내장데이터 : trees)

No.	Girth	Height	Volume	No.	Girth	Height	Volume	No.	Girth	Height	Volume
1	8.3	70	10.3	2	8.6	65	10.3	3	8.8	63	10.2
4	10.5	72	16.4	5	10.7	81	18.8	6	10.8	83	19.7
7	11.0	66	15.6	8	11.0	75	18.2	9	11.1	80	22.6
10	11.2	75	19.9	11	11.3	79	24.2	12	11.4	76	21.0
13	11.4	76	21.4	14	11.7	69	21.3	15	12.0	75	19.1
16	12.9	74	22.2	17	12.9	85	33.8	18	13.3	86	27.4

19	13.7	71	25.7	20	13.8	64	24.9	21	14.0	78	34.5
22	14.2	80	31.7	23	14.5	74	36.3	24	16.0	72	38.3
25	16.3	77	42.6	26	17.3	81	55.4	27	17.5	82	55.7
28	17.9	80	58.3	29	18.0	80	51.5	30	18.0	80	51.0
31	20.6	87	77.0								

먼저 31개 데이터에 있어서 둘레(Girth)라는 변수의 변수값들을 **계급구간**(class interval)으로 나누어 도수분포표로 만들어보자. 둘레데이터는 8.3에서 20.6까지 분포되어 있고, 소수점 한자리까지 측정되어 있다. 이 데이터를 10.0 미만, 10.1~11.9, 12.0~13.9, 14.0~15.9, 16.0~17.9, 18.0~19.9 20.0 이상의 7개 구간으로 나누어 도수를 계산하고, 도수분포표를 만들면 〈표 3.5〉와 같다.

표 3.5 31개 나무에 관한 도수분포표

둘레의 계급구간	도수	상대도수
10. 미만	3	9.67
10.0~11.9	12	3.87
12.0~13.9	6	1.93
14.0~15.9	3	9.67
16.0~17.0	6	1.93
18.0~19.9	0	0.00
20.0 이상	1	0.32
합계	31	1.00

여기에서 의문은 '몇 개의 계급으로 나눌 것인가'이다. 변수값들을 몇 개의 계급으로 나눌 것인가 하는 것은 연구자의 판단이 가장 중요하다. 계급구간의 폭이나 수는 연구자가 목표로 하는 데이터의 요약과 정리에 달려 있다. 그러나 다음과 같은 절차를 통해 계급구간의 폭과 수를 결정하기도 한다.

첫째, 계급구간의 수를 정해보자. 계급의 수는 $2^k \geq n$이 되는 가장 작은 수를 선택하는 것이다. 나무에 관한 데이터에서 $n = 31$이고, $2^5 = 32$이므로 5개의 계급구간이 적당하다.

둘째, 이 계급구간의 수인 5를 이용하여 계급구간의 폭을 설정해보자. 나무에 관한 데이터를 이용하면 다음과 같이 계산된다.

$$i = \frac{(\text{최대값} - \text{최소값})}{5} = \frac{(20.6 - 8.3)}{5} = 2.46 \qquad \text{(식 3.1)}$$

그런데 2.46이라는 계급구간(구간의 폭)은 연구자에게 의미가 있는지 없는지를 판단해 보아야 한다. 따라서 사람들이 데이터에 대한 이해가 용이한 정수를 사용한다면 계급구간은 2.46보다 작은 2나, 2.46보다 큰 3이 적당할 것이다.

3.2 그림에 의한 데이터의 요약

(1) 막대그림과 히스토그램

1) 막대그림

명목형 데이터를 그래프로 표시하고자 하는 경우 **막대그림**(barchart)이나 **파이그림**(pie chart) 등을 이용할 수 있다. 막대그림은 히스토그램과 비교되는데 **히스토그램**(histogram) 연속형 데이터(양적 데이터)를 막대그림으로 표시하는 것이다. 즉, 막대그림은 명목형(범주형)데이터의 막대형 그림표현이고, 히스토그램은 연속형 데이터의 막대형 그림표현이다. 명목형 데이터와 연속형 데이터에 대해서는 제5장의 이산확률변수와 연속확률변수를 참고하라.

정의 3.3 ● 막대그림과 히스토그램

- 막대그림(bar chart) : 이산형 데이터를 막대형태의 그림으로 표현하는 방법
- 히스토그램(histogram) : 연속형 데이터를 막대형태의 그림으로 표현하는 방법

앞서 언급했던 경영학과 신입생들의 교양체육 데이터를 막대그림으로 표현해보자. 아래 〈R코드 3.2〉의 [출력]에서 왼쪽의 그림은 도수에 관한 막대그림이고, 오른쪽 그림은 상대도수에 관한 막대그림이다. 이 막대그림은 도수분포표(〈표 3.2〉)와 상대도수분포표(〈표 3.3〉)를 막대 형태의 그림으로 표현한 것이다. 내용상의 차이는 없지만 '표'로 표현

할 것인가 아니면 '그림'으로 표현할 것인가에 관한 차이이다. '그림'으로 표현하는 경우 데이터를 짧은 시간에 이해하는 데 많은 도움을 줄 수 있다.

이 막대그림의 수평축에는 교양체육 종목이 '가나다' 순으로 배치되어 있고, 세로축에는 각 종목의 빈도(상대빈도)가 배치되어 있다. 물론 수평축의 종목순을 '가나다' 순이 아닌 빈도의 크기순으로 배치할 수도 있다.

막대의 높이는 빈도(상대빈도)의 크기와 일치한다. 농구의 빈도는 6이며, 높이도 6으로 표현되어 있으며, 상대빈도는 0.3이며, 그 높이도 0.3에 해당된다.

이 막대그림을 표현하기 위해서는 다음과 같은 R코드를 사용하면 된다.

R코드 3.2 | 막대그림(barchart) : 함수 barplot()

[입력]

```
> sport=c("야구", "축구", "야구", "배구", "농구", "야구",
          "축구", "축구", "농구", "테니스", "핸드볼", "야구",
          "축구", "농구", "배구", "테니스", "농구", "농구", "농구", "야구") #원데이터
> barplot(table(sport), xlab="선호하는 스포츠", ylab="도수", main="막대그림")
  #도수에 관한 막대그림
> barplot(table(sport)/length(sport), xlab="선호하는 스포츠", ylab="상대도
  수", main="막대그림") #상대도수(비율)에 관한 막대그림
```

[출력]

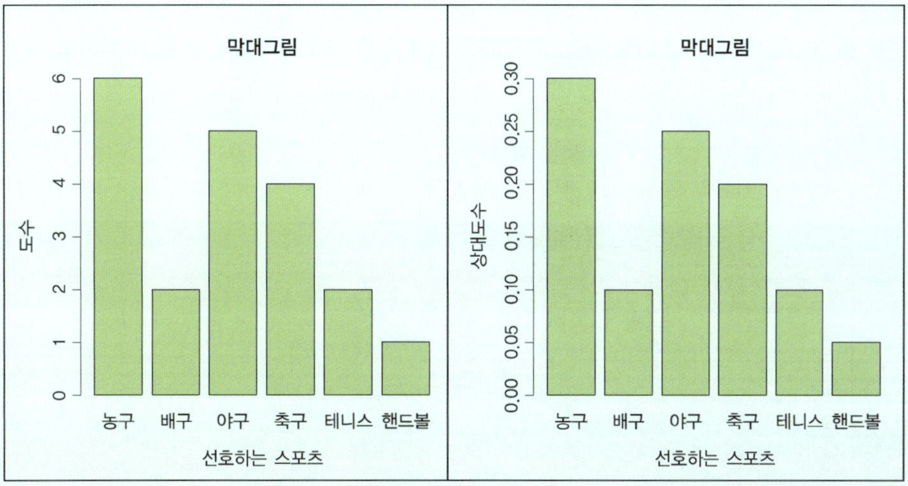

[R코드 팁]
막대그림을 그리는 방법은 함수 barplot()에 그리고자 하는 변수(벡터데이터)의 도수분포표 입력하면 되지만, 상대도수분포표를 막대그림으로 그리려면 상대도수분포표를 먼저 만들어야 한다. 즉, table(sport)/length(sport)과 같이 각 도수를 전체도수로 나누어주는 과정이 필요하다. length(sport)는 벡터데이터 sport의 길이(관찰개수)를 의미한다. 또는 도수분포표 대신 상대도수분포표를 입력해도 된다. 그리고 R함수 barplot()에 사용된 인수는 다음과 같은 의미를 가진다.

- xlab="x축의 이름"
- ylab="y축의 이름"
- main="그림의 이름"

2) 히스토그램

앞서 연속된 데이터의 도수와 상대도수에 대하여 언급한 바 있으며, 연속된 자료의 도수와 상대도수를 막대그림으로 표현하는 것을 히스토그램(histogram)이라고 한바 있다. 〈표 3.5〉의 계급구간에 의하여 만들어진 도수분포표를 막대그림으로 만들어 낼 수 있을 것이다. 막대그림과 히스토그램을 비교해보라(〈R코드 3.2〉와 〈R코드 3.3〉의 출력을 비교해보라). 막대그림은 가로축의 데이터가 분리되어 있으며, 히스토그램은 연결되어 있다는 것을 알 수 있다.

R코드 3.3 | 히스토그램(histogram)의 작성 : 함수 hist()

[입력]
```
> hist(trees$Girth, breaks=7, xlab="계급구간", ylab="도수", main="나무 둘레
  데이터의 히스토그램") #연속된 데이터의 도수에 관한 히스토그램
```
[출력]

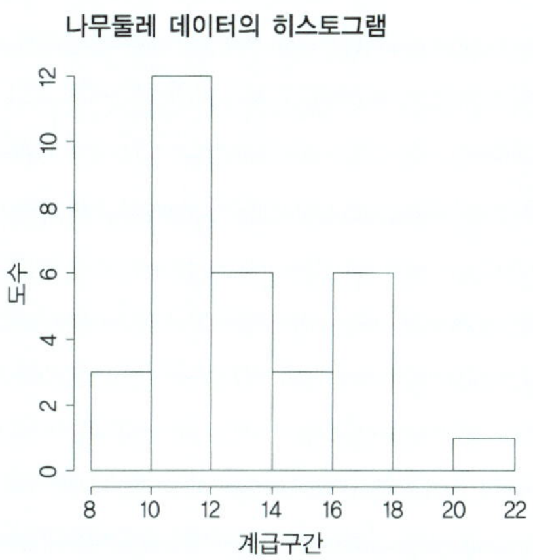

[R코드 팁]

R함수 hist()에 사용되는 인수는 다음과 같이 사용된다.

- trees$Girth : 데이터 trees의 변수 Girth 데이터를 대상으로 분석
- breaks=계급구간의 수
- xlab="x축의 이름"
- ylab="y축의 이름"
- main="그림의 이름"

(2) 파이그림

파이그림(원도표) 또는 **파이차트**는 명목형 데이터의 도수나 상대도수를 원의 형태로 표시하는 것이다. 데이터값(변수값)의 상대빈도를 원의 면적으로 표현하는 방법이다. 먼저 원의 전체면적을 구하는 공식은 잘 알려진 대로 πr^2이다. 이때 r은 원의 반지름이다. 만약 반지름을 10으로 하여 파이그림을 표현한다면 원의 전체면적은 100π가 된다.

앞서 교양체육의 구기종목 데이터를 다시 활용해보자. 농구의 경우 빈도가 6, 상대빈도가 0.20(20%)이므로 농구가 가지는 원의 조각면적은 $100\pi \times 0.2 = 20\pi$가 되며, 이것을 원의 각도로 표시한다면 전체 원의 각도가 $360°$이므로 원에서는 $360° \times 0.2 = 72°$만큼의 원조각으로 표시된다.

파이그림을 그리기 위해 R코드를 작성할 때 사용하는 데이터는 도수데이터와 상대도수데이터는 어떤 데이터를 사용해도 같은 결과를 얻는다.

R코드 3.4 | 파이그림의 작성 : 함수 pie()

[입력]

```
> sportfre=c(5,4,2,6,2,1) #도수데이터
> sportratio=c(0.25,0.2,0.1,0.3,0.1,0.05) #상대도수데이터
> sportnames=c("야구","축구", "배구","농구", "테니스", "핸드볼") #원조각의 이름지정
> pie(sportfre, labels=(sportnames), radius=1, main="파이그림") #파이그림
```

[출력]

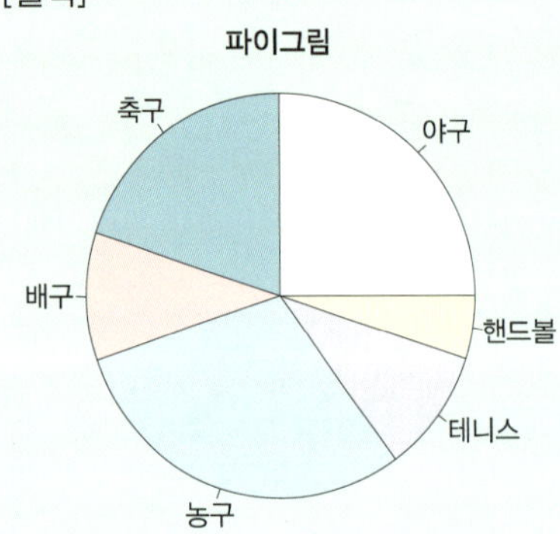

[R코드 팁]

그리고 함수 pie()에 사용되는 인수는 다음과 같이 사용된다.

- labels=(sportnames) : 원조각에 사용할 라벨
- radius=1 : 원의 반지름값

위와 같이 도수데이터와 상대도수데이터를 입력해도 되지만 다음과 같이 도수분포표와 상대도수분포표를 이용해도 같은 결과를 얻는다.

```
> pie(table(sport), radius=1) #table() 함수를 이용하여 도수를 구하고, 그 결과를 이용하여 파이그림을 그림
> pie(prop.table(table(sport)), radius=1) #table() 함수를 이용하여 도수를 구하고, 그 결과를 이용하여 다시 상대도수를 구한 뒤 그 결과를 활용하여 파이그림을 그림
```

(3) 줄기-잎그림

줄기-잎그림(stem-leaf)은 데이터를 줄기와 잎으로 구분하여 데이터의 분포적 특징을 파악하려고 하는 방법이다. **줄기**는 **앞자리수** 또는 **큰 단위수**를 의미하고, **잎**은 **뒤에 오는 수** 또는 **작은 단위수**를 의미한다. 데이터는 줄기와 잎의 2개 부분으로 나누어진다. 줄기는 수직축에 표현되고 잎은 수평축에 쌓는 방식으로 표현된다.

정의 3.4 ● 줄기-잎그림

• 줄기-잎그림(stem-leaf) : 데이터를 줄기와 잎으로 구분하여 데이터의 분포적 특징을 파악하려고 하는 방법이다. 데이터는 줄기와 잎의 2개 부분으로 나누어진다. 줄기는 수직축에 표현되고 잎은 수평축에 쌓는 방식으로 표현된다.

앞의 나무데이터 trees를 생각해보자. 나무데이터의 나무둘레(Girth) 데이터의 첫 6개 관측치는 8.3, 8.6, 8.8, 10.5, 10.7, 10.8이다. 이 데이터를 **줄기**와 **잎**으로 나누어보자. 이때 소수점 이상의 정수단위는 줄기로 소수점 이하 단위는 잎으로 정의하고, 전체 나무둘레 데이터를 줄기를 중심으로 관측된 데이터의 수만큼 잎을 쌓아서 그림으로 보여줄 수 있다.

표 3.6 31개 나무에 관한 데이터(R내장데이터 : trees) : 앞의 〈표 3.4〉 반복

```
   Girth Height Volume
1    8.3     70   10.3
2    8.6     65   10.3
3    8.8     63   10.2
4   10.5     72   16.4
5   10.7     81   18.8
6   10.8     83   19.7
7   11.0     66   15.6
8   11.0     75   18.2
9   11.1     80   22.6
10  11.2     75   19.9
11  11.3     79   24.2
12  11.4     76   21.0
13  11.4     76   21.4
14  11.7     69   21.3
15  12.0     75   19.1
16  12.9     74   22.2
17  12.9     85   33.8
18  13.3     86   27.4
19  13.7     71   25.7
20  13.8     64   24.9
21  14.0     78   34.5
22  14.2     80   31.7
23  14.5     74   36.3
24  16.0     72   38.3
```

25	16.3	77	42.6
26	17.3	81	55.4
27	17.5	82	55.7
28	17.9	80	58.3
29	18.0	80	51.5
30	18.0	80	51.0
31	20.6	87	77.0

먼저 다음과 같이 나무둘레 데이터 중 6개를 줄기와 잎으로 분리해보자.

표 3.7 줄기와 잎으로 분리된 데이터

```
8.3 = 8*1 + 0.3
8.6 = 8*1 + 0.6
8.8 = 8*1 + 0.8
10.5 = 10*1 + 0.5
10.7 = 10*1 + 0.7
10.8 = 10*1 + 0.8
```

분리된 줄기와 잎을 줄기를 중심으로 잎을 데이터의 순서대로 왼쪽에서 오른쪽으로 차례로 쌓아가면 된다. 잎을 쌓아가는 방법은 데이터의 순서대로 쌓는 것이지, 크기 순으로 하는 것은 아니다. 이제 trees 데이터에서 나무둘레 데이터 전체의 줄기-잎그림을 만들어보자.

그림 3.1 | 줄기와 잎으로 분리하여 쌓아진 그림(줄기-잎그림)

```
 8 | 368
 9 |
10 | 578
11 | 00123447
12 | 099
13 | 378
14 | 025
15 |
16 | 03
17 | 359
18 | 00
19 |
20 | 6
```

이 경우 나무데이터의 줄기와 잎을 통해 데이터의 분포를 파악할 수 있으며, 줄기의 수도 늘리거나 줄여서 표현할 수도 있다. 분석대상의 나무둘레 크기 데이터에는 9점, 15점, 19점에 해당하는 관찰치(데이터값)가 없기 때문에, 각 점수대로 줄기와 잎을 분리하여 분포를 살펴보는 것은 의미를 가질 수 없다. 따라서 이 줄기-잎그림을 조정하여 일부의 줄기를 합쳐서 분석하는 것이 의미가 있을 수 있다. 다음의 〈그림 3.2〉는 줄기-잎그림은 두 개의 줄기를 합하여 다시 표현한 것이다.

〈그림 3.2〉의 줄기-잎그림은 줄기를 2단계씩 합쳐서 줄기와 잎을 표현하여 그림으로 나타낸 것이다. 즉, 첫 번째 8로 표현된 줄기는 8점대와 9점대가, 두 번째 10으로 표현된 줄기는 10점대와 11점대가 합쳐져서 각 데이터에 해당하는 잎을 통해 도수를 보여주고 있다. 앞의 〈그림 3.1〉의 줄기-잎그림과 비교해보면 데이터의 분포적 특성을 보다 잘 파악할 수 있다. 이 줄기-잎그림에 의하면 trees 데이터의 나무둘레는 오른쪽으로 약간 치우쳐진(skew to the right) 쌍봉(두 개의 봉)의 형태를 취하고 있다.

그림 3.2 | 두 개의 줄기를 합하여 쌓아진 줄기-잎그림

```
 8 | 368
10 | 57800123447
12 | 099378
14 | 025
16 | 03359
18 | 00
20 | 6
```

줄기-잎그림을 만드는 과정은 다음과 같이 정리해볼 수 있다.

첫째, 데이터를 준비하고, 데이터를 어떻게 정리할 것인가를 결정한다. 즉, 줄기-잎을 어떻게 분리하면 좋을지를 결정한다. 예를 들어 두 자리로 되어 있는 데이터의 경우 십 단위를 줄기로 일(단) 단위를 잎으로 할 것인지를 결정하는 것이다. 나무데이터의 나무둘레의 경우 단순히 소수점 이상과 소수점 이하를 줄기와 잎으로 나누었을 때 관측치가 없는 경우가 있었기 때문에 소수점 이상의 줄기를 2개씩 합하여 줄기로 표현하였다.

물론 줄기를 늘리는 경우도 있다. 예를 들어 소수점 이하의 데이터를 0.0~0.4와 0.5~0.9 다시 나누어 기록하는 것이다. 각 줄기에 해당하는 데이터의 수가 충분히 많고, 이렇게 나누는 것이 데이터의 분포를 파악하는데 의미가 있다고 판단되면 줄기의 수를 늘려 나갈 수 있다. 이 경우에는 다음과 같이 만들어질 것이다.

그림 3.3 | 줄기를 늘려 쌓은 줄기-잎그림

```
 8  | 3
 8* | 68
 9  |
 9* |
10  | 5
10* | 78
11  | 0012344
11* | 7
12  | 0
12* | 99
13  | 3
13* | 78
14  | 02
14* | 25
15  |
15* |
16  | 03
16* |
17  | 3
17* | 59
18  | 00
18* |
19  |
19* |
20  |
20* | 6
```

둘째, 두 개의 줄기를 합하는 경우를 살펴보자. 줄기에 해당하는 데이터를 왼쪽에 표시하고, **수직선**으로 분할한 다음, 전체 데이터의 줄기를 기록한다.

▶ 그림 3.4 | 데이터의 줄기를 합하여 줄기 기록

```
 8 |
10 |
12 |
14 |
16 |
18 |
20 |
```

셋째, 줄기의 수직선 오른쪽 수평축에 데이터의 순서대로 잎에 해당하는 수를 쌓아서 기록하며, 이를 모든 데이터에 대하여 반복한다.

▶ 그림 3.5 | 데이터의 줄기를 합하여 잎 기록

```
 8 | 368
10 | 57800123447
12 | 099378
14 | 025
16 | 03359
18 | 00
20 | 6
```

넷째, 줄기-잎그림이 완성되면 줄기의 왼쪽에 도수를 세어 기록한다. 물론 도수 대신 누적도수를 기록할 수도 있다. 아래 〈그림 3.6〉의 괄호안은 누적도수를 기록한 것이다.

▶ 그림 3.6 | 데이터의 줄기를 합하여 도수와 누적도수 기록

```
(3)   3    8 | 368
(14) 11   10 | 57800123447
(20)  6   12 | 099378
(23)  3   14 | 025
(28)  5   16 | 03359
(30)  2   18 | 00
(31)  1   20 | 6
```

앞의 31개 나무데이터를 이용하여 줄기-잎그림을 R코드로 작성해보자. 나무데이터는 내장 데이터로서 'trees'라는 이름으로 저장되어 있으므로 다음과 같은 명령어로 만들 수 있다.

예제 3.1 ● 줄기-잎그림의 작성

문| 나무데이터에서 나무의 키(Height)에 관한 관측치를 이용하여 직접 줄기-잎그림을 만들어 보시오. 만들 때에는 도수, 누적도수를 아울러 기록하시오.

풀이

```
1  1  62 | 0
2  3  64 | 00
1  4  66 | 0
1  5  68 | 0
2  7  70 | 00
2  9  72 | 00
5 14  74 | 00000
3 17  76 | 000
2 19  78 | 00
7 26  80 | 0000000
2 28  82 | 00
1 29  84 | 0
2 31  86 | 00
```

R코드 3.5 | 줄기-잎그림 : 함수 stem()

[입력]

```
> install.packages("aplpack") #줄기-잎그림을 위해 패키지 aplpack를 설치
> library(aplpack) #aplpack을 불러들임
> stem(trees$Girth, scale=1) #나무데이터 trees의 변수 Girth의 줄기-잎그림을 작성
```

[출력]

```
  The decimal point is at the |

   8 | 368
  10 | 57800123447
  12 | 099378
  14 | 025
  16 | 03359
  18 | 00
  20 | 6
```

[R코드 팁]
R함수 stem()에 사용되는 인수는 다음과 같이 사용된다.
- trees$Girth : 벡터데이터로서 데이터 trees의 변수 Girth를 이용
- scale=1 : 줄기-잎그림의 길이(파라미터 2는 길이를 두 배로, 0.5는 길이를 1/2)
- width=80 : 줄기-잎그림의 폭(80칼럼)

줄기-잎그림도 데이터의 분포를 관찰하기 위한 방법 중의 하나이다. 또한 (상대)도수분포표도 같은 목적을 가지고 만들어진 표이다. 그림과 표 중에 학습자가 데이터를 이해하기에 어느 것이 더 나아 보이는가? 아마 판단하기 어려울 것이다. 데이터의 분포를 빠른 시간 안에 판단하는 데에는 줄기-잎그림이 유용할 것이고, 구체적인 수치를 필요로 할 때에는 (상대)도수분포표가 더 나을 수 있다. 실제로 이러한 시도는 서로 보완적인 관계에 있을 수 있으며, 목적에 따라 다르게 사용될 수 있다.

통계를 위한 창 3.1 | 그림의 표현방식에 따른 착각

다음 2개의 그림을 살펴보자. 어떤 생각이 드는가?

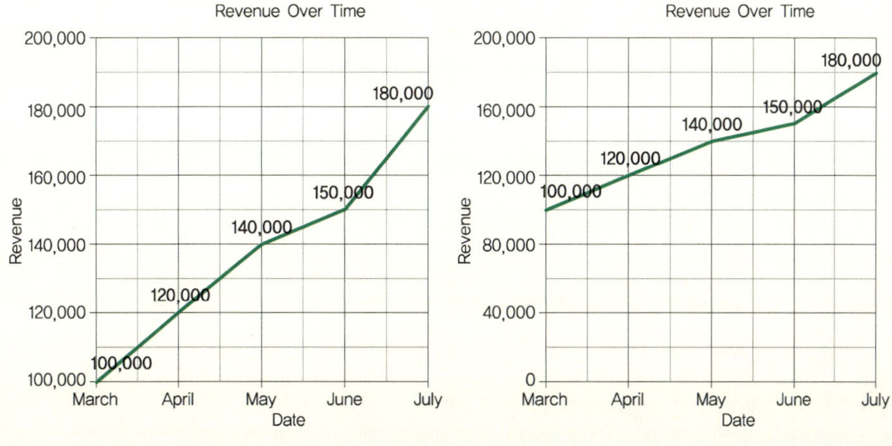

시간에 따른 수입의 변화이다. 왼쪽 그림이 훨씬 증가폭이 많은 것처럼 느껴진다. 그 이유는 Y축의 표시 때문이다. 왼쪽 그림은 시작이 10만달러부터 시작해서 20만달러까지 표현했고, 반면 오른쪽 그림은 시작을 0달러부터 시작해서 20만달러까지 표현했다. 척도의 표현이 다르다. 왼쪽 그림이 보면 소득의 증가가 급격하게 일어난 것처럼 보인다. 같은 데이터인데 그림을 어떻게 만드는가에 따라 보는 사람의 느낌이 훨씬 달라진다.
이 글은 "데이터의 시각화에서 거짓을 찾아내는 3가지 방법"이라는 글에서 발췌한 것이다. 통계

학자들이 또는 데이터를 보여주는 사람들이 어떻게 만드는가에 따라 사람들의 인식은 완전히 다르다. 여권의 정치가라면 왼쪽방법으로 표현해서 자신의 실적을 과대하게 표현할 수 있다.
출처 : https://www.business2community.com/strategy/3-ways-to-detect-lying-data-visualizations-01286987

3.3 수치에 의한 데이터의 요약 : 수치형 기술통계

수치(number)를 이용하여 데이터를 정리 · 요약하는 것을 **수치형 기술통계**라고 한다. 여러 관측값들이 모여 있는 데이터의 특성을 대략적으로 이해하기 위하여 앞의 3.1과 3.2에서는 표와 그림을 이용하였지만, 이 3.3에서는 수치를 이용하여 데이터를 정리 · 요약하려고 한다.

통계학 중간고사를 시행하고 나서 교수는 학생들이 받은 점수를 개별 학생들에게 알려줌과 동시에 시험을 본 전체 학생들의 평균(mean)도 아울러 제공한다. 전체 학생들의 평균점은 학생들이 어느 정도의 학업을 성취하고 있는가를 가늠해보는 중요한 기준이 되고, 개별 학생들은 그 평균점을 중심으로 자신의 **위치(location)**를 궁금해 한다. 학생들은 평균이나 분산과 같은 수치들을 알고 있으면, 자신의 점수가 어느 정도의 수준인지 알게 된다. 따라서 데이터의 평균은 데이터를 이해하는 데 중요한 역할을 한다. 이렇게 평균과 같이 데이터의 특성을 요약하는 수치정보들을 바로 **수치형 기술통계**라고 한다.

표와 그림도 그 자체로 데이터의 특성을 파악하고 그를 통해 의사결정하는 데 도움이 될 수 있다. 표와 그림이 데이터의 대체적인 특성을 쉽고 빠르게 파악하는 데 도움이 된다면 수치는 보다 구체적으로 데이터의 특성을 파악하는 데 도움을 준다.

학습자들이 그동안 많이 접했던 (산술)평균의 개념은 데이터의 위치적 특성을 파악하는 데 도움이 된다. 예를 들어 100점 만점의 수학시험에서 50점을 받았다면 잘한 것인가 못한 것인가? 이러한 평가는 다른 학생들의 수학점수와 비교하지 않으면 판단이 불가능하다. 100점 만점에서 90점을 받아도 이에 대한 의미는 좋을 수도 있고 나쁠 수도 있다. 즉, 상대적이다. 50점을 받아도 평균점수가 45점이라면 적어도 중간 이상의 위치를 가지고 있는 것이고, 90점을 받아도 평균이 95점이라면 이는 중간 이하의 위치를 가진 것이다.

위치 이외에도 데이터의 동질성과 이질성을 파악해볼 수 있는 특성이 있다. 이것이 바로 **변동성**이라고 한다. 데이터들이 이질적이라면 데이터의 변동성이 큰 것이고, 데이터들이 동질적이라면 데이터의 변동성이 작은 것이다.

3.3에서는 수치를 통하여 데이터의 위치적 특성과 변동적 특성을 파악해볼 수 있는 방법에 대하여 알아본다.

(1) 중심위치에 관한 수치

다음에 설명할 수치들은 전체 데이터의 특성을 이해하는 데 도움을 주며, 나름대로 데이터의 특성에 관한 개별적인 의미를 가지고 있다. 관측값들이 대략 어디에 **위치(location)** 하고 있는가를 파악하는 것이 데이터를 이해하는데 가장 기초가 될 수 있다. 데이터들의 위치를 알 수 있는 수치에는 **평균(mean)**, **중앙값(median)**, **최빈값(mode)** 등이 있다.

1) 평균

모든 데이터들을 합한 후($\sum_{i=1}^{N} x_i$)에 데이터의 개수(N)만큼 나누어서 만든 수치($\frac{1}{N}\sum_{i=1}^{N} x_i$)가 바로 **평균(mean)값**이다. 이는 통계에서 가장 많이 사용되는 수치이다. 이렇게 만든 평균계산 방법을 특히 **산술평균**이라고 부르고(기하평균, 가중평균 등 여러 평균의 개념이 있다), 통계이론에서 가장 중요한 역할을 한다. 평균은 데이터들을 모두 더한 후 데이터의 개수로 나누어주는 것이기 때문에, 데이터에서 특정의 관찰값이 아주 작거나 아주 큰 값을 가지면(이들을 보통 '**특이치(outlier)**'라고 부름[1]) 평균에 대한 해석이 오류가 발생할 가능성이 있다는 것도 아울러 이해하기 바란다.

앞서 설명한 대로 기술통계는 모집단을 가정하고 있다. 따라서 기술통계에서의 평균이란 **모평균(population mean)**을 의미한다. 그러나 모평균을 알기란 어렵다. 그래서 통계학

---

1) 1,2,3,4,5,45으로 이루어진 데이터가 있다고 하자. 6개 데이터의 평균은 10이다. 그러나 45를 제외하면 3이다. 마지막의 45는 전체 평균을 왜곡시킨다.

에서 항상 모평균을 알고 있는 경우와 알지 못하는 경우를 나누어서 추론의 방법을 달리 하는 것이다. 이 점은 7장과 8장의 추정과 검정에서 다시 설명할 것이다.

표본평균(sample mean)은 모집단의 일부인 표본의 평균을 계산한 것이다. 따라서 표본평균은 모평균을 추측해볼 수 있는 값이며, 이 표본평균을 가지고 모평균을 추론하는 것이다. 이 과정을 **추론통계**라고 한다.

모평균은 다음과 같이 계산된다.

$$\mu = \frac{\sum_{i=1}^{N} x_i}{N} \qquad \text{(식 3.2)}$$

여기서, μ : (모)평균, x_i : 관측값, $\sum_{i=1}^{N} x_i$: 관측값들의 합,
N : 전체 관측값의 개수(모집단의 크기)

물론 표본평균도 동일한 과정에 의하여 계산될 수 있다. **표본평균**처럼 표본데이터를 이용하여 만들어진 측정치들을 **통계량(statistics)**[2]이라고 한다. 표본평균은 $\overline{x}$(x바라고 읽음)라는 기호를 사용하며, 다음과 같이 계산된다.

$$\overline{x} = \frac{\sum_{i=1}^{n} x_i}{n} \qquad \text{(식 3.3)}$$

여기서, $\overline{x}$: (표본)평균, x_i : 관측값, $\sum_{i=1}^{n} x_i$: 표본관측값들의 합,
n : 표본관측값의 개수(표본의 크기)

평균을 계산하는 과정에서 알 수 있듯이, 데이터 중 하나가 매우 크거나 작은 값(특이값)을 가지면, 관찰값의 개수가 적은 경우 평균은 그 특이값을 제외하여 계산한 경우와 매우 다른 결과를 갖는다. 경영학과 학생의 전체 수가 30명이라고 하고, 30명 학생의 용돈 평균을 알고 싶어 하는 경우가 있다고 하자. 대부분의 학생들이 최저 10만원 최대 90만원

2) 7장 추정에서 좀 더 자세히 설명한다.

의 용돈을 쓰는 반면, 30명 중 한 학생의 부모가 매우 부유하여 용돈이 300만원 정도라고 하면, 이 학생을 평균값의 계산에 산입하는 경우와 그렇지 않은 경우 평균에는 큰 차이가 난다. 이 경우 특정 학생의 관찰값이 포함된 평균은 실제 상태를 왜곡해서 보고될 수 있다. 이어서 설명할 **중위수**는 그러한 평균의 왜곡을 방지할 수 있는 값이다.

예제 3.2 ● 평균 구하기

문| 〈표 3.4〉 데이터에서 나무의 키(Height) 평균을 구해보시오.

No.	Height	No.	Height	No.	Height	No.	Height	No.	Height	No.	Height
1	70	2	65	3	63	4	72	5	81	6	83
7	66	8	75	9	80	10	75	11	79	12	76
13	76	14	69	15	75	16	74	17	85	18	86
19	71	20	64	21	78	22	80	23	74	24	72
25	77	26	81	27	82	28	80	29	80	30	80
31	87										

풀이|

$\bar{x} = \frac{\sum_{i=1}^{n} x_i}{n}$ 이므로 $\frac{\bar{x} = (70 + 65 +, \cdots, +87)}{31} = 76$

정의 3.5 ● (산술)평균

• (산술)평균(mean) : 관측값들의 합을 관찰도수로 나눈 값

2) 중위수

특이치들의 영향을 받지 않고 데이터들의 위치를 분석할 수 있는 수치가 **중위수(median)**이다. 중위수는 데이터를 크기 순으로 나열했을 때 가운데에 해당하는 관측값이다. 데이터가 5개의 관측값으로 이루어져 있다면 중위수는 세 번째에 해당하는 관측값이다. 만약 10개의 관측값으로 이루어져 있다면 5번째 수와 6번째 수의 평균이 중위수이다. 따라서 중위수는 다음과 같이 정의한다.

• 데이터의 개수 N이 홀수일 때 : 중위수$=\frac{(N+1)}{2}$번째 수(값) **(식 3.4)**

• 데이터의 개수 N이 짝수일 때 : 중위수$=\frac{N}{2}$번째 수(값)와 $\frac{N}{2}+1$번째 수(값)의 평균 **(식 3.5)**

예제 3.3 ● 중위수 구하기

문| 〈표 3.4〉 데이터에서 나무의 키(Height) 중위수를 구해보시오.

No.	Height	No.	Height	No.	Height	No.	Height	No.	Height	No.	Height
1	70	2	65	3	63	4	72	5	81	6	83
7	66	8	75	9	80	10	75	11	79	12	76
13	76	14	69	15	75	16	74	17	85	18	86
19	71	20	64	21	78	22	80	23	74	24	72
25	77	26	81	27	82	28	80	29	80	30	80
31	87										

풀이

변수 Height의 데이터값을 오름차순으로 정리하여 N이 홀수인 경우이므로 $\frac{(N+1)}{2}=\frac{(31+1)}{2}=16$번째의 데이터가 중위수가 된다.

먼저 변수 Height의 데이터를 오름차순으로 정리하면 다음과 같다.
(63 64 65 66 69 70 71 72 72 74 74 75 75 75 76 76 77 78 79 80 80 80 80 80 81 81 82 83 85 86 87)

이 중 16번째에 해당하는 값은 76이다.

R코드 3.6 | 중위수 구하기 : 함수 median()과 함수 sort()의 활용

▪ **함수 median()을 이용하여 구하기**

[입력]

```
> median(trees$Height) #데이터 trees에서 변수 Height의 중위수 구하기
```

[출력]

```
[1] 76
```

▪ **함수 sort()를 이용하여 구하기**

sort() 함수의 이용에서 데이터를 오름차순 또는 내림차순으로 정렬하는 R코드는 다음과 같다. 데

이터 정렬을 이용하여 중위수를 구할 수 있다.

[입력]

```
> sort(trees$Height) #디폴트로서 데이터 trees에서 변수 Height의 값을 오름차순으로 정렬
> sort(trees$Height, decreasing=FALSE) #데이터 trees에서 변수 Height의 값을 오름
  차순으로 정렬
```

[출력]

```
[1] 63 64 65 66 69 70 71 72 72 74 74 75 75 75 76 76 77 78 79 80 80 80 80 80
[25] 81 81 82 83 85 86 87
```

전체 관찰개수가 홀수인 31개이므로 $\frac{(31+1)}{2} = 16$번째 수가 중위수이다.

정의 3.6 ● 중위수

- 중위수(median) : 데이터를 크기 순으로 나열했을 때 가운데에 해당하는 관측값

3) 최빈값

최빈값(mode)은 관측값들 중에서 가장 많은 도수(빈도)를 가지고 있는 수치를 최빈값이라고 한다. 데이터가 계급을 통계 도수로 표현되어 있다면 가장 도수가 많은 계급의 중앙값이 바로 최빈값이 된다.

예제 3.4 ● 최빈값 구하기

문| 〈표 3.4〉 데이터에서 나무의 키(Height) 최빈값을 구해보시오.

No.	Height	No.	Height	No.	Height	No.	Height	No.	Height	No.	Height
1	70	2	65	3	63	4	72	5	81	6	83
7	66	8	75	9	80	10	75	11	79	12	76
13	76	14	69	15	75	16	74	17	85	18	86
19	71	20	64	21	78	22	80	23	74	24	72
25	77	26	81	27	82	28	80	29	80	30	80
31	87										

풀이| 최빈값을 구하려면 데이터의 도수를 구하면 된다. 따라서 각 데이터의 도수를 구하면 다음과 같다.

```
63 64 65 66 69 70 71 72 74 75 76 77 78 79 80 81 82 83 85 86 87
 1  1  1  1  1  1  1  2  2  3  2  1  1  1  5  2  1  1  1  1  1
```

따라서 최빈값은 80이다.

R코드 3.7 | 최빈값 구하기 : 함수 table()의 이용

[입력]

```
> table(trees$Height) #데이터 trees에서 변수 Height의 도수 구하기
```

[출력]

```
63 64 65 66 69 70 71 72 74 75 76 77 78 79 80 81 82 83 85 86 87
 1  1  1  1  1  1  1  2  2  3  2  1  1  1  5  2  1  1  1  1  1
```

따라서 최빈값은 80이다.

정의 3.7 ● 최빈값

• 최빈값(mode) : 관측값들 중에서 가장 많은 도수(빈도)를 가지고 있는 수치

통계를 위한 창 3.2 | 중심위치의 결정

다음과 같은 데이터를 살펴보자. 우린 어떤 판단을 해야 하는가?

1,400£ 최빈값

어떤 값을 중심위치로 봐야 할까?[3] 학습자의 생각은 어떠한가?

(2) 변동성에 관한 수치

평균이 데이터의 위치를 나타내는 척도가 된다면, 데이터의 관측값들이 얼마나 다른 성격을 가지고 있는가도 데이터를 이해하는 데 도움이 된다. 통계학과목의 올해 수강생들이 평균 80점을 받았고, 동일한 수준의 시험에 대하여 작년 수강생들이 평균 75점을 받았다면, 통계학 수강생들의 실력이 작년 학생들에 비해 약간 좋아졌다고 할 수 있을 것이다.

그러나 평균을 통해서 작년과 올해 학생들의 전체적인 수준은 알 수 있겠지만 학생들의 같은 특성(이질적인가 또는 동질적인가)을 가지고 있다고 볼 수는 없다. 교수는 올해 학생들은 작년 학생들에 비해 이과학생들이 참여하고 있다는 사실을 확인했고, 작년에는 주로 문과학생들이 전부였다는 사실을 발견했다. 따라서 올해에는 이과학생들의 실력이 전체적인 위치를 높은 쪽으로 만들었을 가능성이 있어서 수강생들 간에는 작년에 비해 실력의 차이가 더 있었을 것이라고 추측했다.

이러한 교수의 잠정적 추론을 뒷받침해 줄 수 있는 수치가 바로 데이터에 대한 **변동성 수치**라고 할 수 있다. 즉, 작년의 경우 수학에 대한 지식수준이 낮은 문과학생들만으로 구성되어 있고, 올해의 경우에는 수학에 대한 지식수준이 좀 더 높은 이과학생들이 통계학과목의 수강생에 포함되어 있다는 것이다. 작년에는 문과학생들이라는 동질적인 집단들이었다면, 올해에는 문과학생들과는 다른 이질적인 특성을 가진 이과학생들이 과목수강생에 포함되어 있었던 것이다. 그렇다면 이를 수치적으로 확인할 수 있는 방법은 없는가? 작년의 경우 학생들 간의 수학지식이 유사한 상태에서 평균이 75점이었다면, 올해에는 80점으로 상승하면서 좀 더 수학적인 지식이 있는 이질적 특성의 학생들이 포함되어 평균점수도 높아지고, 학생들의 개별적인 특성들도 달라질 가능성이 높다. 이러한 상

3) 대럴 허프 저, 박영훈 옮김(2012), 새빨간 거짓말, 통계, 더불어 책, p.42 그림을 수정

황을 수치적으로 분석해보는 방법이 바로 변동성을 측정하는 것이다. 이러한 변동성을 측정하는 수치에는 **범위, 사분위간 범위, 분산과 표준편차** 등이 있다.

1) 범위

범위(range)는 **최소값**과 **최대값**의 차이를 의미한다. 만약 이 차이가 크다면 관측값들이 서로 이질적인 특성을 가지고 있다고 볼 수 있다. 그러나 이 범위도 평균과 마찬가지로 아주 작거나 아주 큰 특이치에 의하여 왜곡될 수 있다.

다음의 두 집단을 비교해보자. 집단1과 2는 모두 10명으로 구성되어 있으며, 각각 작년과 올해 통계학을 수강한 학생들이고, 다음의 표는 그들의 시험점수이다.

작년 수강생 집단1 : (65, 68, 68, 72, 75, 75, 79, 82, 82, 84) 평균 = 75, 범위 = 19
올해 수강생 집단2 : (65, 68, 68, 72, 84, 85, 88, 88, 89, 93) 평균 = 80, 범위 = 28
작년 수강생 집단3 : (65, 65, 67, 68, 70, 75, 80, 82, 85, 93) 평균 = 75, 범위 = 28
올해 수강생 집단4 : (65, 77, 79, 80, 82, 83, 83, 83, 84, 84) 평균 = 80, 범위 = 19

집단1의 경우에는 최대값과 최소값의 차이가 (84−65)=19점이고, 집단2의 경우에는 최대값과 최소값의 차이가 (93−65)=28점이다. 언뜻보면 학생들의 실력이 높아진 것처럼 보이긴 하지만 범위값도 커져서 학생들의 이질성이 평균의 상승에 기여했다는 사실을 확인해 볼 수 있다.

$$\text{범위(range)} = \text{최대값} - \text{최소값} \qquad \text{(식 3.6)}$$

예제 3.5 ● 범위 구하기

문| 경영학과 1학년은 총 2,000명으로 구성되어 있으며, 이 중 20명을 무작위로 골라 이 학생들의 용돈수준을 파악하여 이를 근로학생 선발의 기준으로 삼고자 한다. 조사결과 20명 학생의 용돈 수준은 다음과 같이 나타났다.

용돈수준 = (25, 20, 30, 25, 15, 25, 50, 45, 60, 55, 45, 40, 30, 25, 30, 30, 35, 20, 15, 25)

이 데이터를 이용하여 용돈의 범위를 구하시오.

풀이 먼저 전체 수를 오름차순으로 정리한다.
(15 15 20 20 25 25 25 25 25 30 30 30 30 35 40 45 45 50 55 60)

이 경우 최소값은 15이고, 최대값은 60이므로 범위는 60−15=45이다.

R코드 3.8 | 범위 구하기 : 함수 sort(), 함수 range()

■ **sort() 함수 이용하기**

[입력]

```
> money=c(25,20,30,25,15,25,50,45,60,55,45,40,30,25,30,30,35,20,15,25)
> sort(money) #데이터 money를 오름차순으로 정렬
```

[출력]

```
[1] 15 15 20 20 25 25 25 25 25 30 30 30 30 35 40 45 45 50 55 60
```

최소값이 15이고 최대값이 60이므로 이를 근거로 범위를 구하면 60−15=45이다.

■ **range() 함수 이용하기**

다음과 같이 range() 함수를 이용하여 구할 수도 있다.

[입력]

```
> range(money) #데이터 money에 대한 범위
```

[출력]

```
[1] 15 60
```

즉 최소값은 15이고 최대값은 60이므로 범위는 45이다.

정의 3.8 ● 범위

• 범위(range) : 최대값과 최소값의 차이

2) 분위수

분위수(quantile)는 데이터를 오름차순 또는 내림차순으로 정렬하여, 전체 데이터의 수를 특정의 개수로 나눌 때 기준이 되는 수를 의미한다. 따라서 **이분위수**라고 하면 전체 데이터의 개수를 2개로 나눈다는 의미이고, **사분위수**라고 하면 4개로 나눈다는 의미이다. 이를 일반화하면 **q분위수(q-quantiles)**라고 한다. 즉, 다음과 같다.

- 2분위수(2−quantiles)=median
- 4분위수(4−quantiles)=quartiles
- 10분위수(10−quantiles)=deciles
- 100분위수(100−quantiles)=percentiles이라고 부른다.

이를 그림으로 표현하면 다음과 같다.

2분위수(2−quantiles = median)는 전체 데이터를 2개로 나누었을 때 기준이 되는 수라는 개념이므로 중위수가 된다.

4분위수(4−quantiles =quartiles)는 전체 데이터를 4개로 나누었을 때 기준이 되는 수를 의미한다. 4개로 나누려면 3개의 기준수가 필요하며, 이를 1st quartiles(=Q_1), 2nd quartiles(=Q_2), 3rd quartiles(=Q_3)와 같이 표현한다.

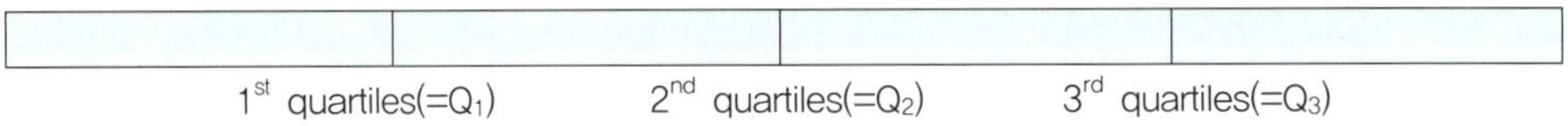

이와 같이 q분위수로 할 때 각 분위수에 해당하는 값은 q−1개가 있다. 따라서 4분위수의 경우 1사분위수, 2사분위수, 3사분위수 이렇게 부른다.

데이터를 순서대로 나열했을 때 정중앙(50%)에 해당하는 수가 **중위수**라고 하였다. 또한 데이터를 순서대로 나열하여 25%, 50%, 75%에 해당하는 수를 확인해볼 수도 있는데, 이를 4분위수라고 한다. 0%에 해당하는 수는 최소값이고, 100%에 해당하는 수는 최대값이다.

데이터의 변동성을 분석하기 위해 최대값과 최소값만을 중심으로 살펴보면 특이치에 의하여 변동성이 과대계산될 수 있다. 따라서 이러한 사분위수를 이용하여 데이터의 변동성을 좀 더 세심하게 살펴볼 수 있다. 보통 25%, 50%, 75%에 해당하는 수를 Q_1, Q_2, Q_3로 표현하는데, 이때 **사분위간 범위**(interquartile range)는 Q_3과 Q_1 간의 차이를 의미한다.

그럼 사분위수를 구해보자. 사분위수란 전체 데이터를 오름(내림)차순으로 정렬한 뒤 개수에서 누적비율이 25%, 50%, 75%에 해당하는 수를 의미하므로 다음과 같은 과정에 의하여 구할 수 있다.

▶ 데이터가 짝수 개인 경우

앞의 크기 20개의 대학생 용돈데이터를 살펴보자.

용돈데이터=(15 15 20 20 25 25 25 25 25 30 30 30 30 35 40 45 45 50 55 60)

이 데이터에서 사분위수(quartile=4quantiles)를 구해보자.

- 1st quartiles=25(20×(1/4)=5이고 이에 해당하는 값은 25이다.
- 2nd quartiles=30(20×(2/4)=10이고 10번째 값과 11번째 값은 각각 30과 30이다. 평균인 30을 취한다. 이 값이 바로 중위수이다.
- 3rd quartiles-40(20×(3/4)=15이고 이에 해딩하는 값은 40이 된다.

▶ 데이터가 홀수 개인 경우

앞의 용돈데이터 20개에서 첫 번째 값 15를 뺀 19개를 살펴보자.

용돈데이터=(15 20 20 25 25 25 25 25 30 30 30 30 35 40 45 45 50 55 60)

이 데이터에서 사분위수(quartiles=4quantiles)를 구해보자.

- ^{1st} quartiles=25 (19×(1/4)=4.75이고, 올림하여 5를 얻는다. 이에 해당하는 값은 25이다)
- 2nd quartiles=30 (19×(2/4)=9.5이고, 올림하여 10을 얻는다. 10번째 값은 30이다)
- 3rd quartiles=45 (19×(3/4)=14.25이고, 올림하면(사사오입으로 내림하면) 15(14)가 된다. 15(14)번째 값은 원소인 45(40)이다)

R코드 3.9 | 사분위수 구하기 : 함수 quantile()

문| 용돈데이터 = (25, 20, 30, 25, 15, 25, 50, 45, 60, 55, 45, 40, 30, 25, 30, 30, 35, 20, 15, 25)를 이용하여 사분위수를 R코드를 이용하여 구해보자.

[입력]

```
> money=c(25,20,30,25,15,25,50,45,60,55,45,40,30,25,30,30,35,20,15,25)
  #데이터
> sort(money) #데이터를 오름차순으로 정렬
> quantile(money, type=3)
```

[출력]

```
 0%  25%  50%  75% 100%
 15   25   30   40   60
```

[R코드 팁]

R코드에서는 사분위수를 얻는 방법은 9가지가 제시되고 있으며, 이는 인수 type에서 1~9 중 하나로 지정할 수 있다. 1,2,3은 비연속적인 데이터를 가정한 것이고, 나머지 4~9는 연속적인 데이터를 가정하여 만들어진 방법들이다. 비연속적인 방법으로 사분위수를 구하는 방법 중 **type=1은 올림 방법**에 의하여(해당수의 바로 다음 수를 선택)이며, **type=3은 해당수를 사사오입**하여 결정한다)

데이터의 개수와 데이터의 성격에 따라 데이터를 오름차순 또는 내림차순으로 정렬하고, 그 중에서 누적비율로 특정의 비율에 해당하는 데이터를 결정하는 것을 분위수라고 하였다. 사분위수는 그 중에서 전체 데이터를 동일하게 4등분하면 누적 기준비율이 각각 25%, 50%, 75%에 해당하며, 이 누적비율에 해당하는 데이터를 파악하려는 방법이다.

그러나 데이터의 수에 따라 각 누적비율에 해당하는 순위를 정확히 찾아내기 어려울 때가 있다. 예를 들어 11에서 20까지 10개의 데이터가 있다고 하자. 이 데이터에서 누적비율로 25%, 50%, 75%에 해당하는 순서 데이터는 어떤 값인가? $10\times0.25(25\%)=2.5$이니, 2.5번째 데이터에 해당한다. 그러나 순서에 2.5번째란 존재하지 않는다. 그렇다면 몇 번째 데이터를 해당 데이터로 삼을 것인가. 누적비율 50%에 해당하는 데이터는 무엇인가? $10\times0.5(=50\%)=5$이니 5번째 데이터가 이에 해당한다. 비교적 간단해 보이지만 이를 오름차순$(11,12,13,\cdots,19,20)$인 작은 수부터 계산하면 5번째 데이터인 15에 해당하지만, 이를 내림차순$(20,19,18,\cdots,12,11)$으로 정리하면 50%에 해당하는 수는 16이다. 따라서 데이터의 수에 따라 각 누적비율에 해당하는 순서 수를 선택하기가 어려워진다. 따라서 몇 가지 방법을 선택해야 한다.

누적비율에 해당하는 순서 수를 결정했다고 하더라도 문제는 여전히 남는다. 예를 들어 50%에 해당하는 수는 보통 중위수라고 하는데, 데이터의 수가 짝수$(2n)$인 경우 보통 중위수는 $\frac{n}{2}$와 $\frac{n}{2}+1$에 해당하는 값의 평균을 사용하지만, 50%에 해당하는 두 데이터 중 이 하나를 사용해도 무방하다. 그 이유는 데이터의 특성에 따라 데이터가 연속적이지 않다면 평균은 보통 소수점을 만들어내기 때문이다. 이러한 문제를 해결하기 위하여 다양한 규칙을 제공하고 있으며, R언어에서는 9개의 방법을 제공하고 있으며, 이외에도 많은 논문들이 이러한 문제들을 다루고 있다.

정의 3.9 ● 분위수

- **분위수(quantile)** : 데이터를 오름차순 또는 내림차순으로 정렬하여 전체 데이터의 수를 특정의 개수로 나눌 때 기준이 되는 수

3) 사분위간 범위

특이치에 의해 범위가 왜곡될 수 있다는 것을 보완하기 위하여 생각해볼 수 있는 것이 특이치를 고려하지 않고 범위를 만드는 것이다. **사분위간 범위(inter quartile range)**는 이러한 단점을 보완해준다. 사분위간 범위는 25%에 해당하는 1사분위수(Q_1)와 75%에 해당하는 3사분위수(Q_3) 간의 차이를 의미한다. 이 사분위간 범위를 이용하여 데이터의 변동성을 측정하게 되면 특이치들의 왜곡을 제거할 수 있다.

사분위간 범위도 사분위를 구하는 방법에 따라 달라질 수 있다. 따라서 사분위에 해당하는 수를 구하는 방법을 결정하고, 해당하는 수가 정해지면 사분위간 범위를 구할 수 있다.

$$\text{사분위간 범위(inter quartile range, IQR)} = Q_3 - Q_1 \qquad \text{(식 3.7)}$$

예제 3.6 ● 표본의 사분위간 범위 구하기

문| 경영학과 1학년은 총 2,000명으로 구성되어 있으며, 이 중 20명을 무작위로 골라 이 학생들의 용돈수준을 파악하여 이를 근로학생 선발의 기준으로 삼고자 한다. 조사결과 20명 학생의 용돈수준은 다음과 같이 나타났다.

용돈데이터=(25, 20, 30, 25, 15, 25, 50. 45, 60, 55, 45, 40, 30, 25, 30, 30, 35, 20, 15, 25)

앞의 예제에서 얻어진 사분위수를 이용하여 용돈의 사분위간 범위를 구하시오.

풀이| 앞의 예제에서 사사오입 방법에 의하여 $Q_3=40$, $Q_1=25$이므로 $Q_3-Q_1=15$이다.

R코드 3.10 | 표본의 사분위간 범위 구하기 : 함수 IQR()

[입력]

```
> IQR(money, type=3) #데이터 money를 활용하여 사분위수 구하기. 올림수에 의해 구한 결과에 따라 분위간 범위를 구함.
```

[출력]

```
[1] 15
```

정의 3.10 ● 사분위간 범위

- 사분위간 범위(inter quartile range) : 데이터를 오름차순 또는 내림차순으로 정렬하여 전체 데이터의 수를 특정의 4개로 나눌 때 1사분위수와 3사분위수 간의 차이

4) 상자그림

상자그림(box-plot)은 범위의 두 수치(최소값과 최대값), 사분위수의 3가지 수치(Q_1, Q_2, Q_3) 등 모두 5개 수치를 이용하여 데이터를 기술하는 방법이다. 다음의 〈그림 3.5〉를 살펴보자. 1사분위수(Q_1), 중위수(Q_2,median) 3사분위수(Q_3)를 구하면 사분위간 범위(IQR)를 구할 수 있다. 이 값을 박스에 표시하고 최대값과 최소값을 수염처럼 표시한다.

특이치를 확인하고 싶은 경우에는 위울타리값(upper fence)과 아래울타리값(lower fence)을 구한 뒤, 이 값을 넘어서는 값들을 이상치로 간주한다. 아래울타리값과 위울타리값은 각각 다음과 같이 구한다.

- 아래울타리값=1사분위수(Q_1)−IQR×1.5
- 위울타리값=3사분위수(Q_3)+IQR×1.5

상자그림을 그리기 위해 필요한 수치는 다음과 같다.

- 최소값과 최대값
- 1사분위수와 3사분위수
- 중위수
- 사분위간 범위(IQR)
- 아래울타리값과 위울타리값

〈그림 3.7〉은 대학생들의 용돈데이터를 상자그림으로 표시한 것이다. 위울타리값과 아래울타리값은 각각 점선으로 표시되어 있고, 중위수는 상자 안에 짙은 선으로 표시되어 있다. 이 상자그림에 의하면 특이치가 존재하며, 전체적인 데이터의 분포는 약간 치우쳐져 있다는 것을 알 수 있다.

그림 3.7 | 상자그림

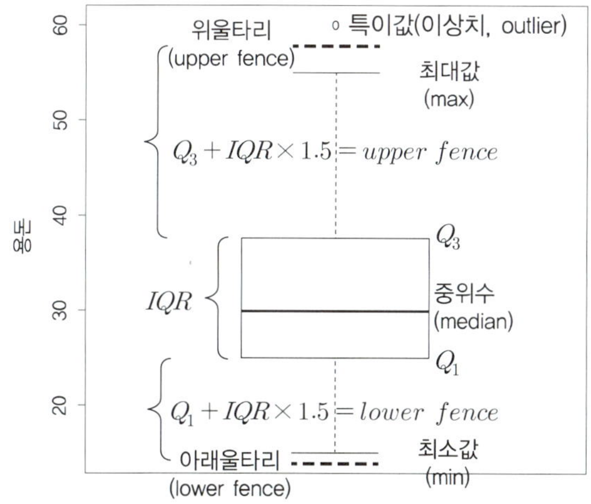

예제 3.7 ● 상자그림의 작성

문| 나무데이터에서 나무의 키(Height)에 관한 관측치를 이용하여 직접 상자그림을 만들어보시오.

풀이| 최소값, 최대값, 제1사분위수, 중위수, 제3사분위수, 아래울타리값, 위울타리값을 구한다.

(1) 먼저 데이터를 오름차순으로 정리한다.

63 64 65 66 69 70 71 72 72 74 74 75 75 75 76 76 77 78 79 80 80 80 80 80
81 81 82 83 85 86 87

(2) 최소값, 최대값, 제1사분위수, 중위수, 제3사분위수, 아래울타리값, 위울타리값을 구한다.

- 최소값, 최대값 : 63, 87
- 제1사분위수, 중위수, 제3사분위수 : 72, 76, 80
- IQR(사분위간 범위) : 8
- 아래울타리값, 위울타리값 : 72−1.5*8=60, 80+1.5*8=92

이 작업을 위해서 R함수를 활용하면 편리하다. 즉, 다음과 같은 과정을 거치면 쉽게 그림을 그릴 수 있다.

(1) 데이터를 오름차순으로 정렬한다. (sort() 함수 활용)

```
> sort(trees$Height) #데이터 trees에서 변수 Height를 정렬
```

(2) 데이터의 요약통계량을 구한다. (summary() 함수 활용)

```
> summary(trees$Height) #데이터 trees에서 변수 Height에 대한 요약통계량
```

(3) 데이터의 사분위간 범위를 구한다. (IQR() 함수 활용)

```
> IQR(trees$Height) 데이터 trees에서 변수 Height에 대한 사분위수
```

(4) 상자그림을 그리고, 각 통계를 입력하여 그림을 완성한다.

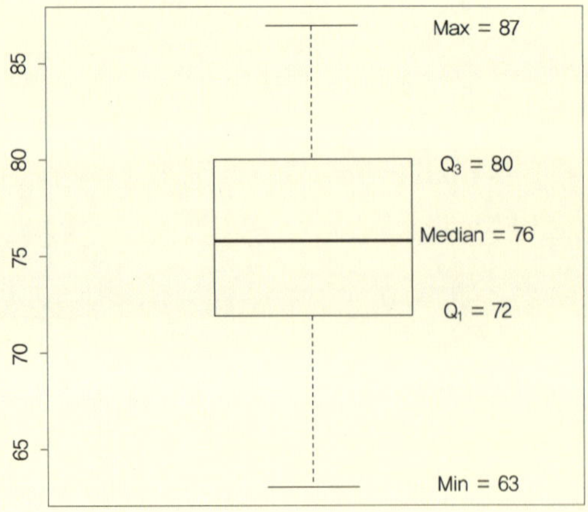

R코드 3.11 | 상자그림 : 함수 boxplot()

[입력]

```
> money=c(25,20,30,25,15,25,50,45,60,55,45,40,30,25,30,30,35,20,15,25)
  #데이터
> boxplot(money) #상자그림함수, 수직그림
> boxplot(money, horizontal=TRUE) #상자그림함수, 수평그림
```

[출력]

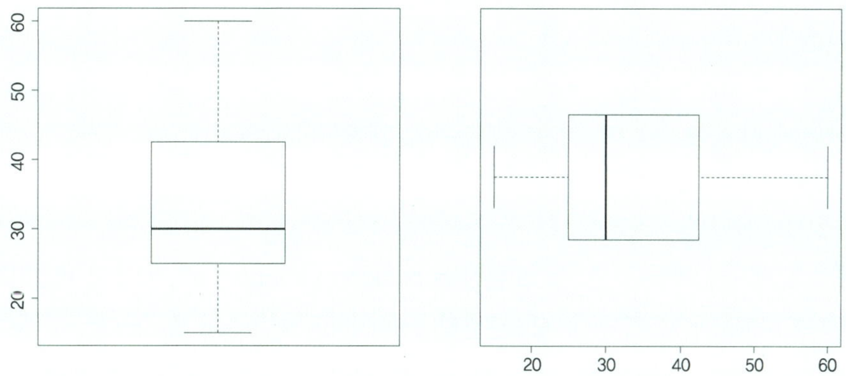

수직그림 수평그림

[R코드 팁]

R함수 boxplot()에 사용되는 인수는 다음과 같이 사용된다.

```
> boxplot(mtcars$mpg, Horizontal=TRUE ) #데이터 mtcars에서 변수 mpg에 대한 상자
  그림, 그림은 수평으로 표현
```

• mtcars$mpg : 데이터 mtcars의 변수 mpg 데이터의 활용

```
> boxplot(mpg~am, data=mtcars, Horizontal=TRUE) #변수 mpg에 대하여 상자그림,
  변수 am의 범주에 따라 상자그림을 구분하여 그리고, 그림은 수평으로 표현
```

• mpg~am, data=mtcars : mpg에 대하여 상자그림을 그리되, 변수 am의 범주에 따라 나누어서 상자그림을 출력, 변수 mpg와 변수 am은 데이터 mtcars의 변수임.
• Horizontal=TRUE : 그림은 수평으로 출력, 이 인수가 없으면 디폴트는 수직그림

상자그림은 데이터의 변동성의 정도를 그림으로 표현한 것이다. 그럼에도 불구하고 수치적 표현과 같은 부분에서 설명하는 것은 이 그림을 그리기 위해서는 최소값, 최대값, 제1사분위수(Q_1) 제3사분위수(Q_3), 중위수, IQR과 같이 데이터의 변동성을 측정한 측정치를 반드시 필요로 한다. 이러한 점에서 변동성의 수치적 표현에 같이 포함하였다.

5) 분산과 표준편차

평균으로부터 개별 관측치들의 차이를 제곱하여 모두 합한 것을 다시 관찰치의 개수로 나눈 것을 **분산**(variance)이라고 하고, 이의 제곱근을 **표준편차**(standard deviation)라고 한다. 분산의 공식을 살펴보면 차이제곱합의 산술평균이라고 할 수 있다. 차이에 제곱을 하는 이유는 단순히 차이를 합하게 되면 그 결과가 0이 되기 때문이다.

(모)분산(variance) : $\sigma^2 = \sum_{i=1}^{N} \frac{(x_i - \mu)^2}{N}$ **(식 3.8)**

(모)표준편차(standard deviation) : $\sigma = \sqrt{\sum_{i=1}^{N} \frac{(x_i - \mu)^2}{N}}$ **(식 3.9)**

위의 공식에 의하여 계산된 분산을 **모분산**(population variance, σ^2, **시그마 제곱이라고 읽음**)이라고 하고, 이의 제곱근을 **모표준편차**(population standard deviation, σ, **시그마라고 읽음**)라고 한다. 공식을 자세히 살펴보면 모분산은 모평균(μ)으로부터 모집단의 관측값들이 어느 정도로 떨어져 있는가(흩어져 있는가)를 살펴보는 기준이 되며, 이러한 차이의 제곱합을 **전체 모집단의 크기**(N)로 나눈 것이다.

예제 3.8 ● 모평균과 모분산 구하기

문| 경영학과 1학년은 **총 20명**으로 구성되어 있으며, 지도교수는 이 학생들의 용돈수준을 파악하여 이를 근로학생 선발의 기준으로 삼고자 한다. 조사결과 20명 학생의 용돈수준은 다음과 같이 나타났다.

용돈데이터(pmoney)=(25, 20, 30, 25, 15, 25, 50. 45, 60, 55, 45, 40, 30, 25, 30, 30, 35, 20, 15, 25)

이 데이터를 이용하여 용돈데이터에 대한 모평균을 구하시오. 또 이 데이터를 이용하여 용돈데이터의 분산과 표준편차를 구하시오.

풀이| 모평균 : $\mu = \frac{\sum_{i=1}^{N} x_i}{N} = \frac{(25+20+, \cdots, +25)}{20} = 31.60$

모분산 : $\sigma^2 = \sum_{i=1}^{N} \frac{(x_i - \mu)^2}{N} = \sum_{i=1}^{20} \frac{(x_i - \mu)^2}{20} = 177.06$

모표준편차 : $\sigma=\sqrt{\sum_{i=1}^{N}\frac{(x_i-\mu)^2}{N}}=13.30$

R코드 3.12 | 모집단평균(모평균)과 분산(모분산) : 함수 mean(), 함수 var() 활용

[입력]

```
> pmoney=c(25,20,30,25,15,25,50.45,60,55,45,40,30,25,30,30,35,20,15,25)
  #데이터를 > pmoney라는 이름으로 할당하여 저장
> mean_pmoney=mean(pmoney) #표본평균
> var_pmoney=var(pmoney)*((length(pmoney)-1)/length(pmoney)) #표본분산을
  구한 뒤 (n-1)/n 을 곱한다.
> print(mean_pmoney) #모평균(mean_pmoney)을 출력
> print(var_pmoney) #모분산(var_pmoney) 출력
```

[출력]

```
> print(mean_pmoney) #평균을 출력
[1] 31.60263
> print(var_pmoney) #모분산 출력
[1] 177.0637
```

(footnote 4 is attached to "곱한다" above: 곱한다.[4])

[R코드 팁]

R언어에서 사용하는 분산에 관한 함수 var()는 표본분산이다. 따라서 모분산을 구하기 위해서는 위와 같은 약간의 기술이 필요하다. 다만 다음과 같은 **사용자정의 함수**를 통해서도 간단하게 해볼 수 있다. 이를 위해서는 사용자정의 함수에 대한 이해가 필요한데, 이는 다음에 배우기로 하고, 일단 다음과 같이 사용해보자.

```
> pmoney=c(25, 20, 30, 25, 15, 25, 50, 45, 60, 55, 45, 40, 30, 25, 30, 30,
  35, 20, 15, 25)
> p.var <- function(x) { #함수의 선언(변수x를 가지는 함수를 선언하여, p.var에 할당)
             m <- mean(x) #변수의 평균을 계산하여 m에 할당
             return (sum((x-m)^2)/length(x)) #변수값과 평균의 차이를 제곱하여
  합한 뒤 이를 전체 관측 개수로 나누어 반환
                    }
> p.var(pmoney) #변수x에 pmoney의 변수값들을 넣어 함수식을 계산하고, 이 결과가 저장된
  pmoney를 출력
```

이 사용자정의 함수의 구조에 대해서는 이해하는 분만 일단 이용하도록 하자. 나중에 다시 설명할 기회가 있다.

4) 표본을 통하여 모집단에 대한 정보를 얻고자 하는 것이 통계학의 본질이다. 따라서 모집단에 대한 정보가

이를 이용하면 **표본분산**(s^2)과 **표본표준편차**(s)를 구할 수 있다. 다음은 표본의 분산과 표본의 표준편차를 구하는 공식이다. 이 공식은 모집단의 분산이나 표준편차와는 달리 표본평균과 표본관측값 간의 차이의 제곱합을 자유도(표본의 크기−1=($n-1$))로 나눈 것이다.

표본분산(sample variance) : $s^2 = \sum_{i=1}^{n} \frac{(x_i - \bar{x})^2}{(n-1)}$ **(식 3.10)**

표본표준편차(sample standard deviation) : $s = \sqrt{\sum_{i=1}^{n} \frac{(x_i - \bar{x})^2}{(n-1)}}$ **(식 3.11)**

그렇다면 s^2를 계산할 때 분모가 n이 아니고 $n-1$인가? 학습자들이 잘 알고 있듯이 σ^2는 모수이고, s^2은 모수 σ^2를 추정하기 위한 통계량이다. s^2을 이용하여 모수 σ^2를 추정하는 경우 n을 이용하게 되면 과소추정이 된다. 따라서 $n-1$을 이용하여 s^2를 계산하고, 이를 이용하여 σ^2를 추정하는 것이다. 이때 $n-1$을 **자유도(degree of freedom)**라는 용어로 부른다.

예제 3.9 ● 표본평균, 표본분산, 표본표준편차

문| 경영학과 1학년은 총 200명으로 구성되어 있으며, 이 중 20명을 무작위로 골라 이 학생들의 용돈수준을 파악하여 이를 근로학생 선발의 기준으로 삼고자 한다. 조사결과 20명 학생의 용돈수준은 다음과 같이 나타났다.

용돈데이터(smoney)=(25,20,30,25,15,25,50.45,60,55,45,40,30,25,30,30,35,20,15,25)

알려져 있거나 알려져 있지 않은 것을 가정하여 표본에서 얻어진 정보를 이용하여 모집단에 대한 정보를 추정하는 것이다. 따라서 통계분석을 위한 소프트웨어는 표본데이터를 기반으로 하여 분석을 하고, 그 결과를 기반으로 모집단 정보를 추정하고자 한다. 이 경우에도 데이터가 표본데이터라는 것을 가정하는 것이지만, 문제의 본질이 이미 모집단 데이터를 의미하는 것이므로, 표본데이터로부터 얻어진 표본분산의 결과를 간단한 방법을 통해 모집단의 분산을 구하도록 변화시킬 수 있다. 즉, 표본분산이 $s^2 = \sum_{i=1}^{n} \frac{(x_i - \bar{x})^2}{(n-1)}$ 이므로, 모분산 $\sigma^2 = \sum_{i=1}^{n} \frac{(x_i - \mu)^2}{N}$ 을 구하기 위해 표본분산에 $\frac{n-1}{N}$ 을 곱하여 얻을 수 있다. 왜냐하면 표본의 크기 $n=20$이고, 모집단의 크기 $N=20$이기 때문에, 즉 같기 때문에 표본에서 얻어진 표본통계량인 표본분산 s^2를 이용하여 모분산 σ^2를 간단하게 계산할 수 있는 것이다. 만약 $n \neq N$이 아니라면 이 방법을 사용할 수 없음을 상기하라.

이 데이터를 이용하여 용돈의 평균과 표준편차를 구하시오.

풀이

표본평균 : $\bar{x} = \dfrac{\sum x}{n}$

$= \dfrac{(25+20+30+25+15+25+50+45+60+55}{20}$

$\dfrac{+45+40+30+25+30+30+35+20+15+25)}{20}$

$=31.60$

표본분산 : $s^2 = \sum_{i=1}^{n} \dfrac{(x_i - \bar{x})^2}{(n-1)} = \dfrac{(25-31.6)^2 + (20-31.6)^2, \cdots, (25-31.6)^2}{19}$

$=167.74$

표본표준편차 : $s = \sqrt{\sum_{i=1}^{n} \dfrac{(x_i - \bar{x})^2}{(n-1)}} = 12.95$

R코드 3.13 | 표본평균, 표본분산, 표본표준편차 : 함수 mean(), var(), sd()

[입력]

```
> smoney=c(25,20,30,25,15,25,50.45,60,55,45,40,30,25,30,30,35,20,15,25)
  #데이터를 > smoney에 저장(할당)
> mean_smoney=mean(smoney) #표본평균을 구하여 mean_smoney에 저장
> var_smoney=var(smoney) #표본분산을 구하여 var_smoney에 저장
> sd_smoney=sd(smoney) #표본표준편차를 구하여 sd_smoney에 저장
> print(mean_smoney) #표본평균 출력
> print(var_smoney) #표본분산 출력
> print(sd_smoney) #표본표준편차 출력
```

[출력]

```
> print(mean_smoney) #표본평균 출력
[1] 31.60263
> print(var_smoney) #표본분산 출력
[1] 167.7446
> print(sd_smoney) #표본표준편차 출력
[1] 12.95162
```

5) 변동계수

변동계수(coefficient of variation)란 표준편차의 양이 평균과 비교하여 어느 정도인가를 비율로 표시하는 것이다. 즉, 데이터의 변동성이 평균과 비교하여 어느 정도인가를 측정하는 것이며, 표준편차를 평균으로 나누어주는 것이다.

표준편차란 관측치의 단위에 의존하게 되는데, 측정단위가 크게 되면 표준편차는 단위에 의존하여 같이 커지게 된다. 따라서 단위가 다른 경우의 표준편차를 절대적으로 비교하는 것은 무의미하다. 따라서 평균으로 나누어주게 되면 단위를 고려하는 변동폭이 계산될 수 있다. 이 때문에 **상대표준편차**라고도 한다.

$$\text{변동계수(coefficient of variation)} = (\text{표준편차}/\text{평균}) \times 100 \qquad \text{(식 3.12)}$$

예제 3.10 ● 변동계수

문I 〈예제 3.9〉의 결과를 이용하여 변동계수를 구해보시오.

풀이I 표준편차=12.95, 표본평균=31.60이므로 $CV = \frac{12.95}{31.6} \times 100 = 40.98$이다.

R코드 3.14 | 변동계수의 계산

[입력]

```
> smoney=c(25,20,30,25,15,25,50.45,60,55,45,40,30,25,30,30,35,20,15,25)
  #데이터를 smoney에 저장
> mean_smoney=mean(smoney) #표본평균을 구하여 mean_smoney에 저장
> sd_smoney=sd(smoney) #표본표준편차를 구하여 sd_smoney에 저장
> cv=(sd_smoney/mean_smoney)*100 #변동계수의 계산
  sd(smoney)/mean(smoney)와 결과는 동일
> print(cv) #변동계수를 출력
```

[출력]

```
[1] 40.98274
```

정의 3.11 ● 변동계수

- 변동계수(coefficient of variation) : 표준편차의 양이 평균과 비교하여 어느 정도인가를 비율로 표시하는 것

연습문제

01 다음의 표는 우리나라 신문고객 1,000명이 보는 정기구독하는 신문에 관한 데이터이다. 이 데이터를 이용하여 막대그림과 원도표를 그려보시오.

▌연습표 3.1▌신문별 도수

신문명	도수
갑	380
을	250
병	150
정	120
무	100
계	1000

02 다음은 3월 1개월의 영업일수 20일 동안 대리점을 방문한 고객의 수에 관한 데이터이다. 이 데이터를 이용하여 줄기-잎그림을 그려보시오.

▌연습표 3.2▌대리점을 방문한 고객의 수

46, 55, 56, 58, 60, 31, 45, 60, 64, 56, 51, 44, 45, 46, 61, 43, 52, 58, 62, 66

03 S광고대행사는 5명의 임원을 보유하고 있으며, 이들 임원들은 각각 어제 하루에 5,7,9,3,6명의 외부손님을 접견하였다.

(1) 임원들이 만난 고객의 평균과 중위수를 구해보시오.

(2) 학습자가 구한 평균은 표본평균인가 아니면 모평균인가? 왜 그런가를 설명해보시오.

04 K텔레콤을 사용하고 있는 가입자에서 다음과 같은 10개의 표본을 얻어 조사한 결과 다음과 같은 하루 통화횟수를 얻었다. 이 데이터를 이용하여 다음을 구해보시오.

▌연습표 3.3▌통화횟수

통화횟수데이터	5, 8, 9, 12, 4, 6, 7, 9, 11, 4

(1) 평균

(2) 분산과 표준편차

05 의학계에서는 공복시 130 미만의 혈당수치를 권고한다. 다음은 내원한 환자 중 지난 주에 방문한 30명의 공복혈당 수치이다. 이 자료를 이용하여 다음에 답하시오.

▌연습표 3.4 ▌공복혈당수치 데이터

105	110	117	120	125	127	109	109	107	111
106	110	101	109	112	98	97	130	127	121
115	114	117	91	95	99	121	123	106	108

(1) 평균과 표준편차, 분산, 중위수를 구하시오.
(2) 범위와 사분위수를 구하시오.
(3) 상자그림을 그려보시오.

06 R언어 내장데이터 mtcars를 활용하여 물음에 답하시오.
데이터에 대한 이해 : R언어에는 mtcars라는 이름의 데이터가 내장되어 있다. 이 데이터는 1974년 'Motor Trend US magazine'에 공개된 자동차 모델 32개에 대한 연료소비, 자동차 디자인과 그리고 자동차의 성능에 관한 것이다. 먼저 데이터를 확인해보자.

R콘솔에서 다음과 같이 명령어를 입력하고 실행해보자. 그럼 〈연습그림 3.1〉과 같이 데이터를 확인할 수 있다.

```
>mtcars ↵
```

이 데이터의 세부적인 특성을 확인해보자. 마찬가지로 R콘솔에서 다음과 같이 명령을 입력하여 실행해보자.

```
>?mtcars ↵
```

그럼 〈연습그림 3.2〉를 얻을 수 있다.

데이터에 대한 설명에 따르면 각 변수명과 세부적인 측정내용은 〈연습표 3.1〉과 같다.

연습그림 3.1 | 데이터 mtcars

R Console

```
> mtcars
                     mpg cyl  disp  hp drat    wt  qsec vs am gear carb
Mazda RX4           21.0   6 160.0 110 3.90 2.620 16.46  0  1    4    4
Mazda RX4 Wag       21.0   6 160.0 110 3.90 2.875 17.02  0  1    4    4
Datsun 710          22.8   4 108.0  93 3.85 2.320 18.61  1  1    4    1
Hornet 4 Drive      21.4   6 258.0 110 3.08 3.215 19.44  1  0    3    1
Hornet Sportabout   18.7   8 360.0 175 3.15 3.440 17.02  0  0    3    2
Valiant             18.1   6 225.0 105 2.76 3.460 20.22  1  0    3    1
Duster 360          14.3   8 360.0 245 3.21 3.570 15.84  0  0    3    4
Merc 240D           24.4   4 146.7  62 3.69 3.190 20.00  1  0    4    2
Merc 230            22.8   4 140.8  95 3.92 3.150 22.90  1  0    4    2
Merc 280            19.2   6 167.6 123 3.92 3.440 18.30  1  0    4    4
Merc 280C           17.8   6 167.6 123 3.92 3.440 18.90  1  0    4    4
Merc 450SE          16.4   8 275.8 180 3.07 4.070 17.40  0  0    3    3
Merc 450SL          17.3   8 275.8 180 3.07 3.730 17.60  0  0    3    3
Merc 450SLC         15.2   8 275.8 180 3.07 3.780 18.00  0  0    3    3
Cadillac Fleetwood  10.4   8 472.0 205 2.93 5.250 17.98  0  0    3    4
Lincoln Continental 10.4   8 460.0 215 3.00 5.424 17.82  0  0    3    4
Chrysler Imperial   14.7   8 440.0 230 3.23 5.345 17.42  0  0    3    4
Fiat 128            32.4   4  78.7  66 4.08 2.200 19.47  1  1    4    1
Honda Civic         30.4   4  75.7  52 4.93 1.615 18.52  1  1    4    2
Toyota Corolla      33.9   4  71.1  65 4.22 1.835 19.90  1  1    4    1
Toyota Corona       21.5   4 120.1  97 3.70 2.465 20.01  1  0    3    1
Dodge Challenger    15.5   8 318.0 150 2.76 3.520 16.87  0  0    3    2
AMC Javelin         15.2   8 304.0 150 3.15 3.435 17.30  0  0    3    2
Camaro Z28          13.3   8 350.0 245 3.73 3.840 15.41  0  0    3    4
Pontiac Firebird    19.2   8 400.0 175 3.08 3.845 17.05  0  0    3    2
Fiat X1-9           27.3   4  79.0  66 4.08 1.935 18.90  1  1    4    1
Porsche 914-2       26.0   4 120.3  91 4.43 2.140 16.70  0  1    5    2
Lotus Europa        30.4   4  95.1 113 3.77 1.513 16.90  1  1    5    2
Ford Pantera L      15.8   8 351.0 264 4.22 3.170 14.50  0  1    5    4
Ferrari Dino        19.7   6 145.0 175 3.62 2.770 15.50  0  1    5    6
Maserati Bora       15.0   8 301.0 335 3.54 3.570 14.60  0  1    5    8
Volvo 142E          21.4   4 121.0 109 4.11 2.780 18.60  1  1    4    2
```

연습그림 3.2 | 데이터 mtcars에 관한 설명

127.0.0.1:17629/library/datasets/html/mtcars.html

mtcars {datasets}

Motor Trend Car Road Tests

Description

The data was extracted from the 1974 *Motor Trend* US magazine, and comprises fuel consumption and 10 aspects of automobile design and performance for 32 automobiles (1973–74 models).

Usage

`mtcars`

Format

A data frame with 32 observations on 11 (numeric) variables.

[, 1] mpg Miles/(US) gallon
[, 2] cyl Number of cylinders
[, 3] disp Displacement (cu.in.)
[, 4] hp Gross horsepower
[, 5] drat Rear axle ratio
[, 6] wt Weight (1000 lbs)
[, 7] qsec 1/4 mile time
[, 8] vs Engine (0 = V-shaped, 1 = straight)
[, 9] am Transmission (0 = automatic, 1 = manual)
[,10] gear Number of forward gears
[,11] carb Number of carburetors

연습표 3.5 데이터 mtcars에 관한 구체적인 설명요약

변수명	mpg	cyl	disp	hp	drat
변수에 대한 설명	Miles/(US) gallon 마일리지	Number of cylinders 실린더의 수	Displacement (cu.in.) 배기량	Gross horsepower 마력	Rear axle ratio 뒷바퀴축의 기어비
wt	**qsec**	**vs**	**am**	**gear**	**carb**
Weight(1000 lbs) 무게	1/4mile time 1/4마일 도달시간	Engine (0=V-shaped, 1=straight) 엔진의 모양 (V형은 0, 스테레이트면 1로 코딩)	Transmission (0=automatic, 1=manual) 트랜스미션형태(자동은 0, 수동은 1로 코딩)	Number of forward gears 기어의 수	Number of carburetors 기화기의 수

이 데이터를 이용하여 다음의 문제를 R을 활용하여 풀어보자.

(1) 기화기의 수(carb) 변수에 대하여 다음을 삭성하시오.
  1) 도수분포표와 상대도수분포표를 작성하시오.
  2) 파이그림을 그려보시오.
  3) 막대그림을 그려보시오.

(2) 마력(hp)변수에 대하여 다음을 구해보시오.
  1) 표본평균
  2) 표본표준편차/모표준편차
  3) 표본분산/모분산
  4) 최빈값
  5) 변동계수
  6) 히스토그램

(3) 마일리지(mpg) 변수에 대하여 줄기-잎그림을 작성하시오.

(4) 무게(wt) 변수에 대하여 다음을 구하시오.
  1) 최대값, 최소값, 범위
  2) 사분위수
  3) 사분위간 거리
  4) 중위수
  5) 상자그림

부록 통계분석을 위한 R활용 3

1. 데이터프레임

R언어를 잘 활용하기 위해서는 R에서 사용하는 몇 가지 용어를 이해할 필요가 있다. R이 아무리 편하게 만들어졌다고 하더라도 **컴퓨터 언어** 아닌가? 이해를 처음부터 천천히, 그리고 조금씩 필요한 만큼 하는 것이 중요하다. 나중에 한꺼번에 하는 것은 비효과적일 수 있다.

(1) 데이터프레임 : 함수 data.frame()

데이터프레임은 R의 핵심적인 데이터 구조로서, 엑셀과 같이 숫자, 문자 등 다양한 데이터를 하나의 테이블에 담을 수 있는 데이터 구조이다. **R콘솔**에서 다음과 같이 입력해보자.

R연습코드 3.1 | 데이터프레임의 구축 : 함수 data.frame()

[입력]

```
> df=data.frame(col1=c('a','b','c','d','e'), col2=c(1, 2, 3, 4, 5)) #문자형 데이터로 이루어진 벡터를 생성하여 변수 col1에 할당하고, 숫자형 데이터로 이루어진 벡터를 생성하여 변수 col2에 할당한 뒤, 이를 데이터프레임으로 만들어 변수 df에 저장

> print(df) #데이터프레임을 출력
```

[출력]

```
  col1 col2
1    a    1
2    b    2
3    c    3
4    d    4
5    e    5
```

[R코드 팁]

2장에서 함수 c()에 의해서 만들어진 벡터는 '열벡터'라는 것을 설명한 바 있다. 따라서 위와 같이 두 개의 벡터를 생성하여 데이터프레임으로 만들면 열기준의 행렬데이터가 만들어진다. 데이터 프레임 함수 data.frame()는 R언어의 행과 열로 이루어진 R언어 고유의 데이터 포맷이다.

(2) 데이터의 구조확인 : 함수 str()

데이터의 구조를 확인하기 위해서는 함수 str()를 통해 확인할 수 있다. '**〈R연습코드 3.2〉 데이터프레임의 내용보기**'의 (출력)에 보면 df는 data.frame 함수로 저장되어 있으며, 2개의 변수와 5개의 관찰치(5 obs. of 2 variables)로 구성되어 있다는 정보를 제공해 준다.

R연습코드 3.2 | 데이터프레임의 내용확인 : 함수 str()

[입력]

```
> str(df) #데이터(프레임)의 구조보기(str는 structure의 약자이다)
```

[출력]

```
'data.frame':	5 obs. of  2 variables:
 $ col1: Factor w/ 5 levels "a","b","c","d",..: 1 2 3 4 5
 $ col2: num  1 2 3 4 5
```

2. 함수와 인수에 대한 이해

R언어는 많은 함수로 이루어진 언어이다. 함수란 논리적인 작업을 수행하도록 만들어진 명령어이다. 앞서 다루어 본 함수 seq()도 연속적인 수열을 생성하라는 명령어 함수이다. R콘솔에서 〈R연습그림 3.1〉과 같이 ?seq()를 입력해보자.

R연습그림 3.1 | 함수 seq()에 대한 help 명령어

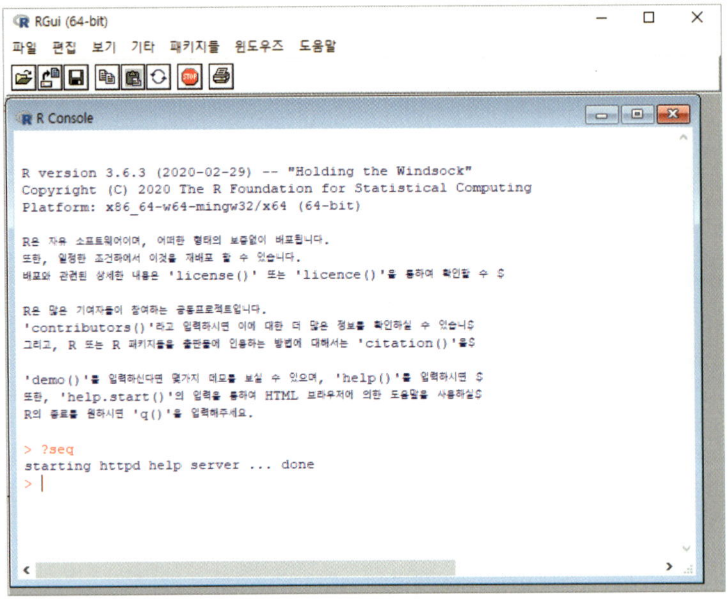

이와 같이 입력하면 함수 seq()에 대한 정보를 〈R연습그림 3.2〉와 같이 알려준다.

R연습그림 3.2 | 함수 seq()에 대한 help 내용

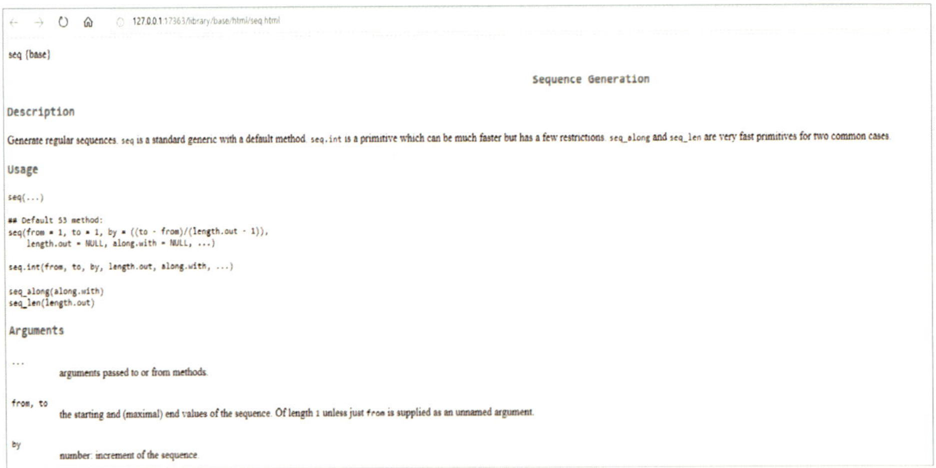

이 출력에 의하면 함수 seq() 사용방법의 구체적 내용을 담고 있는 **인수(argument)**에 대하여 설명하고 있다. 구체적인 내용을 살펴보자.

R연습코드 3.3 | 수열생성 : 함수 seq()

```
> seq(from=1, to=10, by=1) #정형적인 방법이다. 1에서 10까지의 수를 1씩 증가시키면서
  수열을 생성하라는 명령함수이다.
 [1]  1  2  3  4  5  6  7  8  9 10
> seq(1,10,by=1) #시작과 끝에 해당하는 인수를 생략한 것이다. 다만 결과는 같다. 1에서 10
  까지의 수를 1씩 증가시키면서 수열을 생성하라는 명령함수이다.
 [1]  1  2  3  4  5  6  7  8  9 10
> seq(1,10,1) #모든 인수를 생략한 것이다. 결과는 같다. 1에서 10까지의 수를 1씩 증가시키
  면서 수열을 생성하라는 명령함수이다.
 [1]  1  2  3  4  5  6  7  8  9 10
> seq(1,10) #증가에 해당하는 인수를 삽입하지 않으면 자동적으로 증가분이 1이다.
 [1]  1  2  3  4  5  6  7  8  9 10
> seq(1,10,by=2) #증가가 2인 경우
[1] 1 3 5 7 9
> seq(1,10, by=3) #증가가 3인 경우
[1]  1  4  7 10
```

이렇게 R언어는 기본적인 **명령어 함수**와 그 함수에 값을 정의해주는 **인수(argument)**로 구성되어 있다. **인수**는 함수에 전달하는 값의 리스트이다. 여기에서는 from=, to=, by= 등을 통해 함수에 값을 전달하며, 이를 인수라고 한다. 인수에 연결되어 작업의 구체적인 내용을 정해주는 것을 **인수값**이라고 한다.

즉, seq()='함수', seq(from=) ='인수', seq(from=1)='인수값'이다. 그러나 〈R연습코드 3.3〉에서 확인할 수 있듯이 인수가 순서로 지정되어 있는 경우, 인수값만 그 순서대로 입력해도 함수는 작동한다.

즉, 함수는 논리적 연산절차를 함축해놓은 절차이며, 여기에 구체적인 값을 전달하려고 하는 것을 인수라고 한다. 함수는 인수에 의하여 구체적인 결과를 산출하게 된다.

함수는 크게 **내장함수**와 **사용자정의 함수**로 나누어진다. seq()와 같은 함수들은 사전에 지정되어 있는 **내장함수**라고 부르며, 사용자가 특별히 자신의 논리적 연산을 R언어를 통해 구축해 놓은 것을 **사용자정의 함수**라고 한다. 사용자정의 함수의 체계는 앞으로 다루게 될 것이므로 천천히 살펴보자.

R언어 함수의 구조
- 함수(인수=인수값, 인수=인수값, …, 인수=인수값)
- seq(from=1, to=10, by=1)

3. R언어를 이용한 (행렬)연산

R언어도 다른 언어와 마찬가지로 연산과 논리를 가지고 있다. 특히 R은 통계연산에서 강력한 도구 아닌가? R언어에는 단순한 수치연산도 있지만 행렬과 벡터에 관한 연산에서도 강력하다. 이러한 연산에 대하여 알아보자.

(1) 수치의 연산(가감승제 – 더하기 빼기 곱하기 나누기)

기호	+	–	*	/
의미	더하기	빼기	곱하기	나누기

R연습코드 3.4 | 수치의 가감승제

```
> a=3 #변수 a에 3을 할당
> b=4 #변수 b에 4를 할당
> c=a+b #변수 a와 b를 더하여 c에 할당
> d=a-b #변수 a에 b를 빼서 d에 할당
> e=a*b #변수 a와 b를 곱하여 e에 할당
> f=a/b #변수 a를 b로 나누어 f에 할당
> print(c) #변수 c(=a+b) 출력
[1] 7
> print(d) #변수 d(=a-b) 출력
[1] -1
> print(e) #변수 e(=a*b) 출력
[1] 12
> print(f) #변수 f(=a/b) 출력
[1] 0.75
```

(2) 행렬의 연산(가감승제 – 더하기 빼기 곱하기 나누기)

기호	+	–	%*%	/
의미	더하기	빼기	곱하기(내적)	나누기

R연습코드 3.5 | 행렬의 가감승제

```
> aa=c(1,2,3,4) #벡터 aa 생성
> bb=c(0.5,1,1.5,2) #벡터 bb 생성
> maa=matrix(aa, ncol=2, byrow=T) #행렬 maa 생성
> mbb=matrix(bb, ncol=2, byrow=T) #행렬 mbb 생성
> aabb=maa+mbb #행렬의 더하기 maa와 mbb를 더하여 aabb에 할당
> aambb=maa-mbb #행렬의 빼기 maa에서 mbb를 빼서 aambb에 할당
> aapbb=maa %*% mbb #행렬의 곱하기 maa와 mbb를 곱하여 aapbb에 할당
> aaobb=maa/mbb #행렬의 나누기 maa를 mbb로 나누어 aaobb에 할당
> print(maa) #행렬 maa 출력
     [,1] [,2]
[1,]    1    2
[2,]    3    4
> print(mbb) #행렬 mbb 출력
     [,1] [,2]
[1,] 0.5    1
[2,] 1.5    2
> print(aabb) #행렬더하기 연산결과 aabb 출력
     [,1] [,2]
[1,] 1.5    3
[2,] 4.5    6
> print(aambb) #행렬빼기 연산결과 aambb 출력
     [,1] [,2]
[1,] 0.5    1
[2,] 1.5    2
> print(aapbb) #행렬곱하기 연산결과 aapbb 출력
     [,1] [,2]
[1,] 3.5    5
[2,] 7.5   11
> print(aaobb) #행렬나누기 연산결과 aaobb 출력
     [,1] [,2]
[1,]    2    2
[2,]    2    2
```

행렬의 연산방법을 다시 살펴보자. 위 코드를 행렬연산으로 전환해보자.

먼저 $maa = \begin{bmatrix} 1\,2 \\ 3\,4 \end{bmatrix}$, $mbb = \begin{bmatrix} 0.5\,1.0 \\ 1.5\,2.0 \end{bmatrix}$ 이다.

$maa + mbb = \begin{bmatrix} 1+0.5 & 2+1 \\ 3+1.5 & 4+2 \end{bmatrix} = \begin{bmatrix} 1.5 & 3 \\ 4.5 & 6 \end{bmatrix}$ 이다. 이는 aabb와 동일하다.

$maa - mbb = \begin{bmatrix} 1-0.5 & 2-1 \\ 3-1.5 & 4-2 \end{bmatrix} = \begin{bmatrix} 0.5 & 1 \\ 1.5 & 2 \end{bmatrix}$ 이다. 이는 aambb와 동일하다.

$maa \times mbb = \begin{bmatrix} 1 & 2 \\ 3 & 4 \end{bmatrix} \times \begin{bmatrix} 0.5 & 1 \\ 1.5 & 2 \end{bmatrix} = \begin{bmatrix} 1\times0.5+2\times1.5 & 1\times1+2\times2 \\ 3\times0.5+4\times1.5 & 3\times1+4\times2 \end{bmatrix} = \begin{bmatrix} 3.5 & 5 \\ 7.5 & 11 \end{bmatrix}$ 이며,

이는 aapbb와 동일하다.

$maa \div mbb = \begin{bmatrix} 1\div0.5 & 2\div1 \\ 3\div1.5 & 4\div2 \end{bmatrix} = \begin{bmatrix} 2 & 2 \\ 2 & 2 \end{bmatrix}$ 이다. 이는 aaobb와 동일하다.

(3) 전치행렬과 역행렬 : 함수 t()와 함수 solve()

개념적으로 조금 어려울 수 있을까? 그래도 일단 도전해보자. **전치행렬**은 행렬의 행과 열을 바꾸어 놓은 것이다. 즉, 행이 열이 되고 열이 행이 되도록 만든 것이다. 다음과 같은 행렬 maa를 다시 생각해보자.

$maa = \begin{bmatrix} 1\,2 \\ 3\,4 \end{bmatrix}$ 이 행렬을 행과 열을 바꾸면 다음과 같다. $t(maa) = \begin{bmatrix} 1\,3 \\ 2\,4 \end{bmatrix}$ 과 같다.

이를 R언어를 통해 구현해보자.

R연습코드 3.6 | 전치행렬 : 함수 t()

```
> maa=matrix(aa, ncol=2, byrow=T) #행렬 maa 생성
> print(maa) #행렬 maa 출력
     [,1] [,2]
[1,]    1    2
[2,]    3    4
> tmaa=t(maa)
> print(tmaa) #행렬 tmaa 출력
     [,1] [,2]
[1,]    1    3
[2,]    2    4
```

이제 역행렬을 구하는 공식을 알아보자. 먼저 다음과 같은 2×2 행렬 A가 있다고 하자. **역행렬**은 $A \times A^{-1} = I$의 관계가 있을 때 A^{-1}을 행렬 A의 역행렬이라고 한다. 즉,

$A = \begin{bmatrix} a\ b \\ c\ d \end{bmatrix}$로 정의하자.

이 행렬의 역행렬은 다음과 같이 얻어진다.

$A^{-1} = \frac{1}{(ad-bc)}\begin{bmatrix} d & -b \\ -c & a \end{bmatrix}$이며, $A \times A^{-1} = \begin{bmatrix} 1\ 0 \\ 0\ 1 \end{bmatrix}$의 관계인 것이다.

여기에서는 2×2 행렬에 대하여 역행렬을 구했지만 3×3 행렬은 이와 다르다. 여기서는 개념을 중심으로 살펴보라는 것이며 역행렬이 존재하지 않는 경우도 있다. 이는 행렬식(determinant)에서 ad−bc=0인 경우이다. 잘 모르겠으면 넘어가자.

이 역행렬을 구하는 방법을 R코드로 구현해보자.

R연습코드 3.7 | 역행렬 : 함수 solve()

```
> aa=c(1,2,3,4) #벡터 aa 생성
> maa=matrix(aa, ncol=2, byrow=T) #벡터 aa를 이용하여 행렬 maa 생성
> maa #행렬 maa 출력
     [,1] [,2]
[1,]    1    2
[2,]    3    4
> imaa=solve(maa)
> imaa
     [,1] [,2]
[1,] -2.0  1.0
[2,]  1.5 -0.5
```

직접 계산해보자. 먼저 $A^{-1} = \frac{1}{(ad-bc)}\begin{bmatrix} d & -b \\ -c & a \end{bmatrix}$이므로, $maa = \begin{bmatrix} 1\ 2 \\ 3\ 4 \end{bmatrix}$의 역행렬을 구하면,

$maa^{-1} = \frac{1}{4-6}\begin{bmatrix} 4 & -2 \\ -3 & 1 \end{bmatrix} = -\frac{1}{2}\begin{bmatrix} 4 & -2 \\ -3 & 1 \end{bmatrix} = \begin{bmatrix} -2 & 1 \\ 1.5 & -0.5 \end{bmatrix}$이다.

이 전치행렬과 역행렬은 나중에 다시 활용할 기회가 있으므로, 일단 연산에 대해서만 기억해두자.

CHAPTER 04

확률

CHAPTER 04

확률

4장에서 학습해야 할 내용

사건의 발생가능성을 수치로 표현하는 것이 확률이고, 이 사건의 발생확률을 일정한 형태로 표현한 것이 5장의 확률분포이다. 5장을 이해하기 위해서는 4장의 확률에 대한 개념을 이해하는 것이 필요하다. 좀 고단한 일이지만, 확률에 대한 개념적인 이해는 통계 전반에 걸친 지식을 습득하는 데 기초가 된다.

1 사건이란 무엇이고, 확률이란 무엇인가?
2 조건부확률의 개념은 무엇이고, 어떻게 계산되는가?
3 베이즈정리란 무엇이고, 어떻게 계산되며, 어떤 시사점이 있는가?

수학이 **확정적(deterministic)**이라면, 통계학은 **확률적(stochastic, probabilistic)**이다. 확정적이라면 특정의 **사건(event, 사상)**이 발생할 가능성은 100%(반드시 발생한다) 또는 0%(반드시 발생하지 않는다)이다. 확률적이라면 특정의 사건이 발생할 가능성을 10%, 15%, 90% 등으로 표현한다. 세상에서 발생하는 사건들은 확정적인 경우도 있고, 확률적인 경우도 있다. 통계학에서 관심의 대상은 확률적인 사건들이다. 특정의 사건이 발생할 가능성이 있으며, 그 가능성이 50%, 80% 이렇게 표현할 수 있는 사건들이다.

확률은 **사건의 발생가능성**이다. 우리가 많이 예를 드는 동전던지기를 생각해보자. 동전던지기의 가능한 **결과(outcome)**는 앞면(Head)이거나 뒷면(Tail)이다. 어떤 결과가 나올까? 가능한 결과가 두 개이니 당연히 둘 중의 하나이고, 특별한 일이 없는 한(이것이 중요하다. 예를 들면 동전이 구부려져 있다든지 등) 앞면 또는 뒷면이 나타날 확률은 각각 50%와 50%이다. 동전을 두 개 던진다면 어떤 일이 발생할까? 주사위를 한 번 던진다면 또 어떤 결과가 어떤 확률로 나올까? 주사위를 두 번 던져서 나오는 수의 합에 관한 결과는 어떤 확률로 나타날까? 동전던지기나 주사위던지기에서 발생하는 결과는 사건 중 하나이다. 동전이나 주사위던지기와 같이 세상에서 발생하는 많은 사건들은 확률적이다.

택배회사는 오늘 몇 번의 주문을 받을까? 그리고 그 확률은 얼마일까? 이러한 의문에 답을 해야 의사결정자는 사업을 위한 준비를 한다. 확률적으로 발생하는 사건에 대하여 이해를 해야만 의사결정에 도움을 준다. 몇 대의 택배차량을 준비시켜야 할까? 이런 고민들은 택배회사의 중요한 의사결정 내용들이다. 확률에 대한 기본적인 개념을 알면 의사결정에 유리하다.

3장에서 다루었던 기술통계들은 발생한 사건들에 대한 요약과 정리이다. 그렇다면 그러한 사건들이 발생할 가능성은 얼마일까? 이 장은 사건이 확률적으로 발생하는 데 관심이 있다. 왜냐하면 통계학이란 확률적인 사건을 다루는 것이기 때문이다. 따라서 4장에서는 확률에 관한 기본적인 생각들을 정리해보자.

4.1 실험과 사건

(1) 실험과 사건

확률(probability)이란 '**특정의 사건이 발생할 가능성**'을 의미한다. 그러나 확률을 정의하기 위해서는 몇 가지 중요한 개념을 알아야 한다. 첫 번째 개념이 바로 **(확률)실험**((random) experiment)이다. 통계학에서의 실험이란 "**무작위로 발생하는 관찰결과를 얻기 위한 일련의 과정**"이다. 동전을 던져보자. **앞면(Head)**이나 **뒷면(Tail)**이라는 **결과**(outcome)가 나타난다. 주사위를 한번 던져보자. 1과 6 사이의 수 중 하나가 나타난다. 이러한 행위가 바로 **실험**이다. 실험을 수행하는 것을 **실행(trial)**이라고 한다. 실험을 수행하면 관찰되는 현상들이 있다. 이것이 **결과(outcome)**이다.

정의 4.1 ● 실험, 실행, 결과

- 실험(experiment) : 관찰결과를 얻기 위한 일련의 과정, 예를 들면 동전던지기, 주사위던지기
- 실행(trial) : 실험의 수행
- 결과(outcome) : 실험을 수행함으로써 관측되는 현상

실험에서 나타난 모든 가능한 결과들의 집합을 **표본공간(sample space, 보통 S라고 표현한다)**이라고 하고, 표본공간의 부분집합을 **사건(event)**, 또는 **사상**이라고 한다. 사건이 하나의 원소로 이루어져 있을 때 이를 **근원사건(elementary event)**이라고 한다. 주사위를 던지면 나타나는 수는 1~6 중의 하나이다. 이것이 결과이다. 이들의 전체집합이 표본공간이다. 즉, 표본공간은 S라고 표현하고, 주사위던지기 실험의 표본공간은 $S=\{1,2,3,4,5,6\}$과 같이 표현한다. 이 중 짝수에 관심이 있다면 이는 2,4,6이다. 이것이 사건이다. 만약 개별결과(원소, 1~6 중의 하나)에 관심이 있다면 이것이 바로 근원사건이다.

정의 4.2 ● 표본공간(S)과 사건(사상), 근원사건

- 표본공간(sample space) : 실험에서 나타난 모든 가능한 결과들의 집합, 보통 S라고 표현
- 사건(event, 사상) : 표본공간의 부분집합, 관심의 대상이 되는 실험결과
- 근원사건(elementary event) : 하나의 원소로 이루어진 사건

과학적 방법에서도 실험이라는 용어를 사용한다. 이때의 실험은 '외생변수를 통제한 상태에서 원인과 결과 간의 관계를 분석하기 위한 연구방법'이다. 따라서 통계학에 말하는 실험과는 차이가 있어 보이지만, 자세히 살펴보면 같은 개념이다. 앞에서도 언급했듯이 통계학에서 말하는 실험은 (확률)실험이다. (확률)실험이란 "발생할 결과가 임의로 나타나는 사건에 대한 관찰"인 것이다. 동전던지기, 주사위던지기 등이 대표적인 실험이다.

과학적 방법에서의 실험은 '외생변수를 통제한 상태에서 원인과 결과 간의 관계를 분석하기 위한 연구방법'이라고 하였다. 흡연이 폐암의 원인이라는 인과관계를 밝히기 위해 흰쥐를 통해 다음과 같은 관찰을 할 수 있다. 10마리의 흰쥐를 무작위로(random) 5마리씩 2개의 집단으로 나누고, 한 집단에게는 담배연기를 노출시키고, 다른 집단에게는 담배연기를 노출시키지 않은 상태에서, 담배연기 노출을 제외한 모든 조건을 동일하게(외생변수의 통제) 한 뒤, 폐암의 발생 여부를 관찰했다고 하자. 이때 만약 담배연기에 노출된 흰쥐집단에서 암이 발생했다면 암의 발생 원인을 흡연이라고 판단하는 것이다. 이런 과정이 과학적 방법에서 언급하는 실험이다. 용어적으로 통계학에서의 실험과는 차이가 있지만, 일련의 확률적 결과를 얻기 위해서는 하는 행위는 같다.

앞서 통계적 실험을 정의하면서 사건(사상)과 결과라는 용어를 구분하여 사용한 바 있다. **사건(event)**은 **결과(outcome)**라는 용어와 구분된다. 물론 경우에 따라서는 같이 쓰일 수도 있다. 실제로 결과는 '실험에서 관측되는 모든 개별 현상'을 의미한다. 두 용어의 개념을 다시 한번 정리해보자.

주사위를 던지는 실험을 보자. 모든 가능한 관측가능한 결과(표본공간)는 $S=\{1,2,3,4,5,6\}$이다. 이 6개의 수(원소)가 결과(outcome)이다. 그런데 이 중 '짝수'로 보이는 결과가 있다. 이는 2,4,6 중의 하나이다. 이 3개의 결과는 6개의 모든 결과(표본공간)의 부분집합이다. 만약 학습자가 주사위의 수 중에서 짝수에 관심이 있다고 하자. 이렇게 '연구자의 관심대상이 되는 결과'가 사건(event)이다. 물론 경우에 따라서 연구자가 개별결과에 관심을 가지고 있다면 개별결과가 사건이 된다. 이를 근원사건이라고 한다고 하였다. 이러한 개념을 〈표 4.1〉과 같이 정리해볼 수 있다.

표 4.1 실험의 결과와 사건의 구분

실험(관찰)	주사위던지기	50명인 학생이 수강하는 9시 경영통계 온라인 수업시간에 지각할 학생의 수
결과 (outcome)	1,2,3,4,5,6	0명,1명,2명,3명,…,50명 …
사건(사상, event) : 관심 대상이 되는 결과	• 1,2,3,4,5,6 • 짝수 • 홀수 • 3보다 큰 수 • 3보다 작은 수	• 0명 • 1명 이상 • 2명 이상 ⋮ • 50명 이하 • 25명 이상 30명 이하
표본공간(S) : 모든 가능한 결과의 집합	$S=\{1,2,3,4,5,6\}$	$S=\{0,1,2,3,\cdots,49,50\}$

(2) 합사건과 곱사건

주사위던지기로 돌아가자. 주사위를 던지는 실험의 표본공간은 $S=\{1,2,3,4,5,6\}$이다. 주사위를 던져서 홀수가 나오는 사건을 A라고 하고, 3 이하의 수가 나오는 사건을 B라고 하자. 이때, $A=\{1,3,5\}$, $B=\{1,2,3\}$이 된다.

두 개의 사건 A와 B가 있을 때 두 개의 사건 중 하나가 발생하는 것을 **합사건(union event)**이라고 한다. 합사건은 $A\cup B$와 같이 표현한다. 위에서 정의된 사건 A와 B를 보면 합사건 $A\cup B$는 주사위를 던져서 홀수 또는 3 이하의 수가 나오는 사건이다. 즉, $A\cup B=\{1,2,3,5\}$이다.

이제 두 개의 사건이 동시에 발생하는 사건을 생각해보자. 이를 **곱사건(intersection event)**이라고 하고, $A\cap B$와 같이 표현한다. 앞의 사건 A와 B의 곱사건을 생각해보자. 이 예에서 동시에 발생하는 사건은 '홀수이면서 3 이하의 수'이다. 그 곱사건은 다음과 같다. 즉, $A\cap B=\{1,3\}$이다.

정의 4.3 ● 합사건과 곱사건

- 합사건(union event) : 두 개의 사건 중 하나가 발생하는 경우, $A\cup B$로 표현
- 곱사건(intersection event) : 두 개의 사건이 동시에 나타나는 경우, $A\cap B$로 표현

(3) 배반사건

다시 주사위던지기로 돌아가자. 주사위를 던지는 실험의 표본공간은 $S=\{1,2,3,4,5,6\}$이다. 주사위를 던져서 홀수가 나오는 사건을 A라고 하고, 짝수가 나오는 사건을 B라고 정의하자. 이때, $A=\{1,3,5\}$, $B=\{2,4,6\}$이 된다.

이제 A와 B의 곱사건을 생각해보자. 즉, 홀수이면서 짝수인 경우의 사건이다. 홀수이면서 짝수인 사건은 없다. 이를 **배반사건(mutually exclusive event)**이라고 한다. 즉, 동시에 발생하는 경우가 없는 경우의 사건을 의미한다. $A\cap B=\{\ \}=\phi$인 경우이다.

이와 같이 원소가 없는 경우를 '영사건'이라고 하고, 곱사건에서 원소가 없는 영사건인 경우 두 개의 사건이 **상호배반(mutually exclusive)**이라고 한다.

정의 4.4 ● 배반사건

- 배반사건(mutually exclusive event) : 동시에 발생하는 경우가 존재하지 않는 사건

(4) 여사건

표본공간에서 특정 사건이 발생하지 않는 경우를 **여사건(complimentary event)**이라고 한다. 만약 주사위를 던져서 홀수인 경우의 사건을 A라고 하면, 표본공간에에서 A가 발생하지 않는 사건을 A의 여사건이라고 하고 A^c라고 표현한다.

정의 4.5 ● 여사건

- 여사건(complimentary event) : 표본공간에서 특정 사건이 발생하지 않는 경우의 사건, 즉, 특정의 사건을 A라고 하면, A가 발생하지 않는 경우의 사건을 A의 여사건이라고 하고 A^c로 표현

예제 4.1 ● 합사건, 곱사건, 여사건, 배반사건

문| 주사위를 던질 때 표본공간을 S, 홀수가 나오는 사건을 A, 짝수가 나오는 사건을 B, 3 이하의 수가 나오는 사건을 C라고 할 때,

(1) S, A, B, C를 각각 구하시오.
(2) $A \cup B$를 구하시오.
(3) $A \cap B$를 구하고, $A \cap B$가 배반사건임을 보이시오.
(4) $A^c = B$임을 보이시오.

풀이|

(1) $S=\{1,2,3,4,5,6\}$, $A=\{1,3,5\}$, $B=\{2,4,6\}$, $C=\{1,2,3\}$
(2) $A \cup B=\{1,2,3,4,5,6\}$
(3) $A \cap B=\{\ \}$이므로 $A \cap B$는 배반사건임
(4) $S=\{1,2,3,4,5,6\}$, $A^c=\{2,4,6\}$ 이고, $B=\{2,4,6\}$이므로 $A^c=B$이다.

4.2 확률의 개념

4.1에서는 사건의 개념을 다루었다. 우리가 추가적으로 관심이 있는 것은 그 사건이 어떤 확률로 발생하는가이다. 그렇다면 확률의 개념을 살펴보자. **확률(probability)**이란 "**실험에서 각 사건이 발생할 가능성을 확신하는 수치적인 정도**"이다. 앞에서 이미 사건이란 무

엇인지에 대하여 설명하였다. 동전던지기라는 실험에서 앞면이라는 사건이 발생할 가능성인 확률은 $\frac{1}{2}(=0.5)$이다. 현재와 같은 확률에 대한 개념을 가지기 위해 그동안 통계학자들이 확률에 대하여 생각해온 개념들을 살펴보자.

(1) 확률의 고전적 정의

실험에서 발생할 사건을 알파벳으로 표현할 때 특정의 사건이 A라고 하면, 특정의 사건 A가 발생할 확률 $P(A)$는 아래와 같이 정의된다.

정의 4.6 ● 확률의 고전적 정의

• $P(A)$ =특정의 사건 A에 속하는 결과의 수÷표본공간에 속하는 결과의 수(원소의 전체 개수)

예제 4.2 ● 주사위던지기에서 1이 나올 확률

문| 1~6이 기록된 주사위를 던지는 실험에서 1이 기록된 면(사건 A)이 나타날 확률을 구하시오.

풀이| 표본공간 $(S)=\{1,2,3,4,5,6\}$이고, 특정의 사건$(A)=\{1\}$이므로 $P(A)=P(1)=\frac{1}{6}$이다.

예제 4.3 ● 주사위던지기에서 짝수가 나올 확률

문| 1~6이 기록된 6면체의 주사위를 던지는 실험에서 짝수가 기록된 면(사건 B)이 나타날 확률을 구하시오.

풀이| 표본공간$(S)=\{1,2,3,4,5,6\}$이고, 특정의 사건$(B)=\{2,4,6\}$이므로,
$P(B)=P(2 \text{ or } 4 \text{ or } 6)=\frac{3}{6}=\frac{1}{2}$이다.

이러한 정의를 **라플라스(Laplace)의 고전적 정의**라고 한다.

확률의 고전적 정의는 표본공간에서 특정의 사건(사상, event)이 발생하는 수치적 정도이다. 특정의 사건 전체집합을 표본공간이라고 하고, 특정의 사건을 원소라고 하였다. 한 번의 동전던지기('한 번'에 주목하라)에 발생하는 모든 사건의 집합은 앞면 아니면 뒷면

이다(동전에서 앞면과 뒷면은 실험자가 정하는 것이다). 앞면을 H라고 하고 뒷면을 T라고 하면, 표본공간은 전체(모든) 사건의 집합이므로 표본공간을 S라 표현할 때 $S = \{H, T\}$ 라고 표현된다. 동전던지기에서 고전적 정의에 의하면 확률은 다음과 같이 표현된다.

$$P(H \text{ or } T) = \frac{\text{관찰대상사건(관심사건)의 원소개수}}{\text{표본공간의 원소개수}} = \frac{n(A_i)}{n(S)}$$

이 정의에 의하면 동전던지기에서 앞면이 나올 확률은 $\frac{1}{2}$ 이다.

라플라스 자신도 '**사건이 발생할 확률이 같다**'는 것을 전제로 하여 확률에 대한 정의를 내렸다. 동전, 주사위 등이 그런 가정을 할 수 있는 것이다. 그러나 다음의 예를 살펴보면 이 라플라스의 고전적 정의가 어떤 문제점을 안고 있는지 알 수 있다.

병찬이의 꿈은 의사이다. 병찬이가 공부를 해서 의사가 될 확률을 구해보자. 표본공간 S는 두 개이다. '의사가 되는 것', 또는 '의사가 되지 않는 것'이다. 그러므로 이 정의에 의하면 '병찬이가 의사가 될 확률은 $\frac{1}{2}$ 이다'라고 하는 오류를 범하게 된다.

라프라스의 정의는 각 **사건의 확률이 동일하다**는 것을 전제로 하고 있다. 그러나 병찬이가 의사가 되는 사건과 되지 않는 사건의 확률은 같지 않다. 따라서 이러한 확률에 대한 고전적 정의는 충분히 의미가 있지만, 개념의 보완은 필요하다. 그렇다면 확률에 대한 또 다른 관점을 살펴보자.

(2) 확률의 빈도주의적 정의

고전적 정의는 표본공간의 **사건들이 같은 확률**로 이루어져 있을 때 유효하다고 하였다. 즉, 그렇다면 표본공간의 사건들이 동일한 확률이 아닌 경우에는 이러한 정의가 성립할 수 없다. 각 사건들이 발생할 확률이 동일하지 않다면 실험을 무한히 반복해서 해봐야 그 결과를 알 수 있는 것이다.

따라서 다음과 같은 정의를 새롭게 도입한다.

정의 4.7 ● 빈도주의에 의한 확률정의

- $P(A_i)=\lim_{n\to\infty}\frac{1}{n}\times\{\text{사건 } A_i\text{가 발생한 횟수}=n(A_i)\}$

이 실험을 보면 실험을 무한히 반복해서 얻은 결과를 확률로 보겠다는 것이다. 즉, 사건이 같은 확률이 아니기 때문에 특정의 사건이 발생하는 확률은 실험을 무한히 반복하여 해당 사건이 나오는 수를 전체 실험횟수로 나누어 수치적으로 표현하겠다는 것이다.

실험을 반복한 후에 나오는 결과 수의 극한비율로 표현한 것이다. 뒤에서 다시 다루겠지만 **대수의 법칙**(law of large numbers)이 성립한다는 것이다. 즉, 표본의 수가 모집단의 수만큼 커지면 표본의 평균이 모평균과 같아진다는 개념이다.

빈도주의적 확률정의는 이러한 실험을 반복하다 보면 특정의 사건은 특정의 확률값으로 수렴한다는 가정을 하고 있다. 그러나 특정의 상수(확률)로 수렴된다는 것을 어떻게 알 수 있는가의 문제가 제기된다. 즉, 실험을 반복해도(예를 들어, 10,000번의 실험을 100번 반복) 같은 수렴값을 얻을 수 있는가?

이 빈도주의에 의한 확률의 정의는 **실험의 결과가 일정한 값(상수)에 수렴한다**는 것을 가정하고 있다. 따라서 다음과 같은 공리에 의해서 확률을 정의하면 자명해진다.

(3) 공리에 의한 확률의 정의

공리(axiom)란 더 이상의 증명이 필요없는 명제를 의미한다. 따라서 확률을 몇 가지 공리들을 가정하고 나서 정의하는 것이 합리적일 것이다. 이를 **공리적 확률**(axiomatic probability)이라고 한다. 안드레이 콜모고로프가 제시한 개념이다. 이 개념은 확률에 관한 **고전적 정의를 일반화·추상화**한 것이라고 할 수 있다.

즉, 다음과 같은 공리를 생각해보자.

표본공간 S에 속하는 특정의 사건 A에 대하여 사건 A의 확률로 언급되는 $P(A)$값이 존재한다고 가정하자. 그리고 이 확률들이 직관적인 확률의 개념과 일치하는 어떤 일련의 공리들을 만족한다고 가정하자.

즉, 표본공간 S를 가진 실험을 생각해보자. 표본공간 S에 속한 특정의 사건 A_i에 대해 $P(A_i)$가 정의되고, 다음의 3가지 공리를 만족한다고 하자.[1)]

정리 4.1 ● 확률의 공리

공리 1 : $0 \leq P(A_i) \leq 1$
공리 2 : $P(S) = 1$
공리 3 : $P(\bigcup_{i=1}^{\infty} A_i) = \sum_{i=1}^{\infty} P(A_i)$ (임의의 사건 $A_1, A_2, \cdots$는 상호배반)
이 세 가지 공리를 만족할 때 $P(A_i)$를 사건 A_i의 확률이라고 한다.

이 공리의 의미를 다시 한번 살펴보자.

공리 1은 실험의 결과로 나타난 사건 $P(A_i)$가 0과 1 사이의 값이라는 것이며, 공리 2는 어떤 실험에서도 실험의 모든 결과인 표본공간 S가 존재하며, 표본공간의 확률이 1이라는 것을 의미한다. 공리 3은 사건들이 상호배반일 때 이들 중 적어도 하나의 사건이 발생할 확률은 이들 사건확률의 합이라는 것을 의미한다. 이러한 공리를 사용하게 되면 고전적 확률정의와 빈도주의적 확률의 문제점을 보완할 수 있다.

확률을 위와 같이 정의하게 되면 분자는 분모보다 커질 수가 없게 되기 때문에 확률은 0에서 1 사이의 값을 가지게 된다.

예제 4.4 ● 표본공간과 확률

문| 동전을 던질 때 앞면을 H, 뒷면을 T라고 할 때, 3개의 동전을 던져 나오는 사건의 표본공간을 정의하고, 3개 모두 앞면 또는 세 개 모두 뒷면이 나올 확률을 구하라.

풀이|

• 표본공간(S)$=\{(H, H, H), (H, H, T), (H, T, H), (H, T, T), (T, H, H), (T, H, T),$
$(T, T, H), (T, T, T)\}$
=8개

1) Ross, Seldon(2006), 강석복 · 우정수 편역, 확률의 입문, pp.32-33.

• 3개 모두 앞면(H) 또는 뒷면(T)인 사건$=\{(H, H, H)), (T, T, T)\}=2$개

확률$=\frac{2}{8}=\frac{1}{4}$

통계를 위한 창 4.1 | 확률계산의 어려움

어떤 이에게 물었다. 자녀 중에 딸이 있습니까? 대답은 "예"였다. 그러면 자녀가 몇입니까? 라고 물으니 "둘입니다"라고 했다. 이들의 질문에서 유추해보건대 다른 자녀가 딸일 확률은 얼마인가?

아마 대답은 대부분 $\frac{1}{2}$일 것이다. 왜냐하면, 다음에 이어지는 자녀의 성별은 딸 아니면 아들이기 때문이다. 그러나 이 대답이 맞는가? 자녀가 둘인 경우 성별의 구성은 다음의 4가지이다. 즉, 표본공간은 다음과 같다. $S=${(여,여),(여,남),(남,여),(남,남)}이다. 그런데 이미 한 자녀가 딸이라고 했으니 (남,남)은 아니다. 그렇다면 (여,여),(여,남),(남,여) 중의 하나이므로 $\frac{1}{3}$이다. 이렇게 사람들의 확률에 대한 생각은 생각보다 쉽지 않다.

출처 : 도모노 노리오 지음, 이명희 옮김(2007), 행동경제학, 지형, 51.

4.3 확률의 덧셈정리

(1) 여사건의 정리

아래의 정리 4.2는 여사건의 확률에 관한 정리이다. 표본공간은 특정의 사건 A와 사건 A가 아닌 사건(A^c)으로 이루어져 있으며, 이때 A^c를 사건 A의 여사건이라고 부른다. 따라서 표본공간이 발생할 확률은 사건 A가 발생할 확률 $P(A)$와 그 여사건 A^c가 발생할 확률인 $P(A^c)$의 합이다. 그리고 아무것도 발생하지 않을 확률은 0이다. 즉, $P(\phi)=0$이다.

정리 4.2 ● 여사건의 정리

$P(A)+P(A^c)=1$ or $P(A^c)=1-P(A)$

$P(\phi)=0$

(2) 확률의 덧셈정리

두 개의 사건 A와 B가 있다고 하고, 둘 중의 하나가 발생할 사건을 합사건이라고 하였다. 두 개의 사건이 발생할 확률을 각각 $P(A)$와 $P(B)$라고 하자. 이 두 사건 중 적어도 하나가 발생하는 사건을 **합사건(union event)**이라고 하고, 이 합사건이 발생할 확률을 계산하는 과정을 **확률의 덧셈정리**라고 하며, (식 4.1)과 같이 표현한다.

$$P(A \cup B) = P(A) + P(B) - P(A \cap B) \quad \text{(식 4.1)}$$

만약 두 개의 사건 A와 B가 서로 배반이면(동시에 발생되는 경우가 없다면) 다음과 같다.

$$P(A \cup B) = P(A) + P(B) \quad \because P(A \cap B) = \phi \quad \text{(식 4.2)}$$

정의 4.8 ● 합사건과 확률의 덧셈정리

- **확률의 덧셈정리** : 두 사건 중 적어도 하나가 발생하는 사건을 합사건(union event)이라고 하고, 합사건의 확률계산은 다음과 같다.
  $P(A \cup B) = P(A) + P(B) - P(A \cap B)$
  그런데 만약 두 개의 사건 A와 B가 상호배반이면,
  $P(A \cup B) = P(A) + P(B)$, $\because P(A \cap B) = \phi$

정리 4.3 ● 확률의 덧셈정리

$P(A \cup B) = P(A) + P(B) - P(A \cap B)$

$P(A \cup B) = P(A) + P(B)$ $(\because P(A \cap B) = \phi)$

4.3 조건부확률과 확률의 곱셈정리

(1) 조건부확률

특정의 사건이 일어났다는 전제하에 다른 사건이 발생할 확률을 **조건부확률(conditional probability)**이라고 한다. 두 개의 사건을 각각 A와 B라고 하자. B가 일어난 뒤 A가 발생할 확률을 A의 조건부확률(conditional probability of A)이라고 하고 이를 $P(A \mid B)$라고 표현한다. 반대로 사건 A가 일어난 뒤 사건 B가 일어날 확률은 B의 조건부확률이라고 하고, 이를 $P(B \mid A)$라고 표현한다.

정의 4.9 ● 조건부확률

- **조건부확률(conditional probability)** : 특정의 사건이 일어났다는 조건하에 다른 사건이 발생할 확률. 두 개의 사건 A와 B에 대하여 B가 발생했다는 조건하에 A가 발생하는 경우를 A의 조건부확률이라고 하고, $P(A \mid B)$로 표현하며, 반대로 A가 발생했다는 조건하에 B가 발생하는 경우를 B의 조건부확률이라고 하고, $P(B \mid A)$로 표현

주사위를 2회 던지는 실험을 해보자. 6개의 수를 가졌으므로 발생할 모든 결과는 36개가 된다. 즉, 표본공간의 크기는 36이고, 모든 가능한 결과의 확률은 동일하게 $\frac{1}{36}$이다. 먼저 주사위를 1회 던져서 5가 나왔다고 가정하고, 2회에 던져서 나온 주사위의 합이 10이 되는 확률을 구해보자. 먼저 1회에 수 5가 나온 뒤 이어지는 2회에 나올 수의 경우는 (5,1), (5,2), (5,3), (5,4), (5,5), (5,6)의 6가지이다. 이미 1회에 5가 나온 뒤 이어지는 수의 발생확률은 6개 중의 하나, 즉, $\frac{1}{6}$이다.
이 경우를 이렇게 표현할 수 있다.

- $P(A)$: 주사위에서 5가 발생할 확률
- $P(B \mid A)$는 1회째 주사위를 던져서 5가 나온 상황에서 2회째 나온 주사위 수와의 합이 10이 되는 사건의 확률
- $P(B \mid A) = \frac{1}{6}$

예제 4.5 ● 조건부확률

문| 한 회사에서 금고의 도난사건이 발생했다. 경찰은 도난사건의 범인을 찾아내고자 한다. 당일 외부인의 출입이 전혀 없었으므로 회사의 직원들 중의 하나가 범인이라고 할 수 있다. 직원은 총 30명으로 구성되어 있다. 이 중 남자가 15명, 여자가 15명이다. 성별에 의한 관찰(실험)에서 범인이 남자라고 하고, 이를 A라고 하면, 여자는 A^c가 된다. 경찰은 사건을 수사하던 중 금고 주변에서 금고를 열다가 다쳐서 범인의 것으로 보이는 혈흔을 발견했다. 혈흔을 조사한 결과 혈액형이 B형으로 밝혀졌다. 30명의 직원을 조사해본 결과 혈액형이 B인 사람은 10명이었다. 혈액형 관찰 중에서 혈액형이 B인 경우를 B라고 하면 그렇지 않은 경우는 B^c이다. 한 회사의 직원이 30명이므로 각 사건은 다음과 같다.

혈액형 / 성별	혈액형$B(B)$	혈액형이 B가 아닌 경우 (B^c)	행의 합
남자(A)	7	8	15
여자(A^c)	3	12	15
열의 합	10	20	30

이 표를 이용하여 범인의 혈액형이 B형일 때 그 사람이 남자일 조건부확률$P(A \mid B)$을 구하라.

풀이| 각 사건의 확률은 다음과 같이 계산된다.

$P(A)=\frac{15}{30}=\frac{1}{2}$, $P(A^c)=\frac{15}{30}=\frac{1}{2}$, $P(B)=\frac{10}{30}=\frac{1}{3}$, $P(B^c)=\frac{20}{30}=\frac{2}{3}$ 이다.

이때, 다음과 같은 조건부확률은 다음과 같다.

$$P(A \mid B)=\frac{P(A\cap B)}{P(B)}=\frac{7}{30}\Big/\frac{10}{30}=\frac{7}{10}$$

(2) 확률의 곱셈정리

이제 조건부확률의 개념에 따라 조건부확률을 A의 조건부확률과 B의 조건부확률 모두를 살펴보자. 사건 B의 발생을 조건으로 사건 A가 발생할 확률인 A의 조건부확률(conditional probability of A), $P(A \mid B)$를 생각해보자.

$P(A \mid B)=\frac{P(A\cap B)}{P(B)}$ 이므로,

$$P(A\cap B)=P(B)\times P(A \mid B) \qquad \text{(식 4.3)}$$

반대로 사건 A의 발생을 조건으로 사건 B가 발생할 확률인 B의 조건부확률(conditional probability of B)을 생각해보자.

$P(B \mid A) = \dfrac{P(B \cap A)}{P(A)}$ 이므로

$$P(B \cap A) = P(A) \times P(B \mid A) \qquad \text{(식 4.4)}$$

$P(A \cap B) = P(B \cap A)$ 이므로 (식 4.3)과 (식 4.4)는 같다.

따라서, $P(B) \times P(A \mid B) = P(A) \times P(B \mid A)$ 이 된다.

(식 4.3), (식 4.4)와 같이 두 사건의 곱사건 확률이 표현되는 것을 확률의 곱셈정리라고 한다.

예제 4.6 ● 확률의 곱셈정리

문| 두 사건 $P(A) = 0.6$, $P(B) = 0.4$, $P(B \mid A) = 0.2$일 때, $P(A \mid B)$를 구하시오.

풀이| 확률의 곱셈정리에서 $P(A) \times P(B \mid A) = P(B) \times P(A \mid B)$ 이므로,
$0.6 \times 0.2 = 0.4 \times P(A \mid B)$ 이다. 따라서 $P(A \mid B) = \dfrac{0.12}{0.4} = 0.3$

4.4 결합확률

(1) 결합확률

결합확률(joint probability)은 곱사건($A \cap B$)에 대한 확률($P(A \cap B)$)이다. 곱사건이란 두 개의 사건이 동시에 발생하는 경우를 의미하며, 이를 확률로 표현한 것이 결합확률이며, 동시확률이라고도 한다. 결합확률은 사건이 종속사건인가 또는 독립사건인가에 따라 계산이 달라진다. 따라서 먼저 종속사건과 독립사건에 대하여 먼저 생각해보자.

정의 4.10 ● 결합확률

- 결합확률(joint probability) : 두 개의 사건이 동시에 발생할 확률

(2) 종속과 독립

두 개의 사건이 서로 관련이 있는 경우를 **종속**이라고 하고, 서로 관련이 없는 경우를 **독립**이라고 한다.

하나의 주머니 안에 붉은색 공 4개와 파란색 공 4개, 총 8개가 들어 있다고 하자. 이 주머니에서 공을 하나씩 두 번 꺼낼 때, 다음의 상황에서 두 개의 공 모두 파란색 공이 나올 확률을 생각해보자.

▶ 상황 1(종속) : 처음 꺼낸 공을 다시 주머니에 넣지 않는 경우(비복원추출)

첫 번째 공을 꺼냈을 때 파란색 공이 나오는 사건을 A라고 하고, 두 번째 공을 꺼냈을 때 파란색 공이 나오는 사건을 B라고 하자.

첫 번째 공이 파란색이 나올 확률 $P(A)=\frac{4}{8}$,
이어서 두 번째 공이 파란색이 나올 확률 $P(B \mid A)=\frac{3}{7}$

따라서 두 개의 공 모두가 파란색일 경우는
$P(A \cap B)=P(A) \times P(B \mid A)=\frac{4}{8} \times \frac{3}{7}=\frac{3}{14}$ 이다.

▶ 상황 2(독립) : 처음 꺼낸 공을 다시 주머니에 넣는 경우(복원추출)

첫 번째 공이 파란색이 나올 확률 $P(A)=\frac{4}{8}$,
이어서 두 번째 공이 파란색이 나올 확률 $P(B \mid A)=\frac{4}{8}$,
$P(A \cap B)=P(A) \times P(B \mid A)=\frac{4}{8} \times \frac{4}{8}=\frac{1}{4}$ 이다.

상황 1의 경우를 앞의 사건이 뒤의 사건에 영향을 주었기 때문에 이를 **종속사건**이라고

하고, 상황 2와 같이 앞의 사건이 뒤의 사건에 영향을 주지 않기 때문에 이를 **독립사건**이라고 한다. 상황 2와 같이 독립사건의 경우에는 $P(B)=P(B \mid A)$가 된다.

예제 4.7 ● 독립과 종속의 판단

문| 한 회사에서 금고의 도난사건이 발생했다. 경찰은 도난사건의 범인을 찾아내고자 한다. 당일 외부인의 출입이 전혀 없었으므로 회사의 직원들 중의 하나가 범인이라고 할 수 있다. 직원은 총 30명으로 구성되어 있다. 이 중 남자가 15명, 여자가 15명으로 구성되어 있다. 성별에 의한 관찰에서 범인이 남자라고 생각한다면 이를 사건 A라고 하면, 여자는 사건 A^c가 된다. 경찰은 사건을 수사하던 중 금고 주변에서 금고를 열다가 다쳐서 범인의 것으로 보이는 혈흔을 발견했다. 혈흔을 조사한 결과 혈액형이 B형으로 밝혀졌다. 30명의 직원을 조사해본 결과 혈액형이 B인 사람은 10명이었다. 혈액형 관찰 중에서 혈액형이 B인 사람을 사건 B라고 하면 그렇지 않은 사람은 사건 B^c이다. 한 회사의 직원이 30명이므로 각 사건의 확률은 다음과 같이 계산된다.

$P(A)=\frac{15}{30}=\frac{1}{2}$, $P(A^c)=\frac{15}{30}=\frac{1}{2}$, $P(B)=\frac{10}{30}=\frac{1}{3}$, $P(B^c)=\frac{20}{30}=\frac{2}{3}$이다.

이 사건들을 이용하여 결합확률과 조건부확률을 구해보자. 일단 금고주변에서 찾아낸 혈흔은 확고한 증거이므로 분명한 것은 범인이 B형의 혈액을 가졌다는 것이다. 그렇다면 B형의 혈액형을 가진 사람 중에서 범인은 남자일 수도 있고, 여자일 수도 있다. 정확한 것은 범인이 B형의 혈액인 것이다. 그렇다면 $P(B)$는 전제가 된다. 범인은 B형의 혈액을 가진 남자 또는 여자이다. 범인의 성별과 범인의 혈액형에 관하여 다음과 같은 표를 얻었다고 하자.

혈액형 / 성별	혈액형$B(B)$	혈액형이 B가 아닌 경우(B^c)	행의 합
남자(A)	7	8	15
여자(A^c)	3	12	15
열의 합	10	20	30

이 표를 다음과 같이 결합확률로 표현할 수 있다.

혈액형 / 성별	혈액형$B(B)$	혈액형이 B가 아닌 경우(B^c)	행의 합
남자(A)	$P(A\cap B)=\frac{7}{30}$	$P(A\cap B^c)=\frac{8}{30}=\frac{4}{15}$	$P(A)=\frac{15}{30}=\frac{1}{2}$
여자(A^c)	$P(A^c\cap B)=\frac{3}{30}=\frac{1}{10}$	$P(A^c\cap B^c)=\frac{12}{30}=\frac{2}{5}$	$P(A^c)=\frac{15}{30}=\frac{1}{2}$
열의 합	$P(B)=\frac{10}{30}=\frac{1}{3}$	$P(B^c)=\frac{20}{30}=\frac{2}{3}$	$P(A)+P(A^c)$ or $P(B)+P(B^c)$

풀이 만약 두 개의 사건이 독립이라면 $P(A \cap B) = P(A) \times P(B) = \frac{1}{2} \times \frac{1}{3} = \frac{1}{6}$ 이어야 하는데, $P(A \cap B) = \frac{7}{30}$ 이므로 이 사건은 독립이 아니다. 즉, $P(A) \times P(B) \neq P(A) \times P(B \mid A)$ 이므로 독립이 아니다.

(3) 종속사건의 결합확률

두 사건이 종속인 경우를 먼저 생각해보자. 두 개의 실험(관찰)을 살펴보자. 하나의 실험은 대학생들의 창업과목 수강 경험에 관한 관찰(수강, 비수강)이고, 다른 하나의 실험은 졸업 후 실제 창업에 관한 관찰(창업, 비창업)이다. 두 개의 실험에 대한 관찰결과 다음과 같은 〈표 4.2〉를 얻었다. 이 두 개의 실험은 대학에서 창업과목을 수강하거나 하지 않은 학생들이 대학을 졸업한 후에 창업을 했는지 안했는지에 관한 것이다.

표 4.2 창업과목 수강 여부와 창업 여부(관찰횟수와 확률)

창업 여부 / 수강 여부	졸업 후 창업(B)	졸업 후 비창업(B^c)	행의 합
창업과목 수강(A)	70(0.35)	30(0.15)	100(0.5)
창업과목 비수강(A^c)	30(0.15)	70(0.35)	100(0.5)
열의 합	100(0.5)	100(0.5)	200(1.0)

창업과목 수강 여부에 관한 관찰(실험)을 보자. **창업과목 수강**에 관한 사건을 A라 하면, **창업과목 비수강**에 관한 사건은 A^c(A의 여집합)가 된다. 두 번째 실험인 실제창업 여부에 관한 관찰에서 **창업**을 사건 B라고 하면, **비창업**은 사건 B^c(B의 여사건)이다.

우리가 관심을 가지는 것은 "**창업에 관한 과목수강과 창업**"이 동시에 발생하는 경우이다. 즉, 대학시절에 창업과목을 수강한 학생이 대학졸업 후 창업을 한 예를 살펴보자. 전체 관찰대상 학생 200명 중에서 창업과목을 수강하고, **동시**에 졸업 후 창업을 한 학생의 수가 70명이므로, 그 비율은 0.35이다. 즉, 다음과 같이 표현할 수 있다.

그림 4.1 | 결합사건

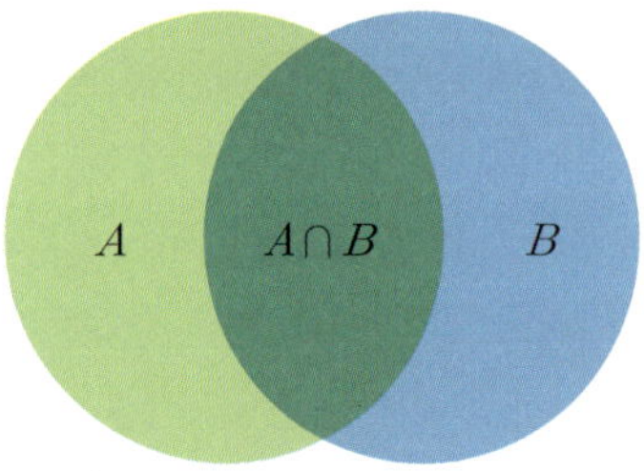

$$P(A \cap B) = \frac{70}{200} = 0.35$$

이렇게 두 개의 사건이 동시에 발생하는 것을 **결합사건(joint events)**이라고 하고, 이를 확률로 나타낸 것을 **결합확률(joint probability, 동시확률)**이라고 하며, 이를 표로 정리한 것을 **결합확률표(joint probability table)**라고 한다.

이것을 표본공간과 연결시켜 확률로 만들어보면 다음과 같은 〈표 4.3〉을 작성할 수 있을 것이다.

표 4.3 | 두 개 사건에 관한 결합확률표

결합사건	관찰횟수(결합확률)
$A, B(A \cap B)$	70(70/200=0.35)
$A, B^c(A \cap B^c)$	30(30/200=0.15)
$A^c, B(A^c \cap B)$	30(30/200=0.15)
$A^c, B^c(A^c \cap B^c)$	70(70/200=0.35)

두 개의 사건이 종속되어 있는 경우의 결합확률은 다음과 같이 계산된다. 창업과목을 수강한 사건과 실제창업을 한 사건이 동시에 발생한 결합확률을 구해보자. 먼저 창업과목을 수강에 관한 사건이 A이므로 그 확률은 $P(A)$이고, $P(A) = \frac{100}{200} = \frac{1}{2}$이다. 이 중에서 실제창업을 한 학생의 비율은 $\frac{70}{100} = \frac{7}{10}$이다. 즉, 곱사건의 확률인 결합확률은 확률의 곱셈정리에 따라 다음과 같이 계산된다.

$P(A \cap B) = P(A) \times P(B \mid A)$이므로, $P(A \cap B) = \frac{1}{2} \times \frac{7}{10} = \frac{7}{20} = 0.35$이다.

따라서 두 개의 사건이 종속인 경우의 결합확률은 다음과 같이 정의된다.

정리 4.4 ● 종속사건의 결합확률과 곱셈정리

- 종속사건의 결합확률(joint probability) : 종속되어 있는 두 개의 사건이 동시에 발생할 확률. 하나의 사건을 A, 다른 사건을 B라고 할 때 두 개의 사건이 동시에 발생할 확률은 다음과 같이 정의된다.

$$P(A\cap B)=P(A)\times P(B\mid A)$$

예제 4.8 ● 종속사건의 결합확률

문I 〈예제 4.7〉을 이용하여 동시확률을 구해보자. 이 경우는 관찰과 그 사건들이 서로 종속되어 있다고 확인되었으므로 종속인 경우의 다음과 같은 결합확률을 구해보자.

풀이I 혈액형이 B형인 남자일 확률 $P(A\cap B)$, 혈액형이 B형이 아닌 남자일 확률 $P(A\cap B^c)$, 혈액형이 B형인 여자일 확률 $P(A^c\cap B)$, 혈액형이 B형이 아닌 여자일 확률 $P(A^c\cap B^c)$를 구하면 다음과 같다.

성별 \ 혈액형	혈액형$B(B)$	혈액형이 B가 아닌 경우(B^c)	행의 합
남자(A)	$n=7$, $P(A\cap B)$ $=P(B)\times P(A\mid B)$ $=\frac{1}{3}\times\frac{7}{10}=\frac{7}{30}$	$n=8$, $P(A\cap B^c)$ $=P(B^c)\times P(A\mid B^c)$ $=\frac{2}{3}\times\frac{2}{5}=\frac{4}{15}$	$n=15$, $P(A)=\frac{15}{30}=\frac{1}{2}$
여자(A^c)	$n=3$, $P(A^c\cap B)$ $=P(B)\times P(A^c\mid B)$ $=\frac{1}{3}\times\frac{3}{10}=\frac{1}{10}$	$n=12$, $P(A^c\cap B^c)$ $=P(B^c)\times P(A^c\mid B^c)$ $=\frac{2}{3}\times\frac{3}{5}=\frac{2}{5}$	$n=15$, $P(A^c)=\frac{15}{30}=\frac{1}{2}$
열의 합	$n=10$, $P(B)=\frac{10}{30}=\frac{1}{3}$	$n=20$, $P(B^c)=\frac{20}{30}=\frac{2}{3}$	$n=30$, $P(A)+P(A^c)$ or $P(B)+P(B^c)=1$

(4) 독립사건의 결합확률

독립인 경우의 결합확률을 살펴보자. 동전을 두 번 던지는 간단한 예를 살펴보자.

첫 번째 동전을 던져서 앞이 나오는 사건을 A, 동전을 두 번째 던져서 앞면이 나오는 사건을 B라고 하자. 첫 번째 동전던지기에서 앞면이 나올 확률($P(A)$)은 $\frac{1}{2}$이고, 두 번째 동전던지기에서 앞면이 나올 확률($P(B)$)은 $\frac{1}{2}$이다. 첫 번째 동전던지기와 두 번째 동전던지기에서 모두 앞면이 나올 확률($P(A \cap B)$)은 $P(A) \times P(B)$이며, $\frac{1}{4}$이다. 따라서 독립적인 경우에는 각 사건에서 발생하는 확률을 그대로 곱하면 사건의 결합확률이 된다. 즉, $P(A \cap B) = P(A) \times P(B) = \frac{1}{2} \times \frac{1}{2} = \frac{1}{4}$이다.

정리 4.5 ● 독립사건의 결합확률과 곱셈정리

- 독립사건의 결합확률(joint probability) : 독립인 두 개의 사건이 동시에 발생할 확률. 하나의 사건을 A, 다른 사건을 B라고 할 때 두 개의 사건이 동시에 발생할 확률은 다음과 같이 정의된다.

  $P(A \cap B) = P(A) \times P(B)$

예제 4.9 ● 독립사건의 결합확률

문| 한 사람이 두 개의 문제를 푼다(두 개의 실험(관찰)이 있다)고 하자. 문제풀기에서 문제를 맞추면 T, 틀리면 F라고 하자. 각각의 문제에 대하여 푼 결과가 맞을 수도 있고(T), 틀릴 수도 있으므로(F), 한 사람이 푼 두 개의 문제에 대하여 총 다음과 같은 4개의 결과로 이루어진 표본공간이 생긴다.

즉, $S = \{(T,T),(T,F),(F,T),(F,F)\}$이며, 각 결과는 1개씩의 사례가 발생한다. 이때 첫 번째 문제와 두 번째 문제를 동시에 맞추는 결합확률 $P(T \cap T)$을 구해보자.

풀이| 두 개의 문제가 서로 관련이 없다면(첫 번째 문제의 답이 두 번째 문제의 답에 영향을 주지 않는다면), 첫 번째 문제를 맞추는 것은 두 번째 문제를 맞추는 것에 영향을 주지 않으므로 두 개의 사건은 서로 독립이다. 두 개의 문제가 서로 연관되어 있지 않다면 첫 번째 문제를 맞추었다고 해서 두 번째 문제를 맞추는 데 영향을 줄 수 없는 것이다. 따라서 두 사건의 발생 확률을 서로 곱하면 결합확률을 구할 수 있다.

두 번째 문제풀기 / 첫 번째 문제풀기	두 번째 문제 맞음 T	두 번째 문제 틀림 F	행의 합
첫 번째 문제 맞음 T	$n=1$, $P(T\cap T)=\frac{1}{4}$	$n=1$, $P(T\cap F)=\frac{1}{4}$	$n=2$, $\frac{2}{4}=\frac{1}{2}$
첫 번째 문제 틀림 F	$n=1$, $P(F\cap T)=\frac{1}{4}$	$n=1$, $P(F\cap F)=\frac{1}{4}$	$n=2$, $\frac{2}{4}=\frac{1}{2}$
열의 합	$n=2$, $\frac{2}{4}=\frac{1}{2}$	$n=2$, $\frac{2}{4}=\frac{1}{2}$	$n=4$, $\frac{1}{2}+\frac{1}{2}=1$

즉, $P(T\cap T)=P(T)\times P(T)=\frac{1}{2}\times\frac{1}{2}=\frac{1}{4}$이다. 독립사건의 경우에는 종속사건의 결합확률 공식을 이용해도 결과는 같아진다.
$P(T\cap T)=P(T)\times P(T\mid T)=\frac{1}{2}\times\frac{1}{2}=\frac{1}{4}$이다. 결과적으로 독립사건의 경우에는 어떤 공식을 적용해도 결과는 같아진다.

(5) 주변확률

앞의 〈표 4.2〉 창업과목 수강 여부와 창업 여부의 경우를 다시 살펴보자. 〈표 4.2〉의 맨 아래 행과 맨 우측 열은 각 열과 행의 합이라고 표현되어 있다. 먼저 행의 합을 보면 대학시절 창업과목을 수강한 학생들($P(A)=0.5$)이 졸업 후 창업을 할 수도 있고 ($P(A\cap B)=0.35$), 안할 수도($P(A\cap B^c)=0.15$) 있다. 반대로 열을 보면 졸업 후에 창업을 한 학생들($P(B)=0.5$)은 이전 대학시절에 창업과목을 수강했을 수도($P(A\cap B)=$

표 4.4 창업과목 수강 여부와 창업 여부

창업 여부 / 수강 여부	졸업 후 창업(B)	졸업 후 비창업(B^c)	행의 합
창업과목 수강(A)	$n=70$ $P(A\cap B)(=0.35)$	$n=30$ $P(A\cap B^c)(=0.15)$	$n=100$ $P(A)(=0.5)$
창업과목 비수강(A^c)	$n=30$ $P(A^c\cap B)(=0.15)$	$n=70$ $P(A^c\cap B^c)(=0.35)$	$n=100$ $P(A^c)(=0.5)$
열의 합	$n=100$, $P(B)(=0.5)$	$n=100$ $P(B^c)(=0.5)$	$n=200$ (1.0)

0.35) 있고, 수강하지 않았을 수도($P(A^c \cap B)=0.15$) 있다.

이처럼 각 사건들의 **행과 열의 합**을 확률로 표현한 것을 표의 주변에 있다고 해서 **주변확률**(marginal probability)이라고 부른다.

(6) 계통도와 조건부확률 그리고 결합확률

두 사건에 대한 조건부확률과 결합확률을 〈그림 4.2〉와 같이 설명해볼 수 있다. 창업과목을 수강한 학생은 50%(200명 중 100명)이고 이 중에서 창업을 한 학생의 수는 70%(100명 중 70명)이다. 그렇다면 창업과목을 수강하고 동시에 창업을 한 학생의 결합확률($P(A \cap B)$은 $0.5 \times 0.7 = 0.35$이다. 이러한 방법으로 〈그림 4.2〉를 이해하면 보다 쉬울 것이다.

그림 4.2 | 계통도를 통한 조건부확률과 결합확률

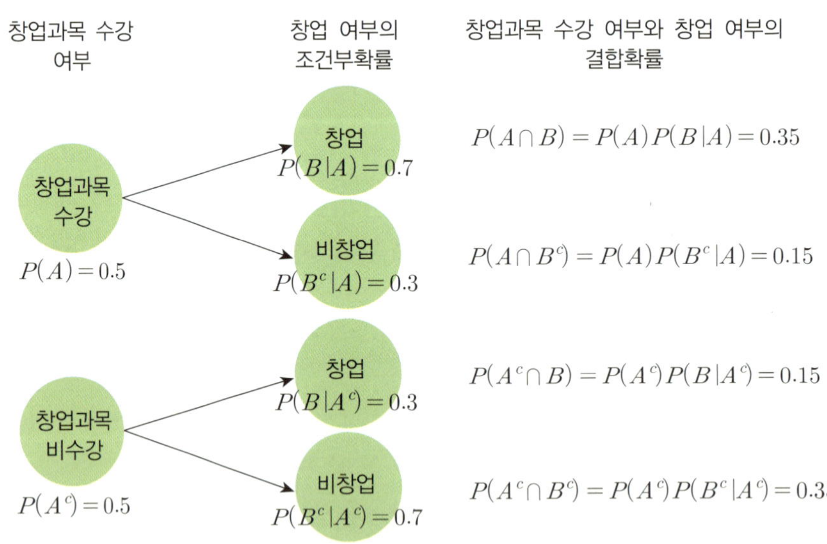

이와 같이 실험과 그 실험에 관련된 사건을 그림으로 나타낸 것을 **계통도**(tree diagram, **나무그림**)라고 한다. 이 확률에서 계통도를 이용하면 여러 실험과 그 사건에 대한 이해가 용이하다.

4.5 전확률과 베이즈정리

베이즈정리는 이러한 조건부확률과 결합확률의 개념을 활용하는 것이다. 이는 **사후확률**(posterior probability)로 잘 알려져 있으며, 사후확률은 사전확률과 같은 **사전정보**(prior information)에 의해 결정된다는 것을 보여주고 있다. 사후확률이란 쉽게 말해 뒤의 사건이 발생한 후에 특정의 앞 사건이 조건(전제)이 된 확률을 구하는 것이다. 이를 위해 먼저 전확률의 개념부터 살펴보자.

(1) 전확률

전확률 공식(law of total probability)은 **특정의 사건이 발생할 전체확률**을 의미한다. 어떤 사람이 범죄를 저질렀다고 하자(결과). 특정의 개인이 어느 정도의 확률로 범죄를 저지르는가 하는 것이 판사들의 생각일 것이다. 그래서 판사들은 이 범죄를 저지른 사람이 과거에 범죄경력이 있는가 없는가(원인, 전과경력)에 관심을 가지게 된다.

그렇다면 현재의 범죄는 (가) 과거에 전과경력이 있는 사람이 다시 범죄를 저지르는 경우와 (나) 과거에 전과경력이 없는 사람이 다시 범죄를 저지르는 경우의 두 가지로 나누어 볼 수 있다.

즉, 현재의 범죄확률은 과거 **전과자**의 범죄확률과 과거 **비전과자**의 범죄확률의 합인 것이다. 이것이 바로 전확률, 즉 특정의 사건이 발생할 전체확률이다. 현재의 범죄확률을 $P(B)$라고 하면 비범죄확률은 $P(B^c)$, 과거의 전과경력확률 $P(A)$라고 하면, $P(A^c)$는 과거 비전과자의 확률이 된다. 이 경우 전과자가 다시 현재 범죄를 저지를 확률은 $P(A\cap B)=P(B\cap A)$이고, 비전과자가 범죄를 저지를 확률은 $P(A^c\cap B)=P(B\cap A^c)$이다.

결국 현재의 범죄발생($P(B)$)은 과거 전과자가 저지를 경우($P(A\cap B)$와 비전과자가 저지를 확률($P(A^c\cap B)$의 합이다. 즉, $P(B)=P(A\cap B)+P(A^c\cap B)$인 것이다. 이를 **전확률(=전체확률)**이라고 하고, 이 전확률 공식을 이용하여 특정의 사건에 대한 확률을 계산하는 것이 바로 베이즈정리이다.

정의 4.11 ● 전확률 공식

- 전확률 공식(law of total probability) : 특정의 사건이 발생할 전체확률. 전확률 공식은 두 개의 사건이 관련되어 있다는 종속사건에서 출발

그림 4.3 | 계통도를 통한 사후확률의 이해

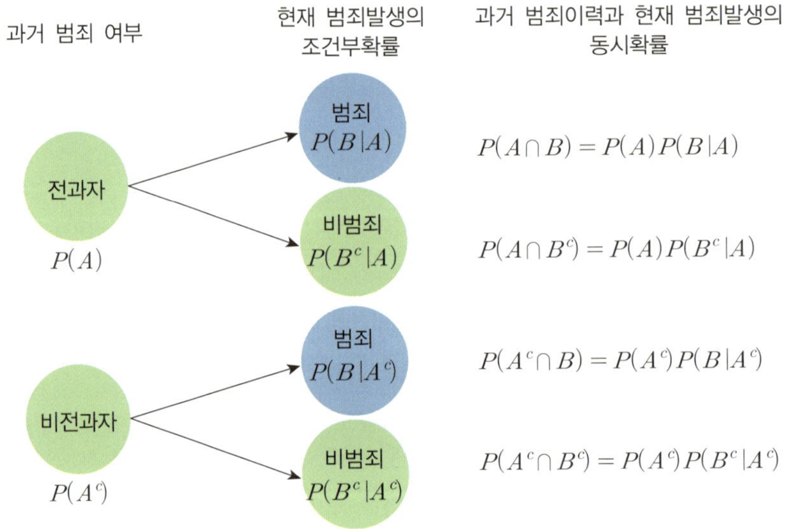

(2) 베이즈정리

A의 조건부확률 $P(A\mid B)$에서, 사건 B는 서로 배반인 사건 BA와 BA^c에 의해서 이루어지고 이를 다시 표현하면 $B=BA\cup BA^c$이 된다. 그런데 BA와 BA^c는 서로 배반이므로 $P(B)=P(B\cap A)+P(B\cap A^c)$가 된다. 이 식을 조건부확률에 대입하여 다시 표현하면 다음과 같다.[2)]

2) 일단 사건 B를 결과라고 하고 사건 A를 원인이라고 하자. 개념적으로 보면 어떤 결과가 나타났을 때 그 특정의 원인이 될 확률을 구하는 것이다. 현재 범죄가 발생하는 사건을 B라고 하고 그 원인을 과거범죄자인 사건 A에 있다고 하자. 그렇다면 사람들이 관심이 가지는 것은 범죄가 일어났는데, 그 원인이 과거의 범죄자일 것이라고 생각하는 결합사건인 것이다. 현재의 범죄의 원인인 과거 범죄자인가 아닌가의 둘 중의 하나이다.

$$P(A \mid B) = \frac{P(B \cap A)}{P(B)} = \frac{P(B \cap A)}{P(B \cap A) + P(B \cap A^c)}$$
$$= \frac{P(A)P(B \mid A)}{P(A)P(B \mid A) + P(A^c)P(B \mid A^c)}$$

여기에서 $P(A)$를 사전확률이라고 하고, 베이즈정리에서 구한 $P(A \mid B)$를 사후확률[3] 이라고 한다.

그림 4.4 | 전확률과 베이즈정리

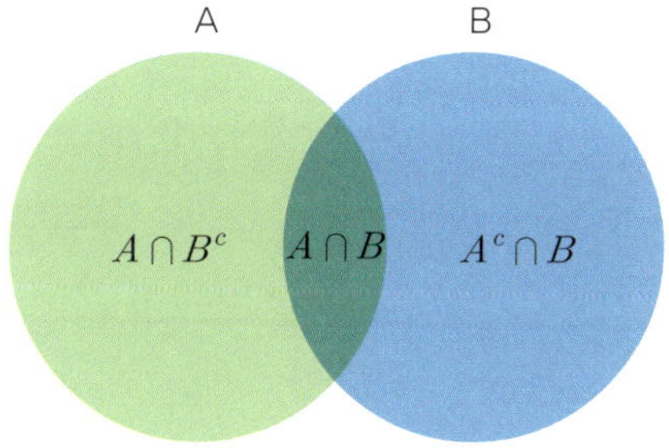

위의 벤다이어그램을 자세히 살펴보자. 왼쪽의 사건 A는 두 개의 경우로 이루어져 있다. 사건 B가 발생하는가와 발생하지 않는가(B^c)의 두 개의 사건과 관련이 있다. 반대로 오른쪽 사건 B도 두 개의 경우로 나누어져 있다. 사건 A가 발생하는가와 발생하지 않는가(A^c)의 두 가지이다.

결합사건의 관점에서 보면 사건 A는 사건 B가 일어나는 경우($A \cap B$)와 일어나지 않는 경우($A \cap B^c$)이다. 반대로 사건 B는 사건 A가 일어나는 경우($B \cap A$)와 일어나지 않는 경우($B \cap A^c$)이다.

베이즈정리를 이 관점에서 다시 조명해보자. 베이즈정리는 두 개의 사건이 서로 관련이 있다(종속되어 있다, 인과관계가 있다고도 할 수 있다)는 관점에서 계산되어지는 확률이다. 조건부확률 $P(B \mid A)$는 사건 A가 발생한 것을 전제로 사건 B가 발생하는 확률이다. 사건 B는 사건 A의 발생을 전제로 하고 있다. A가 원인이고 B가 결과인 것일 수 있다.

3) 결과 B(사후)를 조건으로 하는 원인 A의 조건부확률이라는 개념이다.

이를 관점을 바꾸어보자. B가 결과이므로 원인 A의 확률을 찾아내는 것이다. 다음과 같은 조건부확률이 된다. $P(A \mid B)$, **즉 사건 B가 일어난 것을 전제(B는 원인이 A일 수도 있고, A가 아닐 수도(A^c) 있다)로 그 원인이 A인 것을 계산하는 확률인 것이다.** 즉, 창업을 했는데 그 원인이 창업교과목을 들었을 확률을 계산하는 것이다. 졸업 후 학생창업의 원인을 보자. 두 가지 중의 하나이다. 대학시절 창업교과목을 들었거나(A) 아니면 안들었거나(A^c) 이다. 즉 다음과 같은 두 가지 결합(동시)확률 중의 하나이다. $P(B \cap A)$ 또는 $P(B \cap A^c)$인 것이다.

연구자의 관심은 졸업 후 창업을 한 학생들이 창업교과목을 수강했는가에 관심이 있는 것이기 때문에, 관심이 있는 것은 $P(B \cap A)$이다. 그렇다면 이때의 전확률은 창업을 한 사건의 확률이 된다. 즉, $P(B) = P(B \cap A) + P(B \cap A^c)$이고 연구자가 관심이 있는 것은 $P(B \cap A)$이므로 사후확률($P(B \mid A)$)은 다음과 같이 계산된다.

$$P(A \mid B) = \frac{\text{관심이 있는 결합사건의 확률}}{\text{전확률}}$$

$$= \frac{P(B \cap A)}{P(B) = (P(B \cap A) + P(B \cap A^c))}$$

이를 일반화하면 다음과 같은 베이즈정리가 만들어진다.

정의 4.12 ● 베이즈정리

- **베이즈정리** : A_i가 사건 A의 사건 중 하나일 때 A_i의 조건부확률은 다음과 같이 정의한다.

$$P(A_i \mid B) = \frac{P(A_i \cap B)}{P(B)} = \frac{P(A_i \cap B)}{P(A_1 \cap B) + P(A_2 \cap B) + \cdots + P(A_n \cap B)}$$

$$= \frac{P(A_i)P(B \mid A_i)}{P(A_1)P(B \mid A_1) + P(A_2)P(B \mid A_2) + \cdots + P(A_n)P(B \mid A_n)}$$

$$= \frac{P(A_i)P(B \mid A_i)}{\sum_{i=1}^{n}(P(A_i)P(B \mid A_i)}$$

예제 4.10 ● 베이즈정리

문| 운전자 보험에서 운전자는 두 가지로 나눌 수 있다. 사고경력이 있는 사람과 사고경력이 없는 사람이다. 사고경력이 있는 사람이 1년 이내에 사고를 일으킬 확률이 0.3이고 사고경력이 없는 사람이 1년 이내에 사고를 일으킬 확률은 0.1이다. 보험가입자의 20% 정도가 사고경력이 있다고 가정하면, (1) 새로운 가입자가 1년 이내에 사고를 일으킬 확률은 얼마인가 (2) 그리고 새로운 보험계약자가 보험에 가입한 지 1년 이내에 사고를 일으킨 경우 이 보험자가 사고경력이 있었을 확률은 얼마인가?

풀이| A를 사고경력이 있는 사건이라고 하면 $P(A)=0.2$, $P(A^c)=0.8$이다. 사고경력이 있는 사람 중 1년 이내에 사고를 일으킬 가능성은 0.3이고, 사고경력이 없는 사람이 1년 이내에 사고를 일으킬 확률이 0.1이므로 $P(B \mid A)=0.3$, $P(B \mid A^c)=0.1$이다.

(1) 1년 이내에 사고를 일으킬 확률은 전확률 공식에 따라 이전에 사고경험이 있는 사람이 사고를 내는 경우와 이전에 사고경험이 없는 사람이 사고를 내는 경우의 두 가지의 합이다. 따라서 이 경우는 1년 이내에 사고를 낼 확률인 $P(B)$에 해당하므로 $P(B)$는 다음과 같이 계산된다.

$P(B)=P(B\cap A)+P(B\cap A^c)=P(A)P(B \mid A)+P(A^c)P(B \mid A^c)$이고,

이에 따라 $P(B)=0.2\times 0.3+0.8\times 0.1=0.14$이다.

(2) 베이즈정리에 따라 새로운 보험계약자가 보험에 가입한 지 1년 이내에 사고를 일으킨 경우, 이 보험자가 사고경력이 있었을 확률은 다음과 같다.

$P(A)=0.2$, $P(A^c)=0.8$, $P(B \mid A)=0.3$, $P(B \mid A^c)=0.1$이므로

베이즈정리에 따라 $P(A \mid B)$를 구하는 것이므로

$$P(A \mid B)=\frac{P(A)P(B \mid A)}{P(A)P(B \mid A)+P(A^c)P(B \mid A^c)}=\frac{0.2\times 0.3}{(0.2\times 0.3)+(0.8\times 0.1)}=\frac{0.06}{0.14}$$
$$=0.4285$$

이다.

R코드 4.1 | 사전확률(사전정보)에 따른 사후확률의 변화

〈예제 4.10〉에서 $P(A)$를 사전확률이라고 한다. 이는 베이즈정리에서 중요한 의미를 가지는데, 이 확률이 어떻게 주어지는가에 따라 사후확률은 변할 수 있다. 따라서 사전확률이 어떻게 변하는가에 따라 사후확률도 어떻게 변하는지 살펴보자.

먼저 사전확률 $P(A)$는 0~1 사이의 값을 가지므로 0.0에서 1까지 0.1씩 증가시키면서 값을 가진다고 가정해보자.

$$P(A \mid B) = \frac{P(A)P(B \mid A)}{P(A)P(B \mid A) + P(A^c)P(B \mid A^c)}$$
$$= \frac{P(A)P(B \mid A)}{P(A)P(B \mid A) + (1 - P(A))P(B \mid A^c)}$$
$$= \frac{P(A)P(B \mid A)}{P(A)(P(B \mid A) - P(B \mid A^c)) + P(B \mid A^c)}$$
$$\because P(A^c) = 1 - P(A)$$

이므로 $P(A)$를 0.1에서 1까지 0.1씩 증가시키면서 사후확률 $P(A \mid B)$의 값이 어떻게 변하는지 알아보자.

앞에서 $P(B \mid A) = 0.3,\ P(B \mid A^c) = 0.1$이었으므로

$$P(A \mid B) = \frac{P(A)P(B \mid A)}{P(A)(P(B \mid A) - P(B \mid A^c)) + P(B \mid A^c)}$$
$$= \frac{0.3 \times P(A)}{P(A) \times (0.3 - 0.1) + 0.1}$$
$$= \frac{0.3 \times P(A)}{0.2 \times P(A) + 0.1}$$

이다. 이를 R코드를 이용하여 함수로 구현해보자.

[입력]

```
> pa = seq(from=0.0, to=1.0, by=0.1) #사전확률을 0.0에서 1.0까지 0.1씩 증가시켜 pa
  에 저장
> postfn=function(pa) {pa*0.3/(0.2*pa+0.1) } #사후확률함수 계산식
> postfn(pa) #사후확률함수 계산식에 사전확률 pa를 입력하여 사후확률을 구함.
```

[출력]

```
 [1] 0.0000000 0.2500000 0.4285714 0.5625000 0.6666667 0.7500000 0.8181818
 [8] 0.8750000 0.9230769 0.9642857 1.0000000
```

사전확률과 사후확률과의 관계를 그래프로 그려보자.

[입력]

```
> plot(pa, postfn(pa), type="l") #사전확률(x축)과 사후확률(y축)을 그래프로 출력
> par(new=T) #이어지는 그래프를 겹쳐서 출력
> plot(pa, pa, type="l", color="red") #사전확률(x축)의 변화를 그래프로 출력하되 붉
  은색으로 표시
```

[출력]

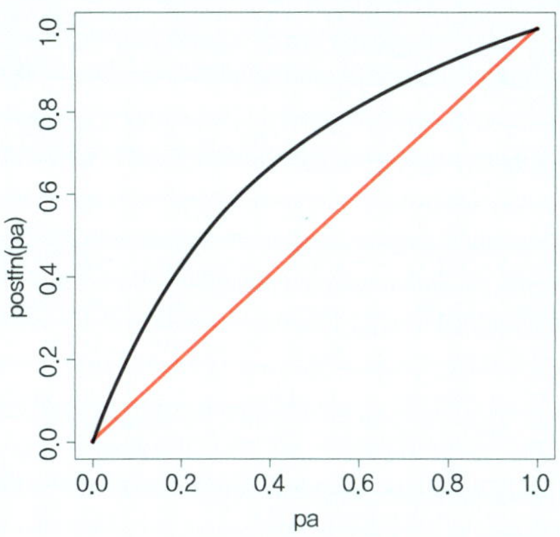

이 그래프가 의미하는 것은 무엇인가? 사전확률 $P(A)$가 변화함에 따라 사후확률 $P(A \mid B)$가 변화하는데, 그것은 사전확률과 동일한 비율로 변화하는 것이 아니라는 것이다.

통계를 위한 창 4.2 | O.J. 심슨(Simpson) 사건

1994년 미식축구의 영웅 O.J. 심슨의 전부인인 니콜브라운 심슨과 그녀의 남자친구 로널드 골드먼이 변사체로 발견되었다. 그런데 O.J. 심슨의 집에서 피해자의 혈흔이 묻은 장갑이 발견되어, O.J. 심슨은 살인죄로 기소되어 재판을 받았지만 형사재판에서는 무죄를, 민사재판에서는 유죄를 선고받았다. 이와 관련된 검사측과 O.J. 심슨 변호인 간의 논쟁에서 통계학과 관련된 재미있는 사실을 찾아볼 수 있다. 그 이유는 그 사건에 대해 책을 쓴 미국 템플대학교의 교수 존 앨런 파울로스 때문이다. 그는 다음과 같은 흥미로운 주장을 한다.

남편에게 폭행을 당하는 아내가 사망했을 때의 확률이다.

심슨의 변호인단 주장은 남편에게 폭행을 당하고, 그리고 사망할 확률은 0.1%도 안된다고 한다. 확률이 낮다는 것이다. 여기에는 조건부확률이 존재한다. 일단 남편이 아내를 때릴 확률은 $P(H)$라고 하고, 아내가 사망할 확률을 $P(D)$라고 하자. 그렇다면 아내를 때렸을 때 그 아내가 사망할 확률은 $P(D \mid H)$이다. 즉, 두 사건의 결합확률은 $P(H) \times P(D \mid H)$이다. 즉, $P(H \cap D)$ =0.001이라고 주장하는 것이다.

그런데 이미 아내는 사망했으므로, 확률을 계산하려면 사망한 아내가 남편에게 폭행 당해서 사망했을 확률을 구해야 옳으므로 파울로스의 주장은 80%가 넘을 것이라고 주장한다. 이를 사후확률이라고 한다고 하였으며, 다음과 같이 계산되어야 한다.

$$P(H \mid D) = \frac{P(H) \times P(D \mid H)}{P(H) \times P(D \mid H) + P(H^c) \times P(D \mid H^c)}$$

여기서, $P(H)$: 남편이 아내를 폭행할 확률

$P(H^c)$: 남편이 아내를 폭행안할 확률

$P(D \mid H)$ 남편이 아내를 폭행한 경우 중에서 그 아내가 사망할 확률
$P(H \mid D)$ 아내가 사망했는데 남편의 폭행이 원인이었을 확률
$P(D \mid H^c)$ 남편이 아내를 폭행안 한 경우 중에서 그 아내가 사망할 확률

물론 정확한 계산을 위해서는 다른 정보가 있어야만 한다. 다만 이 경우에 심슨 변호인의 계산법은 문제가 있다고 지적되고 있는 것이다.

연습문제

01 동전의 앞면을 H, 뒷면을 T라고 하자. 동전을 세 번 던졌을 때, 앞면이 한 번 이상 나오는 사건을 A, 뒷면이 한 번 이상 나오는 사건을 B라고 할 때, 다음의 질문에 답해보시오.

(1) 합사건을 구하시오.
(2) 곱사건을 구하시오.
(3) A의 여사건 A^c를 구하시오.

02 확률을 고전적 정의, 빈도주의적 정의, 공리적 정의로 나누어서 비교·설명해보시오.

03 불량품과 우량품이 각각 3개, 7개 들어 있는 주머니가 있다. 우량일 사건을 P, 불량일 사건을 F라고 하자. 한번 꺼낸 것을 다시 넣지 않고 두 개를 뽑는다고 할 때, 다음의 물음에 답해보시오.

(1) 두 개를 뽑을 때 둘 다 불량일 확률
(2) 두 번째 뽑은 것이 우량일 확률
(3) 두 번째 뽑은 것이 우량일 때, 첫 번째 뽑은 것도 우량일 확률

04 확률의 덧셈정리를 설명해보시오.

05 확률의 곱셈정리를 독립사건과 종속사건으로 나누어서 각각의 예를 들어 설명하고, 각 확률을 구하는 방법을 제시하시오.

06 두 개의 주사위를 던져서 수의 합이 4의 배수인 사건을 A, 수의 차가 2인 사건을 B라고 할 때 다음을 구하시오.

(1) $P(A)$
(2) $P(A \cap B)$
(3) $P(B \mid A)$

07 사건 A와 사건 B가 독립일 때, A의 승률은 0.5이고, B의 승률은 0.7일 때 다음을 구하시오.

(1) $P(A \cap B)$
(2) $P(A^c \cap B)$
(3) $P(A \cup B)$

08 다음의 〈연습표 4.1〉을 보고 다음의 물음에 답하시오.

연습표 4.1 직원의 능력과 승진 (단위 : 명)

능력 \ 승진	승진(B)	비승진(B^c)
능력 높음 (A)	40	60
능력 낮음(A^c)	60	40

(1) 사건이 독립인지 아니면 종속인지를 판단하시오.
(2) 〈연습표 4.1〉을 이용하여 다음의 결합사건에 해당하는 결합확률을 구하시오.

결합사건	결합확률
$A \cap B$	
$A \cap B^c$	
$A^c \cap B$	
$A^c \cap B^c$	

(3) 〈연습표 4.1〉을 이용하여 다음의 조건부확률을 구하시오.
가. $P(A \mid B)$
나. $P(B \mid A)$

09 우리나라 성인의 20%가 흡연($P(S)=0.2$)을 한다. 그리고 흡연을 한 사람 중에서 폐암이 걸인 사람이 약 30%라고 알려져 있다($P(C \mid S)=0.3$). 반대로 흡연을 안한 사람이 폐암이 걸릴 확률은 5%라고 알려져 있다($P(C \mid S^c)=0.05$). 즉, 주어진 정보는 다음과 같다.

- 흡연자 비율 : $P(S)=0.2$ / 비흡연자 비율 : $P(S^c)=0.8$
- 흡연자 중 폐암 비율 : $P(C \mid S)=0.3$
- 비흡연자 중 폐암 비율 : $P(C \mid S^c)=0.05$

(1) 먼저 폐암이 걸릴 경우의 전확률을 구하고($P(C)$), 어떤 사람이 폐암이라고 판명되었을 때 이 사람이 흡연자일 확률을 구하시오($P(S \mid C)$.
(2) 이를 계통도로 그려보시오.

10 S자동차회사는 최근 전기차를 생산하고 있으며, 전기차 생산을 위해 세 회사로부터 밧데리를 공급받고 있다. 밧데리를 공급하는 회사를 각각 $B1$, $B2$, $B3$라고 하자, 각각의 회사는 S자동차회사 공급량의 20%, 30%, 50%의 밧데리를 납품하고 있으며, 각 회사의 불량률은 각각 0.5%, 0.3%, 0.2%이다. 최근 제조된 전기자동차는 소비자에게 배달

되었는데 밧데리 불량으로 판명이 되었다. 이 밧데리 불량의 자동차가 $B1$ 회사일 확률을 구하라. 계산할 때에는 다음의 정보를 활용하시오.

$P(B1) = 0.2,\ P(B2) = 0.3,\ P(B3) = 0.5$
$P(F \mid B1) = 0.05,\ P(F \mid B2) = 0.03,\ P(F \mid B3) = 0.02$ 이다.

이때 구하고자 하는 것은 $P(B1 \mid F)$이다.

부록 통계분석을 위한 R활용 4

1. R언어에서 사용하는 용어의 이해

(1) 할당

이미 앞에서 학습자들은 다음과 같은 형태의 코드를 본 적이 있다.

```
> a=3
```

저자들은 'a라는 변수'라고 의미를 부여했으나, 엄격한 의미에서는 문자에 숫자를 부여하는 것이라고 할 수 있으며, 이를 **할당**한다고 한다. 입력이라고 해도 무방하다. 여기에는 다음과 같은 두 가지 방법이 있다.

```
> a=3
> a<-3
```

둘 다 같은 결과를 얻는다. a에 3을 할당한다는 의미이다. 그러나 '='이 '<-'보다 사용하기가 편하므로 이 책에서는 '=' 기호를 사용한다. '=='와 '='는 다르다. '=='는 '같다'는 의미이다. 할당의 의미가 아니다.

문자에 숫자를 할당하기도 하고 벡터를 할당하기도 한다. 다음은 a에 벡터를 할당한 것이다.

```
> a=c(1,2,3,4,5,6)
```

(2) 객체

다시 다음을 살펴보자. 이미 할당이라는 용어를 사용하였다. a에 수 3을 할당하기도 하고, 숫자의 연결인 벡터를 할당하기도 한다. '수'든 '수의 연결'이든 이를 **객체(object)**라고 한다. 이 객체가 a에 할당되어 있는 것이다. 그러니 a도 하나의 객체이다.

```
> a=c(1,2,3,4,5,6)
> a=3
```

객체는 추상적인 개념이긴 하지만 '**독자적으로 형성되어 있는 무엇**'이다.

(3) 데이터의 구조

R언어에서 사용하는 데이터는 크게 벡터, 행렬, 배열의 세 가지가 있으며 일단 이렇게 이해하자.

R연습그림 4.1 | 벡터, 행렬, 배열의 의미

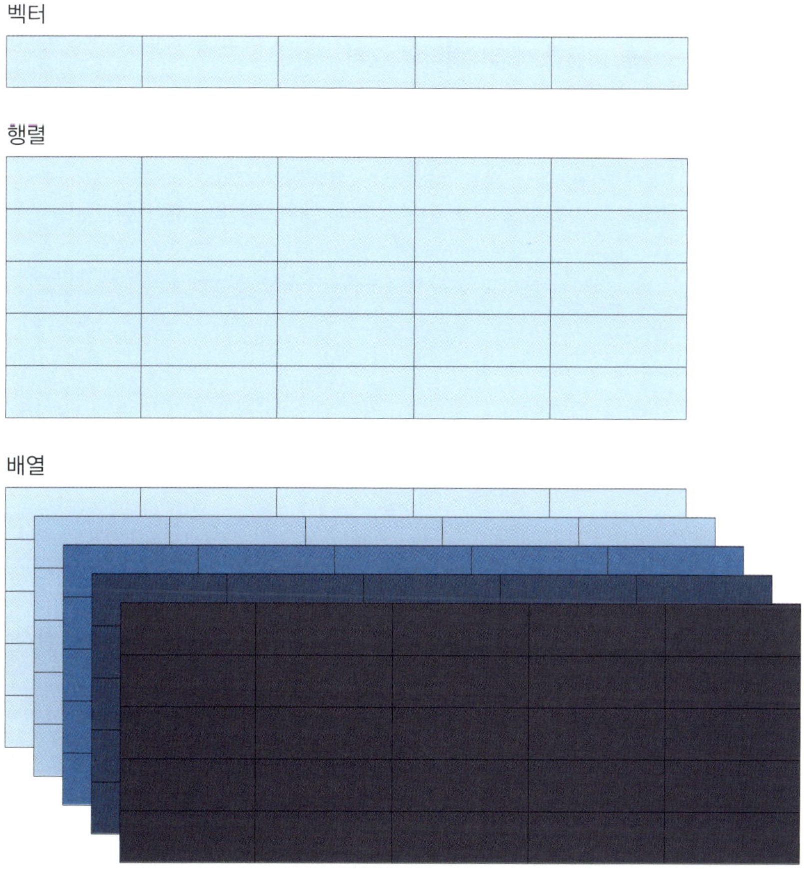

- **벡터(vector)** : 행 또는 열로만 이루어진 데이터이다. 물리학적인 정의는 일단 생략하자. 1차원 데이터이다.
- **행렬(matrix)** : 행과 열로 이루어진 데이터이다. 2차원 데이터이다.
- **배열(array)** : 행렬데이터를 쌓아올린 것이다. 3차원 데이터이다.

2. 함수 c(), cbind(), data.frame()를 활용한 데이터 구조 연습

(1) 함수 c()를 이용한 객체의 할당과 벡터데이터의 생성

함수 c()에는 숫자, 문자, 논리의 세 가지 유형의 객체를 할당할 수 있다. 다음을 보자.

R연습코드 4.1 | 함수 c()를 이용한 벡터데이터의 생성

```
[입력]
> a=c(1,2,3) #숫자를 할당
> b=c("A", "B", "C") #문자를 할당. 문자의 할당에는 따옴표를 사용한다.
> c=c(T,F,T) #T는 TRUE, F는 FALSE로 이루어진 논리이다. 문자지만 따옴표가 필요없다.

[출력]
> a #a출력
[1] 1 2 3
> b #b출력
[1] "A" "B" "C"
> c #c출력
[1] TRUE FALSE TRUE
```

a에 숫자 1, 2, 3이, b에는 문자 "A", "B", "C"가, c에는 논리 TRUE, FALSE, TRUE가 할당되어 있다. 이러한 방법으로 데이터가 형성되어 있는 것을 벡터형 데이터 구조라고 한다.

(2) 함수 c(), cbind(), data.frame()을 이용한 행렬데이터의 생성과 할당

R연습코드 4.2 | 함수 c(), cbind(), data.frame()를 이용한 행렬데이터의 생성

```
[입력]
> a=c(1,2,3) #숫자를 할당. 숫자형 벡터데이터
```

```
> b=c("A", "B", "C") #문자를 할당. 문자의 할당에는 따옴표를 사용한다. 문자형 벡터데이터
> c=c(T,F,T) #T는 True, F는 False로 이루어진 논리이다. 문자지만 따옴표가 필요없다. 논리
  형 벡터데이터
```

[출력]

```
> abc=cbind(a,b,c) #각 벡터데이터를 열기준으로 병합하여 abc에 할당
> abc
     a   b   c
[1,] "1" "A" "TRUE"
[2,] "2" "B" "FALSE"
[3,] "3" "C" "TRUE"
> ABC=data.frame(a,b,c) #벡터데이터를 병합하여 데이터프레임으로 만들어 ABC에 할당
> print(ABC)
  a b   c
1 1 A  TRUE
2 2 B FALSE
3 3 C  TRUE
```

abc와 ABC를 비교해보자. 함수 cbind()를 이용한 abc는 숫자형이나 논리형이나 모두 문자로 데이터가 만들어져 있다. 벡터 중에서 문자가 포함되어 있는 경우 이를 함수 cbind()를 이용하여 행렬데이터를 만들면 모두 문자형태로 변환된다.

반면, ABC는 각 벡터데이터의 형태를 그대로 유지하고 있다. 다른 형태로 이루어진 벡터데이터를 행렬형태로 결합하여 사용하려면 함수 data.frame()를 이용해야 한다.

(3) 함수 c(), cbind(), array()를 활용한 3차원 데이터의 생성

R연습코드 4.3 | 함수 c(), cbind(), array()를 활용한 3차원 데이터의 생성

[입력]

```
> M1=cbind(c(1,2,3),c(4,5,6))
> M2=cbind(c(7,8,9),c(10,11,12))
> M3=array(c(M1, M2, c(3,2,4)) #데이터 M1과 M2를 이용하여 3*2 행렬데이터를 4개의
  층으로 만들어라.
```

[출력]

```
> M1 #M1 데이터 출력
```

```
     [,1] [,2]
[1,]    1    4
[2,]    2    5
[3,]    3    6
>M2 #M2 데이터 출력
     [,1] [,2]
[1,]    7   10
[2,]    8   11
[3,]    9   12
>M3 #M3 데이터 출력
, , 1 #첫 번째 층
     [,1] [,2]
[1,]    1    4
[2,]    2    5
[3,]    3    6
, , 2 #두 번째 층
     [,1] [,2]
[1,]    7   10
[2,]    8   11
[3,]    9   12
, , 3 #세 번째 층
     [,1] [,2]
[1,]    1    4
[2,]    2    5
[3,]    3    6
, , 4 #네 번째 층
     [,1] [,2]
[1,]    7   10
[2,]    8   11
[3,]    9   12
```

여기서 학습자들이 관심을 가지고 보아야 할 함수는 array()이다. 이 함수는 다음과 같은 구조를 가지고 있다.

```
array(데이터 벡터, 데이터 벡터, dim=c(행의 수, 열의 수, 층의 수))
array(M1, M2, dim=c(3,2,4))
```

여기에서 M1은 (1,2,3,4,5,6), M2는 (7,8,9,10,11,12)이다. 이 데이터를 이용하여 행의 수가 3개, 열의 수가 2개인 행렬을 4개의 층으로 만들라는 것이다. 3*2*4의 형태이다. 따라서 이 명령을 실행하면 위와 같이 나타난다.

3. 그림 그리기 함수 plot()

R언어가 가지고 있는 강력한 기능 중의 하나가 그림 그리기이다. 간단한 그래픽함수부터 연습해보자.

(1) 산점도

그림으로 그리려면 역시 데이터가 필요하다. 따라서 앞의 데이터 생성 함수 c()를 이용하여 간단한 산점도를 그려보자. 산점도란 데이터가 어떻게 흩어져 있는가를 살펴보아 데이터의 특성을 분석하려는 시도이다. 따라서 먼저 데이터를 생성해보자. 2차원의 평면에 산점도를 그리는 것이라면 2차원 데이터가 필요하며, 먼저 동일한 수로 구성된 가로축과 세로축의 2차원 데이터를 생성해보자.

R연습코드 4.4 | 함수 plot()를 이용한 그림 그리기

[입력]

```
> x=seq(1,10,1) #1에서 10까지 하나씩 증가시키면서 데이터를 생성.10개의 데이터가 생성
  된다.
> y=c(2, 4, 6, 7, 9, 10, 8, 12, 15, 20)
> plot(x,y) #점의 형태로 그림을 그린다. #〈R연습그림 4.2〉의 왼쪽
> plot(x,y, type="l") #점과 점을 선으로 연결한다. #〈R연습그림 4.2〉의 오른쪽
```

plot()도 함수이다. 다만 산점도를 그리기 위한 함수일 뿐이다. 반복하지만 R언어는 잘 정의된 내장함수로 구성되어 있다고 하였다. 함수가 있다면 그 내부에 무엇이 있는가? 당연히 인수이다. 이제 함수 plot()의 구조를 살펴보자.

```
> plot(데이터, 데이터)
> plot(x,y)
```

plot(데이터, 데이터)가 가장 기본형이다. 점을 각 데이터에 해당하는 점을 그려준다. 위에서 입력된 데이터를 보자. 벡터 x와 벡터 y는 이와 같이 구성되어 있다. 산점도는 (1,2), (2,4), (3,6), (4,7), …, (10,20)으로 그려준다(〈R연습그림 4.2〉 왼쪽).

x	1	2	3	4	5	6	7	8	9	10
y	2	4	6	7	9	10	8	12	16	20

조금 변형해보자.

R연습코드 4.5 | 함수 plot()를 이용한 그림 그리기 : 선으로 연결

```
> plot(x,y, type="l")
```

type이라는 인수에 "l"을 삽입하면 선(line)으로 이어서 그려준다. 〈R연습그림 4.2〉 오른쪽

R연습그림 4.2 | 점과 선

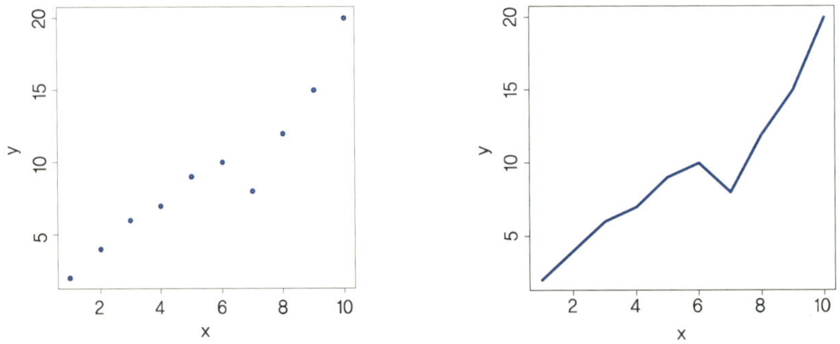

x축과 y축에 x축의 이름(xlab= "")과 y축(ylab="")의 이름, 그래프의 이름(main="")을 넣어보자.

```
> plot(x,y, xlab="기온", ylab="강수량", main="기온과 강수량")
```

R연습그림 4.3 | 라벨 붙이기

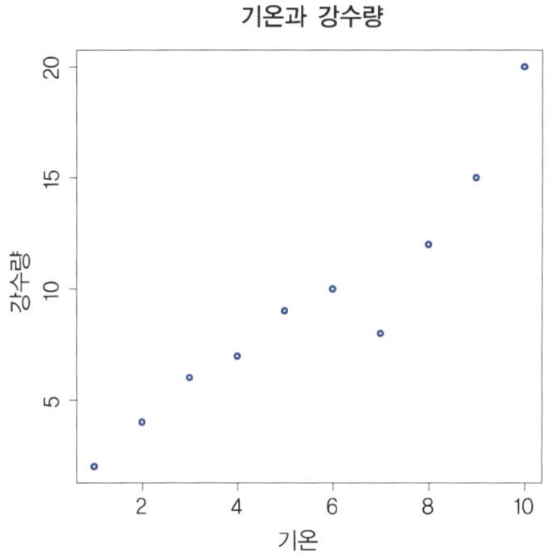

함수 plot()에 사용되는 인수의 리스트는 다음과 같다.

R연습표 4.1 함수 plot()의 인수와 인수값

인수	인수값과 의미	예시
`main`	그림의 이름 삽입	main="그림의 이름"
`xlab, ylab`	x축과 y축의 이름 삽입	xlab="x축의 이름", ylab="y축의 이름"
`xlim, ylim`	x와 y의 범위	xlim=c(0,100), ylim=c(0,100)
`type`	"p"=점으로, "l"=선으로, "b"=점과 선 둘다 동시에, "o"= 점과 선 둘다 동시에(단 겹쳐짐 : overplotted), "h"=히스토그램과 비슷한 형태로(histogram), "s"=계단모양으로(stair steps), "S"=계단모양으로(upper stair steps), "n"=좌표찍지 않음	type="p" type="l" type="b" type="o" type="h" type="s" type="S" type="n"
`lty`	type="l"로 선택한 경우에 선의 유형을 결정 lty는 숫자 또는 문자열로 지정. 숫자일 경우 0=그리지 않음, 1=실선(기본값), 2=대시(–)로 표시, 3=점, 4=점과 대시, 5=긴 대시, 6=두 개의 대시	lty=1 lty=2 lty=3 lty=4 lty=5 lty=6

lwd	type="l"로 선택한 경우에 선의 굵기를 결정 1=(기본값), 2=두 배	lwd=1 lwd=2
pch	점의 유형을 결정, 1 원, 2 삼각형, 3 십자형, "*" 별	pch=1 pch=2 pch=3 pch="*"
col	점이나 선의 색깔, red 붉은색, yellow 노란색, green 녹색, blue 파란색	col="red" col="yellow" col="green" col="blue"

R연습코드 4.6 | 함수 plot()를 이용한 그림 그리기, 라벨 붙이기

```
> plot(x,y, xlab="기온", ylab="강수량", main="기온과 강수량", type="l", lty=1,
  lwd=2, col="red" )
```

CHAPTER 05

확률분포

CHAPTER 05

확률분포

5장에서 학습해야 할 내용

사건발생의 확률은 규칙이 있다. 이것이 바로 확률분포이다. 이 장에서는 사건발생과 관련된 확률이 어떠한 형태를 가지고 있는가를 공부한다. 이 분포를 알아야만 통계에 관한 많은 궁금증이 해결된다. 학습자는 어떤 유형의 사건의 발생확률이 어떠한 모양을 가지고 있는가를 연결해야 한다. 아쉽지만 약간의 암기도 필요하다. 그리고 통계에 관한 많은 기본적인 개념들이 여기에서 형성된다. 이 점을 유의하여 개념 하나 하나에 관심을 가져야 한다.

1. 확률변수와 확률함수란 무엇인가? 구체적인 개념은 무엇인가?
2. 확률분포란 무엇이고, 확률변수, 확률함수와 어떤 관계를 가지고 있는가?
3. 다양한 종류의 확률분포란 어떤 사건의 발생과 관련이 있는가? 그리고 그 구체적인 형태란 무엇인가?
4. R코드를 이용하여 확률분포를 어떻게 구현할 수 있는가?

4장에서 확률에 대하여 학습하였다. 이때 확률이란 사건의 발생가능성을 수치로 표현한 것이라고 정의하였다. 사건이란 실험에 의하여 관찰되고, 사건은 확률로 표현된다. 사건의 발생은 **일정한 형태**를 가지고 나타난다. 연구자들은 이렇게 형태를 가지고 발생하는 사건에 대하여 관심을 가지게 되고, 그 형태를 연구하게 된다. 사건의 발생가능성을 일정한 형태를 가지고 연구하게 되면 얻을 수 있는 장점이 '예측'이다. 1장에서 설명한 바와 같이 이론을 구축하려는 연구자들의 목표가 무엇이었는가? 바로 '예측'이다. 특정의 사건이 발생하는 형태를 함수형태로 만들면 예측이 가능해진다.

확률분포란 사건의 발생확률을 함수로 표현하고자 하는 것이다. 일종의 패턴, 즉 일정한 형태로 표현하고자 하는 것이다. 따라서 그러한 형태(패턴)와 관련이 있는 **확률변수, 확률함수, 확률분포**, 그리고 **(누적)확률분포함수**에 대하여 하나씩 그 개념을 학습해보자.

5.1 확률변수와 확률함수

동전을 2개 던지는 실험을 다시 생각해보자. 이때 동전의 앞면(H)이 나오는 개수에 관한 사건을 보자. (H, H)는 2개, (H, T)와 (T, H)는 각각 1개, (T, T)는 0개이다. 이렇게 2개의 동전을 던져서 앞면이 나오는 **표본공간과 사건**을 **앞면이 나오는 개수**에 **대응(사건과 값의 대응)**시켜보자. $(H, H)=2$, $(H, T)=1$, $(T, H)=1$, $(T, T)=0$이 된다. 이때, 앞면의 개수를 X라고 하면 X는 다음과 같이 다시 표현할 수 있을 것이다.

$$X\{H, H\}=2, \quad X\{H, T\}=1, \quad X\{T, H\}=1, \quad X\{T, T\}=0$$

즉, X는 표본공간에서 **정의된 사건에 따라 일정한 값**을 가질 수 있는데, 이를 **확률변수 (random variable)**라고 한다. 즉, **확률변수**는 **일정한 확률로 발생되는 사건에 실수값을 부여한 것**이다.

다음의 〈표 5.1〉을 보자. 확률변수 X(사건, 동전을 2개 던져서 나오는 앞면의 수에 관한 사건)는 표본공간에서 정의된 사건에 대응되는 x라는 **실수값(0, 1, 2 중 하나)**을 취할 수 있게 되고, 이 x값은 사건이 발생할 가능성의 값과 대응시킬 수 있다. 보통 **확률변수**는 **알파벳 대문자(X)**로, 그리고 **확률변수가 취하는 값(x)**들은 **알파벳 소문자**로 표현한다.

이 확률변수는 실수값을 가질 수 있는데, 확률변수가 가질 수 있는 실수값에 따라 이산확률변수와 연속확률변수로 나누어진다. **이산확률변수(discrete random variable)**는 실수값 중에서 특정의 고립된 값을 가지는 것을 의미하며, 때문에 범위가 유한하거나(finite), 가산 무한개(countably infinite)의 값을 가진다.

반면, **연속확률변수(continuous random variable)**는 일정한 범위 내에서 무한개의 값을 가지는 변수이며, 때문에 무한개의 표본공간을 갖는 변수이다. 따라서 연속확률변수는 특정의 값이 아닌 변수의 구간을 통해 확률함수와 대응시킨다.

정의 5.1 ● 확률변수

- **확률변수(random variable)** : 일정한 확률로 발생되는 사건에 실수값을 부여한 것. 알파벳 대문자(X)로 표현
- **이산확률변수(discrete random variable)** : 실수값 중에서 특정의 고립된 값을 가지는 것을 의미하며, 때문에 범위가 유한하거나(finite), 가산 무한개(countably infinite)의 값을 가지는 확률변수
- **연속확률변수(continuous random variable)** : 일정한 범위 내에서 무한개의 값을 가지는 확률변수

확률변수 X는 일정한 값을 가지고 변하는 변수이며, 이 값은 일정한 확률로 대응이 되는데, 이를 **확률함수(probability function)**라고 한다.

정의 5.2 ● 확률함수

- **확률함수(probability function)** : 사건에 값을 부여한 확률변수에 확률을 대응시키는 함수. $f(x)$로 표현

표 5.1 2개의 동전을 던지는 경우에 앞면이 나오는 수에 관한 확률함수

확률변수 $X=x$	0	1	2
확률함수 $f(x)=P(X=x)$	$\frac{1}{4}$	$\frac{1}{2}$	$\frac{1}{4}$

〈표 5.1〉에서 $f(x)$가 확률변수 X의 값에 확률을 대응시키는 식이 확률함수가 된다.

주사위를 1개 던지는 사건을 생각해보자. **주사위를 던졌을 때 나타나는 점의 수**를 **확률변수**로 정의하면 확률변수 X는 1, 2, 3, 4, 5, 6이라는 6개의 개별적인 사건집합인 **표본공간**을 가지고, 이에 대응하는 **확률변수**값도 각각 1, 2, 3, 4, 5, 6이 되며, 각 확률변수에 확률을 대응시키는 확률함수 $f(x)$는 모두 $\frac{1}{6}$의 확률을 가지게 될 것이다. 즉, 확률변수는 실수의 값을 가질 것이고, 그에 대응하는 확률함수는 0과 1 사이의 확률값을 가지게 될 것이다.

그림 5.1 | 주사위를 1회 던지는 경우에 있어서 나오는 수에 관한 표본공간, 확률변수, 확률함수

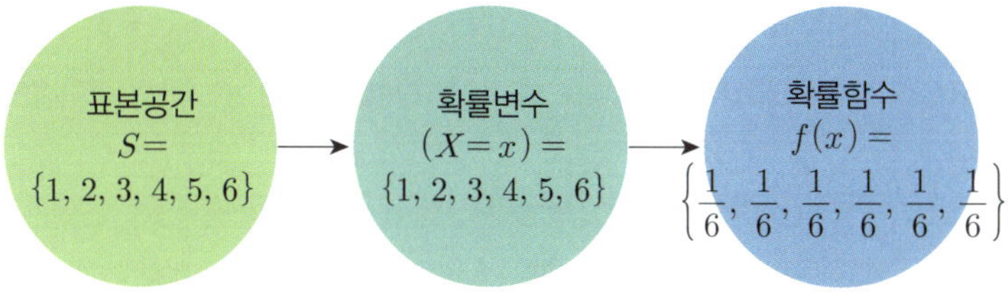

5.2 확률분포

(1) 확률분포와 확률함수

확률변수에 의하여 대응되는 확률값은 확률함수에 의하여 결정된다. 이렇게 확률함수에 의하여 만들어진 확률값들을 나열한 것을 **확률분포(probability distribution)**라고 하고, 확률분포는 확률함수의 특성에 따라 달라진다. 잘 알려진 정규분포의 확률함수는 정규확률함수이며, 이 정규확률함수에 의하여 확률값이 결정된다.

정의 5.3 ● 확률분포

- **확률분포(probability distribution)** : 특정의 실험에서 발생할 수 있는 모든 결과(사건)들과 각 결과들의 확률들을 나열한 것

따라서 확률분포는 다음과 같은 특징을 갖는다.

정리 5.1 ● 확률분포의 특성

- 특정의 결과(사건)가 발생할 확률은 0과 1 사이의 값을 갖는다.
- 그 결과(사건)들은 상호배타적이다.
- 모든 결과들(표본공간)의 확률의 합은 1이다.

확률함수는 확률변수에 의하여 결정된다. 확률변수는 이산확률변수와 연속확률변수로

나뉜다고 하였는데 그에 따라 특히 이산확률변수의 확률함수를 특히 **확률질량함수**(probability mass function, PMD)라고 부르고, 연속확률변수의 확률함수를 **확률밀도함수**(probability density function, PDF)라고 한다. 그러나 확률변수의 종류에 관계없이 **확률밀도함수**라고 부르기도 한다.[1)]

정의 5.4 ● 확률질량함수와 확률밀도함수

- 확률질량함수(probability mass function) : 이산확률변수의 확률함수
- 확률밀도함수(probability density function) : 연속확률변수의 확률함수

그림 5.2 | 확률변수와 확률함수의 유형

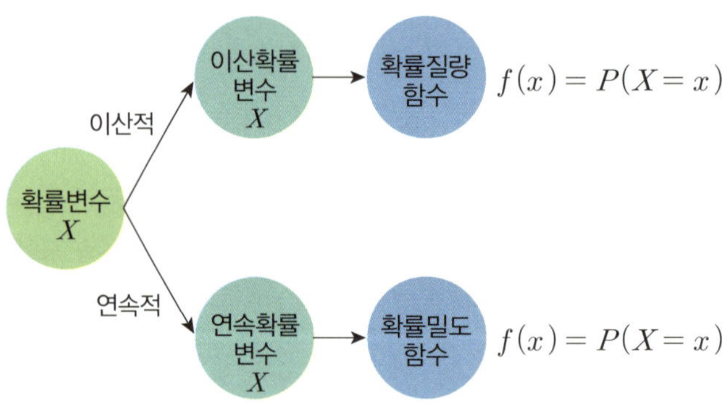

이 책에서는 구분하여 확률질량함수와 확률밀도함수로 구분하여 부르기로 한다. 먼저, 확률질량함수를 $f(x)$라고 할 때 $f(x)$는 다음과 같은 특성을 갖는다.

정리 5.2 ● 확률질량함수의 특성

- 모든 이산확률변수값 x에 대하여 $0 \le f(x) \le 1$이다.
- 모든 이산확률변수값 x에 대한 확률질량함수의 값 $\sum f(x) = 1$이다.
- 이산확률변수 X가 일정한 구간 내의 값을 가질 확률은 확률변수 X가 가질 구간 내의 확률의 합으로 구한다. 즉, $P(a \le X \le b) = \sum_a^b f(x)$이다.

1) Hogg, Robert V., Craig, Allen T.(1978), Introduction to Mathmatical Statistics, 4th. ed., Macmillan, p.23.

또, 확률밀도함수도 마찬가지로 $f(x)$라고 할 때 $f(x)$는 다음과 같은 특성을 갖는다.

정리 5.3 ● 확률밀도함수의 특성

- 모든 연속확률변수의 실수값 x에 대하여 확률밀도함수(probability density function) $f(x) \geq 0$이다.
- 모든 연속확률변수의 실수값 x에 대하여 $\int_{-\infty}^{+\infty} f(x_i)dx = 1$이다.

(2) (누적)확률분포함수

확률변수의 분포를 결정해주는 함수의 다른 표현이 확률의 누적함수이다. 즉, 확률변수의 특정한 점 이하의 모든 확률을 누적하는 함수로서 **확률분포함수**(probability distribution function)가 있다.[2] 이 확률분포함수를 **누적분포함수**(cumulative distribution function, CDF), 또는 **누적확률분포함수**(cumulative probability distribution function)라고 부르기도 한다. 보통 확률질량함수 또는 확률밀도함수의 표현 $f(x)$와 구분하여 대문자로 표기하고, $F(x) = P(X \leq x)$와 같이 표현한다.

정의 5.5 ● 확률분포함수

- **확률분포함수**(probability distribution function) : 확률변수의 특정한 점 이하의 모든 확률을 누적하는 함수, $f(x)$와 구분하여 $F(x) = P(X \leq x)$로 표현

정리 5.4 ● 확률분포함수의 특성

- 확률변수 X가 이산형일 때, $F(x) = \sum_{x_i \leq x} x_i$
- 확률변수 X가 연속형일 때, $F(x) = \int_{-\infty}^{x} f(t)dt$

2) Hogg, Robert V., Craig, Allen T.(1978)의 같은 책, p.30.

(3) 확률분포의 사용

통계적 추론(statistical inference)의 목표는 모집단에 대한 모수(보통 그리스 문자 θ (쎄타)라고 부름, 모평균과 모분산 μ, σ^2도 대표적인 θ의 하나이다)를 추정하는 것이다. 즉, 표본데이터에서 얻어진 정보(표본통계량)를 이용하여 **모수인 θ를 추정**하고, **추정할 때 오차**가 어느 정도인지 알고 싶은 것이다.

데이터 $x=(x_1, x_2, \cdots, x_n)$가 주어졌을 때, 이들 데이터는 확률변수 $X=(X_1, X_2, \cdots, X_n)$의 관측치이다. 즉, 데이터 x는 확률변수 X의 구체적인 관측치이다. 데이터 x는 실험이나 관찰의 구체적인 결과이며, 일정한 확률을 가지고 발생하게 된다.

동전을 던질 때 앞면(Head)이 나올 확률은 $\frac{1}{2}$이고 뒷면(Tail)이 나올 확률도 $\frac{1}{2}$이다. 만약 동전의 앞면에 값 1을 부여하고, 뒷면에 값 2를 부여했다면 동전던지기의 결과 1과 2는 각각 일정한 확률(=$\frac{1}{2}$)을 가지고 발생하게 된다, 동전던지기의 경우 나타나는 확률의 형태는 쉽게 알 수 있지만, 일상생활에서 나타나는 다른 유형의 사건의 경우에는 '사건, 즉 데이터 x가 어떤 확률값을 가지고 나타나는가'이다. 다르게 표현하면 x가 어떤 형태의 확률분포를 가지는 확률변수 X로부터 추출되었는가 하는 것이다. 이를 위해서 확률변수 X의 분포를 알아야 한다.

우리가 하려는 일은 무엇인가? 제한된 관찰(표본)을 통해 관찰 전체(모집단)에 대한 정보를 정확히 확인하고(추론), 또 제한된 정보를 통해 모집단에 대한 정보를 추론할 때 어떤 문제가 있는가(오차)를 확인하는 것이다.

이 장에서 학습하고 있는 것은 모집단의 분포이다. 모집단이 가지고 있는 확률값의 분포를 통해 확률변수 X의 구체적인 관측치인 표본 $x=(x_1, x_2, \cdots, x_n)$가 관찰되었다고 가정하게 되면, 표본에서 얻어진 표본통계량을 통해 모수에 대한 추정이 가능해지고, 그에 대한 오차의 추정도 가능해지는 것이다.

5.3 이산확률분포

(1) 이산확률변수의 기댓값과 분산

이산확률변수는 X가 특정한 값을 가지는 경우를 의미(표본공간이 가산의 무한인 경우)하며, 이산확률변수의 변수값과 각 변수값이 가지는 확률들을 분포표로 만들고, 이들 간의 관계를 함수의 형태로 표현한 것을 '확률질량함수'라고 한다고 하였다.

그렇다면 이산확률변수를 X라고 하고, 그에 대응하는 확률질량함수를 $f(x)$라고 할 때 이산확률변수의 기댓값은 다음과 같이 정의된다.

$$E(X) = \mu_X = \sum_x x f(x) \qquad \text{(식 5.1)}$$

여기서, $E(X)$: 확률변수 X의 기댓값, 즉 μ_X(평균)
x : 확률변수가 가지는 값
$f(x)$: 확률변수에 대응하는 확률함수

예제 5.1 ● 주사위 수를 던져 나오는 수의 기댓값

문| 주사위를 던져서 주사위의 면이 나오는 눈의 수에 대한 기댓값을 구해보자.

풀이| 주사위를 던져서 나오는 눈의 수를 X라고 하고, 각 눈의 수에 대한 확률분포는 다음과 같다.

확률변수 $X=x$	1	2	3	4	5	6
확률함수 $f(x)=P(X=x)$	$\frac{1}{6}$	$\frac{1}{6}$	$\frac{1}{6}$	$\frac{1}{6}$	$\frac{1}{6}$	$\frac{1}{6}$

기댓값은 (식 5.1)과 같이 $E(X)=\Sigma x f(x)$이므로,

$E(X)=1\times\frac{1}{6}+2\times\frac{1}{6}+3\times\frac{1}{6}+4\times\frac{1}{6}+5\times\frac{1}{6}+6\times\frac{1}{6}=\frac{21}{6}=\frac{7}{2}=3.5$이다.[3)]

3) 여기에 의문이 없는가? 주사위에 3.5라는 수는 없다. 따라서 이러한 기댓값을 수학적 기댓값이라고 한다.

통계를 위한 창 5.1 | 복권의 기댓값

미국의 간단한 복권을 생각해보자. 미국에는 뉴햄프셔, 메인, 버몬트주에서 각각 하나의 수를 매일 임의로 선택하여 연속된 3자리 숫자를 만들어내고, 이 숫자와 일치하는 숫자를 가진 복권소지자에게 250달러를 제공한다. 3자리 숫자는 1,000개가 있으므로(000~999), 3개의 연속된 숫자가 일치하여 복권이 당첨될 확률은 $\frac{1}{1{,}000}$, 즉 0.001이고, 반면 당첨되지 않을 확률은 $\frac{999}{1{,}000}$이다. 이때 기댓값을 구하면 $250\times\frac{1}{1{,}000}+0\times\frac{999}{1{,}000}=0.25$, 즉, 25센트가 된다. 복권의 가격이 1달러라면 당신은 복권을 구입하겠는가? 당신은 복권의 가격이 얼마라면 사겠는가?

출처 : Moore, David & Notz, William I. 저, 심규박, 조태경, 신미경 역(2009), **논쟁거리로 배우는 통계학**, pp.418–419.

이산확률변수의 분산은 다음과 같이 정의된다.

$$V(X)=\sigma_X^2=E(X-E(X))^2=E(X-\mu_X)^2=E(X^2)-(\mu_X)^2 \qquad \text{(식 5.2)}$$

$$=E(X^2)-E(X)^2$$

여기서, $V(X)$: 확률변수 X의 분산, σ_X^2라고도 표현
$E(X)$: 확률변수 X의 기댓값
$E(X^2)$: 확률변수 X의 제곱에 대한 기댓값
$E(X)^2$: 확률변수 X의 기댓값의 제곱

(식 5.2)가 도출되는 과정을 살펴보자.

$$\begin{aligned}E(X-\mu_X)^2&=E(X^2-2X\mu_X+\mu_X^2)\\&=E(X^2)-2E(X)\mu_X+\mu_X^2)\\&=E(X^2)-2\mu_X\mu_X+\mu_X^2 \quad \because E(X)=\mu_X\\&=E(X^2)-\mu_X^2\\&=E(X^2)-E(X)^2\end{aligned}$$

따라서 이산확률변수의 분산은 다음과 같이 간단히 계산될 수 있다.

$$V(X) = \sigma_X^2 = E(X^2) - (\mu_X)^2 = E(X^2) - E(X)^2$$

분산을 이용하여 표준편차를 구하면 $\sigma_X = \sqrt{V(X)}$ 이다(σ_X는 σ_X^2의 표준편차).

정리 5.5 ● 이산확률변수의 기댓값과 분산

- 기댓값 : $E(X) = \mu_X = \sum_x xf(x)$
- 분산 : $V(X) = \sigma_X^2 = E(X^2) - (\mu_X)^2 = E(X^2) - E(X)^2$

정리 5.6 ● 이산확률변수의 기댓값과 분산의 성질

- $E(aX+b) = aE(X) + b$
- $V(X) = E(X^2) - E(X)^2$
- $V(aX+b) = a^2 V(X)$

예제 5.2 ● 주사위를 던져 나오는 수의 분산과 표준편차

문| 주사위를 던져서 주사위의 면이 나오는 눈의 수에 대한 분산을 구해보자.

풀이| 주사위를 던져서 나오는 눈의 수를 X라고 하고, 그 기댓값은 〈예제 5.1〉에서 $E(X) = \mu_X = \frac{7}{2} = 3.5$로 계산되었다. 이 결과를 이용하여 분산을 구하면 다음과 같다.

$V(X) = \sigma_X^2 = E(X^2) - (\mu_X)^2 = E(X^2) - E(X)^2$이므로 $E(X^2)$을 구하면 다음과 같다.

$E(X^2) = 1^2 \times \frac{1}{6} + 2^2 \times \frac{1}{6} + 3^2 \times \frac{1}{6} + 4^2 \times \frac{1}{6} + 5^2 \times \frac{1}{6} + 6^2 \times \frac{1}{6} = \frac{91}{6} = 15.17$

$E(X)^2 = \mu_X^2 = 3.5^2 = 12.25$이므로

$V(X) = \sigma_X^2 = E(X^2) - (\mu_X)^2 = E(X^2) - E(X)^2 = 15.17 - 12.25 = 2.92$

이를 이용하여 표준편차를 구하면 $\sigma_X = \sqrt{V(X)} = \sqrt{2.92} = 1.71$이다.

이제 잘 알려진 몇 개의 이산확률분포를 살펴보자.

(2) 베르누이분포

동전던지기를 다시 생각해보자. 동전과 같이 실험의 결과가 앞면이나 뒷면 중의 하나처럼 둘 중의 하나로 나타나는 실험을 **베르누이(Bernoulli) 시행**이라고 한다. 즉, 실험결과가 상호배타적인 두 가지 사건으로 구분되어지는 사건을 베르누이 시행이라고 한다. 다음은 베르누이 시행의 예들이다.

베르누이 시행의 예
- 동전던지기와 같이 결과가 앞면과 뒷면으로 나오는 실험
- 품질검사에서 양품과 불량품으로 나오는 사건

이러한 사건들을 분석해보면 일반적으로 베르누이 시행은 다음과 같은 조건을 만족하여야 한다.

정리 5.7 ● 베르누이 시행

- 시행(실험)의 결과는 반드시 성공, 또는 실패의 두 가지만 가지며, 두 개의 결과는 상호배타적이다. 즉, 동시에 나타날 수 없다.
- 시행(실험)의 결과 중 하나가 나타날 확률은 p이고, 다른 결과가 나타날 확률은 $1-p$이다.
- 각 시행(실험)은 상호독립이다.

베르누이 시행에 따라 만들어진 확률분포를 **베르누이분포(Bernoulli distribution)**라고 하며, 확률변수 X는 원하는 결과(성공)를 1로, 원하지 않는 결과(실패)를 0으로 대응시킨다. 이때 베르누이분포는 다음과 같은 식을 갖는다.

$$f(x) = p^x (1-p)^{1-x} \qquad x = 0,\ 1 \ \text{그리고}\ 0 \le p \le 1 \qquad \text{(식 5.3)}$$

이산확률분포의 **기댓값 정의**에 따라 베르누이 확률변수의 기댓값과 분산은 다음과 같다.

이산확률분포의 기댓값은 $E(X) = \sum_x xf(x)$이다. 따라서

$$E(X) = 1 \times p + 0 \times (1-p) = p \qquad \text{(식 5.4)}$$

이산확률변수의 분산은 $V(X) = E(X^2) - E(X)^2$이다. 따라서

$E(X^2) = \sum x^2 f(x) = 1^2 \times p + 0^2(1-p) = p$이고, $E(X)^2 = p^2$이므로

$$V(X) = E(X^2) - E^2(X) = p - p^2 = p(1-p) \qquad \text{(식 5.5)}$$

정리 5.8 ● 베르누이분포의 기댓값과 분산

- $E(X) = p$
- $V(X) = p(1-p)$

(3) 이항분포

1) 이항분포의 개념과 특징

베르누이 시행의 동전던지기를 다시 생각해보자. 동전과 같이 실험의 결과가 앞면이나 뒷면 중의 하나처럼 둘 중의 하나로 나타나는 실험을 **베르누이 시행**이라고 하였으며, 이 베르누이 시행을 n번 반복해서 **두 사건 중의 하나가 나오는 수**를 분포로 나타낸 것이 **이항분포(binomial distribution)**이다.

앞서 세 개(세 번)의 동전던지기를 시행해서 앞면의 수가 나오는 확률분포가 바로 이항분포의 예이다. 즉, 앞면과 뒷면의 결과가 3회 실행되는 것이며, 이때 앞면 또는 뒷면의 출현횟수가 확률변수의 변수값이 되는 것이다.

이제 3개의 동전을 던져서 앞면의 수가 나오는 사건의 확률분포를 생각해보면 그 확률분포는 일정한 모양을 가지고 있다. 즉, 3개의 동전을 던져서 가능한 출현가능한 앞면의 수는 0, 1, 2, 3이었으며, 앞면의 수에 해당하는 각 확률값은 $\frac{1}{8}, \frac{3}{8}, \frac{3}{8}, \frac{1}{8}$이고, 여기에는 일정한 규칙이 있다. 동전 4개를 던져 앞면이 나오는 개수에 관한 실험도 마찬가지이다. 앞면의 수는 0, 1, 2, 3, 4일 것이며, 거기에 대응되는 확률값은 각각

$\frac{1}{16}, \frac{4}{16}, \frac{6}{16}, \frac{4}{16}, \frac{1}{16}$ 이다.

이렇게 베르누이 시행을 n번 반복하여 그 결과를 확률함수로 나타낸 것이 **이항분포**이다. 따라서 실험에서 특정의 결과가 나올 확률이 p인 베르누이 시행을 n번 시행했을 때 특정의 결과가 x회 나오는 이항확률함수는 다음과 같이 표현된다.

$$f(x) = P(X = x) = {}_nC_x p^x (1-p)^{n-x} \quad \text{(식 5.6)}$$

여기서, n : 총시행횟수
x : 특정의 결과가 나오는 횟수
${}_nC_x$: n번 시행횟수 중에서 특정의 결과가 x회가 나올 조합의 수[4)]
p : 성공(앞면)의 확률

앞서 3개의 동전던지기 시행을 생각해보자. 동전을 던지는 시행은 그 결과가 앞면과 뒷면으로 이루어진 베르누이 시행이며, 동전을 세 번 던져서 나오는 앞면의 수가 나오는 확률분포는 이항확률분포가 된다. 이때 베르누이 시행에서 앞면이 나오는 확률 $p = \frac{1}{2}$이고, 3번 던지는 경우의 이항확률함수는 다음과 같다.

$$f(x) = P(X = x) = {}_3C_x p^x (1-p)^{3-x},\ x = 0,1,2,3 \quad \text{(식 5.7)}$$

이 이항확률분포를 이용하면 앞면이 0번 나오는 확률을 구하면 다음과 같다.

$$f(x) = P(X = 0) = {}_3C_0 \frac{1}{2}^0 (1 - \frac{1}{2})^{3-0} = \frac{1}{8} \text{이다.}$$

같은 방법으로 앞면이 1, 2, 3회가 나올 확률은 각각 다음과 같다.

$$f(x) = P(X = 1) = {}_3C_1 (\frac{1}{2})^1 (1 - \frac{1}{2})^{3-1} = \frac{3}{8}$$

$$f(x) = P(X = 2) = {}_3C_2 (\frac{1}{2})^2 (1 - \frac{1}{2})^{3-2} = \frac{3}{8}$$

4) ${}_nC_x = \frac{{}_nP_x}{x!} = \frac{(n-x+1)!}{x!}$

$$f(x) = P(X=3) = {}_3C_3(\frac{1}{2})^3(1-\frac{1}{2})^{3-3} = \frac{1}{8}$$

이와 같이 확률변수 X가 n번의 시행에서 발생확률 p를 가지는 이항분포를 다음과 같이 표현한다.

$$X \sim B(n,p) \qquad \text{(식 5.8)}$$

여기서, n : 총시행횟수
p : 성공(앞면)의 확률

이를 동전을 3번($n=3$) 던지는 실험이라고 가정하면 동전의 앞면이 나오는 결과를 확률(p)이 0.5이므로, 동전던지기 3번의 시행에 대한 이항분포는 다음과 같이 표현할 수 있다.

$$X \sim B(3,\ 0.5) \qquad \text{(식 5.9)}$$

이러한 이항분포에 대한 기댓값과 분산은 다음과 같다. 즉, 베르누이 시행을 n번 반복한 것이기 때문에 베르누이분포의 기댓값과 분산에 시행횟수 n을 곱하면 된다.

정리 5.9 ● 이항분포의 기댓값과 분산

- $E(X) = np$
- $V(X) = np(1-p)$

동전던지기를 100번 시도하는 경우 $n=100$, $p=0.5$이므로, 앞면이 나오는 기댓값은 $100 \times 0.5 = 50$이 되고, 분산은 $100 \times 0.5 \times 0.5 = 25$가 된다.

예제 5.3 ● 이항분포의 확률계산

문| 민정이는 다트던지기의 명수이다. 과거의 경험에 의하면 0.7의 확률로 10점 과녁에 명중시킨다. 민정이가 5번 던져서 3번 이상 10점 과녁에 명중시킬 확률을 구하라.

풀이|

(1) 민정이의 이항확률분포는 다음과 같이 정의된다.

$f(x) = P(X = x) = {}_5C_x 0.7^x (0.3)^{5-x},\ x = 0,1,2,3,4,5$

(2) 3번 이상 10점만점에 명중시킬 확률은 3번, 4번, 5번이므로 이를 각각 구하면 다음과 같다.

- 3번 명중시킬 확률 $= f(x) = P(X = 3) = {}_5C_3 0.7^3 (0.3)^2 = 0.3125$
- 4번 명중시킬 확률 $= f(x) = P(X = 4) = {}_5C_4 0.7^4 (0.3)^1 = 0.1563$
- 5번 명중시킬 확률 $= f(x) = P(X = 5) = {}_5C_5 0.7^5 (0.3)^0 = 0.0313$

(3) 3번 이상 명중시킬 확률은 $0.3078 + 0.3502 + 0.1681 = 0.5$

2) 이항분포와 R코드

R언어에는 이항확률함수가 내장되어 있어서 다음과 같이 간단하게 이용할 수 있다.

R코드 5.1 | 이항확률함수의 구조 : dbinom()

```
> dbinom(x, n, p)
```

여기에서 x는 성공횟수, n은 시행횟수, p는 성공확률을 의미한다. R을 이용하여 동전을 10번 던져서 앞면이 5회 나올 확률을 구해보자. 이때의 R코드는 다음과 같고, 이를 실행하면 확률값은 0.246이 된다.

R코드 5.2 | 성공확률이 0.5인 이항확률

```
[입력]
> dbinom(5, 10, 0.5)

[출력]
[1] 0.2460938
```

그렇다면 R을 이용하여 동전을 10번 던져서 앞면이 5회 이하가 나올 **누적확률** **($x = 0,1,2,3,4,5\ \ P(X \le 5)$)**을 구해보자. 이때의 R코드는 다음과 같으며, 이를 실행하면 누적확률값은 0.623이 된다.

R코드 5.3 | 성공확률이 0.5인 누적이항확률함수 : pbinom()

[입력]
```
> pbinom(5, 10, 0.5)
```
[출력]
```
[1] 0.6230469
```

(4) 포아송분포

1) 포아송분포의 개념과 특징

베르누이분포나 이항분포는 동전던지기처럼 실험의 결과가 2개인 경우에 관심이 있는 분포이다. 특히 이항분포는 동전던지기를 n번해서 관심이 있는 결과가 몇 번 나오는가에 관심이 있는 분포이다.

포아송분포[5)](Poisson distribution)에는 시간의 개념이 포함된다. **관심이 있는 시간 내에 특정의 사건이 몇 번 나오는가에 관심이 있는 분포**이다. 다음은 포아송분포가 적용될 수 있는 예들이다.

포아송분포의 예

- 1번 고속도로에서 하루(시간개념=단위시간)에 발생하는 교통사고 건수(관심이 있는 사건의 수)
- 점심시간 1시간(시간개념=단위시간) 동안 식당에 오는 고객의 수(관심이 있는 사건의 수)
- 서울-제주 구간에서 한 달 동안(시간개념=단위시간) 발생되는 분실 수하물의 수(관심이 있는 사건의 수)

확률변수 X가 다음과 같은 확률함수를 가질 때 포아송분포를 따른다고 한다.

5) 19세기 프랑스 수학자 시메옹 드니 포아송이 1838년 쓴 저서 『민사사건과 형사사건 재판에서의 확률에 관한 연구 및 일반적인 확률계산 법칙에 대한 서문』에서 유래

$$f(x) = \frac{\lambda^x e^{-\lambda}}{x!},\ x = 0,1,2,\cdots \qquad \text{(식 5.10)}$$

여기서, λ : 주어진 시간간격 동안 발생한 사건의 평균횟수('람다'라고 읽는다)
e : 자연로그의 밑수이며, 2.71828
x : 사건발생의 횟수

포아송분포는 다음과 같은 조건을 충족해야 한다.

포아송분포의 조건

- 겹치지 않는 기간 내에 있는 사건의 수는 서로 독립이다. 즉 한 단위 시간 내에서 일어나는 사건은 다른 시간 단위에서 일어나는 사건과 독립이다.
- 단위시간 내에 발생하는 사건 수에 관한 확률분포는 일정하다.
- 짧은 시간 내에 한 사건이 발생할 확률은 시간의 길이에 비례한다.
- 매우 짧은 시간 내에 두 개의 사건이 발생할 확률은 0이다.

포아송확률변수의 기댓값과 분산은 다음과 같다.[6)]

먼저 기댓값을 구해보자. 기댓값은 $E(X) = \sum_x xf(x)$이므로,

$$E(X) = \sum_{x=0}^{\infty} xf(x) = \sum_{x=0}^{\infty} x\frac{\lambda^x e^{-\lambda}}{x!} = \sum_{x=0}^{\infty} \lambda\frac{\lambda^{x-1} e^{-\lambda}}{x-1!} \qquad \text{(식 5.11)}$$

$x-1=y$로 두면

$$\sum_{x=0}^{\infty} \lambda\frac{\lambda^{x-1} e^{-\lambda}}{x-1!} = \sum_{y=0}^{\infty} \lambda\frac{\lambda^{y} e^{-\lambda}}{y!} = \lambda$$

$$\because \sum_{y=0}^{\infty} \frac{\lambda^{y} e^{-\lambda}}{y!} = 1 \qquad \text{(식 5.12)}$$

이산확률변수의 분산은 $V(X) = E(X^2) - E(X)^2$이므로, 분산을 구해보면, (식 5.12)에서 $E(X) = \lambda$이므로 $E(X)^2 = \lambda^2$이다. 이제 $E(X^2)$만 구해보자. $E(X^2)$은 x^2에 대한 기댓값이므로 x^2에 그에 대한 확률값을 곱하여 모두 더하면 되므로 다음과 같이 쓸 수 있다.

6) 이 과정에 너무 신경쓸 필요가 없다. 이해가 안가면 그냥 넘어가도 좋다.

$$E(X^2) = \sum_{x=0}^{\infty} x^2 \frac{\lambda^x e^{-\lambda}}{x!} = e^{-\lambda} \sum_{x=0}^{\infty} x^2 \frac{\lambda^x}{x!} = e^{-\lambda} \sum_{x=1}^{\infty} x \frac{\lambda^x}{(x-1)!}$$

$$= e^{-\lambda} \sum_{x=1}^{\infty} \frac{(x-1+1)\lambda^x}{(x-1)!} = e^{-\lambda} \sum_{x=1}^{\infty} \frac{(x-1)\lambda^x + \lambda^x}{(x-1)!}$$

$$= e^{-\lambda} \left(\sum_{x=1}^{\infty} \frac{(x-1)\lambda^x}{(x-1)!} + \frac{\lambda^x}{(x-1)!} \right)$$

$$= e^{-\lambda} \left(\sum_{x=1}^{\infty} \frac{(x-1)\lambda^x}{(x-1)!} + \sum_{x=1}^{\infty} \frac{\lambda^x}{(x-1)!} \right)$$

$$= e^{-\lambda} \left(\sum_{x=2}^{\infty} \frac{\lambda^x}{(x-2)!} + \sum_{x=1}^{\infty} \frac{\lambda^x}{(x-1)!} \right)$$

$$= e^{-\lambda} \left(\sum_{x=2}^{\infty} \lambda^2 \frac{\lambda^{x-2}}{(x-2)!} + \sum_{x=1}^{\infty} \lambda \frac{\lambda^{x-1}}{(x-1)!} \right)$$

$$= \left(\sum_{x-2}^{\infty} \lambda^2 \frac{\lambda^{x-2} e^{-\lambda}}{(x-2)!} + \sum_{x-1}^{\infty} \lambda \frac{\lambda^{x-1} e^{-\lambda}}{(x-1)!} \right)$$

$$= \lambda^2 + \lambda$$

$$\because \sum_{x=2}^{\infty} \frac{\lambda^{x-2} e^{-\lambda}}{(x-2)!} = 1, \text{ 그리고 } \because \sum_{x=1}^{\infty} \frac{\lambda^{x-1} e^{-\lambda}}{(x-1)!} = 1$$

따라서 $V(X) = E(X^2) - E(X)^2 = \lambda^2 + \lambda - \lambda^2 = \lambda$이다. 따라서 포아송확률변수의 기댓값과 분산은 모두 λ(기댓값)이다. 따라서 포아송분포를 따르는 확률함수를 다음과 같이 표현한다.

$$X \sim Posi(\lambda)$$

정리 5.10 ● 포아송분포의 기댓값과 분산

- $E(X) = \lambda$
- $V(X) = \lambda$

예제 5.4 ● 포아송분포의 확률계산

문| 한국항공은 김포에서 제주까지 노선을 운항하고 있다. 최근들어 분실수하물에 관한 조사를 통해 고객의 불만을 줄이려는 노력을 하고 있다. 최근 1달 동안에 운행된 항공 중 100편을 조사한 결과 총 10개의 분실수하물이 있음이 발견되었다.

(1) 이 상황이 포아송분포를 따르고 있음을 보여라.
(2) 이 항공기에서 분실수하물이 1개 이하일 확률을 구하라.

풀이|

(1) 포아송분포를 따른다는 것을 보이려면 포아송분포의 조건을 충족하는가를 검토하면 된다. 먼저 포아송확률분포를 따르려면 분실수하물의 수가 이산적이어야 하는데, 분실수하물의 수는 셀 수 있으므로 이 조건이 충족된다. 두 번째는 한 단위 시간 내에서 일어나는 사건은 다른 시간 단위에서 일어나는 사건과 독립이라는 조건인데, 여기에서 단위시간 간격은 항공기 편이 될 것이고, 항공기의 분실수하물은 항공기마다 서로 다르게 일어나므로 이 조건도 충족된다. 따라서 이 사건은 포아송확률분포를 따른다고 할 수 있다.

(2) 이 포아송확률분포에서 모수는 평균 λ=0.1이므로 다음과 같은 확률분포를 따른다고 할 수 있다.

$$f(x) = \frac{0.1^x e^{-0.1}}{x!}, \quad x = 0,1,2,\cdots$$

또한 분실수하물이 1개 이하일 확률은 다음과 같이 계산된다.

$f(x) \le 1 = f(0) + f(1)$이다.

아래의 포아송분포표에서 λ=0.1에 해당하는 열(column)에서 발생횟수 $x = 0,1$에 해당하는 확률값을 전부 더하면 된다. 이 경우 확률값은 0.9953이다. 즉, 평균이 0.1이고, 발생횟수가 0일 확률은 0.9048이고, 발생횟수가 1일 때의 확률은 0.0905이므로 이 둘을 더하면 분실수하물의 개수가 1 이하인 확률이 된다.

〈포아송분포표〉

x \ λ	0.1	0.2	0.3	0.4	0.5	0.6	0.7	0.8	0.9	1.0
0	0.9048	0.8187	0.7408	0.6703	0.6065	0.5488	0.4966	0.4493	0.4066	0.3679
1	0.0905	0.1637	0.2222	0.2681	0.3033	0.3293	0.3476	0.3595	0.3659	0.3679
2	0.0045	0.0164	0.0333	0.0536	0.0758	0.0988	0.1217	0.1438	0.1647	0.1839
3	0.0002	0.0011	0.0033	0.0072	0.0126	0.0198	0.0284	0.0383	0.0494	0.0613
4	0.0000	0.0001	0.0003	0.0007	0.0016	0.0030	0.0050	0.0077	0.0111	0.0153
5	0.0000	0.0000	0.0000	0.0001	0.0002	0.0004	0.0007	0.0012	0.0020	0.0031
6	0.0000	0.0000	0.0000	0.0000	0.0000	0.0000	0.0001	0.0002	0.0003	0.0005
7	0.0000	0.0000	0.0000	0.0000	0.0000	0.0000	0.0000	0.0000	0.0000	0.0001
x \ λ	**1.1**	**1.2**	**1.3**	**1.4**	**1.5**	**1.6**	**1.7**	**1.8**	**1.9**	**2.0**
0	0.3329	0.3012	0.2725	0.2466	0.2231	0.2019	0.1827	0.1653	0.1496	0.1353
1	0.3662	0.3614	0.3543	0.3452	0.3347	0.3230	0.3106	0.2975	0.2842	0.2707
2	0.2014	0.2169	0.2303	0.2417	0.2510	0.2584	0.2640	0.2678	0.2700	0.2707
3	0.0738	0.0867	0.0998	0.1128	0.1255	0.1378	0.1496	0.1607	0.1710	0.1804
4	0.0203	0.0260	0.0324	0.0395	0.0471	0.0551	0.0636	0.0723	0.0812	0.0902
5	0.0045	0.0062	0.0084	0.0111	0.0141	0.0176	0.0216	0.0260	0.0309	0.0361
6	0.0008	0.0012	0.0018	0.0026	0.0035	0.0047	0.0061	0.0078	0.0098	0.0120
7	0.0001	0.0002	0.0003	0.0005	0.0008	0.0011	0.0015	0.0020	0.0027	0.0034
8	0.0000	0.0000	0.0001	0.0001	0.0001	0.0002	0.0003	0.0005	0.0006	0.0009
9	0.0000	0.0000	0.0000	0.0000	0.0000	0.0000	0.0001	0.0001	0.0001	0.0002

2) 포아송분포와 R코드

R언어에는 포아송확률함수가 내장되어 있어서 다음과 같이 간단하게 이용할 수 있다.

R코드 5.4 | 포아송확률함수 구조 : dpois()

```
> dpois(x, λ) 또는
> dpois(x=, lambda=)
```

여기에서 x는 사건발생횟수, λ는 포아송분포의 평균이다. R을 이용하여 은행에서 10분 동안 고객의 평균도착횟수가 0.5인 포아송분포를 따를 때 10분 동안 3명이 도착할 확률을 구해보자. 이때의 R코드는 다음의 〈R코드 5.5〉와 같으며, 이를 실행하면 확률값이 0.012가 된다.

R코드 5.5 | 평균도착횟수 0.5인 포아송확률함수에서 3이 발생할 확률

```
[입력]
> dpois(3,0.5) 또는
> dpois(x=3, lambda=0.5)

[출력]
[1] 0.01263606
```

그렇다면 R을 이용하여 고객이 5명 도착할 누적확률($x = 0,1,2,3,4,5$ $P(X \le 5)$을 구해보자. 이때의 R코드는 다음의 〈R코드 5.6〉과 같으며, 이를 실행하면 누적확률값은 0.9999858이 된다.

R코드 5.6 | 평균도착횟수 0.5인 누적 포아송확률함수에서 5까지의 누적확률 : ppois()

```
[입력]
> ppois(5,0.5) 또는
> ppois(x=5, lambda=0.5)

[출력]
[1] 0.9999858
```

이제 포아송분포를 그림으로 그려보자. 10분 동안의 평균도착횟수가 0.5인 포아송분포에 대하여 평균도착횟수가 0,1,2,3,4,5인 포아송확률분포를 그림으로 그려보자.

R코드 5.7 | 평균도착횟수가 0.5이고, 도착이 0~5인 포아송확률함수의 그래프

[입력]

```
> lambda=0.5 #평균도착횟수가 0.5
> x=0:5 #0~5를 생성하여 x에 할당
> ppx=dpois(x,lambda) #확률변수(도착횟수이며(0~5)) x, 평균도착횟수 lambda인 포아송분
  포 확률값을 ppx에 할당
> plot(x, ppx, xlab="도착수", ylab="확률", main="도착이 0,1,2,3,4,5인 확률")
  #가로축에 확률변수 x 그리고 가로축에 포아송확률을 이용하여 그래프 출력
```

[출력]

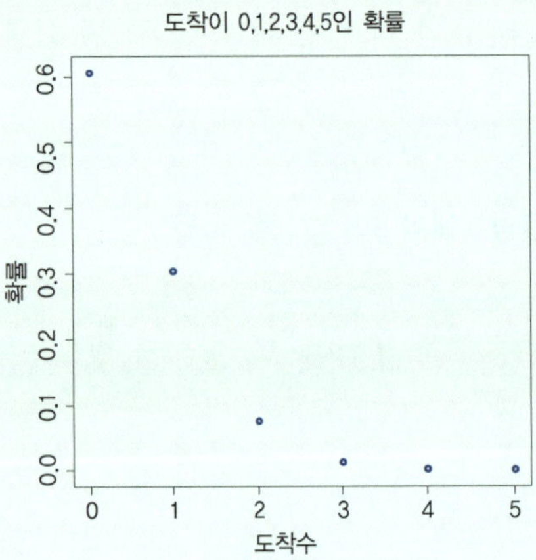

(a) 산점도

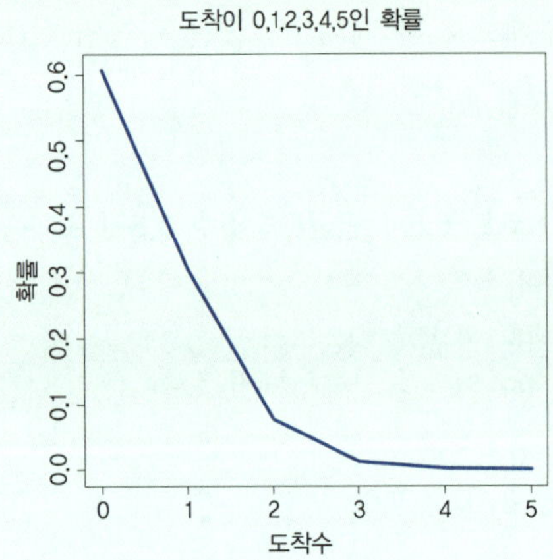

(b) 산점도를 선으로 연결한 그림

5.4 연속확률변수

(1) 연속확률변수의 기댓값과 분산

연속확률변수란 특정의 값을 가지는 이산확률분포와는 달리 확률변수가 특정 구간의 모든 값을 가질 수 있기 때문에, 특정의 값을 지정하기가 곤란한 경우의 확률변수를 의미한다고 하였다.

고등학생 100명의 키 데이터가 있다고 하자. 대략 이들의 키는 175, 185 등 이렇게 표현되지만 세밀하게 보면 175.4567, 185.4321 매우 세밀한 측정치를 가질 수 있으며, 이 경우 개별 측정치의 도수는 없거나 1개 정도에 지나지 않을 수 있다. 이러한 도수분석은 통계적 의미를 가지기 어려우므로 구간을 정하여 도수를 계산하고, 표현하는 것이 바람직하다. 3장에서 이미 이와 관련하여 연속데이터의 도수분포표에 대하여 설명한 바 있으며, 구간을 정하여 도수를 계산하는 방식을 취하였다.

따라서 특정의 확률변수 X가 가지는 모든 값들을 일일이 대응하여 확률분포를 표현하기보다는 확률변수 X가 가지는 값의 구간에서의 확률을 표현하게 된다. 연속확률변수의 값에 대응하는 확률값들을 나타내는 확률분포를 특히 **확률밀도함수(probability density function)**라고 부른다고 하였고, 확률밀도함수를 $f(x)$라고 할 때 a와 $b(b > a)$ 구간의 확률은 다음과 같이 표현된다.

$$P(a \leq x \leq b) = \int_{a}^{b} f(x)dx \qquad \text{(식 5.13)}$$

이는 다음과 같은 성질을 갖는다.

x의 모든 값에 대하여 $f(x) \geq 0$이고,

$$\int_{-\infty}^{+\infty} f(x)dx = 1 \qquad \text{(식 5.14)}$$

연속형 확률밀도함수는 이산형 확률분포함수와는 다르게 임의의 값 a에 대응되는 확률은 0이다. 즉,

$$P(a \leq x \leq a) = \int_{a}^{a} f(x)dx = 0 \qquad \text{(식 5.15)}$$

이라는 사실에 주의해야 한다. 즉, 연속형 확률변수는 무한개의 표본공간(확률변수가 취할 수 있는 값)을 가지고 있기 때문에, 특정의 값에서는 확률값을 가질 수 없다. 따라서 확률값은 일정한 구간에서만 존재하는 것이다. 이와 관련하여 연속확률변수는 다음과 같

은 성질을 갖는다.

$$P(a \le x \le b) = P(a < x \le b) = P(a \le x < b) = P(a < x < b) \quad \text{(식 5.16)}$$

이러한 성질을 갖는 연속확률변수의 기댓값과 분산은 다음과 같다.

$$E(X) = \int_{-\infty}^{+\infty} xf(x)\,dx = \mu \quad \text{(식 5.17)}$$

$$V(X) = \int_{-\infty}^{+\infty} (x-\mu)^2 f(x)\,dx = \sigma^2 = \int_{-\infty}^{+\infty} x^2 f(x)\,dx - \mu^2 \quad \text{(식 5.18)}$$

정리 5.11 ● 연속확률변수의 기댓값과 분산

- 기댓값 : $E(X) = \int_{-\infty}^{+\infty} xf(x)\,dx = \mu$
- 분산 : $V(X) = \int_{-\infty}^{+\infty} (x-\mu)^2 f(x)\,dx = \sigma^2 = \int_{-\infty}^{+\infty} x^2 f(x)\,dx - \mu^2$

정리 5.12 ● 연속확률변수의 기댓값과 분산의 성질

- $E(aX+b) = aE(X)+b$
- $V(X) = E(X^2) - E(X)^2$
- $V(aX+b) = a^2 V(X)$

예제 5.5 ● 연속확률변수의 기댓값과 분산

문| 연속확률변수 X의 확률밀도함수가 $f(x) = x^2 (0 \le x \le 1)$일 때, 확률변수 X의 기댓값(평균)과 분산을 구하시오.

풀이| $E(X) = \mu = \int_0^1 xf(x)\,dx$이므로, $E(X) = \int_0^1 xx^2\,dx = \int_0^1 x^3\,dx = [\frac{1}{4}x^4]_0^1 = \frac{1}{4}$

$V(X) = \int_0^1 x^2 f(x)\,dx - \mu^2 = \int_0^1 x^2 x^2\,dx - \mu^2 = [\frac{1}{5}x^5]_0^1 - \frac{1}{16} = \frac{1}{5} - \frac{1}{16} = \frac{11}{80}$

이제 대표적인 연속확률분포에 대하여 알아보자.

(2) 정규분포

1) 정규분포의 개념과 특징

가장 대표적인 연속확률분포는 **정규분포(normal distribution)**이다. 정규분포의 확률밀도함수의 형태는 〈그림 5.3〉과 같으며, 평균을 중심으로 좌우대칭의 종모양으로 **가우스분포(Gaussian distribution)**라고도 한다. 이런 좌우대칭의 종모양의 확률밀도함수를 가지는 확률변수를 **정규확률변수(normal random variable)**라고 한다. 정규확률변수의 확률밀도함수의 수학적 식은 다음의 (식 5.19)와 같다.

$$f(x) = \frac{1}{\sigma\sqrt{2\pi}} exp\left(-\frac{(x-\mu)^2}{2\sigma^2}\right), \quad -\infty < x < \infty, \ -\infty < \mu < \infty, \ \sigma > 0$$

(식 5.19)

여기서, μ : 확률변수 X의 평균
σ^2 : 확률변수 X의 분산

따라서 정규확률분포를 따르는 확률변수를 다음과 같이 간략하게 표현한다.

$$X \sim N(\mu, \sigma^2)$$

(식 5.20)

여기서, μ : 평균
σ^2 : 분산

이 식에서 두 개의 모수는 평균과 분산(μ, σ^2)이며, 확률밀도함수는 이 두 개의 모수에 따라 달라질 수 있다. μ는 평균을 의미하며, **중심의 위치(location parameter)**를 결정한다. 이 평균값을 중심으로 분포는 좌우대칭이다. σ^2는 분산을 의미하며, **분포의 모양(shape parameter)**을 결정짓는다. 이러한 정규분포는 〈정리 5.13〉과 같은 특징을 갖는다.

▶ 그림 5.3 | 평균이 100, 표준편차가 15인 정규분포곡선

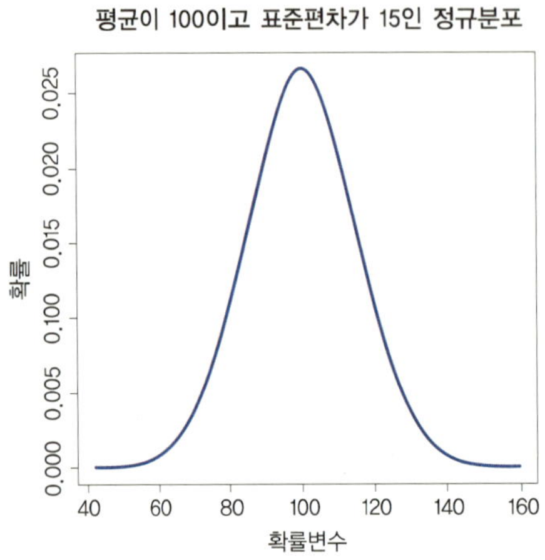

이 정규분포곡선은 중심위치에 관한 모수 μ의 변화에 따라 동일한 분산(표준편차)이라고 하더라도 좌우로 위치의 변화가 있음을 알 수 있다. 따라서 앞에서 언급한 바와 같이 모수 μ를 **위치 모수(location parameter)**라고 한다.

▶ 그림 5.4 | 평균 μ의 변화에 따른 정규분포곡선의 위치이동변화(표준편차는 동일하게 15)

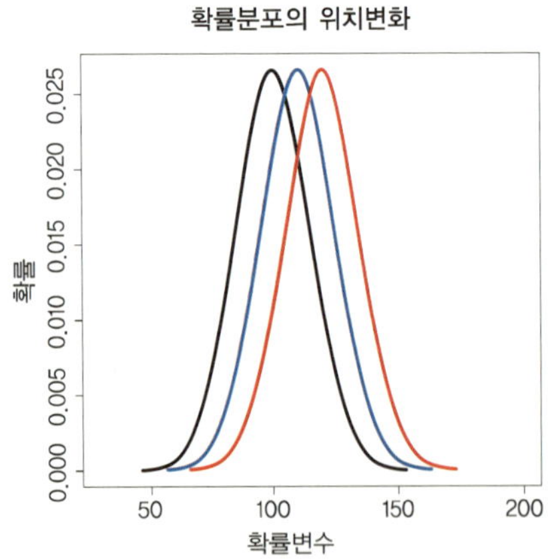

(검은색 : 평균 100, 붉은색 : 평균 110, 파란색 : 평균 120)

반면 동일한 평균이라고 하더라도 분포의 형태는 분산 σ^2에 따라 달라지는데, 〈그림 5.5〉는 동일한 평균이라고 하더라도 분산의 크기에 따라 분포의 형태가 달라지는 것을 보여주고 있다. 〈그림 5.5〉에 나타난 바와 같이 동일한 평균 100에서 분산의 크기가 달

라짐에 따라 분포의 형태가 달라짐을 보여주고 있다. 즉, 분산의 크기가 커짐에 따라 분포의 형태는 평균 μ를 중심으로 넓어지고, 반대로 분산의 크기가 작아지면 분포의 형태는 평균 μ를 중심으로 좁아진다. 따라서 분산 σ^2를 **형태 모수(shape parameter)**라고 한다.

그림 5.5 | 분산의 변화에 따른 정규분포곡선의 형태변화(평균100)

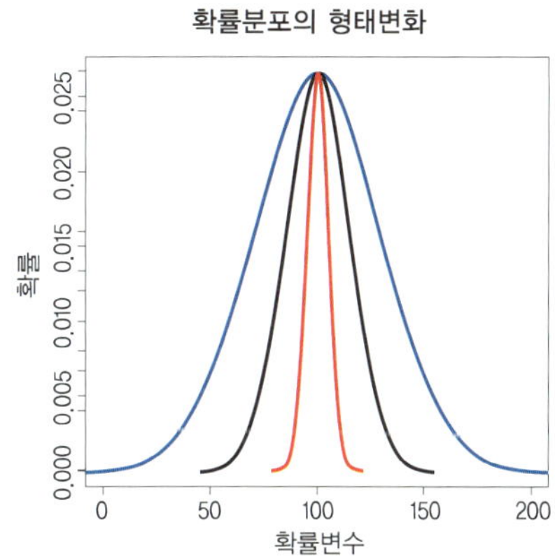

(붉은색 : 표준편차 5, 검은색 : 표준편차 15, 파란색 : 표준편차 20)

2) 정규분포의 구간확률

정규분포는 평균 μ를 중심으로 분산이 $\pm 1\sigma$ 사이에 존재하는 확률은 0.683이며, $\pm 2\sigma$ 사이에 존재하는 확률은 0.954, 그리고 $\pm 3\sigma$ 사이에 존재하는 확률은 0.997이다. 이는 〈정리 5.13〉, 〈그림 5.6〉에 제시되어 있다.

정리 5.13 ● 정규분포의 특징

- 정규곡선(분포함수)은 평균 μ에서 가장 큰 값(높은 확률, 최빈값)을 가진다.
- 정규곡선은 평균 μ에 대하여 대칭이고 중위수는 μ이다.
- 정규곡선의 확률변수 X가 구간 (a,b)에서 가지는 확률은 확률밀도함수에서 구간 (a,b) 사이의 면적이다.
- 특정의 구간에 대한 면적은 다음과 같이 알려져 있으며, 〈그림 5.6〉과 같이 표현할 수 있다.
  $P(\mu-\sigma \le X \le \mu+\sigma)=0.683$
  $P(\mu-2\sigma \le X \le \mu+2\sigma)=0.954$
  $P(\mu-3\sigma \le X \le \mu+3\sigma)=0.997$

그림 5.6 | 정규분포의 확률

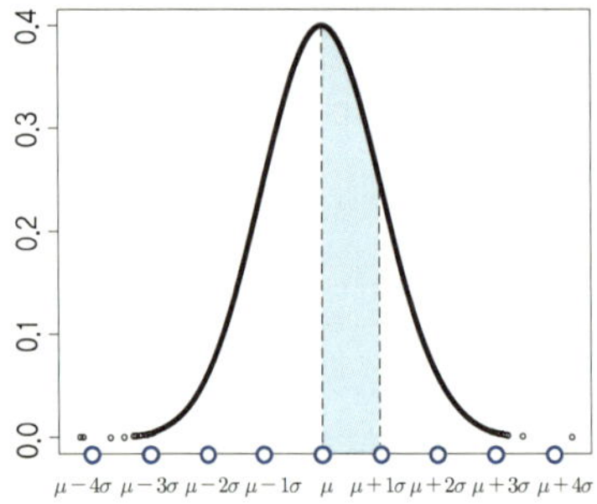

$P(0 \le X \le \mu+\sigma) = 0.3413$
$P(\mu-\sigma \le X \le \mu+\sigma) = 0.683$

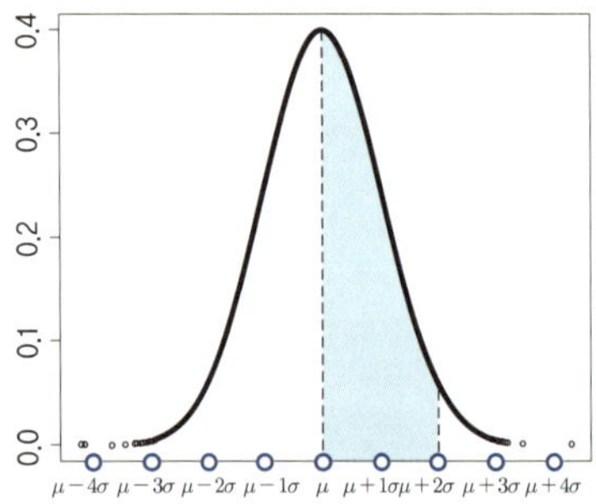

$P(0 \le X \le \mu+2\sigma) = 0.477$
$P(\mu-2\sigma \le X \le \mu+2\sigma) = 0.954$

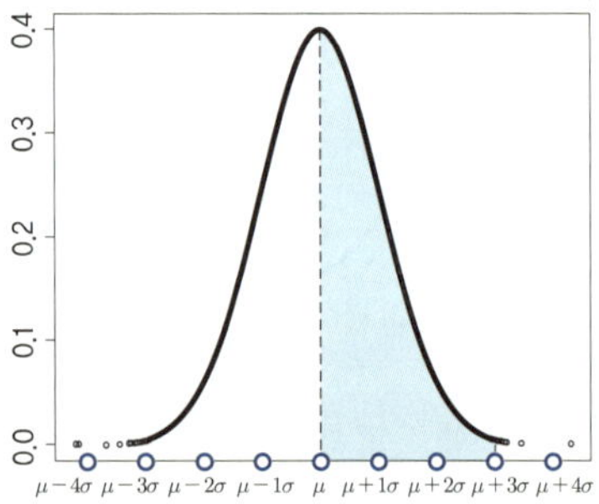

$P(0 \le X \le \mu+3\sigma) = 0.4985$
$P(\mu-3\sigma \le X \le \mu+3\sigma) = 0.997$

2) 정규분포와 R코드

R에서는 정규확률함수가 내장되어 있어서 다음과 같이 간단하게 이용할 수 있다.

R코드 5.8 | R에서의 정규확률함수 : dnorm()

```
> dnorm(x, mean, sd) #확률변수값 x, 평균, 표준편차를 지정
```

R코드 5.9 | 정규확률함수를 이용한 그래프 그리기

[입력]

```
> x <-rnorm(10000, 100, 15) #평균이 100, 표준편차가 15인 정규분포에서 10,000개의 확
  률변수값을 무작위로 추출하여 x에 저장
> x <- sort(x) #무작위로 추출된 10,000개의 확률변수값을 오름차순으로 정렬하여 다시 x에
  저장
```

```
> d <- dnorm(x, 100, 15) #10,000개의 확률변수를 이용하여 평균이 100이고 표준편차가 15인 정규분포의 확률을 생성하고 d에 저장
> plot(x, d, type="l", main=" 평균이 100이고 표준편차가 15인 정규분포", xlab="확률변수", ylab="확률") #10,000개의 확률변수를 이용하여 평균이 100이고 표준편차가 15인 정규분포 그림을 생성
```

[출력]

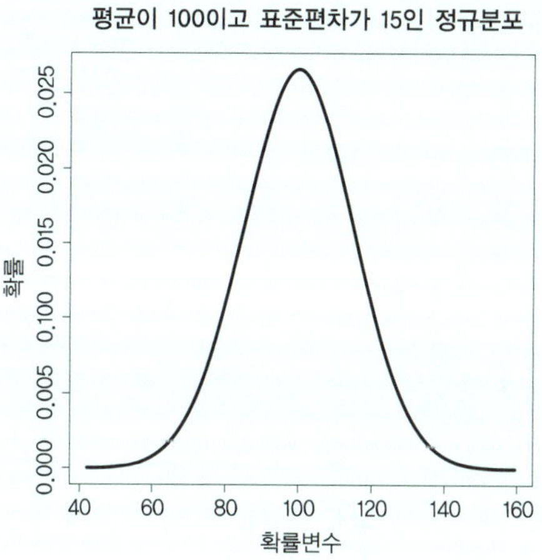

⟨R코드 5.9⟩의 정규분포 확률함수를 이용하여 몇 가지 유용한 결과를 얻어보자. 제시한 분포는 평균이 100이고 표준편차가 15인 정규분포인데, 평균값에 해당하는 100이 정중앙이므로 왼쪽꼬리 끝에서 평균값 100까지의 누적확률은 0.5이다. 즉,

$$\int_{-\infty}^{100} f(x)dx = \int_{-\infty}^{100} \frac{1}{15\sqrt{2\pi}} exp\left(-\frac{(x-100)^2}{2\times 15^2}\right)dx = 0.5 \text{ 이다.}$$

이를 R코드로 구하면 다음과 같다.

R코드 5.10 | 정규확률함수를 이용한 −∞ 에서 평균까지의 누적확률구하기 : pnorm()

[입력]

```
> pnorm(100, mean=100, sd=15) #평균 100, 표준편차 15인 정규분포에서 왼쪽 끝에서 확률변수의 값 100까지의 누적확률(면적)
```

[출력]

```
[1] 0.5
```

평균 100, 표준편차 15인 정규분포에서 확률변수 구간 $-\infty < X < 130$까지의 확률을 〈R코드 5.11〉과 같이 구할 수 있다.

R코드 5.11 | 정규확률함수를 이용한 −∞ 에서 130까지의 누적확률 구하기 : pnorm()

[입력]

```
> pnorm(130, mean=100, sd=15) #평균 100, 표준편차 15인 정규분포에서 왼쪽 끝에서 확률변수의 값 130까지의 누적확률(면적)
```

[출력]

```
[1] 0.9772499
```

(3) 표준정규분포

1) 표준정규분포

정규분포를 평균이 0이고, 분산이 1로 변환시킨 것을 **표준정규분포(standard normal distribution)**라고 한다. 표준정규분포를 따르는 확률변수를 Z로 표기하고, 그 확률변수의 밀도함수를 $\varnothing(z)$로 표시한다. 이에 따라 표준정규분포의 확률밀도함수는 다음과 같이 표시한다.

$$\varnothing(z) = \frac{1}{\sqrt{2\pi}} exp\left(-\frac{(z)^2}{2}\right), \quad -\infty < z < \infty \qquad \text{(식 5.21)}$$

여기서, z : 정규분포의 관측치 x의 표준화된 값

이를 아래와 같이 간략하게 표현한다.

$$Z \sim N(0,1) \qquad \text{(식 5.22)}$$

정의 5.5 ● 표준정규분포

• 표준정규분포(standard normal distribution) : 정규분포를 평균이 0이고, 분산이 1인 분포로 변환시킨 것

확률변수가 정규분포를 따를 때 가지는 특징 중의 하나는 확률변수(Z)에 상수를 이용한 사칙연산을 하더라도($10\times Z$, $\frac{Z}{10}$, $Z+10$, $Z-10$) 그 확률변수는 평균과 분산만 변할 뿐 분포는 여전히 정규분포를 따르게 된다. 표준정규분포는 정규분포를 따르는 확률변수에 적절한 연산을 통하여 평균이 0이고 분산이 1인 확률변수로 만들어 놓은 것이며, 이때 사용되는 연산을 **표준화(standardization)**라고 하고, 그 연산은 다음과 같다.

$$Z=\frac{X-\mu_X}{\sigma_X} \qquad \text{(식 5.23)}$$

여기서, μ_X는 확률변수 X의 평균
σ_X는 확률변수 X의 표준편차

이때 정규확률변수 X의 표준화된 확률변수 Z의 기댓값과 분산을 구해보자.

$$E(Z)=E\left[\frac{X-\mu_X}{\sigma_X}\right]=\frac{1}{\sigma_X}E[X-\mu_X]=\frac{1}{\sigma_X}[\mu_X-\mu_X]=0 \qquad \text{(식 5.24)}$$

$$V(Z)=V\left[\frac{X-\mu_X}{\sigma_X}\right]=\frac{1}{\sigma_X^2}V(X)=\frac{\sigma_X^2}{\sigma_X^2}=1 \qquad \text{(식 5.25)}$$

정리 5.14 ● 표준화된 확률변수 Z의 기댓값과 분산

- 기댓값 : $E(X)=0$
- 분산 : $V(X)=1$

정규분포에서는 평균과 분산에 따른 분포의 형태가 다르기 때문에, 분포표를 이용하여 확률값 또는 면적을 구하기가 어렵다. 따라서 정규확률변수의 확률이나 면적을 구할 때에는 정규확률변수의 표준화변수(Z)를 이용하면 간단해진다. 왜냐하면 표준정규분포는 정규분포의 다양한 형태를 평균이 0, 분산이 1인 분포로 고정시켰기 때문에 하나의 분포표를 이용할 수 있기 때문이다. 〈예제 5.6〉은 정규분포를 따르는 확률함수의 구간 확률값이나 면적을 구할 때 어떻게 표준정규분포를 활용할 수 있는가를 보여준다.

예제 5.6 • 정규분포를 따르는 확률변수의 구간확률

문| 확률변수 $X \sim N(40,16)$일 때 $P(40 \le X \le 44)$ 구간확률을 구해보자.

풀이| 정규분포를 따르는 확률변수의 구간값은 확률변수를 표준화하여 구한다. 앞에서 표준화 공식은 $Z = \frac{X - \mu_X}{\sigma_X}$이므로 확률변수 X를 표준화된 확률변수로 전환한다.

즉, $P(40 \le X \le 44)$를 표준화하면 $P(0 \le Z \le 1)$이며, 표준정규분포에서 Z값이 0과 1 사이의 확률을 찾으면 된다.

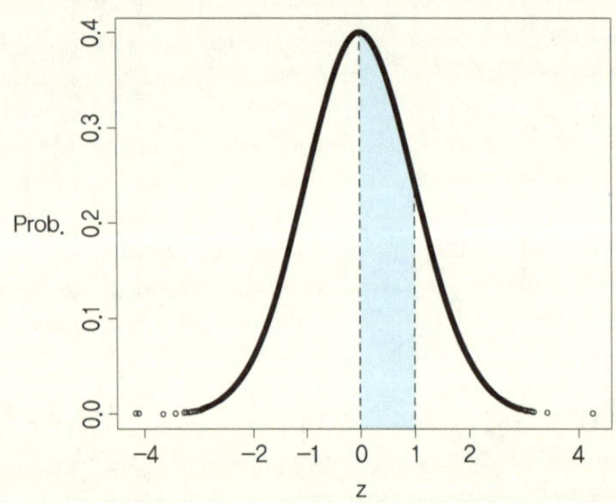

위 그림은 $P(0 \le Z \le 1)$에 해당하는 면적이며, 이는 아래의 표준정규분포에서 그에 해당하는 면적값(확률)이다. 즉, $P(0 \le Z \le 1) = 0.3413$이다.

이와 같이 정규확률변수X에 해당하는 표준화된 확률변수 Z의 구간에 따른 구간확률값은 표준정규분포표를 이용하여 확인할 수 있다.

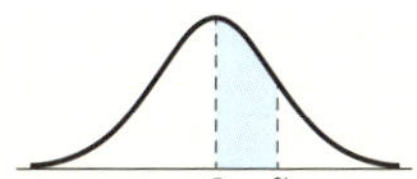

$z = 1.0$ → 1.0 행, 0.00 열: 0.3413

z	0.00	0.01	0.02	0.03	0.04	0.05	0.06	0.07	0.08	0.09
0.0	0.0000	0.0040	0.0080	0.0120	0.0160	0.0199	0.0239	0.0279	0.0319	0.0359
0.1	0.0398	0.0438	0.0478	0.0517	0.0557	0.0596	0.0636	0.0675	0.0714	0.0753
0.2	0.0793	0.0832	0.0871	0.0910	0.0948	0.0987	0.1026	0.1064	0.1103	0.1141
0.3	0.1179	0.1217	0.1255	0.1293	0.1331	0.1368	0.1406	0.1443	0.1480	0.1517
0.4	0.1554	0.1591	0.1628	0.1664	0.1700	0.1736	0.1772	0.1808	0.1844	0.1879
0.5	0.1915	0.1950	0.1985	0.2019	0.2054	0.2088	0.2123	0.2157	0.2190	0.2224
0.6	0.2257	0.2291	0.2324	0.2357	0.2389	0.2422	0.2454	0.2486	0.2517	0.2549
0.7	0.2580	0.2611	0.2642	0.2673	0.2704	0.2734	0.2764	0.2794	0.2823	0.2852
0.8	0.2881	0.2910	0.2939	0.2967	0.2995	0.3023	0.3051	0.3078	0.3106	0.3133
0.9	0.3159	0.3186	0.3212	0.3238	0.3264	0.3289	0.3315	0.3340	0.3365	0.3389
1.0	0.3413	0.3438	0.3461	0.3485	0.3508	0.3531	0.3554	0.3577	0.3599	0.3621
1.1	0.3643	0.3665	0.3686	0.3708	0.3729	0.3749	0.3770	0.3790	0.3810	0.3830
1.2	0.3849	0.3869	0.3888	0.3907	0.3925	0.3944	0.3962	0.3980	0.3997	0.4015
1.3	0.4032	0.4049	0.4066	0.4082	0.4099	0.4115	0.4131	0.4147	0.4162	0.4177
1.4	0.4192	0.4207	0.4222	0.4236	0.4251	0.4265	0.4279	0.4292	0.4306	0.4319
1.5	0.4332	0.4345	0.4357	0.4370	0.4382	0.4394	0.4406	0.4418	0.4429	0.4441
1.6	0.4452	0.4463	0.4474	0.4484	0.4495	0.4505	0.4515	0.4525	0.4535	0.4545
1.7	0.4554	0.4564	0.4573	0.4582	0.4591	0.4599	0.4608	0.4616	0.4625	0.4633
1.8	0.4641	0.4649	0.4656	0.4664	0.4671	0.4678	0.4686	0.4693	0.4699	0.4706
1.9	0.4713	0.4719	0.4726	0.4732	0.4738	0.4744	0.4750	0.4756	0.4761	0.4767
2.0	0.4772	0.4778	0.4783	0.4788	0.4793	0.4798	0.4803	0.4808	0.4812	0.4817
2.1	0.4821	0.4826	0.4830	0.4834	0.4838	0.4842	0.4846	0.4850	0.4854	0.4857
2.2	0.4861	0.4864	0.4868	0.4871	0.4875	0.4878	0.4881	0.4884	0.4887	0.4890
2.3	0.4893	0.4896	0.4898	0.4901	0.4904	0.4906	0.4909	0.4911	0.4913	0.4916
2.4	0.4918	0.4920	0.4922	0.4925	0.4927	0.4929	0.4931	0.4932	0.4934	0.4936
2.5	0.4938	0.4940	0.4941	0.4943	0.4945	0.4946	0.4948	0.4949	0.4951	0.4952
2.6	0.4953	0.4955	0.4956	0.4957	0.4959	0.4960	0.4961	0.4962	0.4963	0.4964
2.7	0.4965	0.4966	0.4967	0.4968	0.4969	0.4970	0.4971	0.4972	0.4973	0.4974
2.8	0.4974	0.4975	0.4976	0.4977	0.4977	0.4978	0.4979	0.4979	0.4980	0.4981
2.9	0.4981	0.4982	0.4982	0.4983	0.4984	0.4984	0.4985	0.4985	0.4986	0.4986
3.0	0.4987	0.4987	0.4987	0.4988	0.4988	0.4989	0.4989	0.4989	0.4990	0.4990
3.1	0.4990	0.4991	0.4991	0.4991	0.4992	0.4992	0.4992	0.4992	0.4993	0.4993
3.2	0.4993	0.4993	0.4994	0.4994	0.4994	0.4994	0.4994	0.4995	0.4995	0.4995
3.3	0.4995	0.4995	0.4995	0.4996	0.4996	0.4996	0.4996	0.4996	0.4996	0.4997
3.4	0.4997	0.4997	0.4997	0.4997	0.4997	0.4997	0.4997	0.4997	0.4997	0.4998

2) 표준정규분포와 R코드

표준정규분포는 정규분포를 평균 0, 분산(표준편차) 1인 분포로 변화시킨 것이므로 기존의 정규확률함수 dnorm(), pnorm()과 같은 R함수에서 평균과 표준편차를 조정하여 얻을 수 있다. 따라서 〈R코드 5.12〉는 R의 정규확률함수를 이용하여 표준정규분포의 확률과 누적확률을 구하는 방법을 제시한 것이다. dnorm()은 해당확률변수의 확률값을 구하는 R함수이며, pnorm()은 해당확률변수의 누적확률값을 구하는 R함수인데, 왼쪽 끝에서 확률변수의 값의 구간에 해당하는 누적확률값을 구해준다.

R코드 5.12 | 표준정규분포 확률함수의 확률분포그림과 누적확률분포그림 : 함수 dnorm(), pnorm()

[입력]

```
> x = seq(-3,3, length=200) #-3에서 3 사이의 값 200개를 생성
> plot(x, dnorm(x, mean=0, sd=1)) #평균이 0이고 표준편차가 1인 정규분포에서 x에 해
  당하는 확률을 구하여 그림을 그림
> plot(x, pnorm(x, mean=0, sd=1)) #평균이 0이고 표준편차가 1인 정규분포에서 x에 해
  당하는 누적확률을 구하여 그림을 그림
```

[출력]

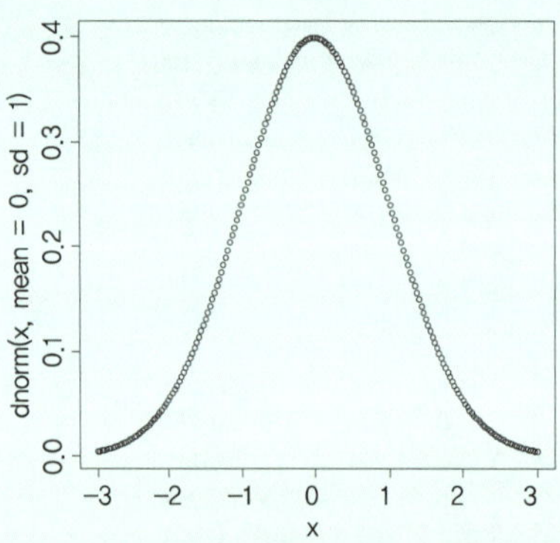

정규확률함수

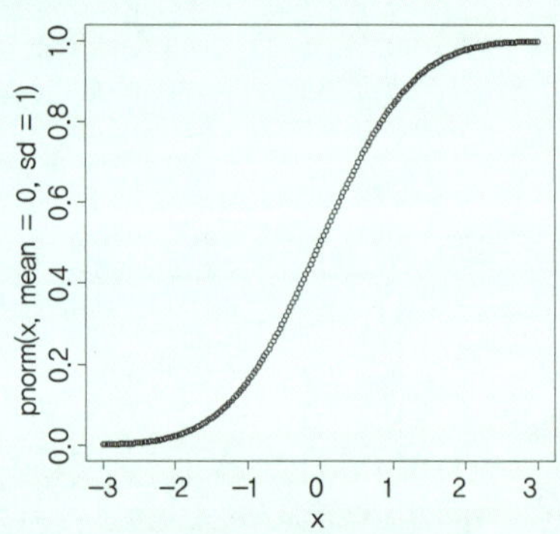

(누적)정규분포함수

〈R코드 5.13〉은 (표준)정규확률함수를 이용하여 구간확률을 구하는 방법이다. 따라서 누적확률을 구하는 pnorm()을 이용하여 구할 수 있다. 〈예제 5.6〉은 확률변수 $X \sim N(40,16)$일 때 $P(40 \leq X \leq 44)$ 구간확률을 구하는 문제인데, 정규확률함수를 이용하여 구할 수도 있고, 이를 표준화한 표준정규함수를 이용하여 구할 수도 있다. 〈R코드 5.13〉은 두 가지 방법을 모두 제시하고 있다.

R코드 5.13 | 표준정규분포의 누적확률함수를 이용한 구간확률 구하기 : pnorm()

〈예제 5.6〉의 확률을 R을 이용하여 구해보자.

■ **방법1 : 표준정규분포를 이용하는 경우**

```
> a=pnorm(1, mean=0, sd=1) #평균 0, 표준편차 1인 정규분포(표준정규분포)에서 왼쪽 끝에
  서 확률변수의 값 1까지의 누적확률(면적)을 계산하여 a에 저장
> b=pnorm(0, mean=0, sd=1) #평균 0, 표준편차 1인 정규분포(표준정규분포)에서 왼쪽 끝에
  서 확률변수의 값 0까지의 누적확률(면적)을 계산하여 b에 저장
```

```
> a-b #a에서 b를 뺀다.
```

[출력]

```
[1] 0.3413447
```

■ 방법2 : 정규분포를 이용하는 경우

[입력]

```
> c=pnorm(44, mean=40, sd=4) #평균 40, 표준편차 4인 정규분포(표준정규분포)에서 왼쪽 끝에서 확률변수의 값 44까지의 누적확률(면적)을 계산하여 c에 저장
> d=pnorm(400, mean=40, sd=4) #평균 40, 표준편차 4인 정규분포(표준정규분포)에서 왼쪽 끝에서 확률변수의 값 40까지의 누적확률(면적)을 계산하여 d에 저장
> c-d #c에서 d를 뺀다.
```

[출력]

```
[1] 0.3413447
```

(4) 균일분포

1) 균일분포의 개념과 특징

한국기업의 인사담당자 최인혜 과장은 김현희 대리의 출근시간을 관찰한 결과, 다음과 같은 관찰결과를 얻었다. 즉, 김 대리는 매일 9시 이후에 지각을 하는데 9시에서 10시 사이 60분 동안 지각하는 시간대가 특별한 경향이 있는 것이 아니라 60분 사이에 무작위로 퍼져 있다는 것을 알게 되었다.

즉, 김 대리의 지각시간은 9시와 10시 사이에 무작위로 골고루 퍼져 동일한 확률로 나타나는 현상이 있다. 이를 다시 표현하면 김 대리의 출근시간에 관한 확률변수 X는 0과 60분 사이에 골고루 동일하게 분포하고 있다고 할 수 있다.

김 대리의 지각시간 X는 어느 구간(a,b) 사이에 분포하고, 그 구간에서의 확률밀도함수가 같은 높이로 정의된다. 이를 이와 같은 현상에 대한 확률변수의 확률밀도함수를 **균일분포(uniform distribution)**라고 정의하고 다음과 같이 표현한다.

$$f(x) = \frac{1}{b-a},\ a \le x \le b,\ \text{그러하지 않은 범위에서는 확률이 } 0 \qquad \text{(식 5.26)}$$

그리고 이 균일분포에서의 기댓값과 분산은 다음과 같이 정의된다.

$$E(X) = \frac{a+b}{2} \tag{식 5.27}$$

$$V(X) = \frac{(b-a)^2}{12} \tag{식 5.28}$$

만약 확률변수 X가 구간(a,b)에서 균일분포를 따른다고 하면 $X \sim U(a,b)$로 간략히 표현한다. 따라서 김현희 대리의 지각시간에 관한 확률변수 X의 평균은 $\frac{0+60}{2} = 30$분이고, 분산은 $\frac{(60-0)^2}{12} = 300$분이다.

정의 5.6 ● 균일분포

- 균일분포(uniform distribution) : 확률변수 X는 어느 구간(a,b) 사이에 분포하고, 그 구간에서의 확률밀도함수가 같은 높이를 가질 때 이를 균일분포라고 함.
- 확률함수 $f(x) = \frac{1}{b-a}$, $a \le x \le b$, 범위가 아닌 구간의 확률은 0

정리 5.15 ● 균일분포의 기댓값과 분산

- 기댓값 $E(X) = \frac{a+b}{2}$
- 분산 $V(X) = \frac{(b-a)^2}{12}$

예제 5.7 ● 균일분포에서의 기댓값과 분산

문| 8시에서 8시 30분 사이 출근시간대의 버스의 정거장 도착을 관찰한 결과, 교통지체로 인하여 특정한 경향이 있는 것이 아니라 무작위로 발생하는 것을 발견하였다. 버스의 정거장 도착시간에 관한 기댓값과 분산을 구하시오.

풀이| 균일분포에서의 기댓값 $E(X) = \frac{a+b}{2}$이고, 분산은 $V(X) = \frac{(b-a)^2}{12}$이므로,

$E(X) = \frac{a+b}{2} = \frac{0+30}{2} = 15$분이고

$V(X) = \frac{(b-a)^2}{12} = \frac{(30-0)^2}{12} = \frac{900}{12} = 75$분이다.

2) 균일분포와 R코드

R에서 균일분포의 확률함수가 내장되어 있어서 다음과 같이 간단하게 이용할 수 있다.

R코드 5.14 | R에서의 균일분포의 확률함수/누적확률함수 : dunif(), punif()

```
> dunif(x, min, max) #확률변수 x, 범위의 최소값, 최대값
> punif(x, min, max) #확률변수 x, 범위의 최소값, 최대값
```

R코드 5.15 | 균일분포의 확률함수를 이용한 확률과 누적확률 : dunif(), punif()

〈예제 5.7〉의 확률함수를 R을 이용하여 구해보자.

[입력]

```
> x = seq(-10, 40, length = 500) #-10과 40 사이의 수 500개 생성하여 x에 저장. 그래
  프를 위하여 범위를 넓혔음.
> ux = dunif(x,0,30) #확률변수 X에 해당하는 균일분포의 확률
> vx = punif(x,0,30) #확률변수 X에 해당하는 누적균일분포의 확률
> plot(x, ux, type="l", main="균일분포") #x의 값에 해당하는 0과 30 구간의 균일분포
  확률을 생성하여 그림 생성
> plot(x, vx, type="l", main="누적균일분포") #x의 값에 해당하는 0과 30 구간의 누적
  균일분포확률을 생성하여 그림 생성
```

[출력]

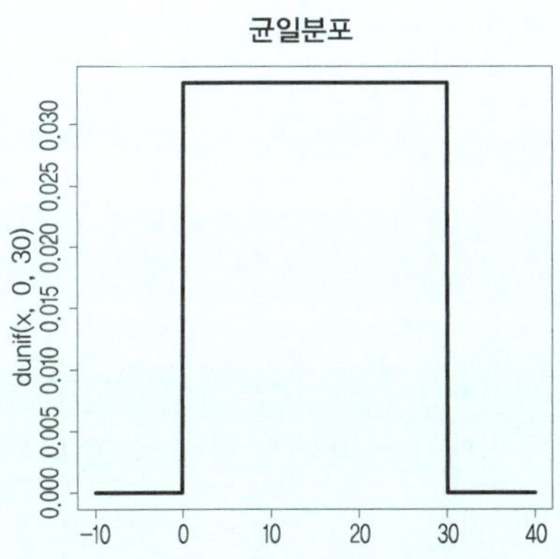

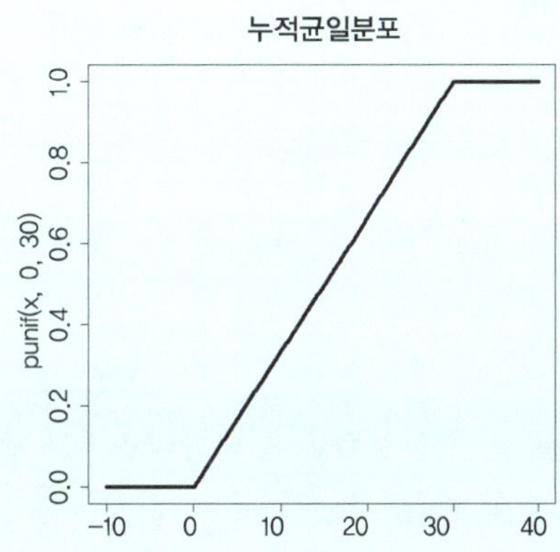

5.5 이항분포의 정규근사

이항분포란 이산확률분포의 하나로서, 성공확률이 p인 베르누이 시행을 n회 반복한 사건에서 성공횟수가 가지는 확률변수의 분포를 의미하며, 시행의 횟수 n을 증가시킴에 따라 분포의 모양이 정규분포와 유사한 종모양을 이루게 된다. 따라서 n이 증가함에 따라 이항분포의 형태는 좌우대칭의 종모양을 가지게 되며, 근사적으로 정규분포를 따르게 된다. 즉 다음과 같이 정의할 수 있다.

이항분포에서 X를 n회의 시행 중 성공에 대한 확률이라고 할 때, n의 크기가 충분하다면 확률변수 X는 다음의 분포를 따르게 된다.

$$X \sim N(np, np(1-p)) \quad \text{(식 5.29)}$$

이를 **이항분포의 정규근사**(normal approximation of binomial distribution)라고 한다. 이항분포의 정규근사가 가지는 이점은 이항분포의 확률을 계산할 때 손쉽게 구할 수 있다는 점이다.

먼저 동전던지기를 n번 해서 x번의 앞면이 나오는 이항분포를 생각해보자. 동전던지기에서 앞면이 나오는 이론적 확률 p는 0.5이다. 이때 이항분포의 확률함수는 다음과 같다고 하였다.

$$f(x) = P(X=x) = {}_nC_x p^x (1-p)^{n-x},\ x = 0, 1, 2, \cdots, n \quad \text{(식 5.30)}$$

앞면이 나오는 수인 확률함수 X는 0회에서부터 시작해서 최대 n회까지 나올 수 있다. 만약 동전던지기를 100회 시도한다면 0회에서부터 최대 100회까지 나올 수 있다. 0회부터 시작해서 100번까지 나오는 확률을 분포로 만들어보자. 그러면 $n=100$이고 $x=0$ ~100의 값을 갖는다. 이때 확률함수는 다음과 같다.

$$f(x) = P(X=x) = {}_{100}C_x 0.5^x (1-0.5)^{100-x},\ x = 0, 1, 2, \cdots, 100 \quad \text{(식 5.31)}$$

앞에서 배운 R코드를 이용하여 구해보자.

R코드 5.16 | 이항분포의 확률과 누적확률(dbinom(), pbinom())

[입력]
```
> dbinom(50, 100, 0.5)
```

[출력]
```
[1] 0.07958924
```
즉, 성공확률이 0.5인 이항확률함수에서 100회 중 50회가 성공할 확률은 0.07958이다.

[입력]
```
> pbinom(50, 100, 0.5)
```

[출력]
```
[1] 0.5397946
```
성공확률이 0.5인 이항확률함수에서 100회 중 0회에서 50회까지 성공할 누적확률은 0.5397이다.

이와 같은 과정을 101회 반복하여 확률을 그리면 된다. 고단한 작업이다. R언어에 대해 약간의 기술을 발휘해보자. 〈R코드 5.17〉 이항분포의 정규근사는 동전던지기를 100회 하고, 각 성공횟수가 0회에서 100회까지의 확률을 구한 뒤 이 결과를 막대그림으로 그린 것이다.

R코드 5.17 | 이항분포의 정규근사

[입력]
```
> n = 100 #동전던지기 100번을 n으로 정의
> p = 0.5 #앞면이 나올 확률을 p로 정의
> x = 0:n #앞면이 나오는 개수를 0번부터 시작해서 100회까지 정의
> px = choose(n,x)*p^x*(1-p)^(n-x) #이항분포의 확률함수 공식
> barplot(px) #확률함수 막대그림으로 그림
```

[출력]

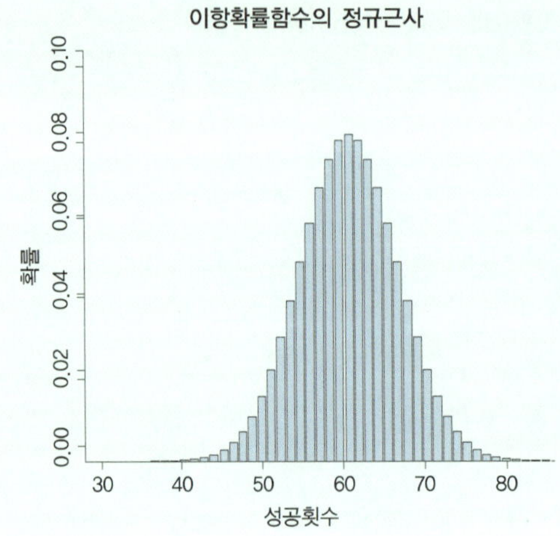

⟨R코드 5.17⟩의 그림을 살펴보면 정규분포와 유사한 형태를 가진다. $n=100$인 경우 충분히 크기 때문에 이항분포는 정규분포와 유사한 형태를 가지는 것이다. 그러나 앞에서 충분히 크다는 크기를 5로 규정한 바 있다.

⟨R코드 5.18⟩은 n이 1, 5, 10, 30일 때를 가정하여 확률함수를 막대그림을 그린 것이다. n이 증가할수록 정규분포에 가까워지는 것을 확인할 수 있다.

R코드 5.18 | 이항확률의 막대그림

[입력]

```
> n = 5 #동전던지기 횟수를 n으로 정의
> p = 0.5 #앞면이 나올 확률을 p로 정의
> x = 0:n #앞면이 나오는 개수를 0회부터 시작해서 5개까지 정의
> px = choose(n,x)*p^x*(1-p)^(n-x) #이항분포의 확률함수 공식
> barplot(px) #확률함수를 막대그림으로 그림
```

[출력]

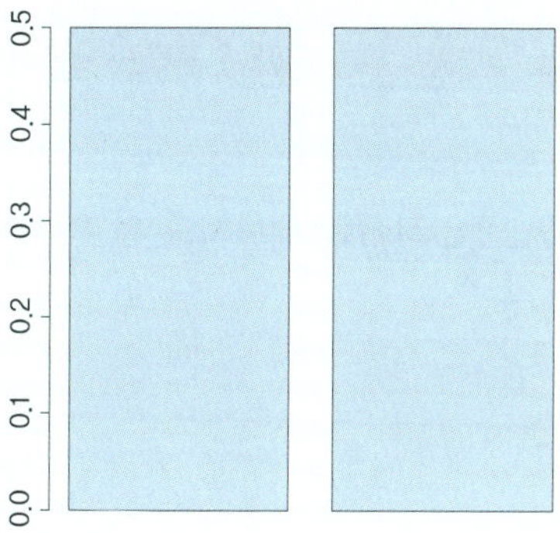

1회 실행

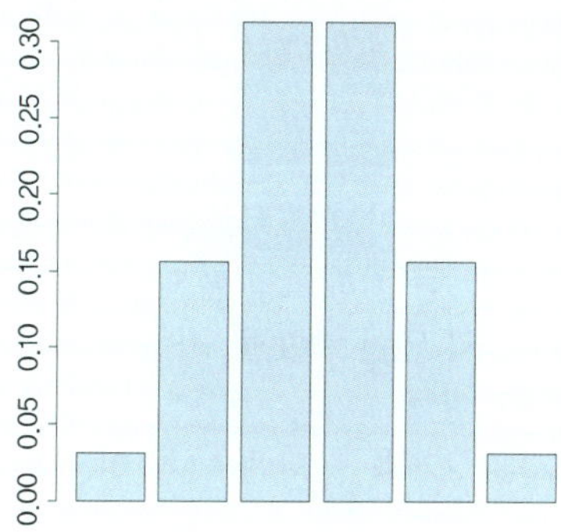

5회 실행

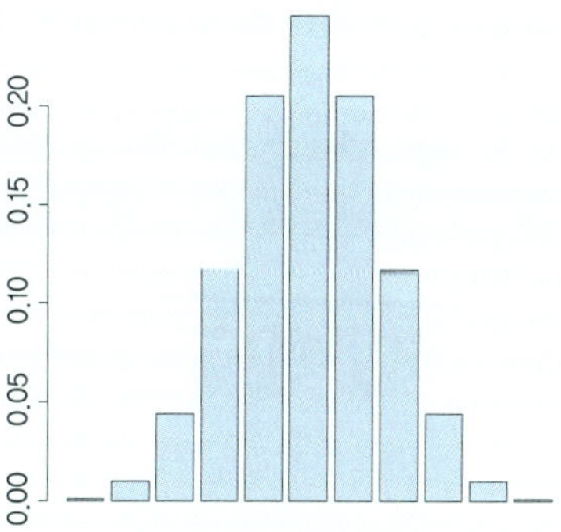

10회 실행

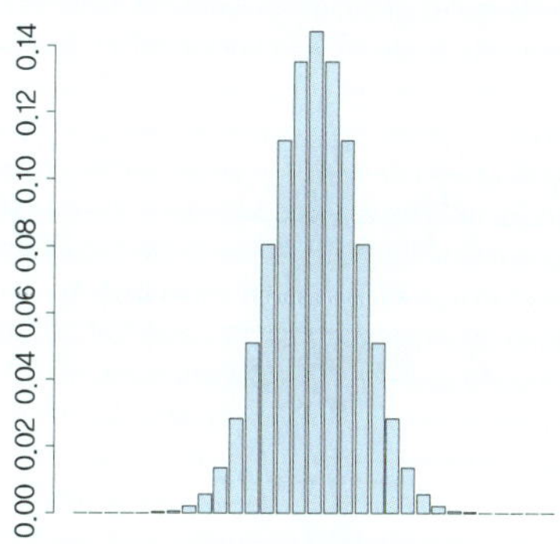

30회 실행

〈R코드 5.18〉의 경우 $n=5$인 경우부터 이항분포가 정규분포와 유사한 형태를 가지는 것을 알 수 있다. 그러나 외형이 비슷하다고 해서 동일한 확률값을 가지는 것은 아니다. 이항분포는 이산확률변수이고, 정규분포는 연속확률분포가 아니던가. 이항분포의 확률분포함수는 삐죽삐죽 각이 져 있고, 정규분포의 확률함수는 매끈한 모양이 아닌가? 당연히 확률값(면적)이 다를 수밖에 없다. 따라서 값의 조정이 필요하다. 이산적 분포를 연속적 분포로 전환하기 위해서 조정과정이 필요하다. 따라서 이를 **연속성 보정계수(continuity correction factor)**라고 한다.

연습문제

01 다음의 예들이 이산형 확률변수인지, 연속형 확률변수인지 설명해보시오.

(1) 한 시간 동안 대학의 홈페이지에 접속할 학생의 수

(2) 한국인의 연간 수돗물 사용량

(3) 환율의 변동

(4) 주사위 2개를 던져 눈의 합이 5가 나오는 수

02 3명의 학생에게 물어서 졸업 후 유학 여부를 물으려고 한다. 이때 이들의 응답을 표본공간으로 만들어보시오.

03 문제 2의 사례를 이용하여 유학을 가려는 사람의 수에 관한 다음의 확률변수와 확률함수에 관한 표를 완성해보시오.

연습표 5.1 확률변수와 확률함수표

$X=x$(확률변수)	$f(x)$(확률함수)

04 세 개의 숫자와 일치하는 복권에 대하여 다음과 같은 당첨금액을 제공하려고 한다. 마감일 이후에 3개의 숫자를 발표한다, 다음의 복권에 대한 기댓값을 구해보시오. 3개의 숫자로 구성된 총복권의 수는 1000개(000~999)이다.

연습표 5.2 복권당첨숫자와 당첨금액

당첨숫자	당첨금액
3개의 숫자가 순서대로 일치	300달러
3개의 숫자가 수의 구성만 일치	50달러
그 외	0달러

05 이산확률변수 X에 대하여 X의 분산을 $V(X)$라고 할 때, $V(aX+b)=a^2V(X)$을 보이시오.

06 동전 5개를 던져서 4개 이상이 앞면이 나올 확률을 구하시오.

07 개발된 신약이 신종바이러스를 치료할 확률은 90%이다. 10명이 현재 치료받고 있는데, 치료가 성공할 기댓값(평균)과 분산을 구하시오.

08 확률변수 X가 $B(6, p)(p \neq 1)$를 따르고, $f(X=1)=6f(X=0)$일 때 $f(X=2)$를 구하시오. (힌트 : $f(X=x)=P(X=x)={}_6C_xp^x(1-p)^{6-x}$를 이용)

09 한 개의 동전을 n회 던질 때 앞면이 나오는 횟수를 확률변수 X라고 할 때, 표준편차가 3일 때 n을 구하시오. (힌트 : 이항분포의 평균과 표준편차를 이용)

10 평균적으로 1시간에 2회 화장실을 가는 사람이 있다. 이 사람이 화장실에 1회 갈 확률을 구하시오. (힌트 : 포아송분포)

11 한국기업의 월평균수입은 2,000,000원, 표준편차는 200,000원인 정규분포를 따른다고 한다. 월수입이 2,000,000 이상, 2,200,000 이하일 확률을 구하라.

12 확률변수 X가 $N(50, 16)$을 따른다고 하자. 확률변수의 값이 44와 55 사이일 확률을 구하라.

13 확률변수 X가 $N(50, 16)$을 따른다고 하자. 확률변수의 값이 55보다 클 확률을 구하라.

14 제니는 SAT시험 언어영역에서 600점을 받았다. 친구 제럴드는 유사한 시험인 ACT 언어영역에서 21점을 받았다. SAT의 평균은 500점이고, 표준편차는 100이다. 반면 ACT는 평균이 18이고, 표준편차가 6이다. 두 사람 중 누가 더 높은 점수를 받았다고 할 수 있는가?[7)]

15 한국대학은 2개의 캠퍼스를 운영하고 있다. 학생들은 두 개의 캠퍼스를 오가는 셔틀버스를 타고 양 캠퍼스의 수업을 수강하고 있다. 버스는 주중 9시에서 오후 3시 사이에 30분 간격으로 운영되며, 학생들이 버스정류장에 임의의 시간에 도착하며, 학생들이 버스를 기다리는 시간은 0분에서 30분 사이에 균등하게 분포되어 있다.

(1) 이 분포의 그래프를 그려보시오.
(2) 이 그래프의 전체 면적을 구해보시오.
(3) 평균대기시간을 구해보시오.
(4) 25분 이상을 기다릴 확률은 얼마인가?

---

7) Moore, David & Notz, William I. 저, 심규박, 조태경, 신미경 역(2009), 논쟁거리로 배우는 통계학, p.266.

부록 통계분석을 위한 R활용 5

1. R확률함수의 문법

R언어에서는 확률분포와 관련된 함수의 앞에 다음과 같은 알파벳이 붙여져 있다. 이를 살펴보자.

- d(density) : 확률밀도함수를 의미한다. dnorm()는 정규분포의 확률밀도함수이다.
- p(probability) : (누적)확률분포함수를 의미한다. 특정의 확률변수값의 범위의 확률을 구해준다. pnorm() 정규분포의 누적확률값을 알려준다.
- q(quantile) : 확률분포의 분위수를 알려준다. qnorm() 정규분포의 분위수를 알려준다.
- r(random number) : 확률분포로 난수를 발생해준다. rnorm() 정규분포로부터 난수를 생성해준다.

이 함수들을 구체적으로 살펴보고 하나씩 실행해보자.

R연습코드 5.1 | 정규확률함수 구조

```
> dnorm(x, mean=, sd=,)
> dnorm(x, mean=100, sd=15) #평균이 100이고, 표준편차가 15인 정규분포에서 확률변수값(x)에 해당하는 정규확률값을 생성
```

R연습코드 5.2 | 정규확률함수

```
> x=rnorm(n=5 ,mean=100, sd=15) #평균이 100이고, 표준편차가 15인 정규분포에서 5개의 임의의 난수를 생성하여 x에 저장. 임의의 난수이므로 매번 다르게 출력
> dx=dnorm(x, mean=100, sd=15) #평균이 100이고, 표준편차가 15인 정규분포에서 생성된 5개의 난수에 해당하는 확률값을 생성하여 dx에 저장. 임의의 난수에 대한 확률값이므로 매번 다르게 출력
> x #x 출력
[1]  88.19371  82.79365  79.07447 108.48924 106.95018
> dx #dx 출력
[1] 0.01951171 0.01377505 0.01005132 0.02266036 0.02388909
```

R연습코드 5.3 | 누적정규확률함수

```
> pnorm(q, mean=, sd=, lower.tail=TRUE) #함수의 기본형
> px=pnorm(100, mean=100, sd=15, lower.tail=TRUE) #평균이 100이고, 표준편차가 15인 정규분포에서 확률변수의 왼쪽 끝에서 평균이 100(lower.tail=TRUE)까지의 누적확률 (P(−∞<X<100))을 구함. 만약 lower.tail=FALSE이면 P(X>100)의 값을 생성, 즉 1−P(−∞<X<100)임. 계산한 값을 px에 저장
>px
[1] 0.5
```

R연습코드 5.4 | 정규확률함수의 사분위 확률

```
> qnorm(p, mean=, sd=,) #함수의 기본형
> qx=qnorm(0.5, mean=100, sd=15,lower.tail=TRUE) #평균이 100이고, 표준편차가 15인 정규분포에서 누적확률 0.5분위(50%)에 해당하는 확률변수의 값 생성
> qx #qx 출력
[1] 100
```

R연습코드 5.5 | 정규확률함수의 난수생성

```
> rnorm(n, mean=, sd=,) #함수의 기본형
> x=rnorm(n=5, mean=100, sd=15) #평균이 100이고, 표준편차가 15인 정규분포에서 5개의 난수를 생성하여 x에 저장
> x  #x출력
[1] 88.19371  82.79365  79.07447 108.48924 106.95018
```

이 장에서 배운 확률함수는 이항확률함수, 포아송확률함수, 정규확률함수, 균일확률함수이다. 이 4개의 확률함수에 대한 R함수는 다음과 같다. 이 장에서는 정규분포에 대해서만 다루었으나, 향후 천천히 다루기로 한다.

연습표 5.3 | R의 확률함수

구분	확률함수	누적분포	분위수함수	확률난수
이항확률함수	dbinom()	pbinom()	qbinom()	rbinom()
포아송확률함수	dpois()	ppois()	qpois()	rpois()
정규확률함수	dnorm()	pnorm()	qnorm()	rnorm()
균일확률함수	dunif()	punif()	qunif()	runif()

2. 확률함수의 그래프 그리기

4장에서 그래프를 그리는 함수로서 plot()를 사용한 바 있다. 이번에는 간단하게 plot()를 이용하여 확률함수의 그래프를 그리는 방법에 대하여 살펴보자. 특히 확률함수의 그래프는 확률변수와 그에 대응하는 확률값으로 이루어져 있다. 따라서 확률변수의 값을 가로축으로, 확률값을 세로축으로 하는 2차원의 그래프를 간단하게 plot() 함수를 이용하여 그릴 수 있다.

R연습코드 5.6 | 정규확률함수의 그래프 그리기

[입력]

```
> x=rnorm(10000, 100, 15) #평균이 100, 표준편차가 15인 정규분포에서 10,000개의 확률변수값을 무작위로 추출하여 x에 할당저장
> x=sort(x) #무작위로 추출된 10,000개의 확률변수값을 오름차순으로 정렬하여 다시 x에 할당저장
> d=dnorm(x, 100, 15) #무작위로 추출된 10,000개의 확률변수값을 이용하여 평균이 100이고 표준편차가 15인 정규분포확률을 생성
> npx=plot(x,d, type="l", main=" 평균이 100이고 표준편차가 15인 정규분포", xlab="확률변수", ylab="확률") #무작위로 생성된 10,000개의 확률변수를 이용하여 평균이 100이고 표준편차가 15인 정규확률분포 그래프를 생성
> npx #그래프를 출력
```

[출력]

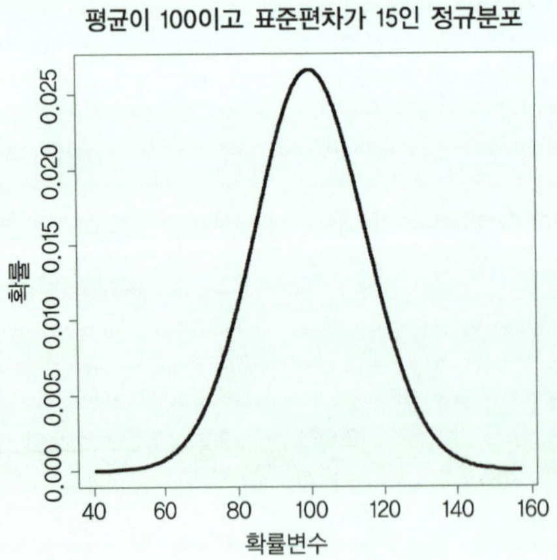

plot() 함수에 관한 내용은 4장을 참고하기 바란다.

3. 확률함수 겹쳐서 그리기

하나의 그림에 여러 개의 그래프를 동시에 출력할 수 있다. 이때에는 함수 par()를 이용한다. par() 함수는 그래프를 출력할 때 사용하는 함수이다. 그래프 출력의 파라미터(parameter)인 것이다. 따라서 그래프를 출력하고 나서 par(new=T)라고 인수를 지정해주면 다음에 오는 그래프를 이미 그렸던 그래프에 동시에 출력해준다.

아래의 코드는 본문에서 사용하였던 이항분포에서 관찰대상 사건의 확률(예를 들면 성공사건)의 확률이 변화할 때(p=0.1~0.5) 동일한 시행횟수에 대한 그래프가 어떻게 변화하는지를 관찰하기 위하여 5개의 그래프를 겹쳐서 그린 것이다.

R연습코드 5.7 | 사건발생확률이 0.1~0.5인 5개의 이항확률분포 그래프 겹쳐 그리기

[입력]

```
> n=10
> p=0.1 #성공의 이항확률이 0.1
> x=0:n
> px=dbinom(x,n,p)
> plot(x, px, type="l", xlab="성공횟수", ylab="확률", main="10번 시행해서 성
  공이 0~10인 확률")
par(new=T)

> n=10
> p=0.2 #성공의 이항확률이 0.2
> x=0:n
> px=dbinom(x,n,p)
> plot(x, px, type="l", col="blue", xlab="성공횟수", ylab="확률", main="10
  번 시행해서 성공이 0~10인 확률")
> par(new=T)

> n=10
> p=0.3 #성공의 이항확률이 0.3
> x=0:n
> px=dbinom(x,n,p)
> plot(x, px, type="l", col="red" ,xlab="성공횟수", ylab="확률", main="10번
  시행해서 성공이 0~10인 확률")
> par(new=T)
```

```
> n=10
> p=0.4 #성공의 이항확률이 0.4
> x=0:n
> px=dbinom(x,n,p)
> plot(x, px, type="l", col="green", xlab="성공횟수", ylab="확률", main="10
  번 시행해서 성공이 0~10인 확률")
> par(new=T)

> n=10
> p=0.5 #성공의 이항확률이 0.5
> x=0:n
> px=dbinom(x,n,p)
> plot(x, px, type="l", col="yellow", xlab="성공횟수", ylab="확률", main="10
  번 시행해서 성공이 0~10인 확률")
> par(new=T)
```

[출력]

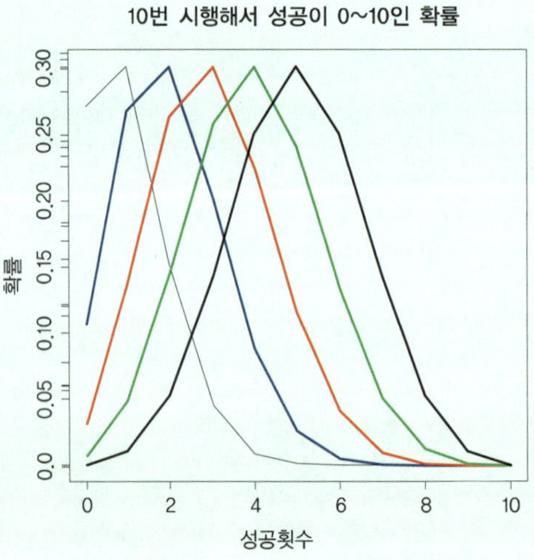

범례 : 검정(왼쪽) B(x, 10, 0.1), 파란색 B(x, 10, 0.2), 빨간색, B(x, 10, 0.3), 녹색 B(x, 10, 0.4), 검정(오른쪽) B(x, 10, 0.5)

CHAPTER 06

표본분포와 중심극한정리

CHAPTER 06

표본분포와 중심극한정리

6장에서 학습해야 할 내용

1. 모집단이란 무엇이고, 표본이란 무엇인가?
2. 모수와 통계량은 무엇인가? 서로 어떤 관계를 가지고 있는가?
3. 표본분포란 무엇인가? 예를 들면 어떤 것들이 있는가?
4. 추정량과 추정치는 무엇이며, 서로 어떻게 다른가? 그리고 통계량과 추정량은 어떻게 다른가
5. 표본평균의 분포와 중식극한정리란 무엇이며, 어떤 관련이 있는가?
6. 세 가지 표본추출방법은 서로 어떤 점에서 차이가 있는가?
7. R코드를 이용하여 단순무작위추출과 층화추출을 어떻게 작성하여 실행할 수 있는가? 그리고 그 결과는 어떻게 해석해야 하는가?

6.1 모집단과 표본

대통령선거 여론조사를 생각해보자. 선거를 치를 때마다 조사기관에서는 대통령 후보들의 지지율을 발표한다. 지지율은 같은 시간에 조사된 것이라고 하더라도 조사기관마다 약간의 차이가 있기도 하고, 결과에서 순위가 바뀌기도 한다. 대통령선거 여론조사뿐인가? 국회의원선거의 여론조사도 마찬가지이다.

기업의 공장에서 생산되는 제품을 생각해보자. 기업은 생산되는 제품에 대한 품질검사를 시행한다. 생산되는 모든 제품의 품질을 검사하면 좋겠지만 파괴검사[1)]의 경우 품질을 판단하기 위해서 모든 제품을 검사할 수는 없다. 왜냐하면, 검사를 위해 모든 제품을 모두

1) 기업은 제품을 만들고 난 후 그 제품의 결함 유무 등을 판단하기 위해 품질검사를 하게 된다. 보통 검사방법은 크게 파괴검사와 비파괴검사로 나누어지는데, 파괴검사(destructive testing)는 재료를 파괴하여 상태를 파악하는 방법이며, 비파괴검사(nondestructive testing)는 파괴하지 않고 상태를 파악하는 방법이다.

파괴해야 하는 모순이 있기 때문이다.

선거 여론조사가 되었든, 기업의 품질검사가 되었든, 모든 대상으로부터 데이터를 얻어내는 것은 시간과 비용의 면에서 현실적으로 불가능하다. 따라서 일부의 대상만을 선택하여 데이터를 얻고, 그 데이터를 이용하여 전체 대상에 대한 정보를 추측한다.

이때 전체 관측값으로부터 얻어진 일부의 데이터를 흔히 **표본(sample)**이라고 한다. 또한 관심의 대상이 되는 모든 개체들의 관측값 또는 측정값의 집합을 **모집단(population)**이라고 한다.[2)]

정의 6.1 ● 모집단과 표본

- 모집단(population) : 관심의 대상이 되는 모든 개체들의 관측값 또는 측정값의 집합
- 표본(sample) : 전체 관측값 대상으로부터 얻어진 일부

모집단에 대한 정의에서 생각해야 할 것은 '**개체들의 관측값**'이다. 선거에 관한 여론조사라면 모집단이란 유권자 전체가 아니라 '유권자들이 지지하는 대통령후보'가 관측값이 되는 것이며, 이것이 연구자가 관심이 있는 데이터의 전체 집합이다. 그리고 표본이란 모집단의 일부이다.

여러 이유에서 우리는 전체 관측값이 아닌 일부의 데이터, 즉 표본을 통해 전체 관측값에 대하여 연구하려고 한다. 따라서 표본을 이해하는 것은 매우 중요하다. 모집단에 대한 정보가 얻어진다면, 추론의 과정이 없이 그 자체만으로도 의사결정에 활용할 수 있지만, 현실적으로 모집단에 관한 데이터를 얻는 것은 불가능하다. 따라서 이 장에서 다루어야 할 주제는 모집단의 일부인 표본에 관한 것이다.

표본은 모집단에서 추출되는 것이며, 추출될 때마다 표본은 달라질 가능성이 있으며(그래서 확률표본이라고 부른다), 따라서 표본이 선정될 때마다 표본에서 얻어진 정보들(평균이나 분산)도 달라진다. 간단하게 모집단의 크기가 10이고 표본의 크기가 2인 경우를 생각해보자. 모집단에서 표본을 추출할 때 선택되는 표본에 따라 표본에 관한 정보들, 예를 들어 평균값은 달라진다. 크기 10인 모집단에서 크기 2인 표본을 추출하는 가짓수는

2) 허문열 · 송문섭(2011), 수리통계학, 박영사, p.87.

$_{10}C_2$이므로 총 45개이며, 45개의 표본에 관한 정보(특성값, 예를 들어 평균이나 분산)가 나올 수 있다. 만약 표본의 평균을 구한다고 가정해보면, 모두 45개의 표본평균이 계산될 수 있는 것이다. 따라서 이 장의 관심은 표본에서 얻어진 값(정보)들의 분포에 있다. 이를 **표본분포**(sampling distribution)라고 부른다. 정확히는 표본특성값들의 분포, 통계량(모수를 추정하기 위하여 얻어진 표본의 특성치)의 분포라고 해야 할 것이다. 이 표본분포는 무엇이고, 어떤 특징을 가지는가?

6.2 표본분포

우리가 실제로 알고자 하는 것은 관찰하고자 하는 대상 전체, 즉 모집단에 대한 정보이다. 매체를 통해 발표되는 조사데이터들을 보자. 매주 또는 매월을 주기로 대통령후보자들에 대한 지지도를 보면, 대략 1,000명 내외의 표본크기로 정보를 얻어내고 이 정보를 바탕으로 4,000만이 넘는(2016년 총선 당시 유권자의 수는 약 4천200만 정도였음) 유권자 전체에 대한 정보를 추측한다. 만약 정확한 정보가 필요하다면 조사의 대상이 되는 유권자들의 전체를 대상으로 정보를 얻으면 될 것이다. 그러나 유권자 전체를 조사하는 것은 시간과 비용 측면에서 쉬운 일이 아니다. 더구나 매주, 매월 주기적으로 발표되는 조사정보를 정확도를 높인다는 이유로 조사대상 전체를 조사하는 것은 현실적으로 불가능하다. 따라서 유권자들의 일부를 조사하여 유권자 전체의 정보를 추정하려고 한다.

이와 관련하여 몇 가지 상식적인 생각을 할 수 있다. 첫째는 정보를 얻어내고자 하는 조사대상을 늘려나가면 오차는 줄어들 수 있다. 차후에 표본오차에 대한 설명을 하겠지만 (가) 조사대상의 증가(=표본의 크기를 늘리는 것)는 오차를 줄이는 좋은 방법이다. (나) 둘째는 표본의 크기가 작더라도 표본을 정하는(선택하는) 방법을 정교하게 함으로써(=대표성을 높임으로써) 오차를 줄일 수 있다. 두 가지 방법 모두 시간과 비용이 추가되는 것이기는 하지만 두 번째 방법이 시간과 비용을 줄이는 데 효과적이기는 하다. 우리는 이 장에서 연구대상 전체와 그를 대표하는 일부분인 표본에 대하여 설명하고자 한다.

간단하게 유권자들에 대한 관측값 전체, 즉 연구의 대상이 되는 전체를 **모집단**(population)

이라고 하고, 조사의 대상이 되는 전체 유권자들 관측값 중 일부의 관측값을 **표본(sample)**이라고 한다. 그리고 모집단에서 얻고자 하는 정보를 **모수(parameter)**라고 하고, 모수를 추정하기 위하여 모집단의 일부인 표본에서 얻어진(관찰된) 정보를 **통계량(statistics)**이라고 한다. 통계량을 통해 모수를 추측하고자 하는 것이다.

정의 6.2 ● 모수와 통계량

- 모수(parameter) : 모집단에서 얻고자 하는 정보, 모집단에 관한 정보, 예를 들어 모평균, 모분산 등이 있다.
- 통계량(statistics) : 모집단의 일부인 표본에서 얻어진(관찰된) 정보, 모수추정을 위한 함수, 예를 들어 표본평균, 표본분산 등이 있다.

표본에서 얻어진 정보인 통계량은 모수와 일치하지 않으며, 그 값은 관찰되는 표본에 따라 달라질 수 있다. 통계량은 관찰되는 표본에 따라서 그 값이 변한다는 사실에 주목할 필요가 있으며, 따라서 통계량은 확률변수가 되며, 그에 따른 확률분포를 가지게 된다. 이를 **표본분포(sampling distribution)**라고 부른다.

정의 6.3 ● 표본분포

- 표본분포(sampling distribution) : 확률변수인 통계량이 가지는 분포, 예를 들어 표본평균의 분포

크기가 n인 표본을 생각해보자. 모집단으로부터 크기가 n인 표본을 추출한다고 할 때, n개의 표본을 각각 X_1, X_2, $\cdots$, X_n이라고 하자. 각각의 표본은 모집단으로부터 독립적으로 추출되었으며, 모집단과 동일한 분포를 갖는다. 표본 X_1, 또는 X_2는 모집단 중의 하나인 임의의 값을 가지게 되고, 그 임의의 값과 그에 대응하는 확률값은 모집단과 동일한 분포를 가질 수 있다. 따라서 표본 X_1, 또는 X_2를 확률표본(random sample)이라고 부른다. 따라서 크기 n으로 구성된 표본은 각 표본들이 어떤 값을 가지는가에 따라 표본에 관한 정보인 통계량도 변화하게 된다.

6.3 추정량과 추정치

모집단의 특성을 결정해주는 특성치를 **모수(parameter)**라고 하였다. 모평균, 모분산, 모표준편차, 모비율 등은 모두 모수들이다. 이러한 모수에 관한 정보를 얻기 위하여 모집단에서 표본을 추출하고, 이 표본에서 얻어진 데이터를 이용하여 모수를 추정하게 된다.

예를 들어 모평균을 추정하기 위하여 표본평균을 이용하게 되는데. 모집단으로부터 크기 n인 표본 X_1, X_2, $\cdots$, X_n을 추출했다고 하자. 이때 표본평균은 다음과 같이 계산된다.

$$\overline{X} = \frac{1}{n}\sum_{i=1}^{n} X_i \qquad \text{(식 6.1)}$$

모평균은 μ로 표현하는데, μ를 추정하기 위하여 표본평균 $\overline{X}$를 구하는 것이다. (식 6.1)을 자세히 살펴보면 표본평균 $\overline{X}$는 확률변수 X_i에 의하여 달라진다. 이렇게 모수에 관한 정보를 얻기 위해 사용하는 **표본에 관한 함수**를 **통계량(statistics)**이라고 부르며, 특히 **특정의 모수에 대한 통계량**을 **추정량(estimator)**이라고 한다. 특정의 모수란 평균이나 분산, 비율 같은 것을 의미하는데, 이 중에서 표본평균을 부를 때 **표본평균 $\overline{X}$를 모평균 μ에 대한 추정량**이라고 부른다.

통계량(statistics)이란 **모수 추정을 위한 함수**이지만, 그 중에서도 특히 특정의 모수(μ)에 대해서 말할 때 특정 모수에 대한 **추정량($\overline{X}$)**이라고 부른다, 따라서 통계량도 함수이고, 추정량도 함수이다.

(식 6.1)은 통계량이자 모수 μ를 추정하기 위한 추정량이다. 추정량에 의하여 계산되어진 구체적인 값을 **추정치(estimate)**라고 한다.

정의 6.4 ● 추정량과 추정치

- 추정량(estimator) : 특정의 모수에 대한 통계량
- 추정치(estimate) : 추정량에 의하여 계산되어진 구체적인 값

(식 6.1)은 함수(쉽게 말하면 값을 구하기 위한 공식, 아직 구체적인 값들이 제시되지 않았다)이다. 여기에 확률표본의 값이 정해지면(x_1, x_2, ⋯, x_n), $\overline{X}$도 정해지게 되는데 이를 추정치라고 한다.

6.4 표본평균의 분포와 중심극한정리

앞서 통계량의 의미를 설명한 바 있다. 이 통계량은 확률변수(X_i)[3]의 함수이며, 그에 따른 분포를 가진다고 하였다. 통계량 중의 하나인 표본평균은 모평균을 추정하기 위한 추정량이라고 하였다. 이 추정량의 (식 6.1)을 다시 살펴보자.

$$\overline{X} = \frac{1}{n}\sum_{i=1}^{n} X_i \qquad \text{(식 6.1)}$$

표본평균은 확률변수 X_i에 따라 값이 달라진다. X_i가 정해지면 $\overline{X}$도 정해진다. $\overline{X}$는 X_i에 의하여 결정된다. X_i가 확률변수이고 분포를 가진다면 $\overline{X}$도 분포를 가진다. 이때 함수로 되어 있는 표본평균 $\overline{X}$의 분포를 **표본평균의 분포**(sampling distrobution of sample mean)라고 한다.

정의 6.5 ● 표본평균의 분포

- 표본평균의 분포(sampling distribution of sample mean) : 확률변수 X_i에 의하여 정의된 표본평균 $\overline{X}$의 분포

이제 모집단으로부터 크기 n인 표본 X_1, X_2, ⋯, X_n을 추출했다고 하자. 그리고 **모집단의 평균과 분산**을 각각 μ, σ^2라고 하자. 그리고 얻어진 n개 표본의 평균을 $\overline{X}$라고 하자.

이때 표본평균 $\overline{X}$는 표본 X_1, X_2, ⋯, X_n이 어떤 값을 갖는가에 따라 달라진다고 하였

3) 이 책에서는 편의상 경우에 따라 확률변수를 X 또는 X_i로 표현하였다.

다. 그리고 그 값은 확률을 가지고 변화한다. 따라서 표본평균 $\overline{X}$도 확률변수이며, 확률에 따른 기댓값과 분산, 표준편차를 가진다. 따라서 확률변수인 표본평균 $\overline{X}$의 기댓값과 분산, 표준편차는 다음과 같이 정의된다.

정리 6.1 ● 표본평균의 기댓값과 분산

크기가 n인 확률표본이 있고, 이 확률표본들이 다음과 같은 특징이 있다고 하자.

$E(X_i)=\mu,\ V(X_i)=\sigma^2,\ i=1,2,3,\cdots,n$이며, $\overline{X}=\frac{1}{n}\sum_{i=1}^{n}X_i$

이때 표본평균 $\overline{X}$의 기댓값과 분산은 다음과 같다.

$$E(\overline{X})=E\left(\frac{1}{n}\sum_{i=1}^{n}X_i\right)=\frac{1}{n}E\left(\sum_{i=1}^{n}X_i\right)=\frac{1}{n}(\mu+,\cdots,\mu)=\mu$$

$$V(\overline{X})=\frac{1}{n^2}(\sigma^2+,\cdots,\sigma^2)=\frac{1}{n^2}(n\sigma^2)=\frac{\sigma^2}{n}$$

관심을 가지고 보아야 할 것은 표본평균의 기댓값(평균)은 모평균과 같다는 점이며, 표본평균의 분산은 모분산에 비례하고(모분산이 커지면 커지고), 표본의 크기에 반비례한다(표본의 크기가 커지면 작아진다). 따라서 확률표본 X_i가 평균이 μ이고 분산이 σ^2인 정규분포를 따를 때($X_i \sim N(\mu,\sigma^2)$) 확률표본의 평균($\overline{X}$)은 평균이 μ이고 분산이 $\frac{\sigma^2}{n}$인 정규분포를 따른다($\overline{X} \sim N\left(\mu,\frac{\sigma^2}{n}\right)$).

이와 관련된 재미있는 정리가 바로 중심극한정리이다. 즉, 모집단의 확률분포가 정규분포가 아닌 경우에는 표본평균($\overline{X}$)의 분포는 모집단의 확률분포에 따라 달라지지만, 표본의 크기 n이 충분히 큰 경우에는 모집단의 분포와 무관하게 근사적으로 정규분포를 따르게 되며, 이를 **중심극한정리(central limitation theorem, CLT)**라고 한다.

정의 6.6 ● 중심극한정리

- 중심극한정리(central limitation theorem, CLT) : 표본평균($\overline{X}$)의 분포는 표본의 크기 n이 충분히 큰 경우에 모집단의 분포와 무관하게 근사적으로 정규분포를 따르게 되는 성질

예제 6.1 ● 표본평균의 분포

문| 한국기업에는 총 10명의 직원이 근무하고 있으며, 10명 전체직원은 각각 다음과 같은 연봉 수준을 받고 있다.
직원의 연봉수준=(45, 50, 50, 55, 55, 60, 60, 65, 70, 90) (단위 : 백만원)

이 데이터를 근거로 하여 다음에 답해보자.

(1) 모평균을 구해보자.
풀이 직원의 총수가 10명이므로 모집단의 크기는 10이다.

$$\mu = \frac{1}{N}\sum_{i=1}^{N} X_i = (45+50+50+55+55+60+60+65+70+90)/10 = 60$$

(2) 표본의 크기가 2인 표본평균의 분포를 구해보자.
풀이 크기 10인 모집단에서 크기 2인 표본을 추출하는 총 가짓수는 ${}_{10}C_2$이므로 총 45개가 나오며, 45개의 표본에 관한 값(표본평균)이 나올 수 있다.
크기가 2인 표본은 모두 45개가 되고, 모든 표본공간은 다음과 같다.
(45,50) (45,50) (45,55) (45,55) (45,60) (45,60) (45,65) (45,70) (45,90)
(50,50) (50,55) (50,55) (50,60) (50,60) (50,65) (50,70) (50,90)
(50,55) (50,55) (50,60) (50,60) (50,65) (50,70) (50,90)
(55,55) (55,60) (55,60) (55,65) (55,70) (55,90)
(55,60) (55,60) (55,65) (55,70) (55,90)
(60,60) (60,65) (60,70) (60,90)
(60,65) (60,70) (60,90)
(65,70) (65,90)
(70,90)

45개의 각 표본의 평균은 다음과 같다.
47.5, 47.5, 50, 50, 52.5, 52.5, 55, 57.5, 67.5,
50, 52.5, 52.5, 55, 55, 57.5, 60, 70,
52.5, 52.5, 55, 55, 57.5, 60, 70,
55, 57.5, 57.5, 60, 62.5, 72.5,
57.5, 57.5, 60, 62.5, 72.5,
60, 62.5, 65, 75,
62.5, 65, 75,
67.5, 77.5,
80

각 표본평균들의 빈도는 다음과 같다.

47.5	50	52.5	55	57.5	60	62.5
2	3	6	6	7	5	4
65	67.5	70	72.5	75	77.5	77.5
2	2	2	2	2	1	1

이 표본공간의 평균들의 막대그래프를 그리면 다음과 같아진다. 물론 연속형 데이터이므로 히스토그램을 그릴 수도 있다.

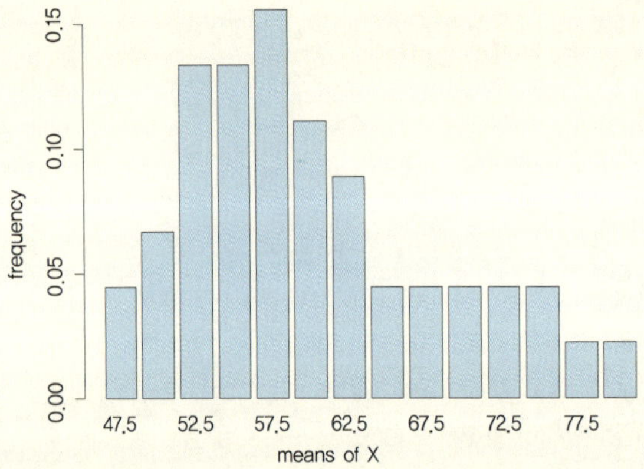

(3) 표본평균의 기댓값은 얼마인가?

풀이| 전체 표본평균의 개수는 45개이고, 각 평균값을 모두 더하여 45로 나누면 된다. 값을 구하면 60이다. 이 값은 결국 모집단의 평균과 같아진다.

즉, $E(\overline{X})=\mu$이 된다.

R코드 6.1 | 데이터에서 크기 2인 표본추출하기(조합)

[입력]

```
> salary=c(45, 50, 50, 55, 55, 60, 60, 65, 70, 90) #연봉데이터
> com2=combn(salary,2) #연봉데이터에서 2개씩 선택하여 데이터로 생성한 뒤 com2에
  저장
> print(com2) #데이터의 출력
```

[출력]

```
     [,1] [,2] [,3] [,4] [,5] [,6] [,7] [,8] [,9] [,10] [,11] [,12] [,13]
[1,]   45   45   45   45   45   45   45   45   45    50    50    50    50
[2,]   50   50   55   55   60   60   65   70   90    50    55    55    60
     [,14] [,15] [,16] [,17] [,18] [,19] [,20] [,21] [,22] [,23] [,24] [,25]
[1,]    50    50    50    50    50    50    50    50    50    50    50    55
[2,]    60    65    70    90    55    55    60    60    65    70    90    55
     [,26] [,27] [,28] [,29] [,30] [,31] [,32] [,33] [,34] [,35] [,36] [,37]
[1,]    55    55    55    55    55    55    55    55    55    55    60    60
[2,]    60    60    65    70    90    60    60    65    70    90    60    65
     [,38] [,39] [,40] [,41] [,42] [,43] [,44] [,45]
[1,]    60    60    60    60    60    65    65    70
[2,]    70    90    65    70    90    70    90    90
```

[설명] 출력데이터를 열기준으로 읽어보자. 첫 번째 추출된 표본은 (45,50), 두 번째 추출된 표본은 (45,50), 세 번째는 (45,55)이다.

R코드 6.2 | 표본의 크기 2로 추출된 데이터의 평균을 구한 뒤 막대그림 그리기

[입력]

```
> salary=c(45, 50, 50, 55, 55, 60, 60, 65, 70, 90) #연봉데이터
> com2=combn(salary,2) #연봉데이터에서 2개씩 선택하여 데이터로 생성한 뒤 com2에 저장
> com2t=t(com2) #데이터의 전치
> z=rowMeans(com2t) #전치된 데이터의 행평균을 구하여 변수 z에 저장
> barplot(table(z), xlab="연봉평균", ylab="도수", main="막대그림") #도수에 관한 막대그림
```

[출력]

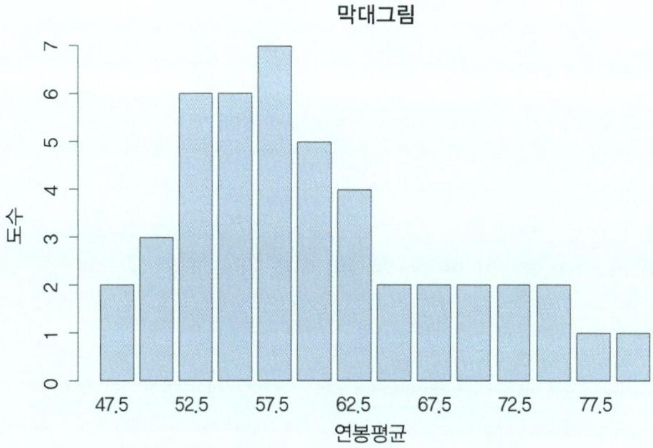

R코드 6.3 | 표본평균의 기댓값 구하기

[입력]

```
> salary=c(45, 50, 50, 55, 55, 60, 60, 65, 70, 90) #연봉데이터
> com2=combn(salary,2) #연봉데이터에서 2개씩 선택하여 데이터로 생성한 뒤 com2에 저장
> com2t=t(com2) #데이터의 전치
> z=rowMeans(com2t) #전치된 데이터의 행평균을 구하여 변수 z에 저장
> meanofz = mean(z) #z의 평균
> print(meanofz)
```

[출력]

```
[1] 60
```

R코드 6.4 | 중심극한정리

문| R코드를 활용하여 1에서 50까지의 데이터(1~50)를 이용하여 표본의 크기를 늘려감에 따라 분포의 모양이 정규분포에 가까워짐을 그림으로 보여라.

풀이|

[입력]

■ 표본의 크기가 2일 때

```
> data50=c(1:50) #데이터
> com2=combn(data50,2) #데이터에서 2개씩 선택하여 데이터로 생성한 뒤 com2에 저장
> com2t=t(com2) #데이터의 전치
> z2=rowMeans(com2t) #전치된 데이터의 행평균을 구하여 변수 z에 저장
> meanofz2=mean(z2) #기댓값을 계산하여 저장
> print(meanofz2) #기댓값출력
> barplot(table(z2), xlab="평균2", ylab="도수", main="막대그림") #도수에 관한
  막대그림
```

■ 표본의 크기가 3일 때

```
> com3=combn(data50,3) #데이터에서 3개씩 선택하여 데이터로 생성한 뒤 com3에 저장
> com3t=t(com3)
> z3=rowMeans(com3t)
> meanofz3=mean(z3)
> print(meanofz3)
> barplot(table(z3), xlab="평균3", ylab="도수", main="막대그림") #도수에 관한
  막대그림
```

■ **표본의 크기가 5일 때**

```
> com5=combn(data50,5) #데이터에서 5개씩 선택하여 데이터로 생성한 뒤 com5에 저장
> com5t=t(com5)
> z5=rowMeans(com5t)
> meanofz5=mean(z5)
> print(meanofz5)
> barplot(table(z5), xlab="평균5", ylab="도수", main="막대그림") #도수에 관한
  막대그림
```

풀이 표본의 개수를 증가시킴에 따라 분포의 모양이 정규분포에 근접해간다.

[출력]

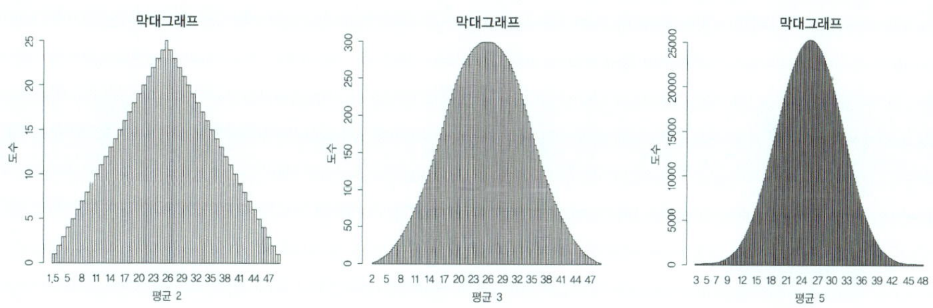

$n=2$ $E(\overline{X})=\mu=25.5$

$n=3$ $E(\overline{X})=\mu=25.5$

$n=5$ $E(\overline{X})=\mu=25.5$

6.5 표본추출방법

모집단 전체의 데이터를 분석하는 것은 시간과 비용면에서 한계가 있다고 하였다. 따라서 모집단의 일부인 표본을 통해서 모집단에 대한 정보를 추정하고 그에 따라 의사결정에 활용한다. 표본을 추출할 때 모집단과 가장 유사한 특성을 가지도록 표본을 추출하는 것은 모집단에 대한 표본의 대표성을 높이는 것이다. 다음과 같이 모집단에 대한 표본의 대표성을 높일 수 있는 많은 표본추출방법이 개발되어 있다.

통계를 위한 창 6.1 | 대표성의 문제

1. 선거 때마다 당선자를 예측하는 조사는 그 예측이 빗나가는 경우가 많다. 왜 그럴까? 가끔 '샤이보수', '샤이진보'라는 보도상의 용어를 듣기도 하는데, 무작위로 추출된 표본 가운데에서 이들이 응답하지 않는 경우도 존재한다. 이들은 자신의 의견을 드러내는 것을 부담스럽게 생각한다는 것인데, 이들의 응답거부는 이들과는 다른 의견을 가진 응답자들의 응답을 과대계상하게 할 가능성이 높다.
2. 전화조사에서 응답할 수 있는 사람들은 누구일까? 질문을 하는 시점에 여유시간이 있어야 한다. 바쁜 직장인들이 짧은 전화조사에 응답할 여유가 있을까? 자신이 시간을 통제할 수 있는 직업군은 여론조사에 응답할 가능성이 그렇지 않은 직업군에 비하여 높을 것이다. 이렇게 얻어진 조사 결과는 대표성이 있을까?
3. 미국 Louisiana주의 Rapides Parish에서 앰블런스 독점에 대하여 시민들의 의견을 묻기 위하여 1999년 지역의 신문 Town Talk이 전화조사를 하였다. 찬성할 때에는 ###번호로, 반대할 때는 %%%번호로 전화를 하게 하였다. 3763회의 전화가 있었다. 이 조사의 응답에는 대표성이 있을까?

출처 : Moore, David & Notz, William I. 저, 심규박 · 조태경 · 신미경 역(2009), **논쟁거리로 배우는 통계학**, p.19.

(1) 단순무작위추출법

단순무작위추출법(simple random sampling)은 모집단을 구성하고 있는 구성원들(데이터)이 동일한 확률을 가지도록 표본을 추출하는 방법이다. 직원을 대표하는 대표자를 10명 선발한다고 하자. 전체 직원수는 100명이다. 단순무작위추출법에 의하면 각 직원들이 대표자로 선발될 확률은 $\frac{10}{100} = \frac{1}{10} = 0.1$이다.

실제로 단순무작위법에 의하여 표본을 추출하려고 할 때 손쉽게 이용할 수 있는 방법이 난수표를 활용하는 것이다. 총 직원수가 100명이므로 전체 직원에게 1에서 100까지의 번호를 임의로 부여한다. 난수표를 세 자리씩 끊어서 읽어들이고, 세 자릿수에서 100단위를 빼서 읽는다. 첫 번째 선택된 737의 경우 737에서 700을 빼면 37이 되므로 37번이 부여된 직원이 표본으로 선정되는 것이다. 이러한 방법으로 10명을 표본으로 선정하면 (37, 29, 88, 36, 16, 58, 97, 81, 63, 50)의 번호에 해당하는 직원이 표본으로 선정되는 것이다.

그림 6.1 | 난수표의 활용

```
73735 45963   78134 63873
02965 58303   90708 20025
98859 23851   27965 62394
33666 62570   64775 78428
81666 26440   20422 05720

15838 47174   76866 14330
89793 34378   08730 56522
78155 22466   81978 57323
16381 66207   11698 99314
75002 80827   53867 37797

99982 27601   62686 44711
84543 87442   50033 14021
77757 54043   46176 42391
80871 32792   87989 72248
30500 28220   12444 71840
```

간단하게 R함수를 이용할 수도 있다. 먼저 1에서 100번에 해당하는 수를 발생시키고 그 가운데에서 임의로 10개를 추출하게 하는 함수를 사용할 수 있다.

R코드 6.5 | 단순무작위추출 : 함수 sample()

[입력]

```
> sampling = c(1:100) #먼저 1에서 100까지의 수를 발생시켜 sampling에 저장
> print(sampling) #데이터벡터 sampling의 생성된 수를 출력
> sample(x=sampling, size=10) #벡터데이터 sampling에서 10개의 표본을 무작위로 추출
```

[출력]

```
> print(sampling)
  [1]   1   2   3   4   5   6   7   8   9  10  11  12  13  14  15  16  17  18
 [19]  19  20  21  22  23  24  25  26  27  28  29  30  31  32  33  34  35  36
 [37]  37  38  39  40  41  42  43  44  45  46  47  48  49  50  51  52  53  54
 [55]  55  56  57  58  59  60  61  62  63  64  65  66  67  68  69  70  71  72
 [73]  73  74  75  76  77  78  79  80  81  82  83  84  85  86  87  88  89  90
 [91]  91  92  93  94  95  96  97  98  99 100

> sample(x=sampling,size=10)
 [1]  9 40 68 46 73 14 32 34  3 86
```

(2) 층화추출법

층화추출법(stratified random sampling)은 모집단을 상호배타적인 **층**(strata)으로 나누

고, 각 층에서 단순무작위로 표본을 추출하는 방법이다. 앞서 총직원이 100명이 있는 경우의 단순무작위추출법을 층화추출법에 적용해보자.

한국기업에 근무하는 직원은 남자 70%, 여자 30%로 이루어져 있고, 또 직위로 보면 관리자 20%, 일반직원 80%로 이루어져 있다. 만약 직원들이 직무에 대해서 가지는 만족도에 대하여 조사한다고 할 때, 단순무작위로 추출하는 경우 특정의 직위(position)나 성(gender)이 의도치 않게 비중이 많아지는 경우가 있을 수 있고, 그 경우 특정 층의 의견이 더 많이 반영될 수 있다.

이 경우 직위와 같은 모집단의 요소나 성에 관한 요소들이 직무만족에 차별적인 영향을 줄 수 있다고 판단이 되면, 모집단의 특성정보를 단순무작위 추출법와 결합시킬 수 있다. 만약 직위가 직무만족도에 영향을 많이 줄 수 있다고 판단이 되면, 직위에 따라 모집단을 층으로 나누고, 모집단의 특성이 가지고 있는 비율로 표본을 각 층에서 단순무작위로 추출하게 되면 모집단의 정보를 더 정확히 반영할 수 있다. 이 층화추출방법을 이용하려고 한다면 모집단에 대한 특성정보(직위, 성 등)를 가지고 있어야 한다. 층화추출방법은 다음과 같은 단계를 거친다.

정리 6.2 ● 층화추출법의 단계

- 1단계 : 모집단을 모집단의 특성에 따라 상호배타적인 몇 개의 층으로 나눈다.
  $N = N_1 + N_2 +, \cdots, + N_L$
  여기서, L : 모집단의 층의 크기(수)
  N : 총 모집단의 크기
  N_L: 각 층에 해당하는 모집단의 크기
- 2단계 : 각 층이 가지고 있는 비중(율)을 결정한다.
  $P_L = \frac{N_L}{N}$
  여기서, P_L: L층이 가진 모집단에서의 비율
- 3단계 : 추출하고자 하는 층의 표본의 크기를 결정한다.
  $S_L = P_L \times S$
  여기서, S_L : L층에 해당하는 표본의 크기
  S : 표본의 크기
- 4단계 : 전체 표본의 크기에서 각 모집단의 층이 가지고 있는 비율만큼 각 모집단 층에서 표본을 단순 무작위로 추출한다.

예제 6.2 ● 층화추출법

문| 대한기업에는 1,000명의 직원이 근무하고 있다. 이는 남자 70%, 여자 30%로 이루어져 있고, 또 직위로 보면 관리자 20%, 일반직원 80%로 이루어져 있다. 인사담당자는 직원들이 직무에 대해서 가지는 만족도에 대하여 조사하려고 한다. 인사담당자는 경험에 따라 만족도가 조직 내에서의 직위에 따라 다를 것이라는 생각을 가지고 있다. 따라서 전체 직원 1,000명 가운데에서 30명을 추출하여 직원만족도를 조사하려고 하고 있으며, 직원추출을 층화추출법에 의하여 하고자 한다. 어떻게 추출하는 것이 바람직한가?

풀이|

• 1단계 : 전체 모집단을 직위에 따라 상호배타적인 2개의 층으로 나눈다.

$$N = N_1 + N_2$$

여기서, L : 모집단의 층의 크기(수)=2
N : 총 모집단의 크기=1,000
N_1 : 관리자 모집단의 크기
N_2 : 일반직원 모집단의 크기

• 2단계 : 각 층이 가지고 있는 비중(율)을 결정한다.

$$P_1 = \frac{N_1}{N} = 0.2, \quad P_2 = \frac{N_2}{N} = 0.8$$

여기서, P_1 : 첫 번째 층이 가진 모집단에서의 비율=20%
P_2 : 첫 번째 층이 가진 모집단에서의 비율=80%

• 3단계 : 추출하고자 하는 층의 표본의 크기를 결정한다.

$$S_1 = P_1 \times S = 0.2 \times 30 = 6, \quad S_2 = P_2 \times S = 0.8 \times 30 = 24$$

• 4단계 : 전체 표본의 크기에서 각 모집단의 층이 가지고 있는 비율만큼 각 모집단 층에서 표본을 단순 무작위로 추출한다. 즉, 관리자 층 200명에서 6명을, 일반직원 층 800명에서 25명을 무작위로 추출한다.

R코드 6.6 | 층화추출법 : 함수 strata()

[입력]

```
> library(sampling) #라이브러리에 패키지 sampling을 설치한 뒤 불러들임4)
> sam2=strata(data=iris, stratanames=c("Species"), size=c(3,3,3), method
  ="srswor") #데이터 iris를 사용하여 표본을 추출하며, 데이터에 있는 Species를 층을 기준으
  로 하여(c("Species") 표본을 추출한다. 층에서 각각 3개씩(size=c(3,3,3)) 추출하고, 층 내에서의
  표본추출은 비복원단순임의추출법(method = "srswor")을 사용한다. 저장된 표본은 sam2에 저
  장한다.
```

4) 패키지 sampling을 설치한 뒤에 불러들여야 한다. 설치방법은 2장 참고.

```
> sample2=getdata(data=iris,m=sam2) #추출된 데이터를 sample2에 저장5)
> print(sample2) #sample2에 저장된 내용을 출력
[출력]
    Sepal.Length Sepal.Width Petal.Length Petal.Width    Species ID_unit
14           4.3         3.0          1.1         0.1     setosa      14
24           5.1         3.3          1.7         0.5     setosa      24
48           4.6         3.2          1.4         0.2     setosa      48
61           5.0         2.0          3.5         1.0 versicolor      61
79           6.0         2.9          4.5         1.5 versicolor      79
100          5.7         2.8          4.1         1.3 versicolor     100
104          6.3         2.9          5.6         1.8  virginica     104
123          7.7         2.8          6.7         2.0  virginica     123
124          6.3         2.7          4.9         1.8  virginica     124
    Prob Stratum
14  0.06       1
24  0.06       1
48  0.06       1
61  0.06       2
79  0.06       2
100 0.06       2
104 0.06       3
123 0.06       3
124 0.06       3
```

[설명] 부록에서 다시 설명하겠지만 내장데이터 중의 하나가 iris이다. 이 데이터는 150개의 붓꽃에 관한 데이터로 구성되어 있으며, 150개의 데이터에서 3개의 층에서 각 3개씩 9개의 데이터를 추출한 것이다.

(3) 군집추출법

군집추출법(cluster sampling)은 모집단을 몇 개의 상호배타적인 군집으로 나누고, 군집을 무작위로 추출하여 조사하거나, 군집에서 다시 표본을 무작위로 추출하는 방법을 의미한다. 어떤 의미에서 보면 층화추출법과 유사해 보이지만 다음과 같은 상황에서 많이 사용한다. **집락추출법**이라고도 한다.

5) sam2에는 Species 변수에서 어떤 표본이 추출되었는지만 저장되며, 추출된 표본 전체의 데이터를 확인하고자 할 때에는 getdata() 함수를 이용하여야 한다.

첫째, 모집단이 비교적 넓은 범위에 걸쳐 분산되어 있으며, 선정된 표본에 대한 조사비용과 시간이 많이 소용되는 경우
둘째, 모집단 전체에 대한 리스트를 가지고 있지 않거나 리스트를 가지기가 어려워서, 군집에 대한 표본리스트를 확보하는 것이 더 유리한 경우에 주로 사용

서울에 거주하는 노인(65세 이상, 80세 미만)들의 기초체력을 조사한다고 하자. 이때 전체 노인들의 표본리스트(모집단)를 확보하고, 추출된 각 표본들을 만나서 기초체력을 진단하는 것은 시간과 비용면에서 문제가 많을 것이다. 따라서 서울을 일정한 단위(군집)로 나누고, 각 군집을 무작위로 추출한 뒤, 각 군집 내에서 무작위로 표본을 추출하는 방안을 생각해볼 수 있다.

2017년 기준으로 25개 자치구와 424개 행정동이 있다. 이때 25개의 자치구가 군집이 될 수도 있고, 424개의 행정동이 군집이 될 수도 있다. 424개의 행정동이 너무 많아서 25개의 자치구를 군집으로 사용한다면, 25개의 자치구에서 5개의 표본자치구를 무작위로 추출하고, 다시 추출된 5개의 자치구에서 무작위로 해당 표본을 추출하는 방법을 취할 수 있을 것이다. 이때 자치구를 **1단계 추출단위(primary sampling unit)**라고 하고, 해당 구의 65세 이상 80세 미만의 노인을 **2단계 추출단위(secondary sampling unit)**라고 한다.

정리 6.3 ● 군집추출법의 단위(예)

- 1단계 추출단위 : 자치구
- 2단계 추출단위 : 자치구 내의 노인(전체가 될 수도 있고, 노인의 수가 많으면 다시 무작위로 추출)

물론 추출된 군집을 구성하고 있는 단위의 수(예를 들어, 노인의 수)가 적다면 군집에 해당하는 전체단위를 표본으로 선정해도 문제가 없다. 즉, 1단계의 추출이 끝나면 2단계에서는 추출된 군집의 전체가 표본으로 선정되는 것이다.

예제 6.3 ● 군집추출법 : 추출된 군집의 단위 전체가 표본으로 선정되는 경우

문| 기업용 커피머신을 판매하는 강남기업은 현재 전국에 1,000개의 업체에 커피머신을 공급하였다. 그러나 커피머신 시장이 포화되자 신규사업으로 커피머신에 사용되는 커피콩 판매를 검토하고 있다. 강남기업은 자기 기업의 커피머신을 보유하고 있는 전국의 1,000개 업체리스트와 각 기업별 커피머신 판매대수에 관한 데이터를 보유하고 있었고, 각 기업은 기업의 규모에 따라 대략 5~50대의 커피머신을 구매하여 보유하고 있었다. 커피콩 신규사업 검토 담당자는 대략 1대당 어느 정도의 연간 커피콩을 사용하는지 궁금해했으며, 이를 근거로 전체 판매가능량을 추정하고, 사업의 진입 여부를 결정하고자 하였다. 담당자는 군집추출법을 이용하여 강남기업의 커피머신을 구매한 전국 1,000개의 기업들에 대한 커피판매 가능량을 추정하고자 한다. 이를 위해 표본추출을 시도해보시오.

풀이| 먼저 전국에 퍼져 있는 기업들의 리스트를 이용하여 단순무작위추출법을 사용하여 커피머신을 선정하고, 그 커피머신의 사용량을 조사하는 경우 비용과 시간 면에서 문제가 있을 것이다. 1,000개의 기업이 평균 25대의 커피머신을 보유하고 있다면, 25,000대의 커피머신의 커피사용량이 모집단이 될 것이다. 그러나 이 모집단 리스트를 이용하여 커피머신을 표본으로 추출하게 되면, 많은 시간과 비용이 소요될 것이 분명하다.
따라서 담당자는 기업을 하나의 군집으로 놓고, 기업이 구매한 커피머신 전체를 표본으로 사용하여 커피콩의 사용량을 조사한 뒤 전체 판매가능 커피콩의 양을 추정하고자 하였다. 1,000개의 기업에서 추출된 20개의 기업은 다음과 같으며, 각 기업이 보유하고 있는 커피머신의 대수와 각 기업별 평균 커피콩 사용량은 다음과 같다.

기업	1	2	3	4	5	6	7	8	9	10
보유기계의 수	5	10	15	20	25	30	35	40	45	50
기계당 평균사용량	100	105	100	110	100	105	110	110	120	140
기업	11	12	13	14	15	16	17	18	19	20
보유기계의 수	50	45	40	35	30	25	20	15	10	5
기계당 평균사용량	110	120	135	130	125	120	105	105	125	125

이 장에서 제시한 3개의 표본추출에 따른 표본통계량의 계산에 대해서는 언급하지 않았다.

연습문제

01 다음의 용어를 정의해보시오.

(1) 표본과 모집단

(2) 표본분포

(3) 통계량과 모수

(4) 추정량과 추정치

(5) 중심극한정리

02 2,4,6,8,10의 짝수로 구성된 모집단에서 2개의 표본을 추출하고자 한다. 이때 추출된 표본평균의 분포표를 만들어보시오.

03 문제 2에서 얻어진 표본평균의 분포를 활용하여 표본평균의 기댓값과 분산을 구해보시오.

04 한국대학의 재학생 1,000명 중에서 10명을 무작위로 표본을 추출하여 신입생 만족도 조사를 진행하려고 한다. 다음의 난수표를 이용하여 무작위로 추출해보시오. 1,000명의 학생에 대해서는 1번에서 1,000번까지 번호가 부여되어 있다.

연습표 5.1 난수표

41960	99133	5192	45028	13395	4576	94077	30960	84635	55737	22379
56324	75553	61076	47373	69095	46636	4314	28094	5611	83943	80353
41455	20718	44640	52167	30220	64051	18440	74512	86843	94664	63989
71631	78240	71311	92862	28322	19912	65447	1791	86413	38915	92622
78949	47759	14700	4466	8942	83547	47211	66585	17516	41919	73728
72392	24786	42588	89616	38841	54404	37925	40391	8831	40653	81661
42785	2708	29594	26611	17124	67087	41651	41451	540	34913	53007
20751	30363	59392	12878	54100	37534	7740	39346	52141	53905	78981
36811	77640	49602	31347	70589	98421	8167	69470	95266	55485	21788
98997	63010	60039	32764	39977	12393	6564	35468	75834	38737	96732
76009	73117	50836	77963	97387	38670	95941	56064	10092	47928	74216
57547	64061	45740	47755	58098	71280	6149	1658	15469	44422	80485
1423	88336	35864	77186	71462	55825	10183	30778	59765	48734	46807
97067	95856	65862	61316	95698	83140	28291	41775	30998	7764	84810
24778	29358	93905	29889	74498	83215	60679	82597	98015	11843	86724
79671	6933	20923	48314	42035	62000	18313	97411	67624	18729	43679
67987	55194	90633	22271	86095	68240	16578	72921	78148	33932	56478
46721	13715	30370	10621	48302	74366	65396	74576	63100	85624	5007
34548	67538	1560	82981	54226	16805	6396	81103	53960	91828	22176
39211	55816	62036	46836	11250	45790	20530	78808	66889	98276	83582

05 3번의 문제에서 1,000명 가운데 10명을 무작위로 추출하는 방법을 R코드를 이용하여 추출해보시오.

06 한국대학은 10,000명의 학생으로 구성되어 있다. 이 중 수도권 학생이 90%, 비수도권 학생이 10%를 차지하고 있다. 50명의 학생을 추출하여 대학의 만족도를 조사하려고 한다. 학생담당자는 비수도권의 학생 비중이 적어 비수도권 학생의 의견이 반영되는 표본추출법을 사용하고자 한다. 귀하가 학생담당자라고 가정하고, 적절한 표본추출방법을 제시하고, 그 과정을 단계로 나누어 설명해보시오.

07 R의 내장데이터 mtcars에서, mtcars의 변수 am을 층으로 이용하여 크기 10인 표본을 추출할 때, 두 개의 범주에 대한 표본추출크기를 같게 하는 (1) R코드를 작성하고, (2) 실행결과를 만들어보시오.

08 층화표본추출법와 군집표본추출의 차이에 대하여 설명해보시오.

부록 통계분석을 위한 R활용 6

1. 표본추출함수

(1) 단순무작위추출 : 함수 sample()

R에서 단순무작위 표본추출함수는 sample()이며, 함수와 인수의 형태는 다음과 같다.

R연습코드 6.1 | 단순무작위추출함수 기본형태 : sample()

```
> sample(x=data, size=n) #data 벡터에서 크기 n의 표본을 무작위로 추출, 디폴트는 비복원추출
> sample(x=data, size=n, replace=T) #data 벡터에서 크기 n(size=n)의 표본을 무작위로 추출하되 복원추출(replace=T)
```

R연습코드 6.2 | 비복원무작위추출

```
> sample(x=1:100, size=10) #1~100까지의 숫자를 생성하고, 그 중에서 10개의 수를 무작위로 추출
> [1] 60 31  6 25 87 24 66  9 90 50
```

R연습코드 6.3 | 비복원무작위추출

```
> sam=seq(1, 100, 1) #1~100까지의 숫자를 생성하여 sam에 저장
> sample(x=sam, size=10) #데이터 sam에서 10개의 수를 무작위로 추출
 [1] 92 67 58 91 60 90 14 32 99 64
```

인수없이 순서대로 인수값만 입력해도 같은 결과를 얻을 수 있다.

R연습코드 6.4 | 복원무작위추출(변형)

```
> sam=seq(1, 100, 1) #1~100까지의 숫자를 생성하여 sam에 저장
> sample(sam, 10, replace=T) #데이터 sam에서 10개의 수를 복원하여 무작위로 추출
 [1] 11  6 66 90 45 78 59 62  9 57
```

(2) 층화추출 : 패키지 sampling과 함수 strata()

R언어에서 층화표본추출을 할 때에는 패키지 sampling이 필요하며, 이 패키지의 strata() 함수를 이용한다. 문법과 인수는 다음과 같다.

R연습코드 6.5 | 층화추출함수 기본형태 : 함수 strata()

```
> library(sampling) #라이브러리에 패키지 sampling을 설치한 뒤 불러들임
> sam2=strata(data=iris, stratanames=c("Species"), size=c(3,3,3), method
  = "srswor") #데이터 iris를 사용하여 표본을 추출하며, 데이터에 있는 Species를 층을 기준
  으로 하여(staratanames=c("Species") 표본을 추출. 각 층에서 각각 3개씩(size=c(3,3,3)) 추출하
  고, 층 내에서의 표본추출은 비복원 단순임의추출법(method="srswr")을 사용. 추출된 표본은
  sam2에 저장
> sample2=getdata(data=iris,m=sam2) #추출된 표본데이터를 sample2에 저장1)
> print(sample2) #sample2에 저장된 내용을 출력
```

연습표 5.2 | 함수 strata()와 인수

strata() 함수의 인수	
data	추출할 대상 데이터
stratanames	층화추출에서 사용할 변수의 이름
size	각 층의 크기지정(추출되는 표본의 수)
method	데이터 추출방법 : "srswor" : 비복원 단순임의추출 "srswr" : 복원 단순임의추출 "poisson" : 포아송추출 "systematic" : 계통추출(체계적 추출[2])
pik	각 데이터가 표본에 포함할 확률이며, method 인수에서 포아송추출이나 계통추출에서 추출확률이 같지 않을 때 사용
description	TRUE이면 표본의 크기와 모집단의 크기를 출력함

이 예에서 사용하고자 하는 데이터는 iris 데이터이다. 통계학에서 가장 많이 인용되는

1) sam2에는 Species 변수에서 어떤 표본이 추출되었는지만 저장되며, 추출된 표본 전체의 데이터를 확인하고자 할 때에는 getdata() 함수를 이용하여야 한다.

2) 이 책에서 체계적 추출(systematic sampling)에 대해서는 다루지 않았지만, 표본단위의 추출을 규칙적인 원칙을 정해두고 그에 따라 추출하는 방식이다. 예를 들어 10개의 모집단이 있고, 크기 3의 표본을 추출한다면, $\frac{10}{3}=3.3$이므로 1,4,7(또는 2,5,8)과 같이 매 3번째 단위를 추출하는 방식이다.

데이터 중의 하나이다. 이 데이터는 붓꽃에 대한 측정데이터이며, 붓꽃 꽃잎의 각 부분의 너비와 길이 등을 5개의 변수에 150개의 사례를 측정한 데이터이다. 측정된 5개의 변수는 Sepal Length(꽃받침의 길이 정보), Sepal Width(꽃받침의 너비), Petal Length(꽃잎의 길이), Petal Width(꽃잎의 너비), Species(꽃의 종류이며, setosa/versicolor/virginica의 3종류)이며, 일련번호 caseno(1부터 150)가 있다.

2. 사용자정의 함수의 이해

R언어에는 **내장함수**와 **사용자정의 함수**(user defined function)가 있다고 하였다. 내장함수는 개발자들이 사전에 만들어 놓은 함수를 의미하며, 우리가 사용하는 대부분의 함수들이다. 사용자정의 함수는 논리적 연산 과정을 하나의 함수형태로 사용자가 만들어 낸 함수를 의미한다. 앞으로 사용자정의 함수를 사용할 기회가 많아지므로 매우 기본적인 형태를 통해 사용자정의 함수를 만들어보자.

함수란 변수와 그에 맞는 함수 내의 연산을 대응시켜 주는 것을 의미한다. $f(x)=3+2x$라는 함수를 생각해보자. x가 정수를 가진다고 가정해보자. $x=1$이면 $f(1)=5$이다. 변수값 1에 대응되는 함수값은 5이다. 이러한 관계를 사용자가 정의하여 코드화하고, 이를 활용하고자 하는 것이다. 이 함수를 다음과 같이 R언어로 표현해보자.

R연습코드 6.6 | $f(x)=3+2x$

[입력]

```
fx=function(x) #fx라는 사용자 함수명을 내장함수 function()을 이용하여 정의하되, 변수는 x
  하나임
       { #사용자정의 함수 시작을 선언
         3+2*x #사용자정의 함수 내용
              } #사용자정의 함수 종료를 선언
fx(x=1) #사용자정의 함수의 변수 x에 1의 값을 넣어 계산
```

[출력]

```
[1] 5
```

조금 더 나아가 학습자들이 많이 알고 있는 등차수열을 사용자정의 함수로 구현해보자.

R연습코드 6.7 | 등차수열

[입력]

```
> fx2=function(a,n,d) #fx2라는 사용자 함수명을 내장함수 function을 이용하여 정의하되
  변수는 a,n,d 세 개임
        { #사용자정의 함수 시작을 선언
          a+(n-1)*d #사용자정의 함수 내용(등차수열)
              } #사용자정의 함수 종료를 선언
> fx2(5,5,5) #사용자정의 함수의 변수(초항=a, n차항,공차=d)에 각각 5,5,5의 값을 넣어 계산
```

[출력]

```
[1] 25
```

[설명] 초항이 5이고, 공차가 5인 등차수열의 5번째 항의 값

사용자정의 함수를 잘 사용하는 것이 중요하다. 그러나 천천히 하나씩 실습하면서 이해해보자. 사실 for() 문을 사용하여 더 깊이 있는 함수를 만들어볼 수 있는데, 이는 7장에서 다루어보고, 이 장에서는 사용자정의 함수를 개념적으로만 이해해보자.

3. R그래픽 함수 : 고수준 그래픽함수와 저수준 그래픽함수

4장의 〈부록〉에서 그래프를 그리는 함수 중에 plot() 함수에 대하여 언급한 적이 있다. 이 함수는 독립적인 그래프를 함수로서 사용자가 원하는 그래프를 그릴 수 있도록 해주며, 이를 **고수준 그래픽함수(high level graphic function)**라고 한다. 반면 par() 함수와 같이 독립적인 그래프를 그리는 것이 아니라, 고수준의 그래픽함수에 의하여 그려진 그래프에 보완적인 그래프를 그려주는 함수를 **저수준 그래픽함수(low level graphic function)**라고 한다. 다음의 예를 살펴보자. 〈R연습코드 6.8〉은 고수준의 그래픽함수를 사용한 결과이다.

R연습코드 6.8 | 고수준 그래픽함수

[입력]

```
> x=seq(1:10) #1~10까지 생성하여 x에 저장
> fx=function(x) #fx라는 사용자정의 함수명을 내장함수 function을 이용하여 정의하되 변수
  는 x 하나임
        { #사용자정의 함수 시작을 선언
          3+2*x #사용자정의 함수 내용
              } #사용자정의 함수 종료를 선언

> plot(x, fx(x), main="f(x)=3+2x") #x와 f(x)의 값을 산점도로 그림
```

[출력]

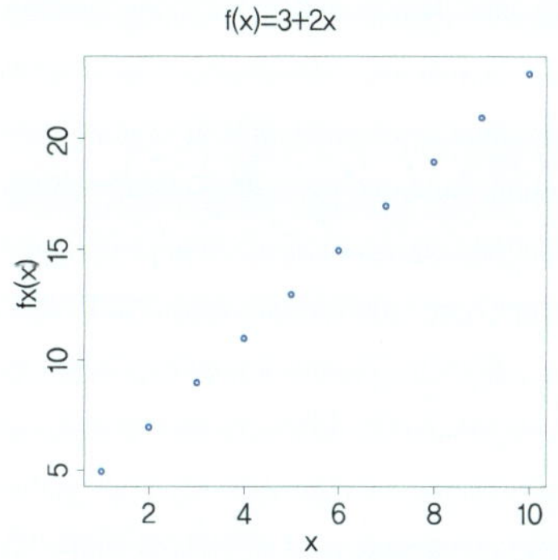

이제 고수준의 그래픽함수에 의하여 만들어진 그래프에 저수준의 그래픽함수로 보완을 해보자.

R연습코드 6.9 | 저수준 그래픽함수 : 함수의 직선 abline()

[입력]

```
> abline(a=3,b=2) #절편이 3이고 기울기가 2인 선을 고수준의 그래픽함수 결과 위에 덧그
  려줌
```

[출력]

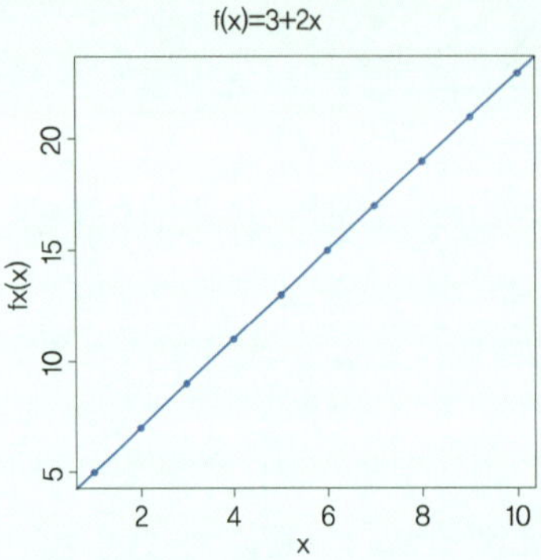

[설명] 절편이 3이고 기울기가 2인 선($y = 3 + 2x$)을 고수준의 그래픽함수 결과 위에 덧그려준다.

이제 고수준의 그래픽함수에 의하여 만들어진 그래프에 다른 선그리기 함수인 lines() 함수를 이용하여 그래프의 내용을 더욱 풍부하게 할 수 있다.

R연습코드 6.10 | 저수준 그래픽함수 : 좌표 간의 직선 함수 lines()

[입력]

```
> lines(c(0,10), c(15,15)) #x축은 (0,10), y축은 (15,15), 즉, 좌표(x=0,y=15),(x=10,y=15) 사이에 선을 그린다.
```

[출력]

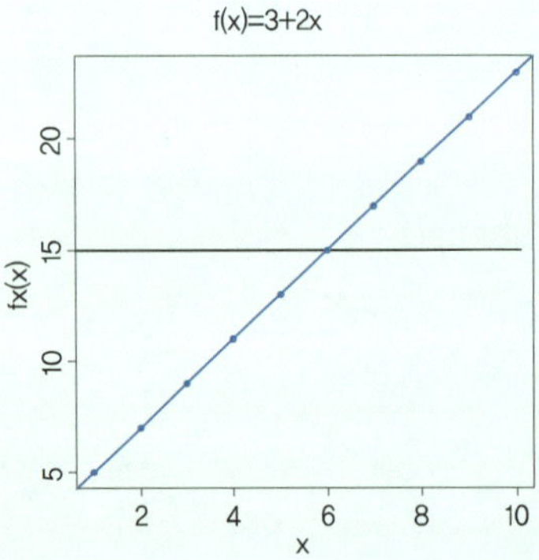

[설명] x축은 (0,10), y축은 (15,15), 즉 시작을 (0,15), 끝을 (10,15)로 하는 직선을 추가한다. R언어에서 c(0,10)라고 하면 x에 관한 벡터데이터, c(15,15)라고 하면 y에 관한 벡터데이터이므로, 이를 결합하면 좌표가 만들어진다.

물론 필요한 경우 저수준의 그래픽함수로 독립적인 그래프를 그릴 수 있지만 고수준의 그래프를 보완해주는 데 유용하게 쓰인다.

4. 저수준 그래픽함수 par()와 인수 mfrow, mfcol

저수준 그래픽함수 par()은 그래프의 출력을 조절하는 함수이다. 대부분의 저수준 그래픽함수들이 고수준 그래픽함수의 보완적 그래프를 그리는 데 이용되는 반면, **par() 함수는 그래프의 출력을 조정**하는 데 사용한다. par() 함수와 함께 많이 사용되는 인수 mfrow()와 mfcol()에 대하여 살펴보자. mfrow()는 그림을 다중으로 분할 한 뒤 행기준(row)으로 다중그림을 채워나가고, mfcol()은 열기준(col)으로 그림을 채워나간다. mfrow의 mf는 **multi figure**의 약자이다. 〈R연습코드 6.11〉을 살펴보자.

R연습코드 6.11 | 저수준 그래픽함수 par()와 인수 mfrow

[입력]

```
>par(mfrow=c(nrows=1,ncols=3)) #그림을 채울 화면을 행 1개, 열 3개로 분할하고 이어
  지는 그래프 3개를 행기준으로 차례로 채워넣는다. (예를 들어, |그림1|그림2|그림3|)

> x=seq(1:10) #1~10까지 데이터를 생성하여 x에 저장
> y=c(3,4,5,7,5,6,4,9,10,10) #벡터데이터 y의 생성
> z=c(5,6,7,5,6,8,3,4,5,2) #벡터데이터 z의 생성
> plot(x,y) #벡터데이터 x를 x축으로 벡터데이터 y를 y축으로 산점도 작성
> plot(x,z) #벡터데이터 x를 x축으로 벡터데이터 z를 y축으로 산점도 작성
> plot(y,z) #벡터데이터 y를 x축으로 벡터데이터 z를 y축으로 산점도 작성
```

[출력]

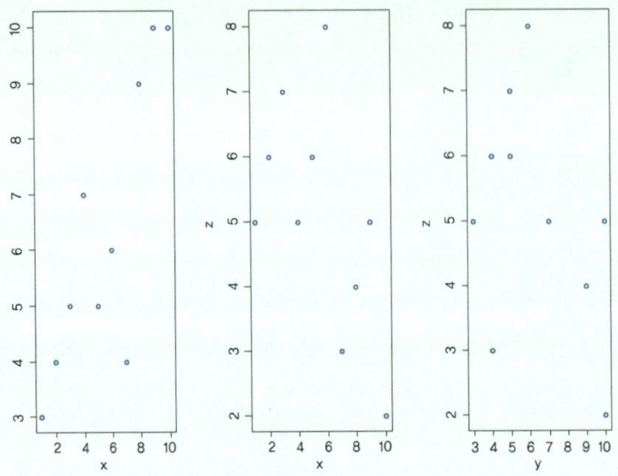

R연습코드 6.12 | 저수준의 그래픽함수 par()와 인수 mfrow

[입력]

```
> par(mfrow=c(nrows=3,ncols=1)) #그림을 채울 화면을 행 3개, 열 1개로 분할하고, 이어지는 그래프 3개를 행기준으로 차례로 채워넣는다.
> x=seq(1:10)
> y=c(3,4,5,7,5,6,4,9,10,10)
> z=c(5,6,7,5,6,8,3,4,5,2)
> plot(x,y)
> plot(x,z)
> plot(y,z)
```

[출력]

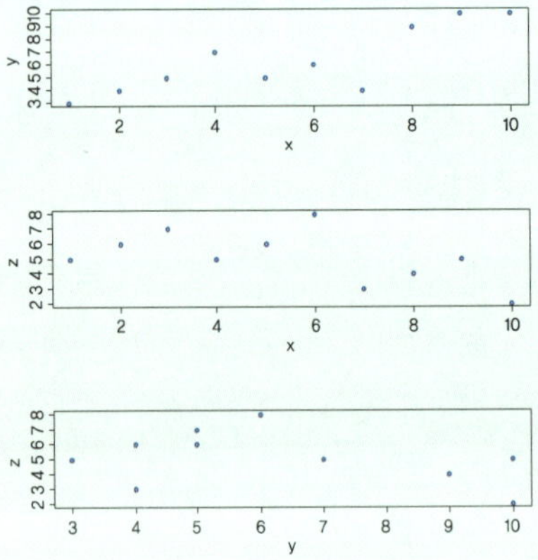

[설명] 〈R연습코드 6.11〉과 〈6.12〉의 출력그림을 비교해보면 par() 함수의 인수 mfrow=c(1,3)과 mfrow=c(3,1)의 차이를 파악할 수 있다.

CHAPTER 07

추정

CHAPTER 07

추정

7장에서 학습해야 할 내용

추정이란 모집단의 일부인 표본을 통해서 모집단에 대한 정보를 추론하고자 하는 것이다. 이 장에서 학습자들이 생각해야 할 것은 왜 추정이 필요한가? 그리고 그 원리란 무엇인가이다.

1. 추정이란 무엇이며, 검정과 어떻게 다른가? 이는 8장과 연결하여 살펴보자.
2. 왜 추정과 검정이라는 과정이 필요한가?
3. 추정이란 무엇을 추정하는 것인가?
4. 점추정을 위해 사용되는 추정량과 추정치란 무엇이고 어떻게 다른가?
5. 점추정에서 발생하는 오차는 무엇이라고 부르는가?
6. 구간추정에 있어서 신뢰구간이 가지는 의미는 무엇인가?
7. 구간추정이란 무엇이며, 어떻게 구하는가?
8. 추정이 표본에서 얻어진 특성치들을 모집단의 모수를 추정하는 것이라면, 이 과정에서 필요한 표본 크기는 어떻게 계산할 수 있는가?
9. 추정량이 바람직하기 위해 가져야 할 성질은 무엇인가?

7.1 추정의 개념

우리는 앞서 모집단과 표본에 대하여 배운 바 있다. **모집단**은 '**연구자가 연구의 대상으로 삼는 관측치 전체**'를 의미하며, **표본**은 '**모집단으로 추출된 유한개의 관측치**'를 의미한다. 만약 모집단에서 추출하는 **표본추출방법(sampling, '표집'이라고도 함)**이 무작위였다면, 표본의 특성치인 통계량은 모집단의 특성치인 모수를 추론할 수 있는 좋은 정보가 된다. 통계학이 하려고 하는 일 중의 하나는 연구대상의 일부분인 표본에서 얻어진 정보를 이용하여 연구대상 전체에 해당하는 모집단에 관한 정보를 추측하고자 하는 것이다. 그래야 모집단을 기반으로 하는 의사결정(판단)에 활용할 수 있기 때문이다.

실제로 시간적인 측면이나 경제적인 측면의 제한성 때문에 모집단 전체보다는 모집단의 일부인 표본을 통해 모집단에 대한 정보를 추측하려고 한다. 이렇게 표본으로부터 얻어진 정보를 활용하여 모집단에 대한 정보를 추측하고자 하는 것을 **통계적 추론(statistical inference)**이라고 하며, 이 통계적 추론에는 **추정(estimation)**과 **검정(test)**이 있다.

추정은 (표본)통계량을 통하여 모집단에 대한 특성치인 **모수**에 대해 **추론**하는 것이며, **검정**은 '**모집단에 대한 주장**'을 표본을 통해 어느 정도 믿을 수 있을 것인가를 확인하는 추론이다.

추정이 어떤 개념인지 예를 들어보자. 우리나라 20세 이상의 성인소비자들의 월별지출액을 파악하기 위해 전체 20세 이상의 성인들의 월별지출액(모집단)의 일부인 표본을 통해 추론한다고 하자. 20세 이상의 성인 1,000명을 무작위로 추출하여 그들의 월별지출액 수준을 관찰했는데, 그 평균이 130만원이었다면(표본통계량), 130만원을 통해 모집단인 20세 이상의 성인 월별지출액(모집단)의 평균이 130만원(모수)일 것이라고 추론하는 것(**점추정, point estimation**)이다. 또는 20세 이상의 성인 전체의 평균 월별지출액(모집단)이 일정한 신뢰수준(예를 들어 95%)하에서 125만원에서 135만원 사이라고 추론할 수도 있는데, 이를 특별히 **구간추정(interval estimation)**이라고 한다.

검정의 개념을 살펴보자. 어떤 연구자가 여성의 사회적 지위에 관한 연구를 수행하면서 "**우리나라 여성들의 급여 수준이 남성들의 급여 수준보다 낮다**"고 **주장**을 하고, 이 주장을 확인하기 위하여 표본을 통해 이러한 주장의 진위를 가리고자 한다면 이를 **검정**이라고 한다. 7장에서는 먼저 추정에 대하여 다루고, 8장에서 검정에 대하여 다룰 것이다.

정의 7.1 ● 추정과 검정

- **추정(estimation)** : 모집단에 대한 특성치(모수)에 관해 표본을 통해 추론. 점추정, 구간추정이 있음.
- **검정(test)** : 모집단에 대한 주장을 표본을 통해 어느 정도 믿을 수 있을 것인가를 확인하는 추론

7.2 점추정

(1) 점추정의 의미

점추정(point estimation)은 표본에서 얻어진 통계량(예를 들어, 표본통계량)으로 모집단의 특성치(모수, 예를 들어 모평균)를 추론하는 것이다. 이때 모수를 추론하기 위하여 만들어진 통계량을 **추정량(estimator)**이라고 하고, 추정량의 실제값들을 **추정치(estimate)**라고 한 바 있다. 이 용어들을 다시 한번 상기해보자.

정의 7.2 ● 추정량과 추정치

- 추정량(estimator) : 모수를 추론하기 위하여 만들어진 통계량
- 추정치(estimate) : 추정량의 실제값

모집단의 특성치인 모집단의 평균(모평균, μ)을 추정하기 위하여 크기가 n인 표본으로부터 얻어진 통계량인 표본평균($\overline{X}$)이 바로 모평균, μ에 대한 추정량이 되며, 이에 대한 구체적인 값이 추정치($\overline{x}$)이다. 통계량 중의 하나인 표본평균에 대하여 추정량과 추정치를 생각해보자. 모평균을 추정하기 위하여 사용되는 통계량인 표본평균은 다음과 같이 계산된다.

$$\overline{X} = \frac{1}{n}\sum_{i=1}^{n} X_i \qquad \text{(식 7.1)}$$

(식 7.1)은 표본평균을 구하는 공식이다. 표본평균은 통계량 중의 하나이며, 구체적인 데이터가 있으면 (식 7.1)을 사용하여 표본평균을 구할 수 있다. **추정량**은 **통계량**을 구하는 **공식(방법)**이다.

다음과 같이 전체 학생수가 10,000명인 S대학 대학생 10명의 용돈데이터가 있다고 하자.

용돈데이터=(50, 55, 60, 65, 65, 70, 70, 75, 80, 90) (단위 : 10,000원)

이 자료를 (식 7.1)에 대입하여 계산하면 $\overline{x}=68$로 계산된다. 이것이 바로 추정치이다. 추정치는 추정량에 의하여 얻어진 구체적인 값이다. (식 7.1)에서는 모평균 μ에 대한 추정량으로서 표본평균인 $\overline{X}$을 사용하였으며, μ에 대한 추정량이라는 의미로 $\hat{\mu}$로 표기하고 뮤 햇(mu hat)으로 읽는다. 따라서 추정량은 모수를 의미하는 기호에 햇(모자, ^)을 씌워서 표현한다.

(2) 점추정과 표준오차

이 추정량은 얻어진 확률표본에 따라 데이터가 달라질 수 있고, 그에 따라 그 추정치도 변화할 수 있기 때문에, 이 추정량의 변동(표본에 따라 값이 달라진다)을 생각하여야 한다. 이러한 추정량의 변동을 추정량의 표준편차로 고려해볼 수 있으며, 이 추정량의 표준편차를 특히 **표준오차(standard error)**라고 한다. 즉, 확률변수인 표본평균 $\overline{X}$도 일정한 크기의 표준편차를 가지게 되는데, 이를 표준오차라고 한다.

정의 7.3 ● 표준오차

• 표준오차(standard error) : 추정량의 표준편차

그렇다면 **표준오차**를 어떻게 구할 것인가? 이미 6장에서 모평균 μ에 대한 추정량으로서 표본평균 $\overline{X}$를 제시한 바 있으며, 이 표본평균은 다음과 같은 성질을 갖는다고 하였다.

$$E(\overline{X})=E(\frac{1}{n}\sum_{i=1}^{n}X_i)=\frac{1}{n}E(\sum_{i=1}^{n}X_i)=\frac{1}{n}(\mu+\cdots\mu)=\mu \qquad \text{(식 7.2)}$$

$$V(\overline{X})=V(\frac{1}{n}\sum_{i=1}^{n}X_i)=\frac{1}{n^2}V(\sum_{i=1}^{n}X_i)=\frac{1}{n^2}(\sigma^2+\cdots\sigma^2)=\frac{1}{n^2}(n\sigma^2)=\frac{\sigma^2}{n}$$

(식 7.3)

이때 얻어진 표본평균의 분산($\frac{\sigma^2}{n}$)의 제곱근이 바로 표준편차이므로 모평균 μ에 대한 추정량인 표본평균 $\overline{X}$의 표준편차인 표준오차는 다음과 같이 정의된다.

$$\overline{X}\text{의 표준오차(SE, Standard Error of }\overline{X}) = \sqrt{\frac{\sigma^2}{n}} = \frac{\sigma}{\sqrt{n}} \qquad \text{(식 7.4)}$$

$\overline{X}$의 **표준오차는 추정량의 정확도**를 의미하는데, 그 값이 작을수록 정확도는 높다고 할 수 있다. 예를 들어, 표본의 크기가 커지면 표준오차의 크기도 작아지는데, 이것은 표본의 크기가 커지면 추정량의 정확도가 높아지는 것을 의미한다. 즉, $\lim_{n\to\infty}\frac{\sigma}{\sqrt{n}} = 0$이 된다.

(식 7.4)에서 $\overline{X}$의 표준오차를 계산하기 위해서는 모표준편차(σ)를 구해야 하는데, 만약 이 모표준편차가 알려져 있지 않다면(정보가 없다면), 모표준편차의 추정량인 표본의 표준편차 S를 대신 이용할 수 있다. 여기에서 $\hat{\sigma}$은 σ에 대한 추정을 의미한다.

즉,

$$S = \hat{\sigma} = \sqrt{\frac{1}{n-1}\sum_{i=1}^{n}(X_i - \overline{X})^2} \qquad \text{(식 7.5)}$$

이에 따라 모표준편차가 알려져 있지 않다면

$$\overline{X}\text{의 표준오차(Standard Error of }\overline{X}) = \sqrt{\frac{S^2}{n}} = \frac{S}{\sqrt{n}} \qquad \text{(식 7.6)}$$

이 된다.

여기에서 S는 표본의 표준편차이며, 모표준편차의 추정량이므로, $\hat{\sigma}$로 표현할 수 있으며, 시그마 햇(sigma hat)이라고 읽는다. 앞에서 언급했듯이 모수를 표현하는 그리스 문자에 모자(hat)를 씌우면 모수에 대한 추정량의 표현이다.

예제 7.1 ● 표본평균의 표준편차(표준오차의 계산)

문| 전체 학생이 10,000명인 S대학 대학생들의 용돈데이터가 다음과 같이 주어졌다고 하자. 이 데이터를 이용하여 표본평균의 표준편차인 표준오차를 구하시오.

용돈데이터=(50, 55, 60, 65, 65, 70, 70, 75, 80, 90) (단위 : 10,000원)

풀이| 모표준편차를 알 수 없으므로 표본의 표준편차를 이용한다. 즉,

$S=\hat{\sigma}=\sqrt{\frac{1}{n-1}\sum_{i=1}^{n}(X_i-\overline{X})}$ 이고, 이를 이용한 표준오차는 $\sqrt{\frac{S^2}{n}}=\frac{S}{\sqrt{n}}$ 이므로

표준오차 = $\frac{11.83}{\sqrt{10}}=3.74$ 이다.

7.3 구간추정

(1) 구간추정의 의미

두 번째 추정의 형태는 **구간(interval)**에 관한 것이다. 표본에서 얻어진 표본통계량 또는 추정량을 이용하여 모집단의 특성치인 모수를 추정하는 것도 의미가 있지만, 얻어지는 표본들이 확률표본이라는 점을 고려하면 정확한 하나의 값을 추정하는 것보다, 모수가 포함되리라고 예상되는 구간을 추정하는 것이 정보의 내용을 풍부하게 할 수 있다.

즉, 추정값 자체로는 오차가 얼마인가를 알 수 없다는 것이다. 따라서 구간추정은 점추정에 오차의 개념을 추가하여 구간으로 모수를 추정하는 방법이다.

구간추정이란 표본에서 얻어진 점추정치를 중심으로 모수가 포함될 확률을 고려한 구간을 계산하는 것이다. 앞의 〈예제 7.1〉에서 10개의 표본에서 얻어진 대학생들의 용돈 평균이 68만원이다. 이는 표본에서 얻어진 추정치이며, 이 추정치를 중심으로 대학생 전체의 평균용돈은 53만원에서 83만원 사이에 있으며, 이 구간에 모평균이 들어갈 확률이 95%라고 구간을 추정하는 것이다. 이때 95%와 같은 확률을 **신뢰수준(confidence level)**이라고 하고, 이 신뢰수준에서 얻어진 53-83만원의 구간을 **신뢰구간(confidence interval)**이라고 한다.

다른 관점에서 신뢰구간의 의미를 생각해보자. 앞서 대학생 전체의 용돈평균에 대한 모평균에 대하여 추정치를 구한다고 가정해보자. 95%의 신뢰도를 가지고 구간을 추정한다는 것은 모집단에서 100회의 표본추출을 통하여(표본추출을 100회 반복한다) 100번에 해당한 각 표본평균(추정치)을 구했을 때, 100개의 표본평균 중에서 95개의 표본평균이

신뢰구간 안에 들어가게 되는 것을 의미한다.

정의 7.4 ● 신뢰구간과 신뢰수준

- 신뢰구간(confidence interval) : 주어진 확률(신뢰수준)로 모수가 존재할 것이라는 값의 범위
- 신뢰수준(confidence level) : 값의 범위(신뢰구간)에 모수가 존재할 확률

(2) 신뢰구간의 추정방법

그렇다면 이 신뢰구간을 어떻게 추정할 수 있는가? 당연히 표본추출이 확률적으로 이루어진다는 점을 고려해야 한다. 즉, 확률적으로 이루어진다는 것은 표본에서 얻어진 추정량이 추출된 표본에 따라 차이가 있다(다르다)는 것을 의미하는 것이며, 따라서 추정량은 오차를 가지고 있을 수밖에 없다. 앞에서는 이를 표준오차라는 개념으로 설명하였다.

우선 모집단이 평균이 μ이고 분산이 σ^2인 정규분포를 따를 때($X \sim N(\mu, \sigma^2)$라고 표현한다)를 가정해보자. 이때 표본평균 $\overline{X}$는 평균이 $\mu(\because E(\overline{X}) = \mu)$이고, 분산이 $\frac{\sigma^2}{n}$인 정규분포를 따른다고 한 바 있다($\overline{X} \sim N(\mu, \frac{\sigma^2}{n})$). 먼저 표본평균 $\overline{X}$를 다음과 같이 표준화시켜보자. 표본평균($\overline{X}$)의 표준화는 다음과 같이 정의된다.

$$Z = \frac{\overline{X} - \mu}{\sigma / \sqrt{n}} \sim N(0,1) \qquad \text{(식 7.7)}$$

여기에서 Z는 확률변수 $\overline{X}$의 표준화된 값을 의미한다. 표준정규분포는 정규분포를 따르는 확률변수에 적절한 **연산(표준화)**을 통하여 평균이 0이고 분산이 1인 확률변수로 만들어 놓은 것이며, 이때 사용되는 확률변수의 연산을 **표준화(standardization)**라고 하였다. 표준화는 각 변수값에서 평균을 뺀 뒤, 이를 표준편차로 나누어준 값임을 상기하라. 반복해서 설명하지만, 표본추출에 따라 표본평균이 변하므로 표본평균도 확률변수이다.

이 표준화된 변수는 정규분포를 따르게 되고, 평균 0을 중심으로 분산이 1인 일정한 형태의 분포를 가지게 되며, 이를 **표준정규분포**라고 부른다. 따라서 이 확률분포로부터 표본평균 $\overline{X}$는 특정의 신뢰수준(90%, 95%, 99% 등)에 따른 확률구간(interval)을 가지게

된다. 표본평균 $\overline{X}$를 이용하여 신뢰구간은 다음과 같이 계산될 수 있다.

$$\overline{X}-Z_{\alpha/2}\frac{\sigma}{\sqrt{n}} \le \mu \le \overline{X}+Z_{\alpha/2}\frac{\sigma}{\sqrt{n}} \quad \text{(식 7.8)}$$

이 식은 다음과 같이 바꾸어 쓸 수도 있다.

$$\mu-Z_{\alpha/2}\frac{\sigma}{\sqrt{n}} \le \overline{X} \le \mu+Z_{\alpha/2}\frac{\sigma}{\sqrt{n}} \quad \text{(식 7.9)}$$

(식 7.8)을 보자. 모평균 μ는 표본에서 얻어진 추정량인 표본평균 $\overline{X}$를 중심으로 일정한 구간 사이에 존재한다. 이 구간의 상한값은 $\overline{X}+Z_{\alpha/2}\frac{\sigma}{\sqrt{n}}$이고 하한값은 $\overline{X}-Z_{\alpha/2}\frac{\sigma}{\sqrt{n}}$이다. 따라서 네 가지 값, $\overline{X}, Z_{\alpha/2}, \sigma, n$을 알면 상한값과 하한값을 알 수 있고, 이 값에 의하여 신뢰구간을 구할 수 있다.

(3) 신뢰수준의 의미

신뢰수준의 의미를 살펴보자. 앞에서 얻어진 표본평균으로 추정된 신뢰구간을 보자. 이 (식 7.8)은 확률구간이다. 확률구간의 의미는 다음과 같다. 관측값이 변하면 신뢰구간도 확률적으로 변한다. 관측값이 변할 때 만들어진 확률구간이 모수를 포함할 확률이 바로 신뢰수준(confidence level)이다. 이는 다시 확률을 의미하는 다음과 같은 표현으로 바꾸어 볼 수 있다.

$$P\left[\overline{X}-Z_{\alpha/2}\frac{\sigma}{\sqrt{n}} \le \mu \le \overline{X}+Z_{\alpha/2}\frac{\sigma}{\sqrt{n}}\right]=\textbf{신뢰수준}=(1-\alpha) \quad \text{(식 7.10)}$$

다시 설명해보자. 가능한 모든 표본추출에 의해서 계산된 표본평균(확률변수이다)으로 신뢰구간을 구했을 때, 모수가 그 신뢰구간에 포함될 확률이 신뢰수준이다.

그림으로 다시 살펴보자. 〈그림 7.1〉은 10회의 표본추출을 하고, 그때마다 평균값(추정치)을 구해보자. 10번 중에서 9번에 해당하는 추출된 표본의 평균이 특정의 범위 안에 들어간다면 이는 90%의 신뢰구간이 되는 것이다.

그림 7.1 | 신뢰구간 90%의 의미

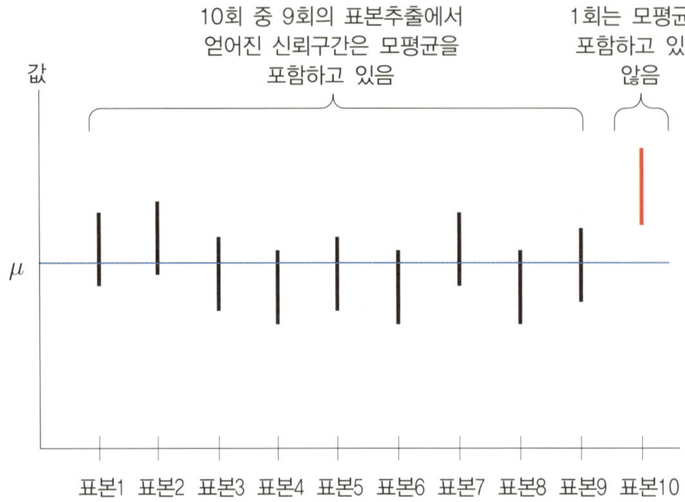

이에 따르면 모평균 μ는 표본평균 $\overline{X}$를 중심으로 특정(95%, 99% 등)의 신뢰수준으로 특정의 오차범위 안에 있다고 추정할 수 있다. 결국 특정의 신뢰수준은 특정의 오차와 관련이 있다. 만약 표준정규분포에서 신뢰수준이 95%라면($\alpha = 0.05$), $Z_{\alpha/2} = Z_{0.05/2} = Z_{0.025} = 1.96$이 되고 신뢰구간은 표본평균을 중심으로 $1.96 \pm \frac{\sigma}{\sqrt{n}}$의 범위가 되는 것이다.

다시 정리해보자. 신뢰구간의 추정에서 염두에 두어야 할 것은 표본평균 $\overline{X}$가 확률분포를 가진 확률변수인데, 확률변수 X가 정규분포를 따르고, 그 확률변수의 표본평균 $\overline{X}$가 표준화 과정을 통해 표준정규분포(표준화값 Z로 변환)를 가지는 것을 가정한 것이다.

(4) 모표준편차 σ를 모르는 경우의 구간추정

그러나 모집단의 표준편차 σ가 알려져 있는 경우라면[1] 표본평균의 표준화 과정에서 사용되는 공식 $Z = \frac{\overline{X} - \mu}{\sigma / \sqrt{n}}$는 유효하지만, 모집단의 표준편차 σ를 모르는 경우에는 어떻

1) 계속 반복되는 이야기이지만 모집단에 대한 정보를 아는 경우가 많지 않다.

게 할 것인가? 이때에는 Z에서 사용한 모표준편차 σ 대신 표본의 표준편차 S를 이용한 추정량 $t = \dfrac{\overline{X} - \mu}{S/\sqrt{n}}$을 사용하면 된다. 따라서 모집단의 표준편차 σ를 모르는 경우에는 모표준편차 σ 대신 표본의 표준편차인 S를 사용하는 것이며, 이를 z통계량 대신 t통계량이라고 한다.

그런데 $t = \dfrac{\overline{X} - \mu}{S/\sqrt{n}}$는 정규분포와는 다른 t분포[2)]를 따르게 되며, 이 t분포는 자유도 $(n-1)$에 따라 다른 모양을 가지게 된다. 반면 n이 어느 정도 큰 경우 이 t분포는 표준정규분포와 유사한 모양을 가지게 된다.

정리 7.1 ● σ가 알려진 경우와 그렇지 않은 경우 표준화통계량

- σ가 알려져 있는 경우 : $Z = \dfrac{\overline{X} - \mu}{\sigma/\sqrt{n}}$
- σ가 알려져 있지 않은 경우 : $t = \dfrac{\overline{X} - \mu}{S/\sqrt{n}}$

이때 모평균에 대한 신뢰구간은 다음과 같다.

$$\overline{X} - t_{\alpha/2}\frac{S}{\sqrt{n}} \le \mu \le \overline{X} + t_{\alpha/2}\frac{S}{\sqrt{n}} \qquad \text{(식 7.11)}$$

예제 7.2 ● 모평균의 신뢰구간 추정 – 모표준편차 σ가 알려져 있지 않은 경우

문| 연봉제를 실행하고 있는 기업의 연봉수준을 조사하기 위하여 100명을 무작위로 추출하여 다음과 같은 결과를 얻었다고 하자. 즉, 평균연봉은 5,000만원이고 표준편차는 1,600만원이었다. 이때 연봉제 실시 기업의 평균연봉의 신뢰구간을 신뢰도 95%에서 추정해보시오.

풀이| 앞의 (식 7.8) $\overline{X} - Z_{\alpha/2}\dfrac{\sigma}{\sqrt{n}} \le \mu \le \overline{X} + Z_{\alpha/2}\dfrac{\sigma}{\sqrt{n}}$을 생각해보자.

$\overline{X} = 5000$, $s = 1600$, $n = 100$이므로 오차는 다음과 같이 계산된다.

$1.96 \times \dfrac{1600}{\sqrt{100}} = 313.6$이다. 따라서 모평균의 신뢰구간은 다음과 같다.

2) t분포는 표준정규분포와 유사한 형태를 갖지만 분산의 크기가 약간 더 크다. 당연히 더 넓게 퍼져있다. 이 책의 부록 t분포표를 참고하라.

$4686.4 \leq \mu \leq 5313.6$

모표준편차가 알려져 있지 않은 경우이므로 표본표준편차를 사용하였고, 이 경우 95% 신뢰수준에 해당하는 $Z_{0.05/2}$값을 쓰지 않고, $t_{0.05/2}$를 사용해야 하나 표본의 크기가 30을 넘은 경우에는 각 신뢰수준에 해당하는 Z값과 t값이 같으므로 Z값을 사용하면 된다.

R코드 7.1 | 모평균의 신뢰구간 추정 – 모표준편차 σ가 알려져 있지 않은 경우

연봉제를 실행하고 있는 기업의 연봉수준을 조사하기 위하여 100명을 무작위로 추출하여 다음과 같은 결과를 얻었다고 하자. 평균연봉은 5,000만원이고 표준편차는 1,600만원이었다. 이때 연봉제 실시 기업의 평균연봉의 신뢰구간을 R을 이용하여 신뢰도 95%에서 추정해보자.

[입력]

```
> n=100 #표본의 크기
> m=5000 #표본평균
> sd=1600 #표본표준편차
> error=qnorm(0.975,0,1)*sd/sqrt(n) #95%에서의 오차
> upper=m+error #상한값
> lower=m-error #하한값
> print(lower) #하한값 출력
> print(upper) #상한값 출력
```

[출력]

```
> print(lower)
[1] 4686.406
> print(upper)
[1] 5313.594
```

사용자정의 함수를 이용해보자.

[입력]

```
> conf=function(n,m,sd){ #사용자정의 함수
  lower=m-1.96*sd/sqrt(n) #하한값 구하기 공식
  upper=m+1.96*sd/sqrt(n) #상한값 구하기 공식
  interval=c(lower,upper) #하한값과 상한값을 벡터의 형태로 만들어 'interval'에 저장
  print(interval) #'interval' 출력
}

> conf(100,5000,1600) #사용자정의 함수에 각 변수의 값을 입력하여 계산
```

[출력]
```
> conf(100,5000,1600)
[1] 4686.4 5313.6
```

[R코드 팁]
신뢰구간을 구하기 위해 사용자정의 함수를 작성한 것이다. 사용자정의 함수에 대해서는 7장과 8장의 부록을 참고하기 바란다.

7.4 모비율에 대한 점추정과 구간추정

(1) 모비율에 대한 점추정

점추정에서는 주로 모평균을 다루었다. 이때 모평균 μ에 대한 추정량으로서 표본평균 $\overline{X}$를 사용하였다. 유사한 개념으로 평균을 얻을 수 없는 데이터의 경우에는 **비율**이라는 개념이 사용될 수 있다. 유권자 중 남성의 비율, 여성의 비율 등이 그러한 개념인데, 마찬가지로 모집단의 비율(모비율)을 추정하고자 하는 경우, **표본의 비율**을 추정량으로서 사용할 수 있다.

불량률의 개념을 살펴보자. 이는 생산된 제품에서 불량품이 차지하는 비중을 말하는 것인데, 기업에서는 전체 제품 중에서 일정한 수준의 불량률 이하를 품질관리의 기준으로 삼게 된다. 그러나 어떤 경우에는 품질관리를 할 때 일정한 크기의 표본만을 추출하여 전체 생산품에 대한 불량률을 추정하는 경우가 있는데, 이 경우 표본에서 얻어진 불량률은 모집단의 불량률을 추정하는 추정량으로 사용된다.

생산된 제품에 대한 우량과 불량의 판정은 성공과 실패에 관한 **베르누이 시행**과 동일하며, n개의 제품에 대한 우량과 불량의 판정은 n번의 **베르누이 시행**과 관련된 **이항분포**와 동일하다. 따라서 n개 생산제품에서 불량이 나오는 개수를 확률변수 X라고 하면, 확률변수 X는 이항분포 $B(n,p)$를 따르게 된다. 따라서 모비율 p에 대한 추정량인 표본비율은 다음과 같이 정의된다.

$$\hat{p} = \frac{X}{n} \qquad \text{(식 7.12)}$$

확률변수 X는 이항분포를 따르므로 표본비율의 기댓값과 분산은 다음과 같다.

$$E(\hat{p}) = E\left(\frac{X}{n}\right) = \frac{1}{n}E(X) = \frac{1}{n}np = p \qquad \text{(식 7.13)}$$

$$V(\hat{p}) = V\left(\frac{X}{n}\right) = \frac{1}{n^2}V(X) = \frac{1}{n^2}np(1-p) = \frac{p(1-p)}{n} \qquad \text{(식 7.14)}$$

(2) 모비율에 대한 구간추정

모비율에 대한 점추정치를 활용하여 구간추정을 해보자. 앞의 이항분포의 정규근사에서 n이 증가함에 따라 이항분포의 형태는 좌우대칭의 종모양을 가지게 되며, 근사적으로 정규분포를 따르게 된다고 하였다. 따라서 이항분포에서 X를 n회의 시행 중 성공에 대한 횟수라고 할 때, n의 크기가 충분하다면 모비율을 p라고 할 때, 확률변수 X는 다음의 분포를 따르게 된다. 이는 5장의 이항분포의 정규근사를 의미한다.

$$X \sim N(np, np(1-p)) \qquad \text{(식 7.15)}$$

따라서 n이 충분히 클 때 표본비율 $\hat{p}$의 확률분포는 $N(p, \frac{p(1-p)}{n})$을 따르게 된다. 구간추정을 위해서는 확률분포를 알아야 하므로 앞서 우선 모집단이 평균이 μ이고 분산이 σ^2인 정규분포를 따를 때($N(\mu, \sigma^2)$)를 가정해보자. 이때 표본평균 $\overline{X}$는 평균이 μ이고 표준편차가 $\frac{\sigma}{\sqrt{n}}$인 정규분포를 따른다고 한 바 있다. 먼저 표본평균 $\overline{X}$를 다음과 같이 표준화시켜서 표준정규분포로 만들 수 있으며, 표준화는 다음과 같이 정의된다고 한 바 있다.

$$Z = \frac{\overline{X} - \mu}{\sigma/\sqrt{n}} \sim N(0, 1) \qquad \text{(식 7.7)}$$

이 표준화된 변수는 정규분포를 따르게 되고, 평균 0을 중심으로 분산이 1인 일정한 형태의 분포를 가지게 된다. 따라서 이 확률분포로부터 표본평균 $\overline{X}$는 특정의 신뢰수준 (95%, 99% 등)에 따른 확률구간을 가지게 된다고 하였다.

동일한 과정을 여기에 적용할 수 있는데, n이 충분히 클 때 표본비율 $\hat{p}$의 확률분포는 $N(p, \frac{p(1-p)}{n})$을 따르게 되는데, $\hat{p}$를 표준화시키면 다음과 같다.

$$Z = \frac{\hat{p} - p}{\sqrt{\frac{p(1-p)}{n}}} \sim N(0,1) \qquad \text{(식 7.16)}$$

따라서 표준정규분포를 이용하여 표본비율 $\hat{p}$에 대한 신뢰수준 $1-\alpha$에 대한 신뢰구간과 확률식을 다음과 같이 구할 수 있다.

신뢰구간

$$\hat{p} - Z_{\alpha/2}\sqrt{\frac{p(1-p)}{n}} \le p \le \hat{p} + Z_{\alpha/2}\sqrt{\frac{p(1-p)}{n}} \qquad \text{(식 7.17)}$$

신뢰구간 확률(신뢰수준)

$$P[\hat{p} - Z_{\alpha/2}\sqrt{\frac{p(1-p)}{n}} \le p \le \hat{p} + Z_{\alpha/2}\sqrt{\frac{p(1-p)}{n}}] = 1-\alpha \qquad \text{(식 7.18)}$$

(식 7.17)을 보자. 모비율 p는 표본에서 얻어진 추정량인 표본비율 $\hat{p}$를 중심으로 일정한 구간 사이에 존재한다는 것이다. 이 구간의 상한값은 $\hat{p} + Z_{\alpha/2}\sqrt{\frac{p(1-p)}{n}}$ 이고, 하한값은 $\hat{p} - Z_{\alpha/2}\sqrt{\frac{p(1-p)}{n}}$ 이다. 따라서 네 가지 값, $\hat{p}, Z_{\alpha/2}, p, n$을 알면 상한값과 하한값을 알 수 있고, 이 값에 의하여 신뢰구간을 구할 수 있다.

그러나 모비율 p가 알려져 있지 않다면, 모비율 p 대신 p의 추정량인 $\hat{p}$을 사용하면 된다. 또한 이항분포의 정규근사에서 n이 증가함에 따라(충분히 클 때) 이항분포의 형태는 좌우대칭의 종모양을 가지게 되며, 근사적으로 정규분포를 따르게 된다고 하였다. 그렇다면 n이 '충분히 크다'는 것은 어느 정도의 기준을 의미하는가? 보통은 $np > 5$, $n(1-p) > 5$를 제시한다. 즉, $np > 5, n(1-p) > 5$ 모두를 충족하는 경우를 의미한다.

예제 7.3 ● 모비율의 신뢰구간 추정

문| 볼트를 생산하는 공정의 불량률을 조사하기 위해 100개의 제품을 무작위로 추출하여 조사한 결과 10개의 불량품이 나왔다. 이때 95% 신뢰도에서 불량률의 신뢰구간을 구해보라.

풀이| 불량품의 개수 $X=10$이고 $n=100$이므로 $\hat{p}=\dfrac{X}{n}=\dfrac{10}{100}=0.10$이다. 또 95%의 신뢰도이므로 $Z_{\alpha/2}=Z_{0.25}=1.96$이다. 이때 오차값을 구해보면,

$1.96\times\sqrt{\dfrac{0.1\times0.9}{100}}=1.96\times\sqrt{\dfrac{0.09}{100}}=1.96\times\sqrt{0.0009}=1.96\times0.03=0.0588$이다.

상한값과 하한값을 구해보면, 각각 $\hat{p}+0.0588=0.1+0.0588=0.1588$,

$\hat{p}-0.0588=0.1-0.0588=0.0412$이다. 따라서 신뢰구간은 (0.0412, 0.1588)이다.

R코드 7.2 | 모비율의 신뢰구간 추정

볼트를 생산하는 공정의 불량률을 조사하기 위해 100개의 제품을 무작위로 추출하여 조사한 결과 10개의 불량품이 나왔다. 이때 95% 신뢰도에 대한 불량률의 신뢰구간을 R을 이용하여 구해보자.

[입력]

```
> n=100 #표본의 크기
> phat=0.10 #표본비율
> pse=sqrt(phat*(1-phat)/n) #표본비율의 표준오차
> error=qnorm(0.975,0,1)*pse #95%에서의 오차
> upper=phat+error #상한값
> lower=phat-error #하한값
> print(lower) #하한값 출력
> print(upper) #상한값 출력
```

[출력]

```
> print(lower) #하한값 출력
[1] 0.04120108
> print(upper) #상한값 출력
[1] 0.1587989
```

앞의 〈R코드 7.1〉에서 배운 사용자정의 함수를 이용해보자.

[입력]

```
# #n이 100이고, phat이 0.1인 비율의 신뢰구간의 계산
> pconf=function(n,phat) {
  psd=psd=sqrt(phat*(1-phat)/n)
```

```
plower <- phat-1.96*psd
pupper <- phat+1.96*psd
pinterval <- c(plower,pupper)
print(pinterval)
                }
```

```
> pconf(100,0.1) #n이 100이고, phat이 0.1인 비율의 신뢰구간 출력
```

```
[출력]
> pconf(100,0.1) #n이 100이고, phat이 0.1인 비율의 신뢰구간 출력
[1] 0.0412 0.1588
```

7.5 표본의 크기 결정

구간추정을 하다 보면 표본의 크기(n)가 추정과정에서 이용된다. 이 과정을 살펴보면 표본의 크기가 커지면 오차를 줄여주고 신뢰도를 높인다. 따라서 신뢰구간, 오차는 표본의 크기에 의존한다는 것을 알 수 있다. 따라서 신뢰구간에 있는 오차의 크기를 이용하여 역으로 표본의 크기를 생각해볼 수 있다.

앞서 우리는 모평균에 대한 추정과 모비율에 대한 추정을 공부한 바 있다. 모평균의 추정과정과 모비율의 추정과정을 이용하여 표본의 크기를 구할 수 있다.

(1) 모평균 추정을 이용한 표본의 크기 결정

모평균의 구간추정과정을 다시 살펴보자. 모평균은 표본평균을 중심으로 일정한 구간 내에 존재한다고 하였고, 신뢰수준이란 모평균이 추정된 신뢰구간(확률구간) 내에 존재할 확률을 의미한다고 하였다. 모평균은 표본평균을 중심으로 상한으로는 표본평균에 $Z_{\alpha/2} \times \frac{\sigma}{\sqrt{n}}$을 더한 값에, 하한으로는 표본평균에 $Z_{\alpha/2} \times \frac{\sigma}{\sqrt{n}}$을 뺀 값의 범위 안에 있다고 하였다. 따라서 $Z_{\alpha/2} \times \frac{\sigma}{\sqrt{n}}$의 크기를 사전에 정할 수 있고 σ와 α를 안다면 n을 구할 수 있게 된다. 즉, 다음을 생각해보자.

연구자가 생각하는 오차의 크기를 E라고 하자. 연구자는 E 이내로 오차를 정하려고 할 것이다. 따라서 연구자의 생각을 고려한다면 신뢰구간에서 얻은 오차 $Z_{\alpha/2}\times\frac{\sigma}{\sqrt{n}}$는 E보다 작아야 하므로 다음과 같은 식이 가능하다.

$$Z_{\alpha/2}\times\frac{\sigma}{\sqrt{n}}\le E \qquad \text{(식 7.19)}$$

(식 7.19)를 다시 쓰면 다음과 같다.

$$Z_{\alpha/2}\times\frac{\sigma}{E}\le \sqrt{n} \qquad \text{(식 7.20)}$$

$$=Z^2_{\alpha/2}\times(\frac{\sigma}{E})^2\le n$$

따라서 σ, α, E를 알면 최소한의 n을 구할 수 있다.

그런데 모표준편차 σ를 모르면, σ 대신 표본의 표준편차 S를 사용할 수 있고, 유의수준 α를 0.05로 하면 $Z_{\alpha/2}=1.96$이기 때문에 허용하고자 하는 오차 E만 정하면 n을 구할 수 있다. 다음의 〈예제 7.4〉를 보자.

예제 7.4 ● 표본의 크기 구하기 : 모평균의 활용

문| 연봉제를 실행하고 있는 기업의 연봉수준을 조사하려고 한다. 신뢰수준 95%에서 오차의 크기를 400만원 이하로 하려고 한다. 이때 조사를 위한 표본의 크기를 구하라. 단 모집단의 표준편차 σ는 1600으로 알려져 있다.

풀이|

앞의 〈식 7.19〉 $Z_{\alpha/2}\times\frac{\sigma}{\sqrt{n}}\le E$를 생각해보자.

$Z_{0.025}=1.96$, $\sigma=1600$, $E=400$이므로

$1.96\times\frac{1600}{\sqrt{n}}\le 400$, $n\ge 1.96^2\times(\frac{1600}{400})^2=3.8416\times 16=61.4656$이다.

따라서 표본의 크기는 61.4656보다 큰 정수 62가 되고 62개의 표본이 필요하다.

(2) 모비율 추정을 이용한 표본의 크기 결정

모비율 추정과정을 이용하여 표본의 크기를 결정하는 문제도 모평균 추정을 이용한 구간추정과 동일하다. 모비율의 구간추정 과정을 다시 살펴보자. 모비율은 표본비율을 중심으로 일정한 구간 내에 존재한다고 하였고, 신뢰도란 모비율이 추정된 신뢰구간(확률구간) 내에 존재할 확률을 의미한다고 하였다. 모비율은 표본비율을 중심으로 상한으로는 표본비율에 $Z_{\alpha/2} \times \sqrt{\frac{p(1-p)}{n}}$ 를 더한 값에, 하한으로는 표본비율에 $Z_{\alpha/2} \times \sqrt{\frac{p(1-p)}{n}}$ 를 뺀 값의 범위 안에 있다고 하였다. 따라서 $Z_{\alpha/2} \times \sqrt{\frac{p(1-p)}{n}}$ 의 크기를 사전에 정할 수 있고 p와 α를 안다면 n을 구할 수 있다. 즉, 다음을 생각해보자.

연구자가 생각하는 오차의 크기를 E라고 하자. 연구자는 E 이내로 오차를 정하려고 할 것이다. 따라서 연구자의 생각을 고려한다면 신뢰구간에서 얻은 오차 $Z_{\alpha/2} \times \sqrt{\frac{p(1-p)}{n}}$ 는 E보다 작아야 하므로 다음과 같은 식이 가능하나.

$$Z_{\alpha/2} \times \sqrt{\frac{p(1-p)}{n}} \leq E \qquad \text{(식 7.21)}$$

(식 7.21)을 다시 쓰면 다음과 같다.

$$Z_{\alpha/2} \times \frac{\sqrt{p(1-p)}}{E} \leq \sqrt{n}$$

$$= Z_{\alpha/2}^2 \times \frac{p(1-p)}{E^2} \leq n \qquad \text{(식 7.22)}$$

이 된다.

이때 p, α, E를 알면 최소한의 n을 구할 수 있다.

그런데, 모비율 p를 모르면 p 대신 표본의 비율 $\hat{p}$를 사용할 수 있으며, 유의수준 α를 0.05로 하면 $Z_{\alpha/2} = 1.96$이기 때문에 허용하고자 하는 오차 E만 정하면 n을 구할 수 있다. 〈예제 7.5〉를 통해 구해보자.

예제 7.5 ● 표본의 크기 구하기 : 모비율의 활용

문I 볼트를 생산하는 공정의 불량률을 조사하려고 한다. 95% 신뢰도에서 오차의 크기를 0.04(4%) 이하로 하려고 한다. 이에 대하여 표본의 크기를 구해보시오. 전체불량률(모비율) p는 10%(0.1)로 알려져 있다.

풀이I 앞의 (식 7.21) $Z_{\alpha/2} \times \sqrt{\frac{p(1-p)}{n}} \le E$ 를 생각해보자.

$Z_{\alpha/2} = 1.96,\ p = 0.1,\ E = 0.04$이므로

$$Z_{\alpha/2} \times \frac{\sqrt{p(1-p)}}{E} \le \sqrt{n},\quad Z_{\alpha/2}^2 \times \frac{p(1-p)}{E^2} \le n$$

$1.96^2 \times \frac{0.1(1-0.1)}{0.04^2} \le n$이다.

$n \ge 216.09$이므로

표본의 크기는 216.09보다 큰 정수 217이 되고, 217개의 표본이 필요하다.

7.6 바람직한 추정량의 성질

추정량이란 모집단의 특성치인 모수를 추정하기 위해 사용하는 표본통계량을 구하기 위한 공식(방법)이라고 하였다. 즉, 모평균을 구하기 위한 표본통계량인 표본평균은 $\overline{X} = \frac{1}{n}\sum X_i$이다. 그렇다면 이 추정량은 모수를 추정하기에 적절한 방법인가? 이렇게 모수를 추정하기 위하여 사용하는 추정량들이 적절한가를 평가하기 위하여 사용하는 몇 가지 성질이 있다. 이를 살펴보자.

(1) 불편성

모집단의 평균(μ)를 추정하기 위하여 표본에서 얻어진 **관찰값** $x_1, x_2, \cdots, x_n$들을 이용하여 표본평균 $\overline{x}$를 구한다. 그렇다면 표본평균 $\overline{x}$는 모평균 μ에 대하여 얼마나 좋은 추정치인가? 이 평균값은 모평균에 대한 추정량 $\overline{X}$에 의하여 만들어진 값이다. 관찰값들은 표본을 추출할 때마다 변하는 확률변수들이며, 모평균에 대한 추정량인 표본평균 $\overline{X}$도

확률변수이다. 따라서 다음과 같은 성질을 가진다고 하였다.

$$E(\overline{X}) = \mu \qquad \text{(식 7.2)}$$

$$V(\overline{X}) = \frac{\sigma^2}{n} \qquad \text{(식 7.3)}$$

앞에서 설명한 바와 같이, 모수의 추정에 사용되는 통계량을 추정량(estimator)이라고 한다. 만약 추정량 $\overline{X}$가 $E(\overline{X}) = \mu$을 만족시킨다면 $\overline{X}$의 분포가 μ를 중심으로 밀집되어 있고, 확률변수 $\overline{X}$의 평균(=$E(\overline{X})$)이 μ가 된다.

이러한 성질을 **불편성(unbiasedness)**이라고 한다. 모평균은 모집단의 특성값인 모수 중의 하나인데, 보통 모수는 θ(쎄타)로 표현하고, θ에 대한 추정량을 $\hat{\theta}$으로 표현하는데, $E(\hat{\theta}) = \theta$를 만족하면 이를 **불편추정량(unbiased estimator)**이라고 한다.

정리 7.2 ● 불편추정량의 정의와 성질

- 불편성(unbiasedness), 불편추정량(unbiased estimator) : 추정량의 기댓값이 모수가 되는 특성
- 불편추정량의 성질 : $E(\hat{\theta}) = \theta$

예제 7.6 ● 불편추정량

문| 모비율 p에 대한 추정량 $\hat{p}$이 불편추정량임을 보여라.

풀이| $X \sim B(n,p)$일 때, $\hat{p} = \frac{X}{n}$이다. $E(\hat{p}) = E(\frac{X}{n}) = \frac{E(X)}{n} = \frac{np}{n} = p$이므로 $\hat{p}$는 p의 불편추정량이다.

(2) 효율성

추정량이 바람직한 성질을 갖기 위한 또 다른 성질은 **효율성(efficiency)**이다. 효율성은 추정량의 분산 또는 표준편차가 작아야 한다는 것을 의미한다. 앞서 추정량의 표준편차를 표준오차라고 설명한 바 있다.

모평균에 대한 불편추정량인 표본평균 $\overline{X}$를 생각해보자. $Var(\overline{X})=\frac{\sigma^2}{n}$이다. 이는 모평균에 대한 불편추정량인 표본평균 $\overline{X}$의 분산이다. 좋은 불편추정량은 분산이 작은 것이다. 따라서 추정량의 표준오차가 작은 것이 효율적이다.

정리 7.3 ● 효율성

- 효율성(efficiency) : 추정량의 분산(표준편차)이 가장 작아야 하는 성질

(3) 일치성

일치성(consistency)이란 표본의 크기가 무한히 커지면 추정량이 모수가 가까워지는 것을 의미한다. 즉, 추정량을 $\hat{\theta}_n$라고 하고, 모수를 θ라고 하고 아주 작은 수를 $\varepsilon(\varepsilon>0)$라고 할 때 다음과 같은 성질을 갖는 경우를 의미한다. 예를 들어 표본평균 $\overline{X}$는 모평균에 대한 일치추정량($\hat{\theta}_n$)이다. n이 커질수록 표본평균은 모평균과 같다.

$\lim_{n\to\infty} P[\,|\,\hat{\theta}_n-\theta\,|<\varepsilon]=1$ 또는 $\lim_{n\to\infty} E[\,|\,\hat{\theta}_n-\theta\,|\,]=0$이다.

정리 7.4 ● 일치성

- 일치성(consistency) : 표본의 크기가 무한히 커지면 추정량이 모수가 가까워지는 성질이며, 다음과 같다.
  $\lim_{n\to\infty} P[\,|\,\hat{\theta}_n-\theta\,|<\epsilon]=1$ 또는 $\lim_{n\to\infty} E[\,|\,\hat{\theta}_n-\theta\,|\,]=0$

통계를 위한 창 7.1 | 이론의 관찰의존성

관찰은 이론구축의 중요한 기초이다. 통계학에서 사용하는 데이터도 관찰의 결과이다. 그러나 많은 부분 관찰은 사람들의 시각을 통해서 이루어진다. 따라서 때로 시각은 정확하지 않다. 심리학 수업을 들어본 사람들은 시각이 얼마나 부정확하며, 오류가 있는가를 배우게 된다. 관찰이 객관적이지 않을 수도 있고 오히려 상당히 주관적이다. 다음의 그림을 보자.

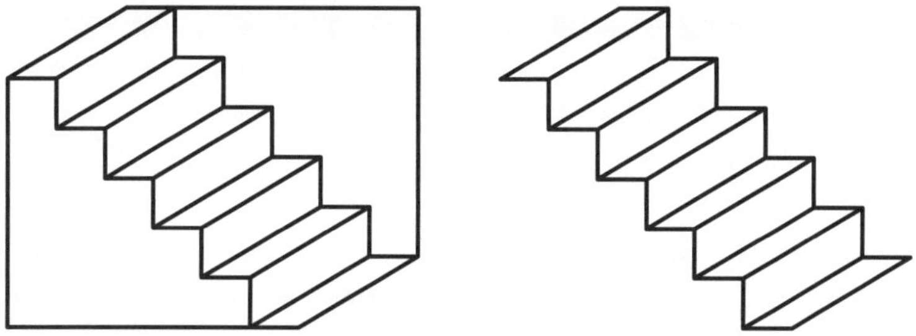

이 그림은 어떻게 생긴 계단인가? 올라가는 계단인가 아니면 매달려 있는 계단인가? 보는 시각에 따라 달라질 수 있다. 그렇다면 우리가 과학과 이론구축의 근거로 삼는 관찰은 이론을 만들어내기에 충분한가?

그림의 출처 : 이 그림은 사람의 착시에 관한 유명한 슈레더(Shroeder)의 계단이다. 이외에도 많은 착시현상들이 있다. 이 그림은 인터넷에 있는 그림을 저자들이 원저자의 허가 없이 사용한 것임을 밝힌다. '슈레더의 계단'을 검색하면 더 많은 재미있는 그림을 볼 수 있다.

연습문제

01 추정과 검정의 의미를 설명해보시오.

02 점추정과 구간추정을 설명해보시오.

03 추정량과 추정치를 설명해보시오.

04 다음은 하루에 병원을 방문한 환자의 수에 관한 10일 동안의 표본데이터이다. 이를 이용하여 평균의 표준오차를 구해보시오.

(10, 12, 11, 8, 9, 7, 11, 9, 11, 12)

05 $E(\overline{X}) = \mu$ 이고 $V(\overline{X}) = \dfrac{\sigma^2}{n}$ 임을 보여라.

06 $E(\hat{p}) = p$ 이고 $V(\hat{p}) = \dfrac{p(1-p)}{n}$ 임을 보여라.

07 신뢰구간과 신뢰수준에 대하여 설명해보시오.

08 소비자들의 평균외식비를 조사하기 위하여 100명을 조사하여 다음과 같은 결과를 얻었다. 평균외식비는 20만원이고, 표준편차는 5만원이었다. 이때 모평균외식비의 신뢰구간을 신뢰도 95%에서 추정해보시오.

09 자동차를 생산하는 공정의 불량률을 조사하기 위해 1,000개의 제품을 추출하여 조사한 결과 50개의 불량품이 나왔다. 이때 95% 신뢰도에 대한 불량률의 신뢰구간을 구해보라.

10 다음의 예를 통해 표본이 크기를 결정해보시오.

(1) 시장에서 소비자들의 월평균 소비수준을 조사하려고 한다. 신뢰도 95%에서 오차의 크기를 20만원 이하로 하려고 한다. 이때 조사를 위한 표본의 크기를 구하라. 단 모집단의 표준편차 σ는 16만원으로 알려져 있다.

(2) 자동차를 생산하는 공정의 불량률을 조사하려고 한다. 95% 신뢰도에서 오차의 크기를 0.01(1%) 이하로 하려고 한다. 이에 대하여 표본의 크기를 구해보시오. 전체불량률(모비율) p는 4%(0.04)로 알려져 있다.

11 다음의 용어에 대하여 설명해보시오.

(1) 불편성

(2) 효율성

(3) 일치성

부록 통계분석을 위한 R활용 7

1. 반복문 for( ) 함수

연산을 반복하도록 해주는 for() 함수에 대하여 살펴보자.

R연습코드 7.1 | 수열의 합(1~10까지 더하기)

[입력]

```
> sum=0 #sum에 0을 할당(초기값의 설정)
> for(i in 1:10) #객체 i에 대하여 1에서 10까지 반복해서 실행
   {
  sum=sum+i #앞에서 선언한 객체 sum의 연산 정의
   }
> print(sum) #연산결과인 sum을 출력
```

[출력]

```
> [1] 55
```

중괄호 { } 사이의 연산을 for() 함수의 내용만큼 반복하여 실행하라는 코드이다. 이 코드를 하나씩 단계별로 따라가보자. 코드에서 **모든 연산은 등호의 오른쪽부터 시작하여 그 결과가 등호의 왼쪽에 할당된다는 사실을 기억하자**(원래 sum=sum+i였다는 사실을 상기하라).

- 먼저 i가 1일 때 먼저 연산을 한다. sum=0+1이므로 sum에 1이 저장된다.
- 다시 for( ) 함수로 돌아가 i가 2일 때 중괄호 { } 안의 연산을 실행한다. sum=1+2의 연산이 되고 sum에는 3이 저장된다.
- 다시 for( ) 함수로 돌아가 i가 10이 될 때까지 연산을 반복하여 sum에 저장한다. 전체과정은 다음과 같다.

```
sum=0+1    i=1
sum=1+2    i=2
sum=3+3    i=3
```

```
sum=6+4     i=4
sum=10+5    i=5
sum=15+6    i=6
sum=21+7    i=7
sum=28+8    i=8
sum=36+9    i=9
sum=45+10   i=10
```

최종적으로 sum에 55가 저장된다.

이 전체과정에서 중괄호 { } 안의 연산결과를 먼저 출력하여 과정을 살펴보자.

R연습코드 7.2 | 수열의 합(1~10까지 더하기), 중간과정 출력하기

```
[입력]
> sum=0 #sum에 0을 할당(저장)
 for(i in 1:10) #객체 i에 대하여 1에서 10까지 중괄호 { }의 연산을 반복해서 실행
      {
     sum=sum+i  #앞에서 선언한 객체 sum의 연산 정의
     print(sum) #앞의 연산을 출력
      }
> print(sum) #전체 연산결과인 sum을 출력

[출력]
[1] 1
[1] 3
[1] 6
[1] 10
[1] 15
[1] 21
[1] 28
[1] 36
[1] 45
[1] 55
>  print(sum)
[1] 55
```

이제 for() 함수를 이용하여 등차수열을 생성해보자.

R연습코드 7.3 | 초항이 1, 공차가 3인 등차수열을 10항까지 생성(등차수열의 일반항 $a_n = a_1 + (n-1)d$을 생각해보자)

[입력]

```
> for(i in 1:10) #객체 i에 대하여 1에서 10까지 { }의 연산을 반복해서 실행
        {
        an=1 + (i-1)*3 #등차수열의 일반항 공식
        print(an) #등차수열(an)을 출력(i번째 항을 출력하고, 다시 for() 함수로 이동하여, 정
                   해진 i에 도달할 때까지 반복하여 출력)
        }
```

[출력]

```
[1] 1
[1] 4
[1] 7
[1] 10
[1] 13
[1] 16
[1] 19
[1] 22
[1] 25
[1] 28
```

2. 반복문 함수 for( )와 사용자정의 함수의 결합

(1) 등차수열의 합

이제 6장에서 배운 사용자정의 함수를 for( ) 함수를 이용하여 반복 연산하는 과정을 만들어보자. 즉, 1항에서 5항까지 등차수열을 생성하고, 이들의 합을 구하는 사용자정의 함수를 간단하게 만들어보자.

R연습코드 7.4 | 초항이 1, 공차가 3인 등차수열의 합(등차수열의 일반항 $a_n = a_1 + (n-1)d$, 등차수열의 합 $S_n = \frac{n(a+l)}{2}$ 을 생각해보자)

[입력]

```
> summ=function(i) #함수 summ은 변수i의 함수, 중괄호 { } 안에 정의되어 있음.
    {
      for(i in 1:i) #객체 i에 대하여 1에서 i까지 { }의 연산을 반복해서 실행
        {
          an=1+(i-1)*3 #등차수열의 일반항 공식(i번째 항이 구해진다)
          sn=(i*(1+an))/2 #등차수열의 합공식
        }
      print(sn) #등차수열의 합 출력(i번째의 합만을 출력)
    }

> summ(5) #5항까지의 합 출력(1+4+7+10+13)
```

[출력]

```
[1] 35
```

(2) 등비수열

R연습코드 7.5 | 초항이 2, 공비가 3인 등비수열을 생성해보자(등차수열의 일반항 $a_n = a_1 \times r^{(n-1)}$을 생각해보자)

[입력]

```
> gseq=function(i) #함수 summ은 변수i의 함수, 이는 중괄호 { } 안에 정의되어 있음.
    {
      for(i in 1:i) #객체 i에 대하여 1에서 i까지 { }의 연산을 반복해서 실행
        {
          an=2*3^(i-1) #등비수열의 일반항 공식(i번째 항이 구해진다)
          print(an) #등비수열(an) 출력(i번째 항을 출력하고, 다시 for() 함수로 이동하여,
                       정해진 i에 도달할 때까지 반복하여 출력)
        }
    }
> gseq(5) #5항을 구하여 출력
```

[출력]

```
[1] 2
```

```
[1] 6
[1] 18
[1] 54
[1] 162
```

(2) 등비수열의 합

R연습코드 7.6 | 초항이 2, 공비가 3인 등비수열의 합(등비수열의 합 $S_n = \frac{a(r^n-1)}{r-1}$을 생각해보자)

[입력]

```
> gseq_sum=function(i) #함수 gseq_sum은 변수 i의 함수이며, 이 함수는 이어지는 중괄호
                        { } 안에 정의되어 있음.
      {
       for(i in 1:i) #객체 i에 대하여 1에서 i까지 { }의 연산을 반복해서 실행
           {
            sn=2*(3^i-1)/2 #등비수열의 합 공식
           }
        print(sn) 등비수열의 합 출력(i번째의 합만을 출력)
      }
```

[출력]

```
> gseq_sum(3) #초항이 2이고, 공비가 3인 3항까지의 등비수열의 합(2+6+18)
[1] 26
> gseq_sum(5) #초항이 2이고, 공비가 3인 등비수열의 5항까지의 합(2+6+18+54+162)
[1] 242
```

3. 사용자정의 함수와 변수

사용자정의 함수를 잘 만들기 위해서는 코드의 논리를 잘 이해하는 것이 중요하다. 물론 조금만 신경쓰면 쉽게 알 수 있는 것이지만, 처음 코딩을 하다 보면 약간 이해가 안 가는 것들이 있다.

먼저 변수(variable)를 살펴보자. 프로그래밍에서 변수는 데이터가 들어가기 위한 공간이다. 사실 공간이라고 정의하는 것이 좀 기능적이긴 하다. 수학적인 정의도 있고, 방법

론적인 정의도 있지만 일단 이렇게 정의하고 넘어가자. 이 변수를 선언하는 이유는 당연히 어디엔가 사용을 하기 위해서이다. 어디에 사용할 것인가? 코딩을 하다 보면 변수들을 다음과 같은 3개의 유형으로 나누어 볼 수 있다.

- 전역변수(global variable) : 말 그대로 코드 전체에서 작동하는 변수
- 지역변수(local variable) : 말 그대로 코드의 일부분에서만 작동하는 변수
- 매개변수(인자, parameter) : 말 그대로 중간에서 매개해주는 변수

이제 하나씩 살펴보자. 다음과 같은 코드를 살펴보자.

R연습코드 7.7 | 전역변수, 지역변수, 매개변수

[입력]

```
> x=1; y=2; z=3 #x,y,z,의 변수선언과 변수에 데이터 할당
> fx=function(x) { #사용자정의 함수의 선언
           y=x+3
           z=x+5
         print(x); print(y); print(z) #매개변수(x)와 지역변수의 출력
        }
> fx(2)
```

[출력]

```
[1] 2
[1] 5
[1] 7
> print(x); print(y); print(z) #전역변수의 출력
[1] 1
[1] 2
[1] 3
```

- 지역변수 : 위의 코드에서 함수 fx로 정의된 함수에 사용된 변수 y,z는 함수 내에서만 작동하는 변수이며, 이를 지역변수라고 한다. 사용자정의 함수 fx에는 변수 y, 변수 z가 있으며, x에 값 1을 할당하면 y와 z는 x에 의하여 값이 생성된다.
- 매개변수(인자) : 사용자정의 함수 fx에는 변수 y, 변수 z가 있으며, x에 값 1을 할당하면 y와 z는 x에 의하여 값이 생성된다고 하였다. 변수 y와 변수 z는 x에 의하여 결정

된다. 즉, 변수와 함수를 연결(매개)해주는 변수인 것이다. 따라서 매개변수도 함수 내에서의 논리적 연산에 사용되는 변수라는 사실을 할 수 있다. 이 매개변수는 다른 말로 인자라고도 하며, R언어에서는 인자라고 부른다.

- 전역변수 : 사용자정의 함수 이전에 선언되고, 값이 할당된 변수 x,y,z는 전역변수이며, 코드 전체에서 작동한다. 따라서 함수의 몸체를 벗어나면 지역변수는 더 이상 작동하지 않는다.

4. 인자(매개변수)와 인수

인자(parameter, 매개변수)와 인수(argument)를 구분해보자. 인자는 함수가 성립하도록 해주는 변수(함수를 정의할 때 사용한다)이다. 반면, 인수는 함수가 실행되도록 하는 실행인자(함수를 호출할 때 사용한다)이다. 다음의 두 경우를 보자.

R연습코드 7.8 | 인자(매개변수)

```
> fx=function(x) { #사용자정의 함수의 선언
        y=x+3
        z=x+5
      print(x); print(y); print(z) #매개변수(x)와 지역변수(y,z)의 출력
            }
```

〈R연습코드 7.8〉에서 x는 인자이다. 즉, 매개변수이다. 외부와 함수를 연결하도록 하는 **변수**이다.

R연습코드 7.9 | 인수

```
> fx(2)
[1] 2
[1] 5
[1] 7
```

〈R연습코드 7.9〉에서 사용자정의 함수 fx(2)에서 2는 인수이다. 2는 사용자정의 함수 fx가 실행되도록 한다.

다시 다음의 예를 보자.

R연습코드 7.10 | 인자 또는 인수

```
> x=c(1:10); y(1,3,4,2,6,5,8,9,7,10)
> plot(x,y)
```

함수 plot()에서 x와 y는 인자일까 인수일까? 인수이다. 함수 plot()이 실행되도록 해주는 구체적인 값들이다. 좀 혼동될까? 그래서 다음과 같이 함수 plot()의 help를 호출해 보자.

이렇게 설명되어 있다. x, y를 인수(arguments)라고 부르고 있다. 일단 이렇게 간단히 이해해보자. 코딩은 많이 해봐야 발전한다.

```
>?plot()
```

R: Generic X-Y Plotting

plot {graphics} R Documentation

Generic X-Y Plotting

Description

Generic function for plotting of R objects. For more details about the graphical parameter arguments, see `par`.

For simple scatter plots, `plot.default` will be used. However, there are `plot` methods for many R objects, including `functions`, `data.frames`, `density` objects, etc. Use `methods(plot)` and the documentation for these.

Usage

`plot(x, y, ...)`

Arguments

`x`
the coordinates of points in the plot. Alternatively, a single plotting structure, function or *any R object with a* `plot` *method* can be provided.

`y`
the y coordinates of points in the plot, *optional* if `x` is an appropriate structure.

CHAPTER

08

검정과 단일모집단에 대한 가설검정

CHAPTER 08

검정과 단일모집단에 대한 가설검정

8장에서 학습해야 할 내용

7장의 추정과 8장의 검정은 같은 맥락에서 살펴보는 것이 중요하다. 연구자는 모집단의 일부인 표본데이터를 통해 자신의 주장을 증명하려고 한다. 따라서 검정이 이루어지려면 연구자의 주장이 있어야 한다. 이를 가설이라고 한다. 연구자의 주장을 검증하고자 한다면 어떤 과정을 거쳐야 하는가? 학습자는 이 부분을 전체적으로 살펴보는 것이 중요하다.

1. 추정과 검정은 어떻게 다른가?
2. 가설이란 무엇인가? 귀무가설과 대립가설이란 무엇인가?
3. 가설검정은 어떤 과정을 거치는가?
4. 가설을 검정할 때 발생되는 오류에는 어떤 것들이 있는가?
5. 유의수준이란 무엇인가?
6. 단측검정과 양측검정은 무엇이며, 이는 유의수준과 어떤 관계가 있는가?
7. 모평균 추론에 대한 가설검정은 어떤 단계를 거치며, 사용되는 검정통계량은 무엇인가?
8. 모비율 추론에 대한 가설검정은 어떤 단계를 거치며, 사용되는 검정통계량은 무엇인가?
9. R코드를 이용하여 모평균과 모비율에 대한 추론을 검정할 때 R코드는 어떻게 작성하고, 그 결과는 어떻게 해석해야 하는가?

시간적인 측면이나 경제적인 측면의 효율성 때문에 모집단 전체보다는 모집단의 일부인 표본을 통해 모집단에 대한 정보를 얻고자 한다고 하였다. 모집단의 일부인 표본에서 얻어진 정보는 당연히 모집단의 정보와 동일할 수 없다. 따라서 표본에서 얻어진 정보를 이용하여 모집단에 대한 정보을 알고자 하는 것이다. 이를 **통계적 추론**이라고 하며, 통계적 추론에는 **추정(estimation)**과 **검정(test)**이 있다고 하였다(7장과 8장).

추정은 표본에서 얻어진 정보를 통해 모집단에 대한 **특성치(모수)를 추론(측)**하는 것이며, **검정**은 **모집단에 대한 주장**을 표본을 통해 어느 정도 믿을 수 있을 것인가를 확인하는 추론(측)이다. 어떤 연구자가 "여성의 수리능력이 남성보다 높다"고 주장하고, 이 연구자는 자신의 주장이 옳다는 것을 증명하기 위하여 표본을 통하여 증명할 수 있는데, 이러한 과정이 검정이다. 이때 "여성의 수리능력이 남성의 수리능력보다 우월하다"라는 주장을 **통계적 가설**이라고 하고, 표본을 통하여 연구자의 통계적 가설을 검정하려고 하는 것을 **통계적 가설검정**이라고 한다. 이러한 통계적 가설검정(줄여서 '**가설검정**'이라고 하자)의 과정을 살펴보자.

정의 8.1 ● 검정

- 검정(test) : 모집단에 대한 주장을 표본을 통해 어느 정도 믿을 수 있을 것인가를 확인하는 추론(측)

8.1 가설의 개념

(1) 가설의 개념

가설(hypothesis) 또는 **통계적 가설**(statistical hypothesis)이란 **모집단의 특성 또는 모수에 대한 주장**이며, 특히 통계적 가설이라고 부르는 이유는 통계적 검정과정을 거치기 때문이다. 연구자는 관찰을 통해 자신의 주장(가설)을 입증하려고 한다. 주장이 가설이고, 관찰이 데이터이다.

어떤 연구자가 우리나라 대학생들의 용돈 수준이 알려진 바(기존의 주장은 용돈의 수준이 월 35만원이라고 알려져 있다)와는 다르게 '35만원이 아니다(더 많을 수도 있고, 더 적을 수도 있다)'라고 주장(=가설)하고 있다. 그 이유는 경제상황이 좋아서(또는 나빠서)일 수도 있기 때문이다.

이때 우리나라 대학생 전체의 용돈에 관한 관측치(관찰값)가 모집단이 되는 것이며, 이를 검증하기 위해서는 우리나라 대학생 전체의 용돈데이터를 조사하여 이들의 평균을 보면 될 것이다.

그러나 백만에 이르는 대학생들의 용돈데이터를 모두 수집하여 분석하려면 시간과 비용의 관점에서 어려움이 있다. 따라서 일부의 대학생을 대상으로 용돈데이터(=표본)를 수집하고 이들의 용돈데이터를 분석한 뒤, 이를 통해 가설에 대한 진위를 판단할 수 있을 것이다. 이 과정, 즉 표본을 통해 분석하고, 이들의 오차를 고려하여 주장에 대한 진위를 판단하는 것이 통계적 과정이다. 이러한 이유 때문에 통계적 가설이라고 하며, 통계적 검정과정을 거치게 된다.

정의 8.2 ● 가설과 통계적 가설

- 가설(hypothesis) : 모집단의 특성 또는 모수에 대한 주장
- 통계적 가설(statistical hypothesis) : 모집단의 특성 또는 모수에 대한 주장을 검정할 때 통계적 검정 과정을 필요로 한다는 것을 의미

가설은 모집단에 대한 주장의 일반적 형태이며, **통계적 가설**은 통계적 검정과정을 필요로 한다는 의미이다. 몇 가지 가설의 형태를 살펴보자.

- **가설 예 1** : 우리나라 대학생들의 용돈의 평균수준은 35만원이 아니다.
- **가설 예 2** : 우리나라 여고생의 수리능력은 남고생의 수리능력보다 더 높다.
- **가설 예 3** : 직장 내에서 직무에 대한 만족도는 일반직원이 관리자보다 높다.

물론 사회과학도들의 가설은 단순한 주장이 아니라 다른 문헌들이나 이론, 그리고 탐색적 관찰을 통해서 이루어진다. 단순히 "내 생각이 이렇다"는 것은 가설이 되기 어렵다. 설사 개인의 단순한 주장이 데이터를 통해 입증된다고 하더라도 그것이 굳건한 이론(robust theory)이 되기는 어렵다. 왜냐하면, 그 결과를 설명해 줄 이전의 연구나 이론, 그리고 관찰이 미비하기 때문이다. 이 점에 대해서는 **연구조사방법론**과 같은 별도의 학습이 필요하다.

다만 가설은 이론을 구축하려는 과학자들의 검증과정 중 하나라는 사실을 상기하기 바란다. 이미 이 책 1장의 1.2와 1.3에서 과학철학과 통계학이라는 부분에서 가설이 무엇인지에 대하여 아래와 같이 다룬 바 있다.

정리 8.1 ● 1장의 1.2

"이론적 모델을 구성하고 있는 네 가지 요소들이 정해지면, 이론가들은 모델에 대한 논리적 추론을 하게 되는데, 이를 모델에 대한 가정(proposition) 또는 가정문(proposition statement)이라고 한다. 이 가정들을 검증가능한 지표(empirical indicator)로 전환한 것을 가설(hypothesis)이라고 한다. 따라서 가설은 예측가능한 값들을 얻을 수 있도록 측정가능한 값들로 구성되어 있는 것이다.

이와 같이 가설은 현상에 대한 '논리적 주장'이다. 다만 검증가능한 논리적 주장이며, '검증가능하다'는 것은 '관찰가능하다'는 것과 다르지 않다. 그래서 통계학에서의 '검증가능성'이란 '관찰가능성'과 거의 같은 개념이며, 관찰은 데이터를 의미한다.

통계를 위한 창 8.1 | 귀납의 문제 : 러셀의 칠면조[1)]

칠면조는 칠면조 농장에서 아침을 맞이하면서 아침 9시에 모이를 준다는 사실을 알게 되었다. 그러나 세심한 칠면조는 이러한 사실을 너무 비약하지 않고 여러 차례에 걸쳐 관찰을 반복하였다. 기후의 변화와 요일의 차이 등 다양한 조건하에서 모이를 주는 관찰을 반복해 나갔다. 충분한 관찰을 했다고 판단을 한 칠면조는 "나는 항상 아침 9시에 모이를 먹는다"라는 결론을 얻어냈다. 그러나 그 결론을 내린 지 얼마 안되어 칠면조는 크리스마스 이브에 세상에서 사라져야 하는 운명을 맞이하게 되었다. 칠면조의 반복적이고 세심한 관찰은 허무한 거짓으로 판명되었다. 이 러셀의 칠면조 이야기는 귀납적 추론의 문제점을 지적한 것이다. 많은 수의 관찰이 특정의 이론을 만들어 낼 수 있다는 주장에 대한 하나의 문제점을 지적한 것이다. 이 러셀의 칠면조 이야기는 귀납주의자들이 주장하는 많은 수의 관찰 필요성에 대한 반대의견으로 제시되는 예 중의 하나이다.

(2) 가설검정의 과정

(통계적) 가설검정은 몇 가지 과정을 거치게 된다. 〈그림 8.1〉은 가설검정의 단계를 보여주고 있다. 이 통계적 가설검정 과정은 관찰(데이터)을 필요로 하고, 그 관찰을 통해 연구자의 주장에 대한 오류가 적다면 주장은 관철된다. 이러한 과정이 어떻게 이루어지는지 살펴보자.

1) 엘런 찰머스 저, 신일철 · 신중섭(1986) 옮김, 현대의 과학철학 p.45.

그림 8.1 | 통계적 가설검정의 과정

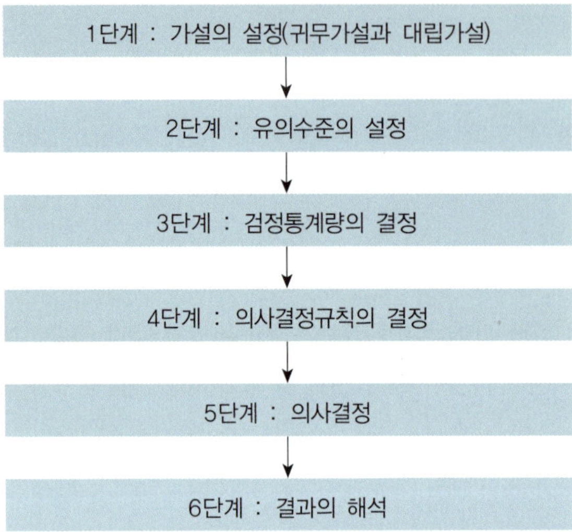

통계적 가설검정은 6개의 단계로 나누어볼 수 있다. **첫 번째 단계**는 '연구자의 주장'을 의미하는 가설을 설정하는 것이다. 연구자는 자신의 주장을 가설의 형태로 표현하고, 이를 데이터를 통해 검정하려고 한다. 연구자의 주장인 통계적 가설은 8.2에서 다시 살펴보도록 하자.

두 번째 단계는 연구자의 주장은 맞을 수도 있고, 틀릴 수도 있다. 다만 연구자의 주장이 틀릴 가능성이 있으며, 그 틀릴 가능성이 작다면(판단의 오류가 작다면) 연구자의 주장을 받아들일 수 있을 것이다. 연구자는 자신의 주장을 증명하기 위해(가설을 검정하기 위해) 데이터를 수집하고, 데이터를 통해 주장을 증명한다. 그러나 이 데이터는 모집단 전체 데이터가 아닌 모집단의 일부인 표본데이터이다. 즉, 오류의 가능성이 있다. **오류의 한계치**를 **유의수준(허용할 수 있는 오류의 크기)**이라고 하고, 오류의 수준이 유의수준의 기준치(5%, 또는 보수적으로 1%)보다 작다면 연구자의 주장을 받아들일 수 있을 것이다. 이는 8.3에서 자세히 설명한다.

세 번째 단계는 가설을 검정(기각 또는 채택)하는 값을 무엇으로 할 것인가 하는 것이다. 이를 **검정통계량**(test statistics)이라고 한다. 통계량이라는 용어에서 알 수 있듯이 이것은 표본데이터로부터 얻어지며, 이를 활용하여 2단계의 유의수준과 비교할 수 있는 오류 수준을 파악할 수 있다. 이 검정통계량에 대해서는 8.4에서 자세히 설명한다.

네 번째 단계는 귀무가설을 기각하기 위한 의사결정 규칙을 결정하는 단계이다. 의사결정은 두 가지 방법을 사용할 수 있다. 하나는 표본을 통해 계산된 검정통계량을 이용하여 의사결정했을 때 발생하는 오류의 크기(제1종의 오류)와 유의수준(5% 또는 1%)을 직접적으로 비교하는 것이며, 다른 하나는 표본에서 얻어진 검정통계량을 유의수준에 해당하는 검정통계량의 임계치과 비교하는 것이다. 유의수준에 해당하는 검정통계량의 값을 **임계치**(critical value)라고 한다. 이에 대해서는 8.5에서 자세히 설명한다.

정의 8.3 ● 임계치

- 임계치(critical value) : 유의수준에 해당하는 검정통계량의 값

다섯 번째 단계는 표본데이터를 통해 구체적인 검정통계량의 값을 계산하고 이를 활용하여 네 번째 단계의 의사결정 규칙을 통해 의사결정을 수행하는 단계이다. 즉, 가설검정에 대한 최종결론을 내리는 단계이다.

여섯 번째 단계는 연구자가 설정한 가설과 그 검정결과가 의사결정에 어떠한 의미가 있는지는 해석하고 의미를 부여하는 단계이다.

이러한 단계를 하나씩 살펴보도록 하자. 그러나 여섯 번째 단계는 연구자의 연구목표와 밀접한 관계가 있으므로 이 책의 전체에서 여섯 번째 단계에 대한 설명은 생략하기로 한다.

8.2 1단계 : 가설의 설정(대립가설과 귀무가설)

(1) 대립가설과 귀무가설

첫 번째 단계는 연구자의 생각, 즉 모집단에 대한 **연구자의 주장**이 있어야 한다. 앞서 언급했듯이, 연구자가 주장하는 가설이 대립가설이다. 대립가설을 어떻게 만드는가는 또 다른 중요한 학문영역이다. 이와 관련해서는 사회과학연구방법에 관한 문헌을 참고하기

바란다.

모집단에 대한 연구자의 주장을 **가설**이라고 설명한 바 있다. 연구자는 자신이 관심이 있는 어떤 특성이나 현상을 깊이 있는 관찰을 통해서, 또는 유사한 선행연구(이론)를 통해, 또는 관련 문헌을 통해 주장에 대한 어느 정도의 논리를 가지게 된다. 이러한 논리적인 연구자의 주장이 가설의 형태로 나타난다. 이 (통계적) 가설에는 **대립가설**(alternative hypothesis, H_1)과 **귀무가설**(null hypothesis, H_0)이 있다.

다시 말하면, 관찰을 통해 발견된 현상이나 특성들을 논리적으로 정리하거나, 선행연구(이론)들을 통해 현상에 대해 **연구자들이 주장하려고 하는 것**을 **가설**이라고 하고, 특히 이를 **대립가설**이라고 한다. **대립가설**이란 기존의 주장(**귀무가설**, **영가설**이다)과는 대립되는 논리적 과정(선행이론, 선행연구, 깊이 있는 관찰)을 거친 연구자의 주장이라는 의미이다. 따라서 대립가설과 귀무가설은 상호배타적이고, 둘 중의 하나는 진실이지만 둘 다 진실이 될 수는 없다,

정의 8.4 ● 대립가설과 귀무가설

- 대립가설(alternative hypothesis) : 연구자가 주장하는 모집단에 대한 진술(문)
- 귀무가설(null hypothesis) : 연구자의 주장 또는 진술이 받아들여지지 않은 경우, 남아있게 되는 모집단의 상태에 관한 진술(문)

예를 들어, 모평균에 대한 주장을 가설로 만들어보자. 연구자가 기존에 알려진 바와는 달리 최근의 경제적 여건의 변화로 인해 대학생들이 지금까지 지출하던 용돈의 수준인 35만원에 변화가 있을 것이라고 생각해서 "우리나라 대학생들의 용돈의 평균은 35만원이 아니다(높을 수도 있고, 낮을 수도 있다, 결국 변화가 있을 것이다)."라는 주장을 한다면 이것은 대립가설이 된다. 즉, 다음과 같이 설정될 수 있다.

▶ 대립가설(H_1) : 우리나라 대학생들의 용돈평균은 35만원이 아니다. ($\mu \neq 350{,}000$)

연구자가 표본데이터를 통해 대립가설을 검증하는 데 실패했다면, 귀무가설(원래의 상태)이 참으로 남아있게 된다. 즉, 귀무가설인 "우리나라 대학생들의 용돈의 평균은 35만원이다"가 유지되는 것이다. 이는 귀무가설을 기각하지 못하는 대립가설의 실패, 연구자

주장의 실패가 된다. 이러한 과정을 통해 가설검정이 진행된다. 따라서 앞서 언급했지만 두 개의 가설은 상호배타적이며, 둘 중 하나가 참으로 남는다. 앞의 대립가설에 대한 귀무가설은 다음과 같이 설정된다.

▶ 귀무가설(H_0) : 우리나라 대학생들의 용돈평균은 35만원이다. ($\mu = 350,000$)

대립가설은 연구자의 주장이며, 귀무가설은 대립가설을 통해 연구자가 발견하여 검증하지 않았다면 그대로 남아있는 상태인, "아무것도 발견하지 못한 상태로 돌아간다(귀무)"는 의미이다.

따라서 통계적 가설검정에는 연구자의 주장인 대립가설과 원래의 상태인 귀무가설이 **상호배타적인 쌍**의 형태로 설정되어 제시되어야 한다. 앞서 사용한 가설은 모집단의 평균에 대하여 추론할 때 사용될 수 있는 가설이며, 모집단의 분산, 모집단의 평균비교, 모상관계수 등에 관한 다양한 형태의 추론(가설)이 있을 수 있다.

(2) 가설설정의 형태 : 양측검정 가설과 단측검정 가설

그렇다면 귀무가설과 대립가설은 어떤 형태로 만들어지게 되는가? 조금 더 구체적으로 살펴보자. 연구자의 주장에 따라 이 가설의 모양(진술문의 형태)도 달라지게 되는데, 이 가설의 모양에 따라 검정의 방법도 달라진다. 먼저 모집단의 평균에 대한 추론을 이용하여 가설을 설정하는 과정을 살펴보자. 이때 진술문의 형태는 대개 다음의 두 가지 중의 하나가 된다.

첫 번째가 단순한 모평균의 변화나 차이를 주장하는 경우이다. 단순히 차이나 변화를 주장한다는 것은 차이(변화)가 음수일 수도 있고, 양수일 수도 있다는 의미이다. 이러한 경우에는 차이나 변화의 양쪽을 모두 살펴보아야 하는데, 이렇게 검정하는 것을 **양측검정(two-tailed test 또는 two-sided test)**이라고 한다.

다른 경우에는 아예 모평균의 차이나 변화의 방향을 처음부터 가설에 포함하는 것이다. 차이(변화)가 양수의 방향(예를 들면, 증가)으로 발생하는 경우, 또는 음수의 방향(예를 들면, 감소)으로 결정하는 경우, 둘 중의 하나를 가설로 설정하는 경우이다. 이러한 경우의 가설검정을 **단측검정(one-tailed test 또는 one-sided test)**이라고 한다. 단측검정의 방향은 대립가설에 의하여 결정되는데 대립가설이 '<'의 방향(음수, 예를 들어 '○○보다 작다')일 때 **좌측검정(left-tailed test)**이라고 하고, 대립가설이 '>'의 방향(양수, 예를 들어 '○○보다 크다')일 때 **우측검정(right-tailed test)**이라고 한다.

정리 8.2 ● 대립가설과 검정

대립가설이

- < 일 때 좌측검정(차이가 음수 또는 ○○보다 작다)
- > 일 때 우측검정(차이가 양수 또는 ○○보다 크다)
- ≠ 일 때 양측검정(차이가 음수 또는 양수 또는 ○○보다 크거나 작다)

이제 양측검정과 단측검정을 하나씩 자세히 살펴보자.

1) 양측검정의 가설설정

먼저 모집단의 평균에 관한 추론을 양측검정의 가설로 설정하는 방법을 고려해보자. 앞의 우리나라 대학생들의 용돈수준에 관한 가설을 다시 한번 살펴보자. 연구자의 주장은 기존에 알려진 용돈수준 35만원과는 다르게 "우리나라 대학생들의 평균용돈은 35만원이 아니다"라고 주장하고 있다면, 대학생들의 평균용돈이 35만원보다 많을 수도 있고 적을 수도 있다. 이때 귀무가설은 대립가설이 아닌 것, 즉 "우리나라 대학생들의 용돈 평균은 35만원이다"가 되며, 연구자의 주장인 대립가설은 평균용돈이 35만원보다 많을 수도 있고 적을 수도 있다. 이러한 방식의 가설설정이 양측검정의 가설이 된다. 이를 가설로 만들면 다음과 같다.

- 귀무가설(H_0) : 우리나라 대학생들의 용돈은 35만원이다. ($\mu = 350,000$)
- 대립가설(H_1) : 우리나라 대학생들의 용돈은 35만원이 아니다(많을 수도 있고 적을 수도 있다). ($\mu \neq 350,000$, 즉 $\mu > 350,000$ 또는 $\mu < 350,000$)

이 가설설정을 일반화시키면 다음과 같다.

- 귀무가설(H_0) : $\mu = \mu_0$

• 대립가설(H_1) : $\mu \neq \mu_0$, 즉, $\mu > \mu_0$ 또는 $\mu < \mu_0$

여기에서 μ_0의 의미는 현재의 상태에서(귀무가설의 상태에서) 모집단이 가지는 어떤 값을 의미한다.

2) 단측검정의 가설설정

반면, 연구자가 최근의 물가수준이 높아지고 인플레이션으로 인해 과거의 용돈 평균 35만원보다는 많아질 가능성이 있다는 생각으로 대립가설을 설정한다면, "우리나라 대학생들의 용돈의 평균은 35만원보다 많다"라고 설정할 수 있다. 이 경우에는 35만원보다 많은 경우만 검정하면 되므로 (우측)단측검정이 된다. 이를 가설로 만들면 다음과 같다.

• 귀무가설(H_0) : 우리나라 대학생들의 용돈은 35만원이다. ($\mu = 350,000$)
• 대립가설(H_1) : 우리나라 대학생들의 용돈은 35만원 보다 많다. ($\mu > 350,000$)

이 가설설정을 일반화시키면 다음과 같다.

• 귀무가설(H_0) : $\mu = \mu_0$
• 대립가설(H_1) : $\mu > \mu_0$

반대의 경우도 있을 수 있다. 연구자의 생각으로 경기가 어려워지자 부모들이 대학생들에게 용돈을 적게 주는 경향이 생기고, 이를 기반으로 연구자가 가설을 설정하였다면 연구자의 대립가설은 '우리나라 대학생들의 용돈평균은 35만원보다 적다'가 될 것이다. 이 경우에는 적은 경우만 검정하면 되므로 (좌측)단측검정이 된다. 이를 가설로 만들면 다음과 같다.

• 귀무가설(H_0) : 우리나라 대학생들의 용돈은 35만원이다. ($\mu = 350,000$)
• 대립가설(H_1) : 우리나라 대학생들의 용돈은 35만원 보다 적다. ($\mu < 350,000$)

이 가설설정을 일반화시키면 다음과 같다.

• 귀무가설(H_0) : $\mu = \mu_0$

- 대립가설(H_1) : $\mu < \mu_0$

3) 모비율에 관한 가설설정

대학생들의 용돈수준에 대한 추론과 같이 모집단의 평균에 대한 가설을 양측검정과 단측검정의 형태로 다루어 보았다. 이번에는 다른 경우로서 모평균이 아닌 모비율에 대한 양측검정과 단측검정의 예를 들어보자. 모비율이란 평균이 아닌 비율에 대한 연구자의 주장이며, 예를 들어 "우리나라 반려견의 유기비율은 45%이다"와 같이 특정의 비율을 가설의 형태로 만드는 것을 의미한다.

모평균 μ에 대한 검정을 모비율 p에 대해서 적용해볼 수 있다. 양측검정이나 단측검정 등과 같은 개념은 동일하므로, 다음과 같이 가설을 설정해볼 수 있다.

▶ 양측검정의 경우

귀무가설(H_0) : 모비율 p는 p_0이다. ($p = p_0$)

대립가설(H_1) : 모비율 p는 p_0가 아니다. ($p \neq p_0$), 즉 $p > p_0$ 또는 $p < p_0$

▶ 단측검정의 경우(우측검정)

귀무가설(H_0) : 모비율 p는 p_0보다 작거나 같다. ($p \leq p_0$)

대립가설(H_1) : 모비율 p는 p_0보다 크다. ($p > p_0$)

▶ 단측검정의 경우(좌측검정)

귀무가설(H_0) : 모비율 p는 p_0보다 크거나 같다. ($p \geq p_0$)

대립가설(H_1) : 모비율 p는 p_0보다 작다. ($p < p_0$)

이와 같이 양측검정인가 단측검정인가는 가설의 설정(연구자의 연구내용)에 따라 달라진다. 즉, 이론과 관찰에 기초한 연구자의 생각이 검정의 방법을 결정하는 것이다.

8.3 2단계 : 유의수준의 결정

통계적 가설검정의 **두 번째 단계**는 **유의수준**[2]을 정하는 것이다. **유의수준(significance level)**이란 "귀무가설이 진실(참)임에도 불구하고 귀무가설을 기각할 확률의 한계치"를 의미한다. 즉, 연구자가 가설에 관한 의사결정을 했을 때 오류가 발생할 확률에 대한 허용 한계치이다.

정의 8.5 ● 유의수준

- 유의수준(significance level) : 귀무가설이 진실(참)임에도 불구하고 귀무가설을 기각할 확률의 한계치

가설검정은 귀무가설을 기각함으로써 대립가설을 받아들이는 형태를 취한다. 따라서 귀무가설이 진실(참)임에도 불구하고 귀무가설을 기각한다는 것은 잘못된 판단인데, 잘못된 판단의 확률이 미미하다면 귀무가설을 기각하고 대립가설, 즉 연구자가 생각하는 주장을 받아들일 수 있다. 보통 귀무가설이 참인데도 잘못 기각할 확률을 **알파(α)**, 또는 **제1종의 오류(type I error)**라고 부른다.

반대의 경우도 있다. 대립가설이 참인데도 대립가설을 기각하는 경우(귀무가설을 기각하지 못하는 경우)도 있는데, 이를 **베타(β)**, 또는 **제2종의 오류(type II error)**라고 한다. 유의수준은 제1종의 오류에 대한 한계치이다. 즉, 제1종의 오류(α)가 유의수준보다 작아야 귀무가설을 기각할 수 있다. 가설검정을 위해 유의수준은 보통 5%(0.05), 보수적인 경우(더 엄격하게 판단을 하고자 하는 경우)에는 1%(0.01)를 사용하기도 한다. 이때 5% 또는 1%가 유의수준이 된다. 그렇다면 유의수준과 관련된 판단의 오류를 좀 더 자세히 살펴보자. 먼저 〈표 8.1〉을 살펴보자.

2) 유의수준과 제1종의 오류에 대하여 구분하지 않고 쓰기도 한다. 그러나 이 책에서는 유의수준을 제1종의 오류와 구분하여 사용하기로 한다. 즉, 제1종의 오류는 표본으로부터 얻어진 정보를 이용하여 의사결정을 했을 때 발생하는 오류의 양으로, 유의수준은 이 오류의 양에 대하여 의사결정자가 정하는 판단의 한계치로 정의한다.

표 8.1 제1종의 오류와 제2종의 오류

구분	실제상태(State of Nature) = 모집단의 실제상태		
연구자의 판단(judgement) = 표본정보에 기반한 연구자의 모집단에 대한 주장	구분	귀무가설(H_0)이 참(True)	대립가설(H_1)이 참(True)
	귀무가설(H_0)이 참이라고 받아들임 = H_1을 받아들이지 않음	올바른 판단 $1-\alpha$: 신뢰도	제2종의 오류 Type 2 Error = β
	H_0를 기각함 = 대립가설(H_1)이 참이라고 받아들임	제1종의 오류 Type 1 Error = α	올바른 판단 $1-\beta$: 검정력(power)

〈표 8.1〉을 보면, 실제상태(모집단)가 귀무가설이 참인 경우 표본에서 얻어진 정보를 통해 연구자가 귀무가설이 참이라고 판단하면 옳은 판단이지만($1-\alpha$), 귀무가설이 참인데도 귀무가설을 기각하고 대립가설을 받아들이게 되면 이는 오류(잘못된 판단)에 해당한다. 이를 **제1종의 오류(type I error)**라고 한다. 즉, 귀무가설이 참인데도 귀무가설을 기각할 확률을 의미한다.

반대로 대립가설이 참인 경우 대립가설을 받아들이면 이는 올바른 판단이지만, 이를 대립가설을 기각하고 귀무가설을 받아들이면 이는 잘못된 판단인 오류가 된다. 이를 **제2종의 오류(type II error)**라고 한다. 대립가설이 참인데도 대립가설을 기각할 확률이다. 관점을 바꾸어 거짓인 귀무가설을 기각하고 대립가설을 받아들일 수 있는 확률을 **검정력(power)**이라고 하고, 이는 $1-\beta$로 계산된다.

정의 8.6 ● 제1종의 오류와 제2종의 오류

- 제1종의 오류 : 귀무가설이 참인데도 귀무가설을 기각할 확률(α)
- 제2종의 오류 : 대립가설이 참인데도 대립가설을 기각할 확률(β)
- 검정력 : 거짓인 귀무가설을 기각시키는 확률 $1-\beta$
- 신뢰도 : 참인 귀무가설을 받아들이는 확률 $1-\alpha$

이를 형사재판과 연결하여 생각해보자. 제1종의 오류는 피의자가 무죄인데도 유죄판결을 하는 것과 같다. 이런 경우 그 피해는 누가 입을 것인가? 바로 피의자이다. 이는 무죄인데도 유죄라고 판단함으로써 그 피해를 피의자가 입게 된다.

반대인 제2종의 오류는 유죄인데 무죄라고 판단하는 것이다. 죄를 저지른 사람에게 적절한 벌을 주지 않음으로써 범죄자가 사회에서 다시 범죄를 저지를 기회를 주는 것이나 다름없다. 이때 피해는 누가 보는가? 바로 사회가 그 피해를 입는 것이 된다. 판단은 두 개의 오류 중에 어떤 오류를 줄일 것인가가 중요한 판단의 기준이 된다.

보통 통계학에서는 귀무가설을 기각하거나 받아들임으로써 가설을 검정하게 되므로 제1종의 오류를 중심으로 유의수준을 정하게 되며, 제1종의 오류가 유의수준보다 작아야 귀무가설을 기각할 수 있다.

8.4 3단계 : 검정통계량의 선택

통계적 가설검정의 **세 번째 단계**는 판단의 기준이 되는 표본(데이터)의 특성치를 정하고 계산하는 것이다. 이를 **검정통계량(test statistics)**이라고 부른다고 하였다. 즉, 모집단에 대한 주장인 가설을 판단하기 위해 표본에서 얻어진 수치를 의미한다.

예를 들어 모집단의 표준편차가 알려진 상태에서 단일모집단의 평균에 대한 가설을 검정하기 위한 검정통계량은 Z이며, Z는 (식 8.1)과 같이 계산된다. 다양한 형태의 가설검정에 사용되는 검정통계량은 앞으로 차차 배우게 될 것이며, 이 장에서는 모평균과 모비율에 관한 검정통계량에 대하여 살펴볼 것이다. 먼저 Z통계량을 살펴보자.

$$Z = \frac{(\overline{X} - \mu)}{\sigma / \sqrt{n}} \qquad \text{(식 8.1)}$$

여기서, $\overline{X}$: 표본평균
μ : 모평균
σ : 모표준편차
n : 표본의 크기
$\frac{\sigma}{\sqrt{n}}$: 표준오차

(식 8.1)은 모집단의 평균에 대한 검정통계량인 Z통계량이다. 이것은 **표본통계량인 표본평균($\overline{X}$)의 표준화된 값**이다. 즉, 표본평균값과 모평균의 차이를 표본평균의 표준편차인

표준오차(standard error of mean)로 나누어준 것이다. 따라서 표준화의 개념을 알면 모평균 μ에 대한 검정통계량은 쉽게 계산할 수 있다. 이는 표본평균의 표준화된 값이므로 검정통계량 Z의 분포인 z분포표를 가설검정에 활용하면 된다. (식 8.1)에서 볼 수 있듯이, 만약 표본평균이 모평균보다 크다면 Z통계량은 양수를 가질 것이며, 반대로 만약 표본평균이 모평균보다 작다면 Z통계량은 음수를 가질 것이다.

Z통계량에서 모집단의 표준편차 σ를 알 수 없는 경우에는 모집단의 표준편차인 σ 대신 표본의 표준편차 S를 사용하며 이를 T통계량이라고 하고, 다음과 같이 계산된다. 마찬가지로 T통계량의 분포를 t분포표[3]라고 하고, 이는 모집단에 대한 표준편차 σ를 모르는 경우에 사용한다. T통계량은 (식 8.2)와 같이 계산한다.

$$T = \frac{(\overline{X} - \mu)}{S/\sqrt{n}} \qquad \text{(식 8.2)}$$

여기서, $\overline{X}$: 표본평균
μ : 모평균
S : 표본표준편차
n : 표본의 크기
$\frac{S}{\sqrt{n}}$: 표준오차

잠시 용어에 대하여 정리해보자. 7장에서 정규분포 모평균 μ와 모분산 σ^2를 따르는 확률변수 $X_i(\sim N(\mu, \sigma^2))$에서 모평균 μ에 대한 추정량으로서 표본평균 $\overline{X}$를 제시한 바 있다. 이 경우 표본평균 $\overline{X}$는 기댓값이 μ이고, 분산이 $\frac{\sigma^2}{n}$인 정규분포를 따르게 된다고 하였다($\overline{X} \sim N(\mu, \frac{\sigma^2}{n})$). 이때 $\overline{X}(= \frac{1}{n}\sum_{i=1}^{n} X_i)$였고 X_i가 확률변수이므로 $\overline{X}$도 확률변수이며, 따라서 모평균 μ에 대한 주장인 가설을 검정하기 위하여 사용하는 검정통계량 $Z(= \frac{(\overline{X} - \mu)}{\sigma/\sqrt{n}})$도 확률변수임을 기억하라. 이 책에서는 추정량이 확률변수라는 의미에서 알파벳 대문자를 사용하였다는 점을 상기하기 바란다. 만약 확률변수의 구체적인 값이 정해지면, 추정량의 구체적인 값을 의미하는 추정치라는 의미에서 알파벳 소문자 x_i,

3) 스튜던트 t분포(student t분포)라고도 한다. 1908년에 윌리엄 고셋(William Sealy Gosset)이 '스튜던트'라는 필명으로 1908년 발표하였다. 고셋은 기네스 양조 공장에서 맥주에 사용되는 보리의 질을 시험하기 위해 이 분포를 도입하였고, 이후 통계학자인 로널드 피셔(Ronald Fisher)가 이 분포를 '스튜던트 분포'라고 불렀고, t라는 기호를 사용하였다.

$\bar{x}$, z를 사용한다는 점도 다시 한번 기억하기 바란다.

표 8.2 모평균 μ에 대한 검정통계량

구분	Z통계량 모표준편차 σ가 알려진 경우	T통계량 모표준편차 σ가 알려지지 않은 경우, 표본표준편차 S 사용
검정통계량	$Z=\dfrac{(\overline{X}-\mu)}{\sigma/\sqrt{n}}$ 여기서, $\overline{X}$: 표본평균 μ : 모평균 σ : 모표준편차 n : 표본의 크기 $\dfrac{\sigma}{\sqrt{n}}$: 표준오차	$T=\dfrac{(\overline{X}-\mu)}{S/\sqrt{n}}$ 여기서, $\overline{X}$: 표본평균 μ : 모평균 S : 표본표준편차 n : 표본의 크기 $\dfrac{S}{\sqrt{n}}$: 표준오차

또, 모비율 검정에 관한 검정통계량 Z는 다음과 같이 계산된다.

$$Z=\frac{p-p_0}{\sigma_{p_0}}=\frac{p-p_0}{\sqrt{\dfrac{p_0(1-p_0)}{n}}} \qquad \text{(식 8.3)}$$

여기서, p : 표본비율

p_0 : 귀무가설이 주장하는 모비율

σ_p : 모비율의 표준오차

n : 표본의 수

8.5 4단계 : 의사결정규칙의 결정

(1) 양측검정인 경우의 의사결정규칙

대학생들의 용돈 사례를 이용하여 유의수준 5%인 경우의 가설에 대한 의사결정을 해보자. 먼저 양측검정인 경우의 가설을 보자.

- 귀무가설(H_0) : 우리나라 대학생들의 평균용돈은 35만원이다. ($\mu = 350,000$)
- 대립가설(H_1) : 우리나라 대학생들의 평균용돈은 35만원이 아니다. ($\mu \neq 350,000$, 즉 $\mu > 350,000$ 또는 $\mu < 350,000$)

▶ 유의수준을 기준으로 의사결정

모집단의 평균에 대한 가설검정이고 모표준편차가 알려져 있다면 검정통계량 Z를 이용하면 된다. 표본에서 계산된 검정통계량을 이용하여 귀무가설을 기각할 때 발생하는 제1종의 오류 수준을 유의수준과 비교하는 것이다. 양측검정인 경우에는 $\mu > 350,000$ 또는 $\mu < 350,000$의 둘 중의 하나이므로 다음과 같이 의사결정의 기준을 정한다.

즉, $\mu > 350,000$인 경우 검정통계량에 의해 귀무가설을 기각했을 때 발생하는 제1종의 오류가 유의수준인 2.5%(0.025)보다 작은 경우 또는 $\mu < 350,000$인 경우, 검정통계량에 의해 귀무가설을 기각했을 때 발생하는 제1종의 오류가 유의수준인 2.5%(0.025)보다 작으면 귀무가설을 기각한다. 즉 우측과 좌측을 합하여 5%보다 작은 경우 귀무가설을 기각한다.

다시 말하면, 제1종의 오류가 전체 경우에서 발생하는 것을 의미하기 때문에, 먼저 표본데이터의 평균이 모평균 35만원보다 많게 나타났을 때($\mu > 350,000$) 귀무가설을 기각하면서 발생하는 오류의 양과, 표본데이터의 평균이 모평균 35만원보다 적게 나타났을 때($\mu < 350,000$) 귀무가설을 기각하면서 발생하는 오류의 양을 합친 것이 전체 오류의 양이 되어야 한다.

정리 8.3 ● 양측검정에서의 의사결정규칙(유의수준(5%)과의 비교)

- **귀무가설의 기각** : 검정통계량으로 귀무가설을 기각했을 때 발생하는 1종의 오류 < 유의수준 (좌우측 각각 2.5%, 총 5%)

〈그림 8.4〉를 보자. 양측검정의 경우 두 개의 경우에 모두 귀무가설을 기각할 수 있다. 즉, 표본데이터에서 얻어진 용돈평균이 35만원보다 클 때 귀무가설을 기각할 수 있는데, 이때 발생할 수 있는 제1종의 오류가 유의수준 2.5%보다 작아지는 검정통계량의 영역이 기각역이 된다(우측). 또한 표본데이터에서 얻어진 용돈평균이 35만원보다 작았을 때 귀무가설을 기각하게 되면 발생할 수 있는 제1종의 오류가 유의수준 2.5%보다 작아지는 검정통계량의 영역이 기각역이 된다(좌측). 즉, 기각역은 양쪽에서 발생하게 된다.

▶ 임계치를 기준으로 의사결정

앞에서는 유의수준을 이용하여 의사결정규칙을 설정하였다. 그러나 반대로 표본에서 얻어진 검정통계량의 값을 유의수준에 해당하는 검정통계량의 값인 임계치와 비교하여 의사결정을 할 수도 있다.

마찬가지로 〈그림 8.2〉에 나타난 바와 같이, 먼저 양측검정에서 양쪽의 유의수준 2.5%에 해당하는 검정통계량의 값을 임계치(critical value)라고 하고, 이 임계치보다 크거나 작으면 귀무가설을 기각할 수 있다. 즉 임계치를 비교하는 경우 양측검정에서는 다음의 경우에 귀무가설을 기각한다.

정리 8.4 ● 양측검정에서의 의사결정규칙(임계치와의 비교)

- **귀무가설의 기각** : 검정통계량>유의수준인 오른쪽 2.5%(0.025)에 해당하는 임계치(우측검정)
  또는
  검정통계량<유의수준인 왼쪽 2.5%(0.025)에 해당하는 임계치(좌측검정)

그림 8.2 | 유의수준 5%에서의 양측검정

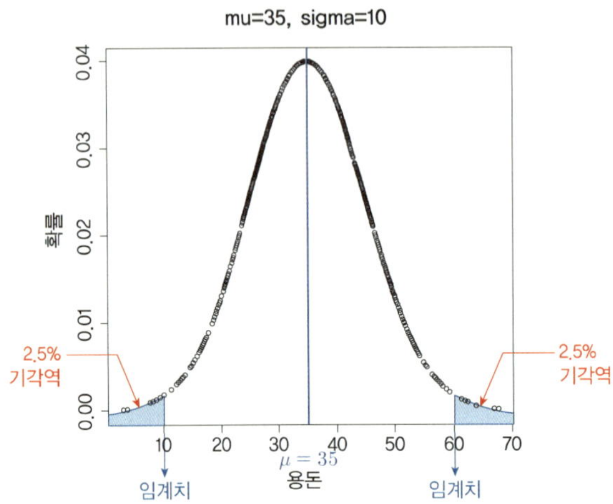

(2) 단측검정인 경우의 의사결정규칙

다시 대학생들의 용돈 사례를 이용하여 유의수준 5%($\alpha = 0.05$)인 경우의 모평균에 관한 가설 검정과정을 살펴보자. 먼저 단측검정인 경우의 가설은 다음과 같다. 다음의 가설은 우측검정에 해당한다.

- 귀무가설(H_0) : 우리나라 대학생들의 평균용돈은 35만원이다. ($\mu = 350,000$)
- 대립가설(H_1) : 우리나라 대학생들의 평균용돈은 35만원보다 많다. ($\mu > 350,000$)

▶ 유의수준을 기준으로 의사결정

검정통계량에 의해 귀무가설을 기각했을 때 발생하는 제1종의 오류가 유의수준 5% 보다 작을 때 귀무가설을 기각한다.

정리 8.5 ● 단측검정에서의 의사결정규칙(유의수준과의 비교)

- 귀무가설의 기각 : 검정통계량으로 귀무가설을 기각했을 때 발생하는 1종의 오류<유의수준(5%)

〈그림 8.3〉에서 보면 표본데이터에서 얻어진 용돈평균이 모평균 35만원보다 클 때(우측검정)의 검정통계량을 기준으로 귀무가설을 기각하면서 발생하는 제1종의 오류가 유의수

준 5%보다 작을 때 귀무가설을 기각한다.

▶ 그림 8.3 | 유의수준 5%에서의 단측검정(우측)

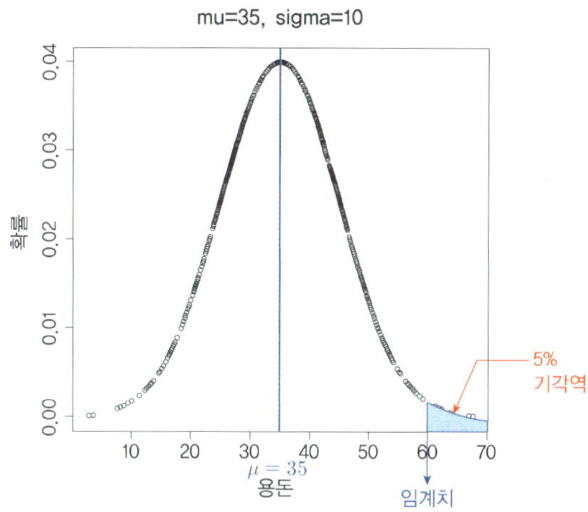

▶ 임계치를 기준으로 의사결정

검정통계량의 값이 유의수준 5%(0.05)에 해당하는 임계치보다 크면 귀무가설을 기각한다.

정리 8.6 ● 단측검정에서의 의사결정규칙(임계치와의 비교)

- 귀무가설의 기각 : 검정통계량의 값>유의수준인 5%(0.05)에 해당하는 임계치(우측)

8.6 5단계 : 의사결정

다섯 번째 단계는 귀무가설을 기각할 것인지 말 것인지 의사결정하는 단계이다. 네 번째 단계와 마찬가지로 연구자는 두 가지 관점에서 의사결정할 수 있다. 이를 위해 표본을 추출하고, 표본으로부터 검정통계량을 계산한다. 이 검정통계량을 이용하여 4단계의 의사결정규칙을 적용한다.

<그림 8.4>는 모집단의 평균에 대한 가설에 대하여 양측검정 시에 검정통계량을 구하고, 그를 이용한 가설검정의 방법을 나타내고 있으며, <그림 8.5>는 모집단 평균에 대한 단측검정(우측검정)에 대한 가설을 검정하기 위한 의사결정을 나타내고 있다.

그림 8.4 | 양측검정에서 귀무가설의 기각 여부 결정

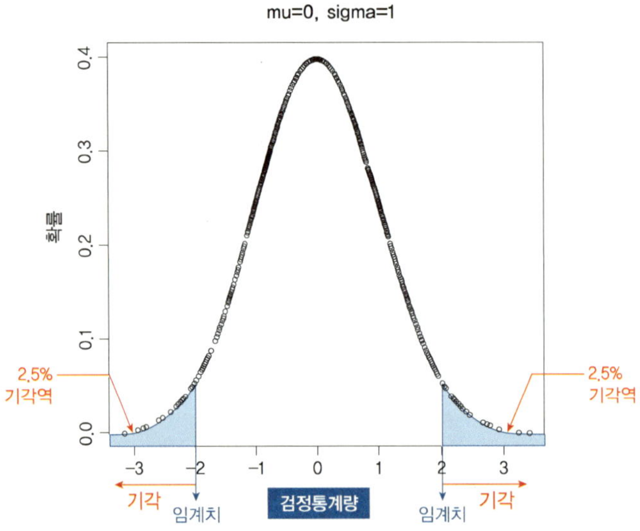

그림 8.5 | 단측검정에서 귀무가설의 기각 여부 결정

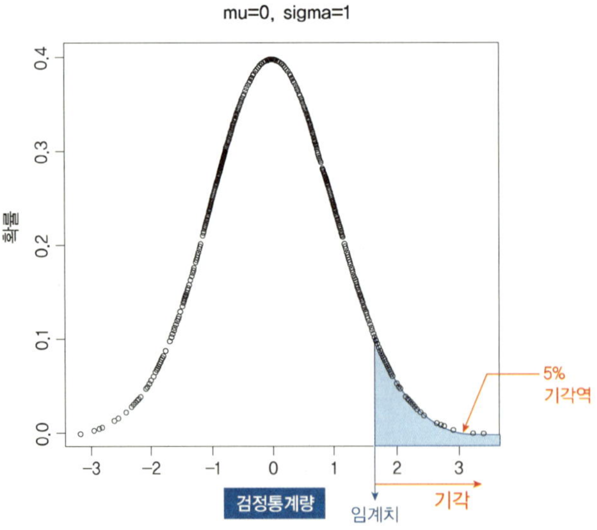

8.7 6단계 : 해석

여섯번째 단계는 의사결정에 대한 해석단계이다. 여섯 번째 단계가 가설검정의 단계에 필요한가에 대해 의문을 가질 수 있지만, 가설검정은 현상에 대한 연구자의 의문으로부터 시작된다. 그리고 현상에 대한 의문을 명료한 형태로 바꾸고 이를 데이터를 통해서 분석하려고 한다. 현상에 대한 의문이 가설의 형태로 나타나는 것인데, 연구자는 왜 그런 의문을 가졌는가? 그리고 의문에 대한 결과를 어디에 사용할 것인가를 사전에 생각했을 것이다. 따라서 표본데이터에 의해 검정된 가설에 대하여 왜 그러한 현상들이 발생했으며, 그러한 가설검정 결과를 활용하여 어디에 활용할 것인지 등에 관하여 설명하는 단계가 필요하다.

예제 8.1 ● 단측검정 : 모집단 평균에 대한 가설설정

문| 연구자는 우리나라 20세 이상 60세 미만의 성인들이 문화상품의 소비에 대해 관심을 가지고 있다. 특히 연구자는 뮤지컬 관람에 대해 관심을 가지고 있는데, 5년 전의 데이터를 살펴보니 우리나라 성인들이 연간 뮤지컬에 소비하는 시간이 20시간이라는 내용을 접하였다. 그러나 최근의 언론을 통해, 그리고 사람들의 행동을 통해 뮤지컬 관람 동향을 살펴보니, 5년 전보다는 뮤지컬에 보내는 시간이 많은 것으로 나타났다. 따라서 연구자는 우리나라 20세 이상의 성인들이 뮤지컬에 소비하는 시간이 증가했을 것이라고 판단하고, 20세 이상 60세 미만의 성인 100명을 무작위로 추출하여 이들의 뮤지컬 소비시간 변화에 가설을 설정하여 검정하고자 하였다. 이러한 연구자의 문제에 대하여 가설을 설정해보시오.

풀이| 연구자는 뮤지컬 소비시간이 과거보다 증가했다고 판단하고 있고, 이를 가설로 설정하여 검정하고자 하므로 다음과 같이 가설을 설정한다. 현재의 1인당 연간 뮤지컬 소비시간을 μ라고 하면 귀무가설과 대립가설은 다음과 같다.

- 귀무가설(H_0) : 우리나라 20세 이상 60세 미만 성인의 뮤지컬 연간 소비시간은 20시간보다 적거나 같다. ($\mu \le 20$)
- 대립가설(H_1) : 우리나라 20세 이상 60세 미만 성인의 뮤지컬 연간 소비시간은 20시간보다 많다. ($\mu > 20$)

8.8 모평균 μ에 대한 검정

(1) 모표준편차 σ를 아는 경우

앞의 대학생들의 용돈수준에 대한 가설검정을 생각해보자. 연구자의 주장은 그동안 경제환경에 많은 변화가 있어서 우리나라 대학생들 용돈수준이 35만원이 아니라는 것이다. 연구자는 경제환경이 좋을 때도 있고, 나쁠 때도 있으므로 용돈수준이 과거와는 다를 것이라고 판단하고 있으며, 따라서 용돈수준이 많을 수도 있고 적을 수도 있다고 판단한다. 이러한 생각을 반영하여 양측검정에 관한 가설을 설정하여 검정해보자. 가설검정의 과정을 한 단계씩 따라가보자.

대학생들의 용돈에 대한 모평균 μ에 대하여 가설을 검정하려고 한다. 모평균 μ에 대한 검정은 검정통계량 $Z=\dfrac{(\overline{X}-\mu)}{\sigma/\sqrt{n}}$를 활용한다고 한 바 있다. 연구자는 모표준편차 σ를 알고 있고, 이 값이 100,000원이라고 하자.

첫 번째 단계, 가설을 설정한다.

귀무가설(H_o) : 우리나라 대학생들의 평균용돈은 35만원이다. ($\mu=350{,}000$)

대립가설(H_1) : 우리나라 대학생들의 평균용돈은 35만원이 아니다. ($\mu\neq 350{,}000$)

두 번째 단계, 유의수준을 정한다. 유의수준을 5%(0.05)로 정하였다고 하자.

세 번째 단계, 검정통계량을 정한다. 모평균을 검정하기 위한 검정통계량은 Z이다. Z를 계산하기 위한 공식은 다음과 같다.

$$Z=\frac{(\overline{X}-\mu)}{\sigma/\sqrt{n}} \qquad \text{(식 8.1)}$$

네 번째 단계, 의사결정규칙을 정한다.

가설이 양측검정에 해당하므로 표본데이터에서 얻어진 검정통계량과 양쪽꼬리의 유의수준에 해당하는 검정통계량 임계치를 비교하거나, 표본데이터에서 얻어진 검정통계량의 제1종의 오류수준과 양쪽 꼬리의 각 유의수준 2.5%(전체 5%)를 비교한다.

먼저 유의수준에 해당하는 검정통계량의 임계치를 구해보자. 모평균 μ에 대한 검정을 할 때 사용되는 검정통계량 z에 해당하는 유의수준은 표준정규분포표를 이용한다. 〈표 8.4〉는 표준정규분포표이다. 이 〈표 8.4〉를 읽는 방법은 먼저 맨 왼쪽열 z의 값을 읽는데, 열은 0.00에서 3.4까지 제시되어 있다. 그 다음 맨 윗 행을 읽는데, 행은 0.00에서 0.09까지 제시되어 있다.

이 두 개의 열과 행을 연결하여 만나는 지점을 읽으면 그 값이 신뢰도이다. 먼저 z를 맨 왼쪽 열에서 1.9에서 시작하여 우측으로 이동하고, 다시 맨 위의 행에서 0.06부터 아래로 읽어 두 개의 열과 행이 만나는 지점에서 0.4750(〈표 8.4〉)을 발견하게 된다. 이 값은 z값이 0과 1.96 사이에 해당하는 확률값이다. 즉, $P(0 \leq z \leq 1.96) = 0.4750$ 또는 $\int_{0}^{1.96} f(x)dx = 0.4750$이다.

〈표 8.4〉의 맨 위 표준정규분포 그림에서 볼 수 있듯이 표준정규분포표는 그림의 반에 해당하는 면적(전체가 0.5)을 나타내고 있다. 이 그림을 두 배하면 면적이 1이 된다. 따라서 z가 1.96에 해당하는 면적은 0.4750이고, 양쪽으로 확대하면 0.95가 된다. 이것이 신뢰도이므로, 즉 양측검정의 경우 양쪽의 유의수준 2.5%에 해당하는 검정통계량 z의 값은 각각 ±1.96이다.

이는 다음과 같이 나타낼 수 있다.

$$P(-1.96 \leq z \leq 1.96) = 0.95 \text{ 또는 } \int_{-1.96}^{1.96} f(x)dx = 0.95 \text{이다.}$$

따라서 z=1.96은 오른쪽의 유의수준 2.5%에 해당하는 z의 임계치이다. 따라서 만약 5%의 유의수준에서 양측검정을 할 때 표본에서 구한 검정통계량의 값이 1.96보다 크거나 −1.96보다 작으면 귀무가설을 기각하게 된다.

이제 결정규칙을 정해보자. 양측검정이고 유의수준이 5%일 때, 검정통계량에 해당하는 제1종의 오류가 5% 미만이면 귀무가설을 기각하고 대립가설을 채택한다.

표 8.3 표준정규분포표

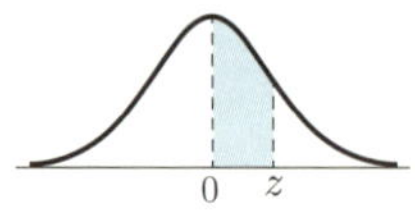

z	0.00	0.01	0.02	0.03	0.04	0.05	0.06	0.07	0.08	0.09
0.0	0.0000	0.0040	0.0080	0.0120	0.0160	0.0199	0.0239	0.0279	0.0319	0.0359
0.1	0.0398	0.0438	0.0478	0.0517	0.0557	0.0596	0.0636	0.0675	0.0714	0.0753
0.2	0.0793	0.0832	0.0871	0.0910	0.0948	0.0987	0.1026	0.1064	0.1103	0.1141
0.3	0.1179	0.1217	0.1255	0.1293	0.1331	0.1368	0.1406	0.1443	0.1480	0.1517
0.4	0.1554	0.1591	0.1628	0.1664	0.1700	0.1736	0.1772	0.1808	0.1844	0.1879
0.5	0.1915	0.1950	0.1985	0.2019	0.2054	0.2088	0.2123	0.2157	0.2190	0.2224
0.6	0.2257	0.2291	0.2324	0.2357	0.2389	0.2422	0.2454	0.2486	0.2517	0.2549
0.7	0.2580	0.2611	0.2642	0.2673	0.2704	0.2734	0.2764	0.2794	0.2823	0.2852
0.8	0.2881	0.2910	0.2939	0.2967	0.2995	0.3023	0.3051	0.3078	0.3106	0.3133
0.9	0.3159	0.3186	0.3212	0.3238	0.3264	0.3289	0.3315	0.3340	0.3365	0.3389
1.0	0.3413	0.3438	0.3461	0.3485	0.3508	0.3531	0.3554	0.3577	0.3599	0.3621
1.1	0.3643	0.3665	0.3686	0.3708	0.3729	0.3749	0.3770	0.3790	0.3810	0.3830
1.2	0.3849	0.3869	0.3888	0.3907	0.3925	0.3944	0.3962	0.3980	0.3997	0.4015
1.3	0.4032	0.4049	0.4066	0.4082	0.4099	0.4115	0.4131	0.4147	0.4162	0.4177
1.4	0.4192	0.4207	0.4222	0.4236	0.4251	0.4265	0.4279	0.4292	0.4306	0.4319
1.5	0.4332	0.4345	0.4357	0.4370	0.4382	0.4394	0.4406	0.4418	0.4429	0.4441
1.6	0.4452	0.4463	0.4474	0.4484	0.4495	0.4505	0.4515	0.4525	0.4535	0.4545
1.7	0.4554	0.4564	0.4573	0.4582	0.4591	0.4599	0.4608	0.4616	0.4625	0.4633
1.8	0.4641	0.4649	0.4656	0.4664	0.4671	0.4678	0.4686	0.4693	0.4699	0.4706
1.9	0.4713	0.4719	0.4726	0.4732	0.4738	0.4744	0.4750	0.4756	0.4761	0.4767
2.0	0.4772	0.4778	0.4783	0.4788	0.4793	0.4798	0.4803	0.4808	0.4812	0.4817
2.1	0.4821	0.4826	0.4830	0.4834	0.4838	0.4842	0.4846	0.4850	0.4854	0.4857
2.2	0.4861	0.4864	0.4868	0.4871	0.4875	0.4878	0.4881	0.4884	0.4887	0.4890
2.3	0.4893	0.4896	0.4898	0.4901	0.4904	0.4906	0.4909	0.4911	0.4913	0.4916
2.4	0.4918	0.4920	0.4922	0.4925	0.4927	0.4929	0.4931	0.4932	0.4934	0.4936
2.5	0.4938	0.4940	0.4941	0.4943	0.4945	0.4946	0.4948	0.4949	0.4951	0.4952
2.6	0.4953	0.4955	0.4956	0.4957	0.4959	0.4960	0.4961	0.4962	0.4963	0.4964
2.7	0.4965	0.4966	0.4967	0.4968	0.4969	0.4970	0.4971	0.4972	0.4973	0.4974
2.8	0.4974	0.4975	0.4976	0.4977	0.4977	0.4978	0.4979	0.4979	0.4980	0.4981
2.9	0.4981	0.4982	0.4982	0.4983	0.4984	0.4984	0.4985	0.4985	0.4986	0.4986
3.0	0.4987	0.4987	0.4987	0.4988	0.4988	0.4989	0.4989	0.4989	0.4990	0.4990
3.1	0.4990	0.4991	0.4991	0.4991	0.4992	0.4992	0.4992	0.4992	0.4993	0.4993
3.2	0.4993	0.4993	0.4994	0.4994	0.4994	0.4994	0.4994	0.4995	0.4995	0.4995
3.3	0.4995	0.4995	0.4995	0.4996	0.4996	0.4996	0.4996	0.4996	0.4996	0.4997
3.4	0.4997	0.4997	0.4997	0.4997	0.4997	0.4997	0.4997	0.4997	0.4997	0.4998

즉, 양측검정이고 유의수준이 5%일 때 검정통계량을 기준으로 $z \geq z_{\frac{\alpha}{2}} = z_{0.025}$ 또는 $z \leq -z_{\frac{\alpha}{2}} = -z_{0.025}$이면 귀무가설을 기각하고 대립가설을 채택한다. 그런데 Z통계량에서 $z_{0.025} = 1.96$이므로 5%의 유의수준이라면 $|z| > 1.96$, 즉 $z > 1.96$ 또는 $z < -1.96$이면 귀무가설을 기각한다.

다섯 번째 단계, 의사결정을 한다. 네 번째 단계의 결정규칙에 따라 가설을 기각하거나 채택하는 결론을 내린다.

이 가설을 검정하기 위하여 우리나라 대학생 100명을 무작위로 추출하여 용돈수준을 조사하였더니 용돈의 평균이 370,000원이었고, 표본표준편차도 모표준편차와 동일하게 100,000원이었다.

표본크기 100에 대한 조사결과를 이용하여 검정통계량 z를 계산하면 다음과 같다.

$$z = \frac{(370,000 - 350,000)}{100,000/\sqrt{100}} = \frac{20,000}{10,000} = 2$$

이 경우 검정통계량의 값이 2이고, 검정통계량에 해당하는 유의수준이 $2 \times (0.5 - 0.4772) = 0.0456$이다. 이는 0.05보다 작으므로 귀무가설을 기각한다. 또, 임계치를 기준으로 보면 양측 2.5%의 유의수준에 해당하는 임계치가 1.96이므로 표본에서 구한 검정통계량(2.0)이 1.96보다 크므로 귀무가설을 기각한다.

예제 8.2 ● 모평균 μ에 대한 가설검정 : 모표준편차 σ를 아는 경우의 단측검정(좌측검정)

문| A보험사의 사고접수 후 평균출동시간(μ)은 50분이고, 표준편차(σ)는 9.5분이라고 알려져 있다. 최근 인공지능시스템의 도입으로 출동시간이 단축되었다는 사실을 확인해보고 싶었다. 사고 후 출동을 요청한 고객 20명을 무작위로 선발하여 출동시간을 조사한 결과 다음과 같은 데이터를 얻었다.

고객	1	2	3	4	5	6	7	8	9	10
출동시간	35	43	52	55	43	64	44	67	35	37
고객	11	12	13	14	15	16	17	18	19	20
출동시간	43	44	41	40	27	47	49	50	37	40

표본평균($=\bar{x}$)=44.65분, 표본표준편차(s)=9.65분

이 데이터를 활용하여 새로운 인공지능시스템의 도입으로 출동시간이 단축되었다는 가설을 설정하고, 이를 검정하시오.

풀이|

(1) 가설의 설정

귀무가설(H_0) : $\mu = 50$(출동시간은 50분이다)

대립가설(H_1) : $\mu < 50$(출동시간은 50분보다 적다)

(2) 유의수준 설정

5%로 정하였다.

(3) 검정통계량의 결정

모평균 μ에 대한 가설검정이므로 검정통계량 $Z=\frac{(\overline{X}-\mu)}{\sigma/\sqrt{n}}$ 이용한다.

(4) 결정규칙

단측검정이고 가설이 모평균보다 작다는 가설이면 유의수준이 5%일 때 좌측검정이므로 $z \leq -z_{\alpha}$이면 또는 z에 해당하는 제1종의 오류가 0.05보다 작으면 귀무가설을 기각하고 대립가설을 채택한다.

(5) 의사결정

검정통계량의 계산공식에 의하여 검정통계량을 구하면

$z=\frac{(44.65-50)}{9.5/\sqrt{20}}=\frac{-5.35}{2.12}=-2.52$이고, $-z_{0.05}=-1.96$이므로

$z<-z_{\alpha=0.05}$이므로 귀무가설을 기각한다. 즉, 출동시간은 50분보다 줄었다.

(6) 해석

인공지능시스템을 도입한 결과 실질적인 출동시간은 감소되었다. 따라서 인공지능으로 인한 출동시간에 대한 고객만족은 개선되었으며, 경영층의 인공지능 도입은 경영개선에 도움이 되고 있다.

R코드 8.1 | 〈예제 8.2〉의 z-검정

[입력]

```
> insdata=c(35,43, 52, 55, 43, 64, 44, 67, 35, 37, 43, 44, 41, 40, 27, 47,
  49, 50, 37, 40) #보험출동시간 표본데이터
> mu=50 #모평균
> sigma=9.50 #모표준편차
> z=(mean(insdata)-mu)/(sigma/sqrt(length(insdata))) #z값 계산
> print(mean(insdata)) #표본평균출력
> print(z) #z값 출력
> print((1-pnorm(abs(z)))) #검정통계량 z에 해당하는 제1종의 오류(단측검정)
```

[출력]

```
> print(mean(insdata)) #표본평균
[1] 44.65
> print(z) #z값 출력
[1] -2.518519
> print((1-pnorm(abs(z))))
[1] 0.005892482
```

[설명] 이 코드는 표본데이터를 이용하여 검정통계량을 계산하고, 검정통계량에 기반한 제1종의 오류를 계산한 것이다. 표본평균 44.65를 통해 계산된 검정통계량 z를 이용하여 귀무가설을 기각했을 때 발생하는 1종의 오류(=0.005892482)가 0.05보다 작으므로 귀무가설을 기각한다.

[유의할 점] pnorm(abs(z))는 왼쪽꼬리 끝에서 검정통계량 z까지의 확률을 의미한다. 전체 확률이 1이므로 (1-pnorm(abs(z)))는 검정통계량 z값에서 한쪽꼬리에서 발생하는 제1종의 오류수준이다. abs(z)는 z의 절대값이다.

(2) 모표준편차 σ를 모르는 경우

모표준편차 σ를 모르는 경우, 표본에서 얻어진 표본표준편차 S를 이용한다. 이때 검정통계량은 T이며, T가 가지는 값의 분포인 t분포표의 값을 이용하여 검정한다. 검정통계량 T는 앞서 제시한 바와 같이 다음과 같이 계산한다.

$$T = \frac{(\overline{X} - \mu)}{S/\sqrt{n}} \tag{식 8.2}$$

자유도는 $n-1$이며, 다음의 〈표 8.4〉에서 t값을 확인할 수 있다. 〈표 8.4〉를 읽는 방법은 자유도와 유의수준을 기준으로 한다. 맨 왼쪽 열에는 자유도가 제시되어 있으며, 맨 위 행에는 유의수준이 제시되어 있다. 만약 자유도가 10이고 유의수준이 0.025라면 이때의 t값은 2.228이 된다.

앞의 용돈자료를 이용하여 t검정을 해보자. 표본에서 얻어진 표본표준편차가 모표준편차와 동일하게 100,000원이었으므로, $T = \frac{(\overline{X} - \mu)}{S/\sqrt{n}}$을 구하면 다음과 같다.

$$t = \frac{(370{,}000 - 350{,}000)}{100{,}000/\sqrt{100}} = \frac{20{,}000}{10{,}000} = 2.00$$

양측검정이므로, 표본의 크기가 100이므로 자유도 99에서 우측의 유의수준 2.5%(0.025)에 해당하는 t임계치는 자유도 60과 120 사이인 2.0과 1.980 사이의 어떤 값이 될 것이고, 이 값과 검정통계량 t값(=2)를 비교해보면 검정통계량 t의 값이 더 크므로 귀무가설을 기각할 수 있다. 즉, $|t| > t_{0.025}$이면 귀무가설을 기각하므로 $t > t_{0.025}$ 또는 $t < -t_{0.025}$이면 귀무가설을 기각한다.

표 8.4 t분포표

v \ α	0.4	0.25	0.1	0.05	0.025	0.01	0.005	0.0025	0.001	0.005
1	0.325	1.000	3.078	6.314	12.706	31.821	63.657	127.320	318.310	636.620
2	0.289	0.816	1.886	2.920	4.303	6.965	9.925	14.089	23.326	31.598
3	0.277	0.765	1.638	2.353	3.182	4.541	5.841	7.453	10.213	12.924
4	0.271	0.741	1.533	2.132	2.776	3.747	4.604	5.598	7.173	8.610
5	0.267	0.727	1.476	2.015	2.571	3.365	4.032	4.773	5.893	6.869
6	0.265	0.718	1.440	1.943	2.447	3.143	3.707	4.317	5.208	5.959
7	0.263	0.711	1.415	1.895	2.365	2.998	3.499	4.029	4.785	5.408
8	0.262	0.706	1.397	1.860	2.306	2.896	3.355	3.833	4.501	5.041
9	0.261	0.703	1.383	1.833	2.262	2.821	3.250	3.690	4.297	4.781
10	0.260	0.700	1.372	1.812	2.228	2.764	3.169	3.581	4.144	4.587
11	0.260	0.697	1.363	1.796	2.201	2.718	3.106	3.497	4.025	4.437
12	0.259	0.695	1.356	1.782	2.179	2.681	3.055	3.428	3.930	4.318
13	0.259	0.694	1.350	1.771	2.160	2.650	3.012	3.372	3.852	4.221
14	0.258	0.692	1.345	1.761	2.145	2.624	2.977	3.326	3.787	4.140
15	0.258	0.691	1.341	1.753	2.131	2.602	2.947	3.286	3.733	4.073
16	0.258	0.690	1.337	1.746	2.120	2.583	2.921	3.252	3.686	4.015
17	0.257	0.689	1.333	1.740	2.110	2.567	2.898	3.222	3.646	3.965
18	0.257	0.688	1.330	1.734	2.101	2.552	2.878	3.197	3.610	3.922
19	0.257	0.688	1.328	1.729	2.093	2.539	2.561	3.174	3.579	3.883
20	0.257	0.687	1.325	1.725	2.086	2.528	2.845	3.153	3.552	3.850
21	0.257	0.686	1.323	1.721	2.080	2.518	2.831	3.135	3.527	3.819
22	0.256	0.686	1.321	1.717	2.074	2.508	2.819	3.119	3.505	3.792
23	0.526	0.685	1.319	1.714	2.069	2.500	2.807	3.104	3.485	3.767
24	0.256	0.685	1.318	1.711	2.064	2.492	2.797	3.091	3.467	3.745
25	0.256	0.684	1.316	1.708	2.060	2.485	2.787	3.078	3.450	3.725
26	0.256	0.684	1.315	1.706	2.056	2.479	2.779	3.067	3.435	3.707
27	0.256	0.684	1.314	1.703	2.052	2.473	2.771	3.057	3.421	3.690
28	0.256	0.683	1.313	1.701	2.048	2.467	2.763	3.047	3.408	3.674
29	0.256	0.683	1.311	1.699	2.045	2.462	2.756	3.038	3.396	3.659
30	0.256	0.683	1.310	1.697	2.042	2.457	2.750	3.030	3.385	3.646
40	0.255	0.681	1.303	1.684	2.021	2.423	2.704	2.971	3.307	3.551
60	0.254	0.679	1.296	1.671	2.000	2.390	2.660	2.915	3.232	3.460
120	0.524	0.677	1.289	1.658	1.980	2.358	2.617	2.860	3.160	3.373
∞	0.253	0.674	1.282	1.645	1.960	2.326	2.576	2.807	3.090	3.291

예제 8.3 ● 모평균 μ에 대한 검정 : 모표준편차 σ를 모르는 경우의 단측검정(좌측검정)

〈예제 8.2〉와 동일한 사례를 이용해보자. A보험사의 사고접수 후 평균출동시간은 50분이고, 모표준편차는 알려져 있지 않다. 최근 인공지능시스템의 도입으로 출동시간이 단축되었다는 사실을 확인해보고 싶었다. 사고 후 출동을 요청한 고객 20명을 무작위로 선발하여 출동시간을 조사한 결과 다음과 같은 데이터를 얻었다.

고객	1	2	3	4	5	6	7	8	9	10
출동시간	35	43	52	55	43	64	44	67	35	37
고객	11	12	13	14	15	16	17	18	19	20
출동시간	43	44	41	40	27	47	49	50	37	40

*표본평균=44.65분, 표본표준편차=9.65

이 데이터를 활용하여 새로운 인공지능시스템의 도입으로 출동시간이 단축되었다는 가설을 설정하고, 이를 검정하시오.

(1) 가설의 설정

귀무가설(H_o) : $\mu=50$(출동시간은 50분이다)

대립가설(H_1) : $\mu<50$(출동시간은 50분보다 적다)

(2) 유의수준 설정

5%로 정하였다.

(3) 검정통계량의 결정

모표준편차 σ를 알 수 없으므로 t통계량을 이용한다.

$T=\dfrac{(\overline{X}-\mu)}{S/\sqrt{n}}$이다.

(4) 결정규칙

단측검정이고 가설이 모평균보다 작다는 가설이므로 유의수준이 5%일 때 $t\le -t_{\alpha}(20-1)$ 이면 귀무가설을 기각하고 대립가설을 채택한다.

(5) 의사결정

이를 이용하여 건정통계량값을 구하면 다음과 같다.

$$t=\frac{(44.65-50)}{9.65/\sqrt{20}}=\frac{-5.35}{2.16}=-2.477$$

검정통계량의 값 t=−2.477이고, $t_{0.05}(19)=-1.729$이고, $t<-t_{0.05}(19)$이므로 귀무가설을 기각한다. 즉, 출동시간은 50분보다 작다.

(6) 해석

인공지능시스템을 도입한 결과 실질적인 출동시간은 감소되었다. 따라서 인공지능으로 인한 출동시간에 대한 고객만족은 개선되었으며, 경영층의 인공지능 도입은 경영개선에 도움이 되고 있다.

R코드 8.2 | 함수 t.test()를 이용한 t검정

[입력]

```
> insdata =c(35,43, 52, 55, 43, 64, 44, 67, 35, 37, 43, 44, 41, 40, 27, 47,
  49, 50, 37, 40)
> ttest=t.test(insdata, mu=50, alter="less")
```

[출력]

```
        One Sample t-test

data:  insdata
t = -2.4799, df = 19, p-value = 0.01134
alternative hypothesis: true mean is less than 50
```

```
95 percent confidence interval:
   -Inf 48.38031
sample estimates:
mean of x
   44.65
```

[설명] 이 출력결과에서는 t = −2.4799, df = 19, p−value = 0.01134를 통해 가설을 검정할 수 있다. 표본으로부터 얻어진 검정통계량의 1종의 오류수준(p−value = 0.01134)이 가설검정의 유의수준인 0.05보다 작으므로 귀무가설을 기각한다.

이제 t검정을 위한 R내장함수가 아닌 R연산식을 활용하여 t검정을 해보자.

R코드 8.3 | 연산식을 이용한 t검정

[입력]

```
> insdata=c(35,43, 52, 55, 43, 64, 44, 67, 35, 37, 43, 44, 41, 40, 27, 47,
  49, 50, 37, 40) #보험출동시간데이터
> mu=50 #모평균
> sigma=sd(insdata) #표본표준편차
> t=(mean(insdata)-mu)/(sigma/sqrt(length(insdata))) #t값계산
> print(mean(insdata)) #표본평균출력
> print(t) #t값 출력
> print(1-pt(abs(t),df=19)) #t값에 해당하는 제1종의 오류
```

[출력]

```
> print(mean(insdata)) #표본평균출력
[1] 44.65
> print(t) #t값 출력
[1] -2.479916
> print(1-pt(abs(t),df=19)) #t값에 해당하는 제1종의 오류
[1] 0.0113397
```

[설명] 이 출력결과에서는 t=−2.4799, df=19, p−value=0.0113397을 통해 가설을 검정할 수 있다. 표본으로부터 얻어진 검정통계량의 제1종의 오류(0.0113397)가 가설검정의 기준유의수준 0.05보다 작으므로 귀무가설을 기각한다. 앞의 t.test() 함수를 이용한 코드 결과와 비교해보라.

R코드 8.4 | 표준정규분포와 t분포의 그림 비교

[입력]

```
> x <- seq(-4, 4, length.out=100) #데이터의 생성
> fx <- dnorm(x, mean=0, sd=1) #표준정규분포함수 생성
> fxt3 <- dt(x, 3) #t분포함수의 생성(자유도3)
> fxt10 <- dt(x, 10) #t분포함수의 생성(자유도10)
> plot(x, fx, type='l', lwd=3, ylim=c(0, 0.45), ylab='fx, ftx3, ftx10',
    main='표준정규분포 vs. t분포') #표준정규분포 그림
> lines(x, fxt3, lty=1, lwd=2, col='blue') #자유도3인 t분포함수 그림
> lines(x, fxt10, lty=1, lwd=2, col='red') #자유도10인 t분포함수 그림
> legend('top', lty=c(1, 1, 1),lwd=2, bty='o', ncol=1,
      col=c('black', 'blue', 'red'),
      legend=c('정규분포(평균=0, 표준편차=1)', 't분포(자유도=3)', 't분포(자유
             도=10)')) #범례의 작성
```

[출력]

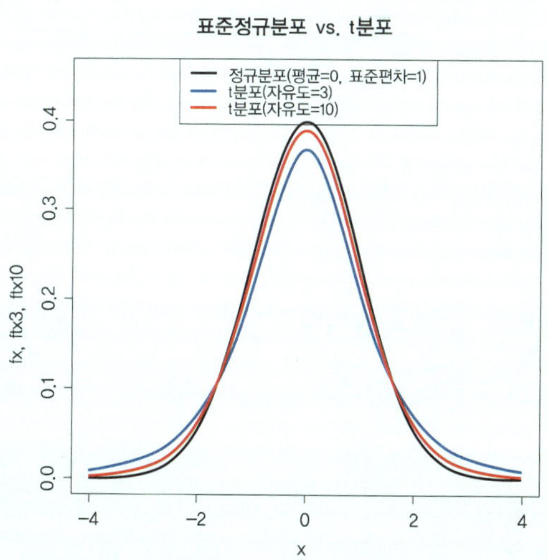

[설명] 정규분포(검은선)에 비하여 t분포의 그림이 더 두터운 것을 알 수 있다. 그리고 자유도가 커질수록(파란선→붉은선) 정규분포의 모양에 가까워진다.

8.9 모비율에 대한 검정

모평균 μ에 대한 검정을 모비율 p에 대해서 적용해볼 수 있다. 양측검정이나 단측검정 등과 같은 개념은 동일하므로, 다음과 같이 가설을 설정해볼 수 있다.

▶ 양측검정의 경우

귀무가설(H_0) : 모비율은 p_0이다. ($p = p_0$)

대립가설(H_1) : 모비율은 p_0가 아니다. ($p \neq p_0$)

▶ 단측검정의 경우(우측검정)

귀무가설(H_0) : 모비율은 p_0이다. ($p \leq p_0$)

대립가설(H_1) : 모비율은 p_0보다 크다. ($p > p_0$)

▶ 단측검정의 경우(좌측검정)

귀무가설(H_0) : 모비율은 p_0이다. ($p \geq p_0$)

대립가설(H_1) : 모비율은 p_0 보다 작다. ($p < p_0$)

따라서 이때의 검정통계량은 Z이며, 다음과 같이 계산된다. 검정통계량은 표본비율과 모비율의 차이를 표본비율의 표준오차로 나누어준 것이다.

$$Z = \frac{p - p_0}{\sigma_{p_0}} = \frac{p - p_0}{\sqrt{\frac{p_0(1 - p_0)}{n}}} \tag{식 8.3}$$

여기서, p : 표본비율
p_0 : 귀무가설이 주장하는 모비율
σ_{p_0} : 비율의 표준오차
n : 표본의 수

예제 8.4 ● 모비율 p에 대한 검정

문I 한국공장에서는 핸드폰에 들어가는 부품을 생산하고 있다. 지금까지 알려져 있는 부품의 불량률은 2%(p_0=0.02)라고 알려져 있다. 그러나 최근 들어 설비의 노후화로 인해 불량률이 늘어난 것처럼 판단이 되고, 부품 400개를 대상으로 불량률을 다시 계산해보니 16개의 불량품이 발견되었다. 이 결과를 이용하여 지금까지 알려진 부품의 불량률 2%에 대한 검정을 하려고 한다. 표본의 검사 결과를 이용하여 모비율에 대한 검정을 해보시오.

풀이I 먼저 지금까지 알려진 모비율을 이용하여 다음과 같이 가설을 설정할 수 있다.

- 귀무가설(H_0) : 모비율은 0.02이다. ($p=0.02$)
- 대립가설(H_1) : 모비율은 0.02보다 크다. ($p>0.02$)

이 가설을 유의수준 5%에서 검정하려고 하며, 5장 이항분포의 정규근사에서 표본의 개수가 충분하면 이항분포는 정규분포를 따른다고 하였다. 따라서 검정통계량은 Z이며, 다음과 같이 계산된다.

$$Z=\frac{p-p_0}{\sigma_p}=\frac{p-p_0}{\sqrt{\dfrac{p_0(1-p_0)}{n}}}$$

이 검정통계량 공식에 따라 검정통계량을 구하면 다음과 같다.

$$z=\frac{0.04-0.02}{\sqrt{\dfrac{0.02(1-0.02)}{400}}}=\frac{0.02}{0.07}=2.857$$

z=2.857에 해당하는 면적은 0.998(R에서 pnorm(2.857, 0, 1)을 입력하면 왼쪽꼬리 끝에서 2.857까지의 면적이 0.008이다)이므로 제1종의 오류는 1−0.998=0.002이다. 따라서 유의수준 5%를 기준으로 하면 귀무가설이 기각되고 대립가설을 받아들인다.

결론적으로 최근의 부품불량률은 지금까지 알려진 바와 다르게 더 큰 것으로 나타났다. 이 경우 불량률 관리에 기업은 더 관심을 가지고 개선해나가야 할 것이다.

〈예제 8.4〉를 R을 이용하여 계산해보자. 먼저 R에서 연산식을 활용하여 모비율에 대한 검정을 해보자.

R코드 8.5 | R연산을 이용한 〈예제 8.4〉 풀이

[입력]

```
z=(0.04-0.02)/sqrt(0.02*(1-0.02)/400) #z의 계산
```

```
print(z) #z값 출력
print((1-pnorm(abs(z)))) #z에 해당하는 제1종의 오류 계산하여 출력
```

[출력]

```
> print(z) #z값 출력
[1] 2.857143
> print((1-pnorm(abs(z)))) #z에 해당하는 제1종의 오류 출력
[1] 0.002137367
```

이제 보다 간단하게 R에서 내장함수를 활용하여 모비율에 대한 검정을 해보자.

R코드 8.6 | 함수 prop.test()의 활용한 〈예제 8.4〉 풀이

[입력]

```
>prop.test(16,400, p=0.02, alternative="greater", correct=FALSE)
```

[출력]

```
        1-sample proportions test without continuity correction

data:  16 out of 400, null probability 0.02
X-squared = 8.1633, df = 1, p-value = 0.002137
alternative hypothesis: true p is greater than 0.02
95 percent confidence interval:
 0.02673388 1.00000000
sample estimates:
  p
0.04
```

[설명] 모비율에 대한 검정으로서 prop.test() 함수를 이용하였다. 이 함수의 구조는 다음과 같으며, 각 인수와 인수값의 의미는 다음과 같다.

- prop.test(x, n, p=, alternative=" ", correct=)
- x=성공 또는 실패횟수
- n=총시행횟수
- p=모비율
- alternative="greater"(우측검정), or "less"(좌측검정), "two.sided"(양측검정)
- correct=FALSE or TRUE(연속성 보정계수 적용, 비적용)

이 코드에서는 연속성 보정계수를 사용하지 않았으며, 연속성 보정계수를 사용하지 않는 경우 앞의 〈R코드 8.5〉의 z검정과 같은 결과를 보여준다. 만약 연속성 보정계수를 사용하면 약간 차이가 있다.

8.10 제1종의 오류와 제2종의 오류 간의 관계

제1종의 오류와 제2종의 오류에 대하여 설명하였다. 좀 더 개념적으로 살펴보고 아울러 계산도 해보자. 제1종의 오류는 귀무가설이 참인데도 기각할 확률이고, 제2종의 오류는 귀무가설이 거짓인데도 이를 받아들이는 오류(대립가설이 참인데도 이를 기각할 오류)라고 하였다. 이를 계산과정을 통해서 살펴보자.

확률변수 X가 $N(\mu, 9)$를 따른다고 하자. 크기 100인 표본을 추출하여 모집단에 대한 검정을 하고자 한다. 지금까지 모평균은 0 또는 1로 알려져 있다. 이러한 상황에서 두 개의 가설을 생각해보자.

- 귀무가설 (H_0) : $\mu = 0$
- 대립가설 (H_1) : $\mu = 1$

만약 제1종의 오류 $\alpha = 0.05$를 이용하여 가설을 검정한다고 하면(귀무가설을 중심으로 검정한다면), 다음의 검정통계량 $Z = \dfrac{\overline{X} - \mu}{\sigma / \sqrt{n}}$를 이용하여 $\mu = 0$이므로, 검정통계량은 $Z = \dfrac{\overline{X} - 0}{\sigma / \sqrt{n}}$가 된다. 그런데 얻어진 크기 100인 표본으로부터 얻은 평균이 0.6이었다면 검정통계량은 다음과 같이 계산된다.

$z = \dfrac{(\overline{x} - \mu)}{\sigma / \sqrt{n}} = \dfrac{(0.6 - 0)}{3 / \sqrt{100}} = \dfrac{0.6}{0.33} = 1.818$이고, 이 z값에 해당하는 1종의 오류 α는 0.0345이다. 즉, $1 - P(Z > 1.818) = 0.0345$이다. $z(= 1.818) > z_{0.05}(= 1.66)$, $\alpha_{z=1.818} < \alpha_{z=1.66}$이므로 귀무가설을 기각할 수 있다.

이제 제1종의 오류 $\alpha = 0.0345$일 때 제2종의 오류를 구해보자. 제2종의 오류는 귀무가설이 거짓인데도 기각되지 않을 확률이다. 귀무가설이 거짓이라면 이에 대응하는(대립가설) 새로운 모평균값이 설정되고($\mu = 1$), 그에 따른 분포를 통하여 제2종의 오류를 계산하면 된다. 〈그림 8.8〉에서 보면, 제2종의 오류 β는 다음과 같이 계산된다. 검정통계량은 $Z = \dfrac{\overline{X} - 1}{\sigma / \sqrt{n}}$이 된다. 그런데 $n = 100$이고 $\sigma^2 = 9$이므로, $z = \dfrac{(\overline{x} - \mu)}{\sigma / \sqrt{n}} = \dfrac{(0.6 - 1)}{3 / \sqrt{100}} = \dfrac{-0.4}{0.33} = -1.212$이고, 이 z값에 해당하는 β는 0.113이다. 즉 $P(Z < -1.212) = 0.113$이다. 이를 그림으로 표현하면 〈그림 8.8〉과 같다.

그림 8.6 | 제1종의 오류와 제2종의 오류

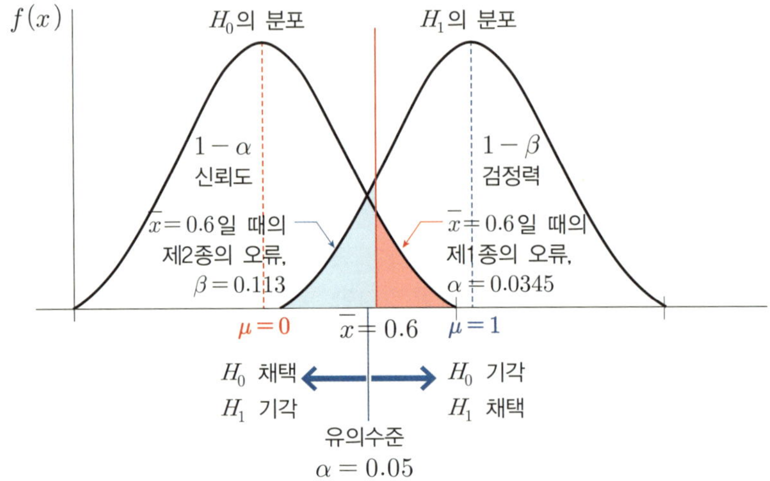

〈그림 8.6〉에서 보듯이 α가 작아지면 β가 커진다.

통계를 위한 창 8.2 | 화재경보기와 오류

화재경보기가 있다. 이 화재경보기는 기존의 공기의 질, 온도 등을 고려하여 화재 여부를 결정하고, 경보를 울린다. 이때 화재경보기의 작동은 〈창그림 8.2.1〉과 같이 생각해볼 수 있다.

창그림 8.2.1 | 화재경보와 제1종과 제2종의 오류

		실제상태(State of Nature), 화재의 상태	
연구자의 판단 (judgement) = 표본정보에 기반한 연구자의 모집단에 대한 주장	구분	귀무가설(H_0)이 참(True) = 화재 아님	대립가설(H_1)이 참(True) = 화재임
	귀무가설(H_0)이 참이라고 받아들임 = **경보작동 안함**	올바른 판단	제2종의 오류 Type 2 Error = β
	H_0를 기각함 = **경보작동**	제1종의 오류 Type 1 Error = α	올바른 판단 $1-\beta$: 검정력(power)

제2종의 오류인 β를 줄이기 위해 검정력을 높이면 어떻게 될까? 〈창그림 8.2.2〉와 같이 당연히 α가 늘어난다. 즉, 화재가 아닌 경우에도 경보가 울린다. 즉, 오작동이 늘어난다.

창그림 8.2.2 | 검정력과 제1종의 오류 간의 관계

구분	화재 아님	화재임
경보작동 안함	올바른 판단	제2종의 오류 Type 2 Error $=\beta$
경보작동	제1종의 오류 Type 1 Error $=\alpha$	올바른 판단 $1-\beta$: 검정력(power)

8.11 모평균 μ에 검정 : 대표본 근사

모집단이 정규분포를 따르지 않는 경우에도 표본의 수가 많으면 중심극한정리에 의하여 $\frac{\overline{X}-\mu}{\sigma/\sqrt{n}}$는 근사적으로 정규분포를 따른다고 하였다. 그런데 모표준편차 σ를 모른다고 할 때 모표준편차 σ 대신 표본표준편차 S를 사용하는 $\frac{\overline{X}-\mu}{S/\sqrt{n}}$ 또한 근사적으로 정규분포에 접근하게 된다. 물론 표본의 수가 몇 개인가 하는 논란이 있기는 하지만, 대략 30개 정도를 그 기준으로 사용하기는 한다. 이러한 현상을 **대표본 근사(large sample approximation)**라고 한다.

연습문제

01 검정이란 무엇인가? 추정과는 어떻게 다른가?

02 가설이란 무엇인가?

03 대립가설과 귀무가설의 개념에 대하여 설명해보시오.

04 유의수준이란 무엇인가?

05 제1종의 오류와 제2종의 오류에 대하여 설명해보시오.

06 유의수준과 제1종의 오류는 어떻게 다른가?

07 다음의 내용을 읽고 물음에 답하시오.

> 한국기업 대리점의 평균매출액은 일 1,000만원, 표준편차는 150만원으로 알려져 있다. 그런데 최근의 경기변동으로 인하여 매출액에 변화가 감지되고 있다. 따라서 한국기업은 25개의 지점을 무작위 표본으로 선정하여 조사한 결과, 일평균 매출액이 1,100만원으로 나타났다. 5%의 유의수준으로 한국기업이 생각하는 대리점의 일평균 매출액에 변화가 있다는 사실에 대하여 가설검정해보시오. 가설검정 시 다음의 단계를 거치시오(확률분포표는 본문을 참고하시오).

(1) 가설의 설정
(2) 유의수준의 결정
(3) 검정통계량의 선정과 계산
(4) 의사결정

08 다음의 자료를 이용하여 가설검정 단계를 따라 가설검정을 해보시오.

> 문제 7번의 내용에 대하여 국세청은 한국기업의 조사를 믿을 수 없어 36개의 지점을 조사하였더니 일평균매출이 1,200만원, 표준편차가 400만원이었다. 5%의 유의수준에서 국세청의 입장에서 가설을 검정해보시오. 가설검정 시 다음의 단계를 거치시오(확률분포표는 본문을 참고하시오).

(1) 가설의 설정
(2) 유의수준의 결정

(3) 검정통계량의 선정과 계산
(4) 의사결정

09 다음의 자료를 이용하여 가설검정 단계를 따라 가설검정을 해보시오.

> 한국대학에서는 대학생들의 취업률을 조사하고 있다. 지금까지 알려진 취업률은 70%로 알려져 있다. 그러나 경기의 변동으로 인하여 취업률에는 차이가 있을 것으로 판단되어 취업담당자는 졸업생 100명을 무작위로 조사하였는데, 이 중 65명이 취업을 하였다. 유의수준 5%에서 취업담당자가 생각하는 취업률의 변화에 대하여 가설을 검정해보시오. 가설검정 시 다음의 단계를 거치시오(확률분포표는 본문을 참고하시오).

(1) 가설의 설정
(2) 유의수준의 결정
(3) 검정통계량의 선정과 계산
(4) 의사결정

10 앞의 7,8,9번을 해결하기 위하여 R언어로 코드를 작성해보시오.

부록 통계분석을 위한 R활용 8

1. 모평균에 대한 z검정 : 모표준편차 σ가 알려진 경우

R언어에는 단일모집단에 대한 평균을 검정하기 위한 R함수는 별도로 내장되어 있지 않다. 따라서 Z통계량을 계산하고 표준정규분포에서 이 값에 해당하는 z값과 그 확률을 통해 오류의 수준을 계산할 수 있다. 확률분포에 대한 내장함수는 이 책의 5장에서 다루고 있으므로 5장의 부록을 참고하기 바란다. 다만 정규분포와 t분포에 관련된 내장함수는 다음과 같이 다시 소개한다.

연습표 8.1 ┃ 정규분포와 t분포의 R내장함수

구분	확률함수	누적분포	분위수함수	확률난수
정규분포	dnorm()	pnorm()	qnorm()	rnorm()
t분포	dt()	pt()	qt()	rt()

R연습코드 8.1 ┃ 연산을 이용한 z검정 : 모표준편차가 알려진 경우

[입력]

```
> insdata=c(35,43, 52, 55, 43, 64, 44, 67, 35, 37, 43, 44, 41, 40, 27, 47,
  49, 50, 37, 40) #보험출동시간 표본데이터
> mu=50 #모평균
> sigma=9.50 #모표준편차
> z=(mean(insdata)-mu)/(sigma/sqrt(length(insdata))) #z값 계산
> print(mean(insdata)) #표본평균출력
> print(z) #z값 출력
> print((1-pnorm(abs(z)))) #검정통계량 z에 해당하는 제1종의 오류(단측검정)
```

[출력]

```
> print(mean(insdata)) #표본평균
[1] 44.65
> print(z) #z값 출력
[1] -2.518519
> print((1-pnorm(abs(z)))) #z값에 해당하는 제1종의 오류출력
[1] 0.005892482
```

2. 모평균에 대한 t검정

(1) 함수 t.test()를 활용한 t검정 : 모표준편차 σ가 알려지지 않은 경우

모표준편차가 알려져 있지 않은 경우 표본표준편차를 이용한 단일모집단에 대한 평균검정인 t검정에 관한 R내장함수는 t.test()이다.

R연습코드 8.2 | 모평균 검정을 위한 함수 t.test()

```
> t.test(x=, mu= , alter="less", conf.level=)
```

- x=데이터 벡터
- mu=모평균
- alternative="less", 또는 "greater", 또는 "two.sided" (less=좌측검정, greater=우측검정, two.sided=양측검정)
- conf.level : 신뢰수준(0.95, 0.99)이며, 지정하지 않는 경우 0.95%의 신뢰구간을 출력

R연습코드 8.3 | t.test() 함수 사용

[입력]

```
> insdata =c(35, 43, 52, 55, 43, 64, 44, 67, 35, 37, 43, 44, 41, 40, 27, 47,
  49, 50, 37, 40)
> ttest=t.test(x=insdata, mu=50, alter="less")
```

[출력]

```
        One Sample t-test

data:  insdata
t=-2.4799, df=19, p-value=0.01134
alternative hypothesis: true mean is less than 50
95 percent confidence interval:
     -Inf 48.38031
sample estimates:
mean of x
    44.65
```

(2) 계산식을 이용한 t검정

모표준편차가 알려져 있지 않는 경우 표본표준편차를 이용한 단일모집단에 대한 평균검정인 t검정은 다음과 같은 간단한 계산식에 의해서도 수행할 수 있다.

R연습코드 8.4 | 연산을 이용한 t검정 : 모표준편차가 알려져 있지 않은 경우

[입력]

```
> insdata=c(35, 43, 52, 55, 43, 64, 44, 67, 35, 37, 43, 44, 41, 40, 27, 47,
  49, 50, 37, 40) #보험출동시간데이터
> mu=50 #모평균
> sigma=sd(insdata) #표본표준편차
> t=(mean(insdata)-mu)/(sigma/sqrt(length(insdata))) #t값 계산
> print(mean(insdata)) #표본평균출력
> print(t) #t값 출력
> print(1-pt(abs(t),df=19)) #t값에 해당하는 제1종의 오류
```

[출력]

```
> print(mean(insdata)) #표본평균출력
[1] 44.65
> print(t) #t값 출력
[1] -2.479916
> print(1-pt(abs(t),df=19)) #t값에 해당하는 제1종의 오류
[1] 0.0113397
```

3. 모비율에 대한 검정

(1) 함수 prop.test()을 활용한 모비율의 검정

모집단의 비율에 대한 검정은 z검정을 이용한다. 다만 비율에 관한 z검정은 이항분포의 정규근사이기 때문에 연속성에 관한 보정과정이 필요하다. 이 책에서 연속성 보정계수는 5장 확률분포에서 필요성과 개념에 대하여 다루었지만, 구체적으로 설명하지는 않았다. 모비율에 대한 검정은 함수 prop.test()를 사용한다.

R연습코드 8.5 | 모비율 검정을 위한 함수 prop.test()

```
> prop.test(x=16, n=400, p=0.02, alternative="greater", correct=FALSE)
```

- x=이항분포에서 관심의 대상이 되는 사건(성공, 또는 실패)의 발생횟수
- n=총시행횟수
- p=모비율
- alternative="greater"(우측검정), or "less"(좌측검정), "two.sided"(양측검정)
- correct=FALSE or TRUE (연속성 보정계수 적용, 비적용)

R연습코드 8.6 | 함수 prop.test() : 모비율에 대한 우측검정

[입력]

```
> prop.test(x=16, n=400, p=0.02, alternative="greater", correct=FALSE)
  #총시행횟수 400(n=400)에서 불량품의 개수 16(n=16)을 활용하여 모비율(p=0.02)을 검정, 우
  측검정(alternative="greater")이며, 연속성 보정계수는 적용하지 않음(correct=FALSE)
```

[출력]

```
        1-sample proportions test without continuity correction

data:  16 out of 400, null probability 0.02
X-squared=8.1633, df=1, p-value=0.002137
alternative hypothesis: true p is greater than 0.02
95 percent confidence interval:
 0.02673388 1.00000000
sample estimates:
    p
0.04
```

[설명] 검정결과 제1종의 오류수준(p-value = 0.002137 < 0.05)으로 나타나, 귀무가설 "모비율은 0.02($p=0.02$)이다"를 기각하고 대립가설 "모비율이 0.02보다 크다($p>0.02$)"를 받아들인다. 95%의 신뢰수준에서 모비율의 신뢰구간(95 percent confidence interval), 하한값 0.02673388, 상한값 1.00000000으로 나타난다.

(3) 계산식의 이용

모집단의 비율에 대한 z검정은 다음과 같은 간단한 계산식을 활용할 수도 있다.

R연습코드 8.7 | 계산식을 이용한 모비율에 대한 우측검정

[입력]

```
z=(0.04-0.02)/sqrt(0.02*(1-0.02)/400) #z의 계산
print(z) #z값 출력
print((1-pnorm(abs(z)))) #z에 해당하는 제1종의 오류 계산하여 출력
```

[출력]

```
> print(z) #z값 출력
[1] 2.857143
> print((1-pnorm(abs(z)))) #z에 해당하는 제1종의 오류 출력
[1] 0.002137367
```

[설명] 이 결과는 prop.test() 함수에서 연속성 보정계수를 적용하지 않은 경우와 동일하다.

4. 사용자정의 함수를 이용한 단일모집단의 평균에 대한 z검정

단일모집단의 평균에 대한 z검정은 다음과 같이 사용자정의 함수를 사용할 수도 있다.

R연습코드 8.8 | 사용자정의 함수를 이용한 단일모집단의 평균에 대한 z검정

[입력]

```
> insdata=c(35, 43, 52, 55, 43, 64, 44, 67, 35, 37, 43, 44, 41, 40, 27, 47,
  49, 50, 37, 40)
> z.test=function(x, mu, sigma)
 {
  z=(mean(x)-mu)/(sigma/sqrt(length(x)))
  print(2*(1-pnorm(abs(z)))) #양측검정
 }
> z.test(x=insdata,mu=50, sigma=9.5)
```

[출력]

```
> z.test(x=insdata,mu=50, sigma=9.5)
[1] 0.01178496
```

CHAPTER 09

두 모집단의 비교에 대한 가설검정

CHAPTER 09

두 모집단의 비교에 대한 가설검정

9장에서 학습해야 할 내용

연구자가 주장하고 증명하려고 하는 것은 두 개의 모집단의 차이, 즉 비교에 관한 것이다. 따라서 이 장에서 학습자가 염두에 두어야 할 것은 두 모집단에 대한 비교에 대해 연구자의 주장을 어떠한 과정을 통해 검정할 것인가이다.

1. 두 모집단의 평균비교란 무엇인가?
2. 두 모집단의 평균비교에는 어떤 유형이 있는가?
3. 두 모집단의 평균비교에 관한 가설검정은 어떤 과정을 거치는가?
4. 모집단의 분산이 알려져 있는 경우와 알려져 있지 않은 독립모집단의 평균비교는 검정과정이 어떻게 다른가?
5. 두 모집단의 비교에 평균만 가능한가? 비율은 비교할 수 없는가? 비교할 수 있다면 어떻게 할 수 있는가?
6. R코드를 이용하여 두 모집단의 비교를 검정할 때 R코드는 어떻게 작성하고, 그 결과는 어떻게 해석해야 하는가?

대부분의 학문들은 연구자들이 생각하는 것을 증명하고 실현하려고 한다. 통계학의 가설검정도 연구자가 생각한 것(현상에 대한 고찰)이 맞는가 라는 물음에서 출발한다. 연구자들의 생각과 주장은 흔히 가설로 표현하고, 그 가설을 데이터(관찰)를 통해 검증하려고 한다. 8장에서는 이러한 연구자의 생각이 단일모집단에 평균에 대한 추론(가설)로부터 출발하였다. 단일모집단의 평균에 추론(가설)이란 하나의 모집단 평균 또는 비율에 대한 연구자의 생각 또는 주장이다.

연구자는 하나의 모집단 평균에 추론(가설)에 대한 생각 외에 두 개 이상의 모집단의 평균비교에 대한 추론(가설)을 할 수도 있는데, 예를 들어 브랜드 A에 대한 소비자의 충성도와 브랜드 B에 대한 소비자의 충성도 비교, 고학년과 저학년의 학습능력 비교, 현역학생과 군필 복학생의 대학에서의 성과 비교, 조직 내에서 관리자와 일반직원의 직무만족도 비교 등과 같은 것이다.

물론 평균에 대한 비교 이외에 모집단의 비율에 대해서도 유사한 생각을 할 수 있다. 예를 들어 청년층과 장년층이 정부의 복지정책에 대해서 가지는 찬성자의 비율을 비교할 수 있는데, 이때에는 평균에 대한 비교보다는 비율에 대한 비교를 통해 모집단의 차이를 비교할 수 있다.

9.1 두 모집단의 평균비교에 대한 가설검정 개념과 유형

연구자들이 현상에 대해서 가지는 생각은 무궁무진하며, 두 개의 모집단의 평균에 대한 (비교)생각을 하는 것은 매우 단순하면서도 일상적인 의문이다. 따라서 먼저 두 개의 모집단의 평균비교에 대한 생각을 다루어보자.

두 개의 모집단의 평균비교에 대한 가설이란 무엇일까? 예를 들어, 다음과 같은 것들이 그 예가 될 수 있다.

(가) 조직 내에서 관리자와 일반 직원의 직무만족도 비교
(나) 생산직 사원과 영업직 사원 간의 직무만족도 비교
(다) 영업성과에 있어서 고학력자와 저학력자 간의 차이
(라) 운동 전 후의 체중의 비교
(마) 인센티브 지급 전과 후의 영업사원의 성과 비교
(바) 영업기회 제공에 대한 소비자 보상 전과 후의 소비자 집단의 성과 비교
(사) 고등학교 남학생들의 영어점수와 수학점수 비교

이 중에서 (가)~(다)는 서로 다른 집단 간의 같은 현상에 대한 비교이고, (라)~(사)는 동일한 집단에 대한 다른 현상의 비교이다. 전자의 경우를 **독립된 집단(서로 다른 집단)에 대한 비교**라고 하고, 후자의 경우를 **대응집단(동일한 집단)에 대한 비교**라고 부른다.

두 모집단에 대한 비교는 '**두 표본 검정**(two sample test)'과 동일한 용어이다. 두 모집단에 대한 가설을 검정한다는 것은 두 집단으로부터 표본데이터를 추출하고, 이를 t통계량을 통해 검정하기 때문이다. 따라서 교재에 따라서는 두 개의 표본에 대한 검정(two sample test)이라는 이름으로 다루기도 한다.

앞의 (가)~(사)에서 보는 바와 마찬가지로 두 모집단의 평균비교에 대한 사례는 다양하다. 연구자는 이러한 두 모집단에 대한 다양한 관찰을 통해, 또는 이론적인 추론을 통해 두 모집단의 평균에 대한 차이가 있다는 것을 발견하고, 이를 데이터를 통해 비교하고, 검증하려고 한다. 연구자들이 관심을 가질 수 있는 두 집단 간의 평균차이에 관한 연구자의 의문을 다시 한번 생각해보자.

(가) 조직 내에서 관리자와 일반 직원의 직무만족도에 차이가 있는가?
(나) 생산직 사원과 영업직 사원 간의 직무만족도에 차이가 있는가?
(다) 영업성과에 있어서 고학력자와 저학력자 간의 차이가 있는가?
(라) 운동 전후의 체중의 차이가 있는가?
(마) 인센티브 지급 전과 후의 영업사원의 성과에 차이가 있는가?
(바) 영업기회 제공에 대한 소비자 보상 전과 후의 소비자 집단에 차이가 있는가?
(사) 고등학교 남학생들의 언어능력과 수리능력에는 차이가 있는가?

여기에서 두 모집단의 평균비교에서 생각해야 할 것이 있다. (가)~(다)의 경우에는 두 모집단은 서로 관련이 없는 독립적인 모집단((가) 관리자와 일반직원, (나) 생산직 사원과 일반직 사원, (다) 고학력자와 저학력자)이다. 이들을 **독립모집단**(independent groups) **의 비교**라고 한다.

반면, (라)~(사)의 경우에는 모집단이 동일하며, 동일한 모집단에서 관찰대상만이 다르다. 즉, 동일한 모집단인데 '운동 전과 운동 후의 몸무게'라는 관찰대상 값만이 다른 경우이다. 이 경우를 **대응모집단**(paired groups)**의 비교**라고 한다. 독립모집단의 비교와 대응모집단의 비교를 그림으로 표현하면 〈그림 9.1〉, 〈그림 9.2〉와 같다.

그림 9.1 | 독립모집단에 대한 평균비교

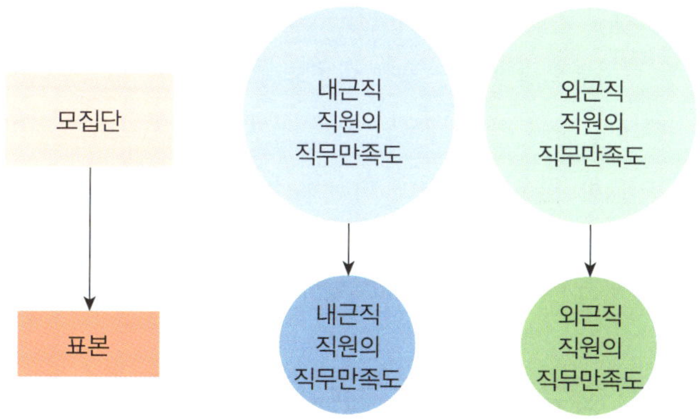

그림 9.2 | 대응모집단의 평균비교

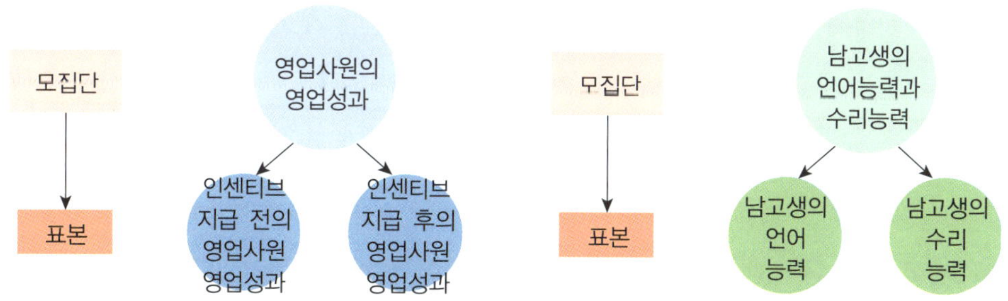

그림 9.3 | 두 모집단의 비교에 대한 검정의 종류

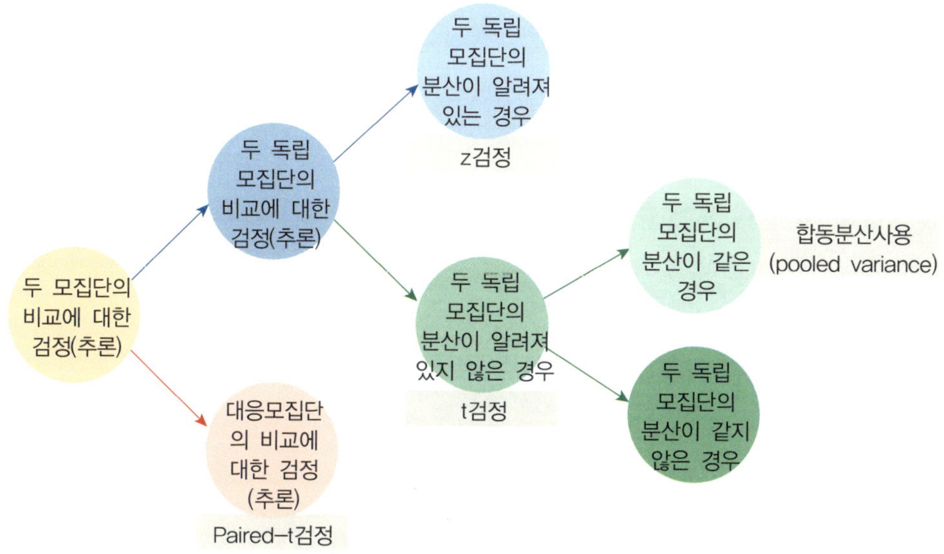

연구자가 관찰하고자 하는 모집단이 독립적인가 대응적인가에 따라서 가설검정에 사용되는 검정통계량이 달라진다. 이를 〈그림 9.3〉으로 살펴보자. 〈그림 9.3〉에 나타난 바와 같이, 두 모집단에 대한 가설검정은 독립모집단인가 또는 대응모집단인가에 따라 달라지며, 독립모집단인 경우에도 모집단의 분산이 같은 경우와 다른 경우의 두 가지로 나누어진다. 다음에 이어지는 9.2부터 이러한 경우에 대하여 하나씩 살펴보기로 한다.

9.2 두 독립모집단의 평균비교 : 모집단의 분산 σ_1^2와 σ_2^2가 알려져 있는 경우(z검정)

두 독립모집단에 대한 평균비교는 서로 독립적인 두 모집단에 대하여 동일한 내용의 관측치를 비교할 때를 의미한다. 예를 들어 내근직 사원과 외근직 사원은 서로 다른 모집단이고, 이들에 대하여 관측하여 비교하고자 하는 것은 동일한 내용의 직무만족도이다.

이 두 독립모집단의 평균비교에 대한 가설검정을 위해 8장의 가설검정 과정단계를 거쳐보자. 8장에서 〈그림 8.1〉로 제시하였던 그림을 9장에서는 〈그림 9.4〉로 다시 제시하였다.

그림 9.4 | 가설검정의 과정

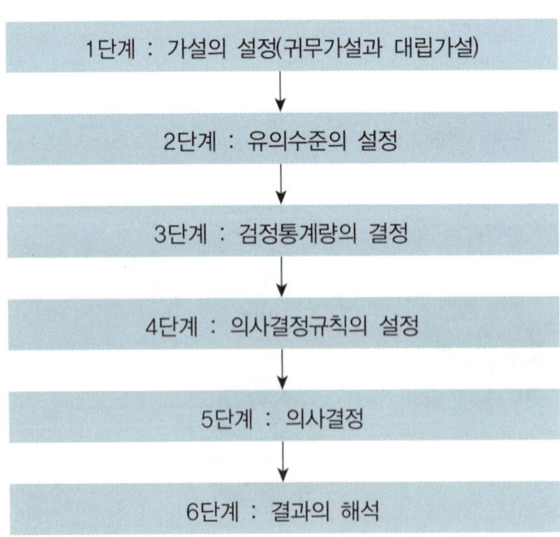

(1) 가설의 설정

연구자가 내근직 직원과 외근직 직원의 직무만족도의 차이에 대한 많은 관심을 가지고 있다고 하자. 내근직과 외근직의 직무만족도 차이에 관한 연구자의 생각을 정리한 가설은 다음과 같이 다양하게 나타날 수 있다.

표 9.1 내근직과 외근직의 직무만족에 관한 가설 예

연구자의 주장	가설 형태	통계적 표현	검정방법
주장 1 (가설 1)	귀무가설 : 내근직과 외근직 간에는 직무만족에 차이가 없다.	$H_0 : \mu_1 = \mu_2$	양측검정
	대립가설 : 내근직과 외근직 간에는 직무만족에 차이가 있다.	$H_1 : \mu_1 \neq \mu_2$	
주장 2 (가설 2)	귀무가설 : 내근직이 외근직보다 직무만족이 크거나 같나.	$H_0 : \mu_1 \geq \mu_2$	좌측 (단측)검정
	대립가설 : 내근직이 외근직보다 직무만족이 작다.	$H_1 : \mu_1 < \mu_2\}$	
주장 3 (가설 3)	귀무가설 : 내근직이 외근직보다 직무만족이 작거나 같다.	$H_0 : \mu_1 \leq \mu_2$	우측 (단측)검정
	대립가설 : 내근직이 외근직보다 직무만족이 크다.	$H_1 : \mu_1 > \mu_2$	

8장에서도 언급했듯이 어떤 형태의 통계적 가설을 설정할 것인가 하는 것은 연구자의 경험과 지식, 그리고 선행연구에 의존한다. 만약 연구자가 선행연구나 일상적 관찰에서 단순히 내근직과 외근직의 직무만족도 차이의 방향을 판단하지는 못한 채, 단순히 차이만을 발견하였다면 **주장 1**에 해당하는 가설을 설정할 수 있다.

그러나 선행연구나 연구자의 관찰을 통해 여러 이유로 내근직이 외근직보다 직무만족도가 떨어진다는 사실을 발견하고 이를 **주장 2**와 같이 가설을 설정하여 검정하면 되며, 반대의 경우라면 **주장 3**과 같은 가설이 될 것이다.

이 책에서 일단 내근직의 직무만족도 평균값으로 μ_1을, 외근직의 직무만족도 평균값을 μ_2로 표현하였다. 내근직과 외근직의 직무만족도의 차이를 검정하기 위해 주장 1과 같이 가설을 설정하고 검증한다고 하자. 관심사는 내근직과 외근직의 차이이다. 그렇다면 연구자가 관심이 있는 현상인 대립가설은 $\mu_1 \neq \mu_2$이므로 외근직의 직무만족도 평균 μ_2를 등호의 왼쪽으로 이동하면 $\mu_1 - \mu_2 \neq 0$이 될 것이다. 이를 바탕으로 가설을 다시 설정하면 다음과 같다.

- 귀무가설(H_o) : $\mu_1 - \mu_2 = 0$($\mu_1 = \mu_2$, 내근직 직원과 외근직 직원 간의 직무만족에는 차이가 없다)
- 대립가설(H_1) : $\mu_1 - \mu_2 \neq 0$($\mu_1 \neq \mu_2$, 내근직 직원과 외근직 직원 간의 직무만족에는 차이가 있다)

(2) 검정통계량

관심사는 내근직과 외근직의 차이인 $\mu_1 - \mu_2$가 되며, 이를 표본평균의 차이인 $\overline{X}_1 - \overline{X}_2$의 분포를 통해 검정할 수 있다. 따라서 $\overline{X}_1 - \overline{X}_2$의 분포를 파악하기 위하여 $\overline{X}_1 - \overline{X}_2$의 평균(기댓값)과 분산을 구해보자.

$$E(\overline{X_1} - \overline{X_2}) = \mu_1 - \mu_2 \qquad \text{(식 9.1)}$$

$$V(\overline{X_1} - \overline{X_2}) = V(\overline{X_1}) + V(\overline{X_2}) - 2Cov(\overline{X_1}, \overline{X_2}) \qquad \text{(식 9.2)}$$

$$= V(\overline{X_1}) + V(\overline{X_2}) = \frac{\sigma_1^2}{n_1} + \frac{\sigma_2^2}{n_2} \quad \because Cov(\overline{X_1}, \overline{X_2}) = 0$$

여기서, V : 분산
Cov : 공분산
σ_1^2 : 집단 1의 분산
σ_2^2 : 집단 2의 분산
n_1 : 집단 1의 표본크기
n_2 : 집단 2의 표본크기

따라서 $\overline{X}_1 - \overline{X}_2$의 분포는 $\sim N\left(\mu_1 - \mu_2,\ \frac{\sigma_1^2}{n_1} + \frac{\sigma_2^2}{n_2}\right)$이 되며, 이는 정규분포를 따르고 있으므로 $\overline{X}_1 - \overline{X}_2$를 표준화시켜서 Z통계량 검정을 하면 된다. 이때 검정통계량은 다음과 같이 계산된다.

$$Z = \frac{(\overline{X}_1 - \overline{X}_2) - (\mu_1 - \mu_2)}{\sqrt{\frac{\sigma_1^2}{n_1} + \frac{\sigma_2^2}{n_2}}} \sim N(0,1) \qquad \text{(식 9.3)}$$

마찬가지로 신뢰구간은 다음과 같이 구할 수 있다.

$$(\overline{X}_1 - \overline{X}_2) - z_{\frac{\alpha}{2}} \sqrt{\frac{\sigma_1^2}{n_1} + \frac{\sigma_2^2}{n_2}} \le (\mu_1 - \mu_2) \le (\overline{X}_1 - \overline{X}_2) + z_{\frac{\alpha}{2}} \sqrt{\frac{\sigma_1^2}{n_1} + \frac{\sigma_2^2}{n_2}} \qquad \text{(식 9.4)}$$

예제 9.1 ● 독립된 두 모집단의 평균비교 검정

문| 100,000명을 고용하고 있는 기업에서 직군별로 새로운 인사관리 기법을 도입하기 위해 일단 직군에 해당하는 직원들의 직무만족도를 조사하였다. 이 회사의 직군은 생산직과 관리직으로 나누어져 있었고, 생산직이 약 80%, 관리직이 약 20%를 차지하고 있었다. 일단 생산직 직원 80명과 관리직 직원 20명을 무작위로 추출하여 직무만족도를 조사한 결과, 다음과 같은 결과를 얻었다. 직무만족도는 100점 만점으로 측정되었다. 모표준편차(σ)는 생산직(σ_1)이 10점, 관리직(σ_2)도 10점으로 알려져 있다.

구분	표본평균($\overline{X}$)	표본표준편차(s)
생산직(80명)	83점($\overline{X}_1$)	12점(s_1)
관리직(20명)	75점($\overline{X}_2$)	13점(s_2)

이 결과를 활용하여 생산직과 관리직 간에 직무만족도에 차이가 있는가를 가설을 설정하여 검정하시오.

풀이| 가설검정의 단계를 이용하여 가설을 검정하면 다음과 같다.

(1) 다음과 같이 가설을 설정한다. 생산직의 모평균을 직무만족도 평균값을 μ_1, 관리직 직무만족도 평균값을 μ_2로 표현하면 가설은 다음과 같다.

- 귀무가설(H_o) : $\mu_1 - \mu_2 = 0$ (생산직과 관리직 간에 직무만족에 차이가 없다)
- 대립가설(H_1) : $\mu_1 - \mu_2 \neq 0$ (생산직과 관리직 간에 직무만족에 차이가 있다)

(2) 유의수준을 5%를 정하고, 가설에 따라 양측검정을 하면 우측꼬리와 좌측꼬리의 면적은 각각 2.5%가 되고, 여기에 해당하는 z값은 우측의 경우 1.96, 좌측의 경우 -1.96이다.

(3) 모평균의 차이에 대한 검정이고 모분산이 알려져 있으므로, 이를 검정하기 위한 검정통계량은 다음과 같다.

$$Z = \frac{(\overline{X_1} - \overline{X_2}) - (\mu_1 - \mu_2)}{\sqrt{\frac{\sigma_1^2}{n_1} + \frac{\sigma_2^2}{n_2}}}$$

(4) 의사결정을 위한 규칙을 정하면 다음과 같다.

$z > z_{0.025}$ 또는 $z < -z_{0.025}$이면 귀무가설을 기각한다.

(5) 이를 기준으로 검정통계량을 계산하여 의사결정하면 다음과 같다.

$Z = \frac{(\overline{X_1} - \overline{X_2}) - (\mu_1 - \mu_2)}{\sqrt{\frac{\sigma_1^2}{n_1} + \frac{\sigma_2^2}{n_2}}}$이고, 귀무가설이 $\mu_1 - \mu_2 = 0$ 이므로, 이를 계산하면

$z = \frac{(83-75)}{\sqrt{\frac{100}{80} + \frac{100}{20}}} = \frac{8}{\sqrt{1.25+5}} = \frac{8}{\sqrt{6.25}} = \frac{8}{2.5} = 3.20$이다.

이를 이용하여 의사결정하면 $z = 3.2 > z_{0.025} = 1.96$ 이므로 귀무가설을 기각한다.

R코드 9.1 | 독립된 두 모집단의 평균비교 검정

100,000명을 고용하고 있는 기업에서 직군별로 새로운 인사관리 기법을 도입하고자 일단 직군에 해당하는 직원들의 직무만족도를 조사하였다. 이 회사의 직군은 생산직과 관리직으로 나누어져 있었고, 생산직이 약 50%, 관리직이 약 50%를 차지하고 있었다. 일단 생산직 직원 10명과 관리직 직원 10명을 무작위로 추출하여 직무만족도를 조사한 결과, 다음과 같은 데이터를 얻었다. 직무만족도는 100점 만점으로 측정되었다. 모표준편차는 생산직이 6점, 관리직도 6점으로 알려져 있다.

구분	1	2	3	4	5	6	7	8	9	10
생산	86	87	77	86	78	95	87	77	87	90
관리	80	85	65	70	75	80	75	70	75	75

데이터의 요약은 다음과 같다.

구분	표본평균($\overline{X}$)	표본표준편차(s)
생산직(10명)	85점($\overline{X_1}$)	5.92점(s_1)
관리직(10명)	75점($\overline{X_2}$)	5.77점(s_2)

이 결과를 활용하여 생산직과 관리직 간에 직무만족도에 차이가 있는가를 R을 이용하여 분석하시오.

풀이|

■ **계산식을 이용한 검정통계량의 계산과 제1종의 오류 계산**

[입력]

```
> prod=c(86,87,77,86,78,95,87,77,87,90) #생산직의 직무만족 데이터
> mana=c(80,85,65,70,75,80,75,70,75,75) #관리직의 직무만족 데이터
> prod_mean=mean(prod) #prod의 평균
> mana_mean=mean(mana) #mana의 평균
> prod_sd=sd(prod) #prod의 표본표준편차
> mana_sd=sd(mana) #mana의 표본표준편차
> prod_pvar=36 #prod의 모분산
> mana_pvar=36 #mana의 모분산
> prod_n=length(prod) #prod의 표본크기
> mana_n=length(mana) #mana의 표본크기
> z=(prod_mean-mana_mean)/sqrt(prod_pvar/prod_n +
 mana_pvar/mana_n) #검정통계량 z값의 계산
> z_critical_value = qnorm(1-0.025) #5%유의수준에 대한 임계치(z값)의 계산
> type1error = 2*(1-pnorm(z)) #제1종의 오류수준
```

[출력]

```
> z #검정통계량의 출력
[1] 3.72678
> z_critical_value #5% 유의수준에 대한 임계치의 출력
[1] 1.959964
> type1error #검정통계량에 대한 제1종의 오류 출력
[1] 0.0001939416
```

[설명] 의사결정을 위해 두 가지 방법이 있다고 하였다. 하나는 검정통계량과 임계치를 비교하는 것이고, 다른 하나는 검정통계량에 대한 제1종의 오류를 계산하는 것이다. 먼저 검정통계량인 z값과 임계치를 비교하면 z(=3.72678) > z_critical_value(=1.959964)이므로 귀무가설을 기각한다. 두 번째, z값에 대한 1종의 오류수준은 0.00019로서 유의수준 0.05(5%)보다 작으므로 귀무가설을 기각한다.

9.3 두 독립모집단에 대한 평균비교 : 모집단의 분산 σ_1^2와 σ_2^2가 알려져 있지 않은 경우

앞 9.2의 경우에는 모집단의 분산 σ_1^2와 σ_2^2가 알려져 있는 경우를 가정하였다. 그러나 실제로는 모집단에 대한 정보는 알려져 있지 않은 경우가 많다. 만약 모집단의 분산이 알려져 있다면 앞의 9.2의 단계와 같은 과정을 거쳐서 가설검정을 수행하면 된다. 그러나 **두 모집단의 분산이 알려져 있지 않다면 표본의 분산**(표본의 분산이 모분산에 대한 통계량(추정량)이다)을 사용하면 된다.

또, 표본의 분산을 사용하는 경우에 두 모집단의 분산이 동일한 경우에는 두 표본의 분산을 합한 **합동표본분산**(pooled sample variance)을 사용하고, 두 모집단의 분산이 다른 경우에는 각 표본의 **개별분산**을 그대로 사용하면 된다. 이 두 개의 경우를 나누어 살펴보자.

(1) 두 모집단의 분산이 동일한 경우 : 등분산인 경우($\sigma_1^2 = \sigma_2^2$)

두 모집단의 분산이 동일하다고 가정되는 경우, 즉 등분산인 경우라면 모분산의 추정량인 표본분산을 각 자유도로 가중평균한 형태인 **합동표본분산**(pooled sample variance, S_p^2)을 이용하여 검정에 사용한다. 이 경우 두 모집단에 대한 두 표본의 분산을 각각 S_1^2과 S_2^2라고 하면 합동표본분산은 다음과 같이 계산된다.

$$\begin{aligned} S_p^2 &= \frac{n_1 - 1}{(n_1 - 1) + (n_2 - 1)} S_1^2 + \frac{n_2 - 1}{(n_1 - 1) + (n_2 - 1)} S_2^2 \\ &= \frac{(n_1 - 1)S_1^2 + (n_2 - 1)S_2^2}{n_1 + n_2 - 2} \end{aligned} \qquad \text{(식 9.5)}$$

자유도는 $n_1 + n_2 - 2$이다.

따라서 표본평균의 차이 $\overline{X}_1 - \overline{X}_2$에 대한 분산은 앞서

$$V(\overline{X}_1 - \overline{X}_2) = V(\overline{X}_1) + V(\overline{X}_2) - 2Cov(\overline{X}_1,\ \overline{X}_2) \qquad \text{(식 9.2)}$$
$$= V(\overline{X}_1) + V(\overline{X}_2)$$
$$= \frac{\sigma_1^2}{n_1} + \frac{\sigma_2^2}{n_2}$$

였으므로, 두 모집단의 분산이 알려져 있지 않은 경우, 모집단의 분산에 대한 추정량 ($\widehat{\sigma^2} = S^2$)을 이용하면 되므로 다음과 같이 표현할 수 있다.

$$V(\overline{X}_1 - \overline{X}_2) = \frac{\widehat{\sigma_1^2}}{n_1} + \frac{\widehat{\sigma_2^2}}{n_2}$$

모집단의 분산이 같으므로($\sigma_1^2 = \sigma_2^2$이므로), 이를 다시 쓰면 다음과 같다.

$$\frac{\hat{\sigma}_1^2}{n_1} + \frac{\hat{\sigma}_2^2}{n_2} = \hat{\sigma}^2\left(\frac{1}{n_1} + \frac{1}{n_2}\right) = S_p^2\left(\frac{1}{n_1} + \frac{1}{n_2}\right) \qquad \text{(식 9.6)}$$

따라서,

$\overline{X}_1 - \overline{X}_2$의 분포는 $\overline{X}_1 - \overline{X}_2$를 표준화한 검정통계량 T를 가지게 되고

$$T = \frac{(\overline{X}_1 - \overline{X}_2) - (\mu_1 - \mu_2)}{\sqrt{S_p^2\left(\frac{1}{n_1} + \frac{1}{n_2}\right)}}$$

이는 자유도가 $n_1 + n_2 - 2$인 t분포를 따른다. 따라서 다음과 같이 표현할 수 있다.

$$T = \frac{(\overline{X}_1 - \overline{X}_2) - (\mu_1 - \mu_2)}{\sqrt{S_p^2\left(\frac{1}{n_1} + \frac{1}{n_2}\right)}} \sim t_{n_1 + n_2 - 2} \qquad \text{(식 9.7)}$$

이 경우 신뢰구간은 다음과 같다.

$$(\overline{X_1} - \overline{X_2}) - t_{\frac{\alpha}{2}} \sqrt{S_p^2(\frac{1}{n_1} + \frac{1}{n_2})} \le (\mu_1 - \mu_2) \le (\overline{X_1} - \overline{X_2}) + t_{\frac{\alpha}{2}} \sqrt{S_p^2(\frac{1}{n_1} + \frac{1}{n_2})}$$

(식 9.8)

예제 9.2 ● 모집단의 분산이 알려져 있지 않지만 동일한 경우

문| 100,000명을 고용하고 있는 기업에서 직군별로 새로운 인사관리 기법을 도입하고자 일단 직군에 해당하는 직원들의 직무만족도를 조사하였다. 이 회사의 직군은 생산직과 관리직으로 나누어져 있었고, 생산직이 약 80%, 관리직이 약 20%를 차지하고 있었다. 일단 생산직 직원 80명과 관리직 직원 20명을 무작위로 추출하여 직무만족도를 조사한 결과 다음과 같은 결과를 얻었다. 직무만족도는 100점 만점으로 측정되었다. 모표준편차는 알수 없지만 동일하다고 알려져 있다.

구분	평균	표준편차
생산직(80명)	83점	12점
관리직(20명)	75점	13점

이 결과를 활용하여 생산직과 관리직 간에 직무만족도에 차이가 있는가를 가설을 설정하여 검정하시오.

풀이| 가설검정의 5단계를 이용하여 연구자의 가설을 검정하면 다음과 같다.

(1) 다음과 같이 가설을 설정한다. 생산직의 모평균을 직무만족도 평균값을 μ_1, 관리직 직무만족도 평균값을 μ_2로 표현하면 가설은 다음과 같다.

- 귀무가설(H_o) : $\mu_1 - \mu_2 = 0$ (생산직과 관리직 간에 직무만족에 차이가 없다)
- 대립가설(H_1) : $\mu_1 - \mu_2 \neq 0$ (생산직과 관리직 간에 직무만족에 차이가 있다)

(2) 유의수준을 5%를 정하고, 가설에 따라 양측검정을 하면 우측과 좌측꼬리의 면적은 각각 2.5%가 되고, 여기에 해당하는 t값은 자유도 $n_1 + n_2 - 2$에서 우측의 경우 1.98, 좌측의 경우 -1.98이다.

(3) 이를 검정하기 위한 검정통계량 T는 다음과 같이 계산된다.

$$T = \frac{(\overline{X_1} - \overline{X_2}) - (\mu_1 - \mu_2)}{\sqrt{S_p^2\left(\frac{1}{n_1} + \frac{1}{n_2}\right)}}, \quad S_p^2 = \frac{(n_1 - 1)S_1^2 + (n_2 - 1)S_2^2}{n_1 + n_2 - 2}$$

(4) 임계치를 이용한 의사결정을 위한 규칙을 정하면 다음과 같다.

$t > t_{98,0.025} = 1.98$ 또는 $t < -t_{98,0.025} = -1.98$이면 귀무가설을 기각한다.

v \ α	0.4	0.25	0.1	0.05	0.025	0.01	0.005	0.0025	0.001	0.005
1	0.325	1.000	3.078	6.314	12.706	31.821	63.657	127.320	318.310	636.620
2	0.289	0.816	1.886	2.920	4.303	6.965	9.925	14.089	23.326	31.598
3	0.277	0.765	1.638	2.353	3.182	4.541	5.841	7.453	10.213	12.924
4	0.271	0.741	1.533	2.132	2.776	3.747	4.604	5.598	7.173	8.610
5	0.267	0.727	1.476	2.015	2.571	3.365	4.032	4.773	5.893	6.869
6	0.265	0.718	1.440	1.943	2.447	3.143	3.707	4.317	5.208	5.959
7	0.263	0.711	1.415	1.895	2.365	2.998	3.499	4.029	4.785	5.408
8	0.262	0.706	1.397	1.860	2.306	2.896	3.355	3.833	4.501	5.041
9	0.261	0.703	1.383	1.833	2.262	2.821	3.250	3.690	4.297	4.781
10	0.260	0.700	1.372	1.812	2.228	2.764	3.169	3.581	4.144	4.587
11	0.260	0.697	1.363	1.796	2.201	2.718	3.106	3.497	4.025	4.437
12	0.259	0.695	1.356	1.782	2.179	2.681	3.055	3.428	3.930	4.318
13	0.259	0.694	1.350	1.771	2.160	2.650	3.012	3.372	3.852	4.221
14	0.258	0.692	1.345	1.761	2.145	2.624	2.977	3.326	3.787	4.140
15	0.258	0.691	1.341	1.753	2.131	2.602	2.947	3.286	3.733	4.073
16	0.258	0.690	1.337	1.746	2.120	2.583	2.921	3.252	3.686	4.015
17	0.257	0.689	1.333	1.740	2.110	2.567	2.898	3.222	3.646	3.965
18	0.257	0.688	1.330	1.734	2.101	2.552	2.878	3.197	3.610	3.922
19	0.257	0.688	1.328	1.729	2.093	2.539	2.561	3.174	3.579	3.883
20	0.257	0.687	1.325	1.725	2.086	2.528	2.845	3.153	3.552	3.850
21	0.257	0.686	1.323	1.721	2.080	2.518	2.831	3.135	3.527	3.819
22	0.256	0.686	1.321	1.717	2.074	2.508	2.819	3.119	3.505	3.792
23	0.526	0.685	1.319	1.714	2.069	2.500	2.807	3.104	3.485	3.767
24	0.256	0.685	1.318	1.711	2.064	2.492	2.797	3.091	3.467	3.745
25	0.256	0.684	1.316	1.708	2.060	2.485	2.787	3.078	3.450	3.725
26	0.256	0.684	1.315	1.706	2.056	2.479	2.779	3.067	3.435	3.707
27	0.256	0.684	1.314	1.703	2.052	2.473	2.771	3.057	3.421	3.690
28	0.256	0.683	1.313	1.701	2.048	2.467	2.763	3.047	3.408	3.674
29	0.256	0.683	1.311	1.699	2.045	2.462	2.756	3.038	3.396	3.659
30	0.256	0.683	1.310	1.697	2.042	2.457	2.750	3.030	3.385	3.646
40	0.255	0.681	1.303	1.684	2.021	2.423	2.704	2.971	3.307	3.551
60	0.254	0.679	1.296	1.671	2.000	2.390	2.660	2.915	3.232	3.460
120	0.524	0.677	1.289	1.658	1.980	2.358	2.617	2.860	3.160	3.373
∞	0.253	0.674	1.282	1.645	1.960	2.326	2.576	2.807	3.090	3.291

(5) 귀무가설이 $\mu_1 - \mu_2 = 0$이므로

$$T = \frac{(\overline{X}_1 - \overline{X}_2) - (\mu_1 - \mu_2)}{\sqrt{S_p^2\left(\frac{1}{n_1} + \frac{1}{n_2}\right)}} \text{이고, } S_p^2 = \frac{(n_1 - 1)S_1^2 + (n_2 - 1)S_2^2}{n_1 + n_2 - 2} \text{이므로,}$$

이를 계산하면

$$s_p^2 = \frac{(n_1 - 1)s_1^2 + (n_2 - 1)s_2^2}{n_1 + n_2 - 2} = \frac{(11376 + 3211)}{98} = 148.85 \text{이고, 이에 따라}$$

$$t = \frac{(\overline{X}_1 - \overline{X}_2)}{\sqrt{S_p^2\left(\frac{1}{n_1} + \frac{1}{n_2}\right)}} = \frac{(83 - 75)}{\sqrt{148.85\left(\frac{1}{80} + \frac{1}{20}\right)}} = 0.83 \text{이다.}$$

이를 기준으로 의사결정하면 $t(=0.83) < z_{98,0.025}(=1.98)$이므로 귀무가설을 기각할 수 없다.

R코드 9.2 | 모집단의 분산이 알려져 있지 않지만 동일한 경우

문| 100,000명을 고용하고 있는 기업에서 직군별로 새로운 인사관리 기법을 도입하고자 일단 직군에 해당하는 직원들의 직무만족도를 조사하였다. 이 회사의 직군은 생산직과 관리직으로 나누어져 있었고, 생산직이 약 50%, 관리직이 약 50%를 차지하고 있었다. 일단 생산직 직원 10명과 관리직 직원 10명을 무작위로 추출하여 직무만족도를 조사한 결과 다음과 같은 데이터를 얻었다. 직무만족도는 100점 만점으로 측정되었다.

구분	1	2	3	4	5	6	7	8	9	10
생산직	86	87	77	86	78	95	87	77	87	90
관리직	80	85	65	70	75	80	75	70	75	75

데이터의 요약은 다음과 같다.

구분	평균	표준편차
생산직(10명)	85점	5.92점
관리직(10명)	75점	5.77점

이 결과를 활용하여 생산직과 관리직 간에 직무만족도에 차이가 있는가를 R을 이용하여 분석하시오.

풀이| 내장함수를 이용한 검정통계량의 계산과 제1종의 오류 계산

[입력]

```
> prod=c(86,87,77,86,78,95,87,77,87,90) #생산직 데이터
> mana=c(80,85,65,70,75,80,75,70,75,75) #관리직 데이터
> t.test(prod,mana, var.equal=TRUE) #t검정(분산이 동일한 경우)
```

[출력]

```
 Two Sample t-test
data:  prod and mana
t=3.8224, df=18, p-value=0.001248
alternative hypothesis: true difference in means is not equal to 0
95 percent confidence interval:
  4.503591 15.496409
sample estimates:
mean of x mean of y
       85        75
```

[설명] 출력결과에 의하면 t=3.8224, df=18, 유의수준(제1종의 오류) p-value=0.001248이다. 먼저 T통계량을 이용하여 가설검정을 하면 자유도 18, 유의수준 2.5%에서의 임계치는 2.101이므로

검정통계량 t(=3.8224)>임계치(=2.101)이다. 따라서 귀무가설을 기각한다. 또 제1종의 오류가 0.001248로서 유의수준인 0.05보다 작으므로 귀무가설을 기각한다.

(2) 두 모집단의 분산이 동일하지 않은 경우 : 이분산인 경우($\sigma_1^2 \neq \sigma_2^2$)

두 모집단의 분산이 동일하지 않은 경우, 즉 이분산인 경우 평균의 차이에 대한 분산은 앞서

$$V(\overline{X_1}-\overline{X_2}) = V(\overline{X_1}) + V(\overline{X_2}) - 2Cov(\overline{X_1}, \overline{X_2}) \qquad \text{(식 9.2)}$$
$$= V(\overline{X_1}) + V(\overline{X_2}) = \frac{\sigma_1^2}{n_1} + \frac{\sigma_2^2}{n_2}$$

였으므로 이를 그대로 사용하면 된다.

또한, 두 모집단의 분산이 알려져 있지 않은 경우라면, 모집단의 분산에 대한 추정량($\widehat{\sigma^2}$)을 이용하면 되므로 다음과 같이 다시 표현할 수 있다. 모집단의 분산 추정량은 $\widehat{\sigma^2} = S^2$이므로 (식 9.9)와 같이 쓸 수 있다.

$$V(\overline{X_1}-\overline{X_2}) = \frac{\sigma_1^2}{n_1} + \frac{\sigma_2^2}{n_2} = \frac{\widehat{\sigma_1^2}}{n_1} + \frac{\widehat{\sigma_2^2}}{n_2} = \frac{S_1^2}{n_1} + \frac{S_2^2}{n_2} \qquad \text{(식 9.9)}$$

따라서, $\overline{X}_1 - \overline{X}_2$의 분포는 $\overline{X}_1 - \overline{X}_2$를 표준화한 검정통계량 $T = \dfrac{(\overline{X}_1 - \overline{X}_2) - (\mu_1 - \mu_2)}{\sqrt{\dfrac{S_1^2}{n_1} + \dfrac{S_2^2}{n_2}}}$ 이 되고, 이는 자유도가 v인 t분포를 따른다.

$$T = \frac{(\overline{X}_1 - \overline{X}_2) - (\mu_1 - \mu_2)}{\sqrt{\dfrac{S_1^2}{n_1} + \dfrac{S_2^2}{n_2}}} \sim t_v \qquad \text{(식 9.10)}$$

이때의 자유도 v는 다음과 같은 다소 복잡한 식에 의하여 얻을 수 있다.

$$v = \frac{\left(\frac{S_1^2}{n_1} + \frac{S_2^2}{n_2}\right)^2}{\frac{(S_1^2/n_1)^2}{n_1 - 1} + \frac{(S_2^2/n_2)^2}{n_2 - 1}} \quad \text{(식 9.11)}$$

이때의 자유도는 소수점으로 계산되는 것이 보통이므로, 소수점 이하는 버리고 정수부분만을 사용한다.

R코드 9.3 | 두 모집단의 분산이 알려져 있고, 동일하지 않은 경우 : 이분산인 경우($\sigma_1^2 \neq \sigma_2^2$)

문| 100,000명을 고용하고 있는 기업에서 직군별로 새로운 인사관리 기법을 도입하고자 일단 직군에 해당하는 직원들의 직무만족도를 조사하였다. 이 회사의 직군은 생산직과 관리직으로 나누어져 있었고, 생산직이 약 50%, 관리직이 약 50%를 차지하고 있었다. 일단 생산직 직원 10명과 관리직 직원 10명을 무작위로 추출하여 직무만족도를 조사한 결과 다음과 같은 데이터를 얻었다. 직무만족도는 100점 만점으로 측정되었다. 모표준편차는 생산직이 5.92점, 관리직은 5.77점으로 알려져 있다.

구분	1	2	3	4	5	6	7	8	9	10
생산	86	87	77	86	78	95	87	77	87	90
관리	80	85	65	70	75	80	75	70	75	75

데이터의 요약은 다음과 같다.

구분	평균	표준편차
생산직(10명)	85점	5.92점
관리직(10명)	75점	5.77점

이 결과를 활용하여 생산직과 관리직 간에 직무만족도에 차이가 있는가를 R을 이용하여 분석하시오.

풀이| 내장함수를 이용한 t검정(이분산인 경우)

[입력]

```
> prod=c(86,87,77,86,78,95,87,77,87,90) #생산직 데이터
> mana=c(80,85,65,70,75,80,75,70,75,75) #관리직 데이터
> t.test(prod,mana, var.equal=FALSE) #t검정(분산이 동일하지 않은 경우)
```

[출력]
```
 Welch Two Sample t-test
data:  prod and mana
t=3.8224, df=17.988, p-value=0.001249
alternative hypothesis: true difference in means is not equal to 0
95 percent confidence interval:
  4.503325 15.496675
sample estimates:
mean of x mean of y
       85        75
```

[설명] 출력결과에 의하면 t=3.8224, df=18, 유의수준(제1종의 오류) p-value=0.001249이다. 먼저 T통계량을 이용하여 가설검정을 하면, 자유도 18(17.798의 정수), 유의수준 2.5%에서의 임계치는 2.101이므로 검정통계량 t(=3.8224)>임계치(=2.101)이다. 따라서 귀무가설을 기각한다. 또는 제1종의 오류가 0.001249로서 유의수준인 0.05보다 작으므로 귀무가설을 기각한다.

9.4 대응모집단의 평균비교에 대한 검정

(1) 대응모집단에 대한 개념과 가설설정

독립모집단에 대한 평균비교 검정에 대하여 설명한 바 있고, 대응모집단에 대한 평균비교 검정에 대해서도 설명을 한 바 있지만, 다시 한번 간략히 개념을 살펴보자.

독립적인 모집단이란 서로 관련이 없는 독립적인 집단이라고 하였다. 예를 들어 일반직 직원과 관리자 직원은 서로 다른 모집단이다. 이를 독립모집단이라고 표현한다. 독립적이란 두 개의 모집단이 서로 다른 특성을 가지고 있을 수 있다. 예를 들면 다른 특성이란 분산이라고 할 수 있는데, 분산이 다르다면 다른 특성을 가지고 있다고 해도 무방하다(물론 같을 수도 있다). 일반직 직원의 직무만족도 분산이 10이고, 관리자 직원의 직무만족도의 분산이 5라면, 관리자 직원이 일반직 직원에 비해서 직무만족도 부분에서는 동질적(분산이 작다)이라고 할 수 있다.

그림 9.5 | 대응모집단 평균비교의 개념

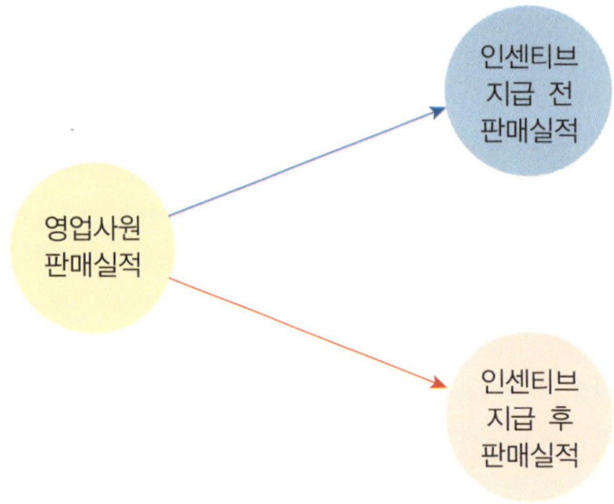

반면, 〈그림 9.5〉와 같이 인센티브 지급 전과 후의 영업사원의 판매실적 비교를 생각해 보자. 관찰하고자 하는 것은 인센티브 지급 전과 후라는 두 개의 현상에 대한 비교인데, 영업사원에 대해서는 모집단이 동일하다, 즉, 동일한 모집단인데 인센티브 지급 전과 인센티브 지급 후의 판매실적이라는 관찰대상 값만이 다른 경우이다. 이 경우를 대응모집단의 비교라고 한다고 하였다. 이러한 개념에 기초하여 대응모집단의 차이에 대한 가설은 다음과 같이 설정할 수 있다. 다음의 예를 통하여 살펴보자.

기업에서는 100명의 판매원 중 10명을 무작위로 추출하여 인센티브를 지급하기 전과 지급한 후의 판매실적을 비교해보기로 하였다. 인센티브를 지급하기 전 10명의 판매실적

표 9.2 | 인센티브 지급 전과 후의 영업사원 10명의 판매실적

영업사원	인센티브 지급 전	인센티브 지급 후	차이
1	x_{101}	x_{201}	$d_1(x_{201}-x_{101})$
2	x_{102}	x_{202}	$d_2(x_{202}-x_{102})$
3	x_{103}	x_{203}	$d_3(x_{203}-x_{103})$
⋮	⋮	⋮	⋮
10	x_{110}	x_{210}	$d_{10}(x_{210}-x_{110})$
표본평균	$\bar{x}_{1.}$	$\bar{x}_{2.}$	$\bar{d}(=(\sum_{i=1}^{10} d_i)/10)$
모평균	μ_1	μ_2	μ_d

을 $x_{101}, x_{102}, \cdots, x_{110}$이라고 하고, 인센티브를 지급하고 난 후 10명의 판매실적을 $x_{201}, x_{202}, \cdots, x_{210}$이라고 할 때 표본에 해당하는 판매원은 〈표 9.2〉와 같이 대응된다.

먼저 인센티브 지급 전의 판매원 판매실적의 모평균을 μ_1이라고 하고, 인센티브 지급 후의 판매원 판매실적의 모평균을 μ_2라고 하자. 그리고 그 차이의 모평균을 μ_d라고 하자.

이때, 대응모집단의 차이에 대한 가설을 다음과 같이 설정할 수 있다.

- 귀무가설(H_0) : $\mu_d = 0$ (판매원의 인센티브 지급 전과 후의 판매실적에는 차이가 없다)
- 대립가설(H_1) : $\mu_d \neq 0$ (판매원의 인센티브 지급 전과 후의 판매실적에는 차이가 있다)

(2) 검정통계량의 계산

차이의 평균은 자유도 $n-1$의 t분포를 따르므로 검정통계량은 다음과 같이 계산된다.

$$T = \frac{\bar{d} - \mu_d}{s_d / \sqrt{n}} \quad \text{(식 9.12)}$$

R코드 9.4 | 대응모집단의 평균비교

문| 1,000명의 영업사원을 고용하고 있는 기업에서 인센티브 지급 전과 지급 후의 직원들의 판매실적 변화를 비교하고자 한다. 영업사원 10명을 무작위로 추출하여 판매실적을 조사한 결과 다음과 같은 데이터를 얻었다. 실적단위는 백만원/월이다.

구분	1	2	3	4	5	6	7	8	9	10
전	80	85	65	70	75	80	75	70	75	75
후	86	87	77	86	78	95	87	77	87	90

데이터의 요약은 다음과 같다.

구분	평균	표준편차
도입 전	75점	5.77점
도입 후	85점	5.92점

이 결과를 활용하여 새로운 인센티브 도입 전과 도입 후의 판매실적에 차이가 있는가를 가설을 설정하여 검정해보시오. 또, 이를 R을 이용하여 분석하시오.

풀이 가설검정

(1) 먼저 가설을 설정하면 다음과 같다.

- 귀무가설 : $\mu_d = 0$ (영업사원의 인센티브 지급 전과 후의 판매실적에는 차이가 없다)
- 대립가설 : $\mu_d \neq 0$ (영업사원의 인센티브 지급 전과 후의 판매실적에는 차이가 있다)

(2) 유의수준을 5%를 정하고, 가설에 따라 양측검정을 하면 우측과 좌측꼬리의 면적은 각각 2.5%가 되고, 여기에 해당하는 t값의 임계치는 자유도 $(n-1)$=9에서 우측의 경우 2.262, 좌측의 경우 -2.262이다.

(3) 이를 검정하기 위한 검정통계량 T는 다음과 같이 계산된다.

$$T = \frac{\bar{d} - \mu_d}{s_d / \sqrt{n}}$$

(4) 의사결정을 위한 규칙을 정하면 다음과 같다.

$t > t_{9,0.025} = 2.262$ 또는 $t < -t_{9,0.025} = -2.262$이면 귀무가설을 기각한다.

(5) 검정통계량을 구하여 의사결정하면 다음과 같다.

$T = \dfrac{\bar{d} - \mu_d}{s_d / \sqrt{n}}$이므로

$$t = \frac{\bar{d} - \mu_d}{s_d / \sqrt{n}} = \frac{10}{(5.12/\sqrt{10})} = -6.175$$

이를 임계치와 비교하면 $t(=-6.175) < -2.262$이므로 귀무가설을 기각한다.

R코드 내장함수 t.test()를 이용한 검정통계량의 계산과 제1종의 오류 계산

[입력]

```
> pre=c(80,85,65,70,75,80,75,70,75,75) #도입 전 데이터
> pos=c(86,87,77,86,78,95,87,77,87,90) #도입 후 데이터
> t.test(pre,pos, paired=TRUE) #대응집단의 t검정
```

[출력]

```
 Paired t-test
data:  pre and pos
t=-6.1754, df=9, p-value=0.0001636
alternative hypothesis: true difference in means is not equal to 0
95 percent confidence interval:
 -13.663174  -6.336826
sample estimates:
mean of the differences
                    -10
```

[설명] t=-6.17540|고 df=90|며, 제1종의 오류(유의수준, p-value)는 0.00016360|고, 0.05보다 작으므로 기무가설을 기각한다.

R코드| 계산식을 이용한 검정통계량과 제1종의 오류계산

[입력]

```
> pre=c(80,85,65,70,75,80,75,70,75,75) #도입 전 데이터
> pos=c(86,87,77,86,78,95,87,77,87,90) #도입 후 데이터
> diff=pre-pos  #도입 전과 후의 차이 데이터
> n=length(diff) #표본의 크기
> mean(diff) #차이의 평균
> sd(diff) #차이의 표준편차
> t=mean(diff)/(sd(diff)/sqrt(n)) #t값의 계산
> t #t값출력
> type1=2*(1-pt(6.175402,9)) #1종의 오류계산
```

[출력]

```
> print(t)
[1] -6.175402
> print(type1)
[1] 0.0001636334
```

[설명] t=-6.1754, df=9, 유의수준(p-value)=0.00016360|고, 이는 0.05보다 작으므로 귀무가설을 기각한다.

9.5 독립적인 두 모집단 비율 비교에 대한 검정

독립표본과 대응표본의 모평균에 대한 비교를 다루었다. 이제부터 독립표본에서 모평균 대신 모비율을 비교하는 가설검정을 다루어보자. 두 모평균의 비교 $\mu_1 - \mu_2$ 대신 두 모집단의 모비율 $p_1 - p_2$에 대한 검정을 생각해보자.

모비율의 차이에 대한 추정량 $\widehat{p_1} - \widehat{p_2}$의 분포는 대표본인 경우 근사적으로 정규분포를 따른다. 대표본의 여부를 확인하는 방법은 $n_1p_1, n_1(1-p_1), n_2p_2, n_2(1-p_2)$의 크기가 각각 모두 5보다 커야 한다. 대표본인 경우 모비율에 대한 가설은 다음과 같이 설정할 수

있다.

- 귀무가설(H_o) : $p_1 - p_2 = 0$
- 대립가설(H_1) : $p_1 - p_2 \neq 0$

이항분포의 정규근사에 따라 대표본인 경우 비율의 차이에 관한 검정통계량은 다음과 같다.

$$z = \frac{(\hat{p}_1 - \hat{p}_2) - (p_1 - p_2)}{\sqrt{\frac{\hat{p}_1(1-\hat{p}_1)}{n_1} + \frac{\hat{p}_2(1-\hat{p}_2)}{n_2}}} \sim N(0,1) \qquad \text{(식 9.13)}$$

신뢰구간은 다음과 같이 계산된다.

$$(\hat{p}_1 - \hat{p}_2) - z_{\frac{\alpha}{2}}\sqrt{\frac{\hat{p}_1(1-\hat{p}_1)}{n_1} + \frac{\hat{p}_2(1-\hat{p}_2)}{n_2}} \le (p_1 - p_2) \le (\hat{p}_1 - \hat{p}_2) + z_{\frac{\alpha}{2}}\sqrt{\frac{\hat{p}_1(1-\hat{p}_1)}{n_1} + \frac{\hat{p}_2(1-\hat{p}_2)}{n_2}} \qquad \text{(식 9.14)}$$

예제 9.3 ● 비율의 비교에 대한 검정

문| 100,000명을 고용하고 있는 기업에서 직군별로 새로운 인사관리 기법을 도입하고자 일단 직군에 해당하는 직원들의 직무만족도를 조사하였다. 이 회사의 직군은 생산직과 관리직으로 나누어져 있었고, 생산직이 약 50%, 관리직이 약 50%를 차지하고 있었다. 일단 생산직 직원 50명과 관리직 직원 50명을 무작위로 추출하여 직무만족도를 조사한 결과 다음과 같은 결과를 얻었다. 숫자는 각 직군에서 만족하는 직원의 비율이다.

구분	만족자의 수(비율)
생산직(50명)	42(84%)
관리직(50명)	38(76%)

이 결과를 활용하여 생산직과 관리직 간에 직무만족 비율에 차이가 있는가를 가설을 설정하여 검정하시오.

풀이 가설검정의 6단계를 이용하여 연구자의 가설을 검정하면 다음과 같다.

(1) 가설검정을 위해 다음과 같이 가설을 설정한다.
생산직의 직무만족도 모비율을 p_1, 관리직 직무만족도 모비율을 p_2로 표현하면 가설은 다음과 같다.

- 귀무가설(H_o) : $p_1 - p_2 = 0$ (생산직과 관리직 간에 직무만족 비율에 차이가 없다)
- 대립가설(H_1) : $p_1 - p_2 \neq 0$ (생산직과 관리직 간에 직무만족 비율에 차이가 있다)

(2) 유의수준을 5%를 정하고, 가설에 따라 양측검정을 하면 우측과 좌측고리의 면적은 각각 2.5%가 되고, 여기에 해당하는 z값은 우측의 경우 1.96, 좌측의 경우 -1.96이다.

(3) 이를 검정하기 위한 검정통계량은 다음과 같이 계산된다.

$$Z = \frac{(\hat{p}_1 - \hat{p}_2) - (p_1 - p_2)}{\sqrt{\frac{\hat{p}_1(1-\hat{p}_1)}{n_1} + \frac{\hat{p}_2(1-\hat{p}_2)}{n_2}}}$$

이고, 귀무가설이 $p_1 - p_2 = 0$이므로

$$Z = \frac{(\hat{p}_1 - \hat{p}_2)}{\sqrt{\frac{\hat{p}_1(1-\hat{p}_1)}{n_1} + \frac{\hat{p}_2(1-\hat{p}_2)}{n_2}}}$$

이고, 이를 계산하면 다음과 같다.

$$z = \frac{(0.84 - 0.76)}{\sqrt{\frac{0.84(1-0.84)}{50} + \frac{0.76(1-0.76)}{50}}} = 1.005$$

(4) 임계치 비교를 통한 의사결정을 위한 규칙을 정하면 다음과 같다.
$z > z_{0.025} = 1.96$ 또는 $z < -z_{0.025} = -1.96$이면 귀무가설을 기각한다.

(5) 이를 기준으로 의사결정하면 $z(=1.005) < z_{0.025}(=1.96)$이므로 귀무가설을 기각할 수 없다.

R코드 9.5 | 〈예제 9.3〉의 두 모집단 비율의 차이에 대한 검정

■ 사용자정의 함수를 이용하는 경우

[입력]

```
> z.prop=function(x1,x2,n1,n2)
    {
     numerator=(x1/n1) - (x2/n2) #검정통계량에서의 분자
     p1=x1/n1 #집단 1의 비율(생산직 집단의 만족자 비율)
     p2=x2/n2 #집단 2의 비율(관리자 집단의 만족자 비율)
     denominator=sqrt(p1*(1-p1)/n1 + p2*(1-p2)/n2) #검정통계량에서의 분모
```

```
    z.prop.sample=numerator / denominator #검정통계량
    return(z.prop.sample)
    } #비율차이 검정에 관한 통계량을 구하는 함수

> n1=50 #생산직 집단의 표본크기
> n2=50 #관리직 집단의 표본크기
> x1=42 #생산직 집단의 만족자 수
> x2=38 #관리직 집단의 만족자 수

> z=z.prop(42,38,50,50) #사용자정의 함수를 이용한 z검정통계량의 계산
> print(z) #검정통계량의 출력
> pvalue=2*(1-pnorm(z)) #검정통계량에 해당하는 제1종의 오류
> print(pvalue) #제1종의 오류 출력

[출력]
> print(z) #검정통계량의 출력
[1] 1.005038
> print(pvalue) #유의수준 출력
[1] 0.3148786
```

■ **계산식을 이용하는 경우**

```
[입력]
> p1 = 0.84 #집단 1의 비율(생산직 집단의 만족자 비율)
> p2 = 0.76 #집단 2의 비율(관리직 집단의 만족자 비율)
> n1 = 50 #집단 1의 표본크기(생산직 집단의 표본크기)
> n2 = 50 #집단 2의 표본크기(관리직 집단의 표본크기)
> p_diff = p1-p2 #집단 1과 2의 비율의 차이(검정통계량의 분자)
> s1 = p1*(1-p1)/n1 #집단 1의 분산
> s2 = p2*(1-p2)/n2 #집단 2의 분산
> pro.var=s1 + s2 #분산
> pro.sd=sqrt(pro.var) #표준편차(검정통계량의 분모)
> pro.z=p_diff /pro.sd #검정통계량의 계산
> print(pro.z) #검정통계량의 출력
> pro.pvalue=2*(1-pnorm(pro.z)) #검정통계량에 해당하는 제1종의 오류 계산
> print(pro.pvalue) #제1종의 오류 출력

[출력]
> print(pro.z)
[1] 1.005038
> print(pro.pvalue)
[1] 0.3148786
```

■ 내장함수를 이용하는 경우(prop.test())

[입력]

```
> prop.test(c(42,38), c(50,50), correct=FALSE) #비율의 차 검정 내장함수
```

[출력]

```
        2-sample test for equality of proportions without continuity
        correction

data:  c(42, 38) out of c(50, 50)
X-squared = 1, df = 1, p-value = 0.3173
alternative hypothesis: two.sided
95 percent confidence interval:
 -0.07601116  0.23601116
sample estimates:
prop 1 prop 2
  0.84   0.76
```

통계를 위한 창 9.1 | 방법에의 도전(against method)

이 책은 1장에서 과학이나 이론에 대한 작은 이야기로 시작하였다. 통계학이 추구하고자 하는 것은 이론의 관찰의존적 성격이다. 귀납주의자들은 관찰에서 이론이 구축된다고 생각한다. 그러나 관찰을 중시하는 귀납주의는 다양한 관점에서 비판을 받기는 하지만, 관찰이 과학의 발전에 중요한 의미를 갖는 것도 사실이다.

문제는 과학자들이 선택하는 관찰은 때로 이론에 근거한 것이라는 비판을 받기도 한다. 즉, 과학자들이 선택하는 관찰이 오히려 이론에 근거하고 있다는 것이며, 이를 관찰의 이론의존성이라고 부른다. 과학자들이 선택하는 관찰에서는 결국 그 기저에 이론이 존재한다는 것이다. 앞으로 이러한 재미있는 논쟁은 조금씩 더 다루어 나갈 것이다.

폴 파이어아벤트(Paul Feyerabend)는 그의 저서 『방법에의 도전』에서 귀납주의의 관찰에 대해 정면으로 반박한다. 이 점은 토마스 쿤(Thomas S. Kuhn)의 '과학혁명의 구조'와 맥을 같이 한다. 폴 파이어아벤트는 그의 저서에서 다음과 같은 주장을 한다.

"과학이라는 작업을 지도하기 위한 견고하고, 불변하며, 절대적 구속력을 가진 원리들을 담고 있는 방법이라는 관념은 역사적 연구의 결과들과 대조할 때 중대한 곤경에 빠진다. 그때 우리는, 아무리 그럴싸 하고 또한 아무리 견고하게 인식론에 근거를 두고 있다고 하더라도, 어느 때고 위반되지 않는 영구불변의 규칙은 단 하나도 존재하지 않는다는 것을 발견한다. 기존의 규칙에 대한 그러한 위반들은 우연히 발생한 사건들이 아니고, 또한 불충분한 지식이나 피할 수 있었을지도 모르는 부주의의 결과도 아니라는 것이 분명해진다. 반대로, 우리들은 그러한 위반이 진보를 위해 필요하다는 것을 알게 된다. 사실, 과학사와 과학철학의 최근의 논쟁에서 나타난 가장 현저한 특징의 한 가지는 다음과 같은 사실에 대한 인식이다. 즉 고대에 있어서 원자론의 발명,

코페르니쿠스 혁명, 근대 원자론(기체운동론, 기체확산이론, 입체화학, 양자이론)의 등장이나, 빛의 파동설의 점진적 출현과 같은 사건이나 발전은 몇 사람의 사상가가 어떤 '분명한' 방법론적 규칙에 속박되지 않겠다고 결심했거나 아니면 그들이 무의식중에 그것을 파괴했기 때문에 가능했던 것이다." (폴 파이어아벤트 저, 정병훈 역(1987), 방법에의 도전, p.22)

사실 관찰은 한계가 있으며, 중요한 과학과 이론의 발전은 방법론에 의존하지 않을 수 있다는 것이다. 따지고 보면 통계학과 같이 관찰의존적이고 방법론을 중시하는 학문과는 배치되는 일이다. 그의 주장은 "진보를 방해하지 않는 유일한 원리는 무엇이라도 좋다(anything goes)"이다.

연습문제

01 김 대리는 서울과 지방 간의 점포의 매출이익률에 차이가 있다고 판단하고, 서울과 지방의 점포 100개씩을 추출하여 점포의 매출이익률을 비교한 결과 다음과 같은 요약데이터를 얻었다. 이 데이터를 이용하여 서울과 지방의 점포 간에는 이익률의 차이가 있을 것이라는 김 대리의 주장에 대하여 가설을 설정하여 검정해보시오.

연습표 9.1 점포매출액에 관한 모집단과 표본의 요약데이터

구분	모분산	표본의 크기	표본의 평균
서울	7	100	8.5
지방	4.8	100	9.0

02 문제 1에서 모분산이 알려져 있지 않은 대신 동일하다고 알려져 있으며, 표본의 분산은 다음과 같을 때 김 대리의 주장에 대하여 가설을 설정하여 검정해보시오.

연습표 9.2 점포매출액에 관한 표본요약데이터

구분	표본분산	표본의 크기	표본의 평균
서울	8	100	8.5
지방	4	100	9.0

03 ㈜강원은 지역에서의 판매량에 광고가 영향을 미치는가를 알아보기 위하여 10개의 점포를 선정하여 광고 전과 후의 매출액을 조사한 결과 다음과 같은 결과를 얻었다. "광고가 매출액에 긍정적인 영향을 준다"라는 주장에 대하여 매출액의 차이에 관한 가설을 설정하여 t검정을 해보시오. 단위는 천만원이다.

연습표 9.3 광고 전후의 매출액데이터

구분	1	2	3	4	5	6	7	8	9	10
광고 전	8	8	6	7	7	8	12	9	10	7
광고 후	9	10	7	8	7	9	14	8	8	9

04 기업들의 신제품 성공에 관한 데이터를 분석한 결과 다음과 같은 요약데이터를 얻었다. 이 결과를 이용하여 신제품 성공에 관한 가설을 설정하고 검정해보시오.

연습표 9.4 시장조사와 신제품 성공의 데이터

구분	성공(비율)	표본의 크기
시장조사 유	25(50%)	50
시장조사 무	15(30%)	50

05 R에 내장되어 있는 데이터 mtcars를 이용하여 다음의 내용을 검정해보자. 즉, 자동차 기어 종류(오토/수동)에 따른 mpg의 차이가 통계적으로 유의한지 t검정을 통해 확인해보자. 이를 위해 양측검정을 위한 가설을 설정하고, 이를 R코드의 내장함수를 이용하여 검정해보시오.

06 앞의 1,2,3,4의 내용을 R내장함수가 아닌 연산코드를 작성하여 검정통계량을 계산하고, 귀하의 계산 결과와 맞는지를 비교해보시오.

07 앞의 1,2,3,4의 내용을 R내장함수가 아닌 사용자정의 함수를 작성하여 검정통계량을 계산하고, 귀하의 계산 결과와 맞는지를 비교해보시오.

부록 통계분석을 위한 R활용 9

1. 검정통계량 확률계산

검정통계량에서 제1종의 오류를 계산하는 과정을 R코드를 통해 구현해보자. 먼저 다음의 분포에 관한 R내장함수를 살펴보자. 이는 앞의 8장에서 제시된 바 있다.

연습표 9.5 분포에 관한 R내장함수

구분	확률함수	누적분포	분위수함수	확률난수
정규분포	dnorm()	pnorm()	qnorm()	rnorm()
t분포	dt()	pt()	qt()	rt()

(1) 정규분포의 누적확률 내장함수 pnorm()를 이용한 제1종의 오류(유의수준)계산

• 누적확률의 계산

먼저 다음의 정규분포의 누적분포에 관한 내장함수를 살펴보자. 즉, 평균(mean)이 0이고 표준편차(sd)가 1인 정규분포(표준정규분포)에서 z가 좌측끝에서 1.96까지(q=1.96)의 누적확률(면적)을 구하라는 명령어이다. 결과는 0.975(97.5%)이다. 〈R연습그림 9.1〉을 참고하라.

R연습코드 9.1 | 표준정규분포(평균 0, 표준편차 1)에서 z=1.96에 해당하는 누적확률

```
> pnorm(q=1.96, mean=0, sd=1)
[1] 0.9750021
```

R연습그림 9.1 | 표준정규분포(평균 0, 표준편차 1)에서 z=1.96에 해당하는 누적확률

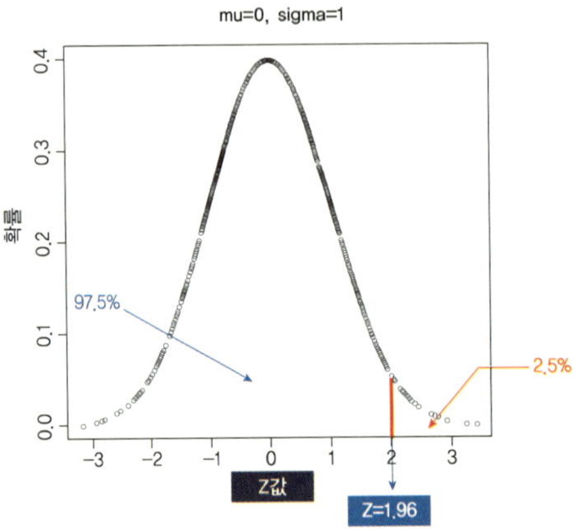

- 우측꼬리확률의 계산

이를 이용하여 우측의 2.5%에 해당하는 확률을 구하려면 전체 확률이 1이므로 1에서 구한 확률을 빼면 된다. 즉, 다음과 같이 입력하면 된다. 결과는 0.02499이다. 〈R연습그림 9.2〉를 참고하라.

R연습코드 9.2 | 표준정규분포(평균 0, 표준편차 1)에서 z=1.96에 해당하는 우측꼬리확률

```
> 1-pnorm(1.96, 0, 1)
[1] 0.0249979
```

R연습그림 9.2 | 표준정규분포(평균 0, 표준편차 1)에서 z=1.96에 해당하는 우측꼬리확률

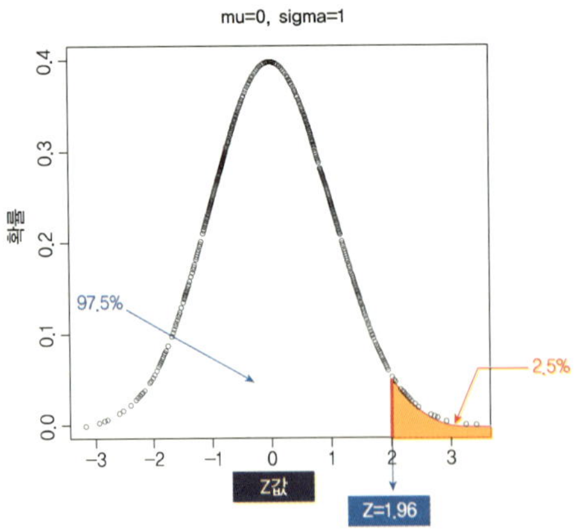

• 좌우측꼬리확률의 계산

아래의 그림과 같이 만약 좌우측꼬리 2.5%, 즉 전체 5%에 해당하는 확률을 구하려면 우측꼬리확률의 두 배를 하면 된다. 다음과 같이 입력해보자. 즉, 2배이므로 z값 1.96에 해당하는 양측꼬리의 확률은 다음과 같다. 결과는 0.0499이다. 〈R연습그림 9.3〉을 참고하라.

R연습코드 9.3 | 표준정규분포(평균 0, 표준편차 1)에서 z=±1.96에 해당하는 좌우측꼬리확률

```
> 2*(1-pnorm(1.96, 0, 1))
[1] 0.04999579
```

R연습그림 9.3 | 표준정규분포(평균 0, 표준편차 1)에서 z=±1.96에 해당하는 좌우측꼬리확률

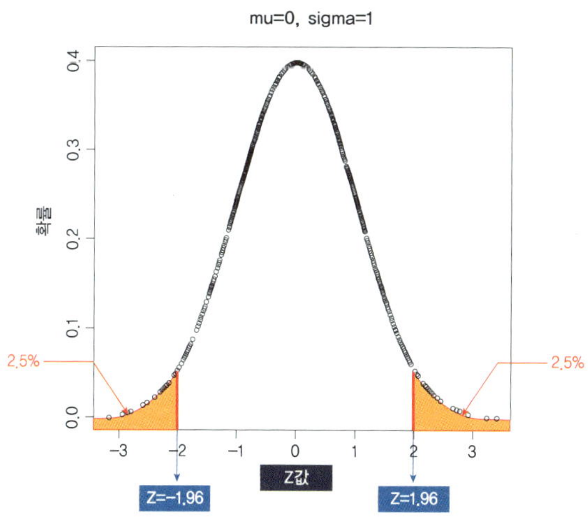

표준정규분포표에서 양측꼬리 2.5%에 해당하는 z값이 1.96이었다는 사실을 상기할 필요가 있으며, 이는 이 장 본문의 표준정규분포표에서 확인해보라.

(2) z=1.85일 때 제1종의 오류(유의수준)계산

• z=1.85까지의 누적확률

이미 우리는 z=1.96에 해당하는 우측꼬리의 확률이 0.025(2.5%)라는 사실을 알고 있다는 사실에서 출발하였다. 그렇다면 이제 z가 1.85일 때 확률을 구해보자.

R연습코드 9.4 | 표준정규분포(평균 0, 표준편차 1)에서 z=1.85에 해당하는 누적확률

```
> pnorm(q=1.85, mean=0, sd=1)
[1] 0.9678432
```

R연습그림 9.4 | 표준정규분포(평균 0, 표준편차 1)에서 z=1.85에 해당하는 누적확률

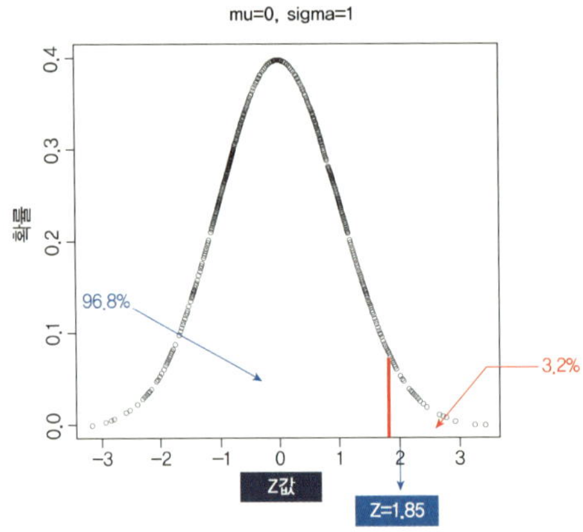

누적분포에 관한 내장함수 pnorm을 이용하여 간단하게 계산할 수 있다. z값까지의 누적확률은 0.9678이다. 〈R연습그림 9.4〉를 참고하라. 즉, 〈R연습그림 9.4〉와 같이 좌측 끝에서 z=1.85까지의 누적확률은 0.9678이다.

- 우측꼬리확률의 계산

그렇다면 우측 꼬리의 면적은 1−0.9678=0.3215이며 다음과 같이 구한다. 〈R연습그림 9.5〉를 참고하라.

R연습코드 9.5 | 표준정규분포(평균 0, 표준편차 1)에서 z=1.85에 해당하는 우측꼬리확률

```
> 1-pnorm(1.85, 0, 1)
[1] 0.03215677
```

R연습그림 9.5 | 표준정규분포(평균 0, 표준편차 1)에서 z=1.85에 해당하는 우측꼬리확률

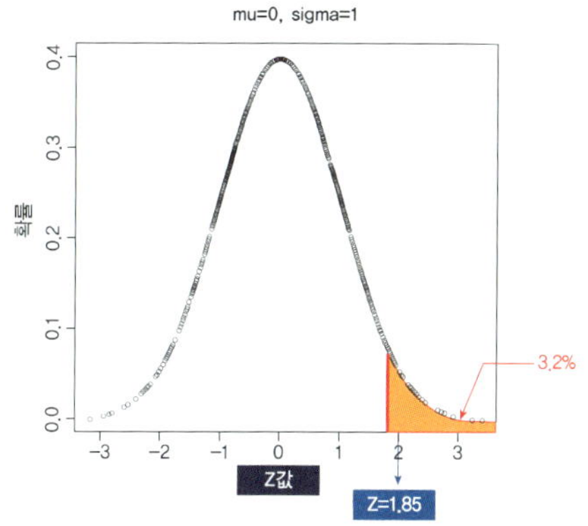

• 좌우측꼬리확률의 계산

만약 양측검정이라면 우측꼬리의 2배이므로 다음과 같이 구한다. 이것이 z가 1.85일 때의 양측검정시의 제1종의 오류가 된다. 결과는 0.0643이다. 〈R연습그림 9.6〉을 참고하라. 따라서 z검정을 한다면 검정통계량 z가 1.85이고, 이는 제1종의 오류가 0.064, 즉 0.05보다 크므로 귀무가설을 기각할 수 없게 된다.

R연습코드 9.6 | 표준정규분포(평균 0, 표준편차 1)에서 z=±1.85에 해당하는 좌우측꼬리확률

```
> 2*(1-pnorm(1.85, 0, 1))
[1] 0.06431355
```

R연습그림 9.6 | 표준정규분포(평균 0, 표준편차 1)에서 z=±1.85에 해당하는 좌우측꼬리확률

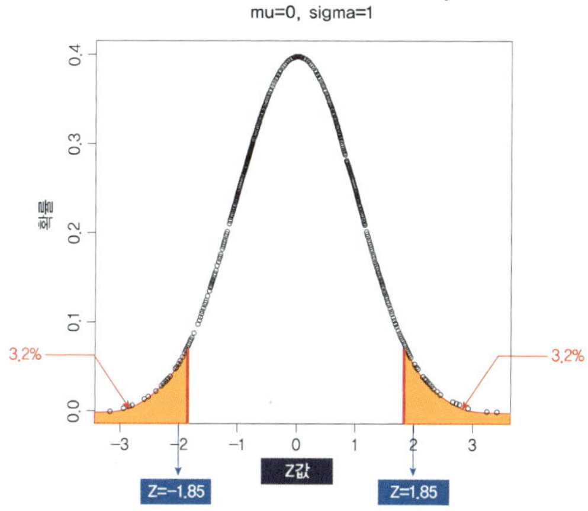

(3) t분포의 누적확률분포 내장함수 pt()를 이용한 제1종의 오류계산

t분포도 z분포와 유사한 모양을 가지고 있다고 하였다. t분포의 누적확률에 관한 내장함수는 pt()이다.

• t=1.98까지의 누적확률

먼저 t분포의 누적확률분포 pt()를 이용하여 t분포의 좌측 끝에서 t=1.98까지의 누적확률을 구해보자. 이 내장함수의 의미는 t분포(자유도 100)의 좌측 끝에서 t=1.98까지의 확률이 0.9747742라는 것을 의미한다. 〈R연습그림 9.7〉을 참고하라.

R연습코드 9.7 | t분포(자유도 100) t값 1.98에 해당하는 누적확률

```
> pt(q=1.98, df=100)
[1] 0.9747742
```

R연습그림 9.7 | t분포(자유도 100) t값 1.98에 해당하는 누적확률

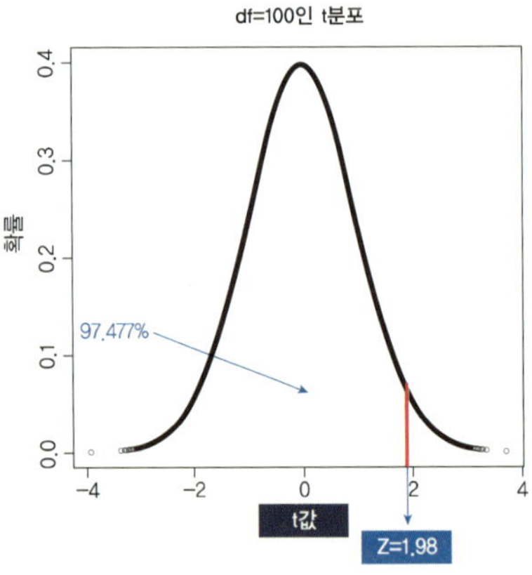

• 우측꼬리확률

만약 우측의 2.5%에 해당하는 확률을 구하려면 전체 확률이 1이므로 1에서 누적확률을 빼면 된다. 다음과 같이 입력하면 된다. 결과는 0.02522이다. 〈R연습그림 9.8〉을 참고하라.

R연습코드 9.8 | t분포(자유도 100) t값 1.98에 해당하는 우측꼬리확률(제1종의 오류)

```
> 1-pt(q=1.98, df=100)
[1] 0.0252258
```

R연습그림 9.8 | t분포(자유도 100) t값 1.98에 해당하는 우측꼬리확률(제1종의 오류)

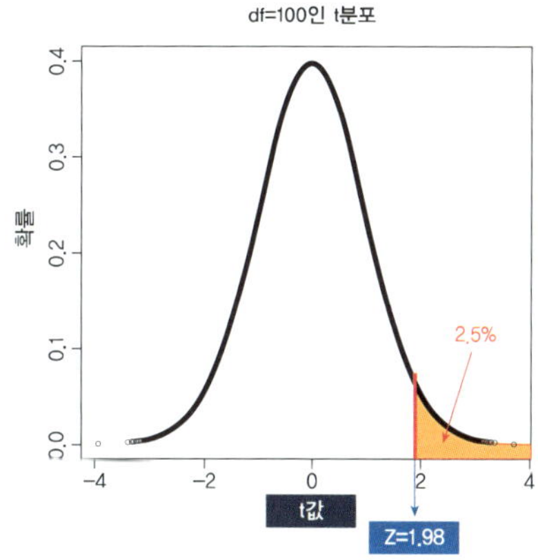

- 좌우측꼬리확률

만약 양측검정이라면 우측꼬리의 2배이므로 다음과 같이 구한다. 이것이 t가 1.98일 때의 양측검정시의 제1종의 오류가 된다. 결과는 0.0643이다. 〈R연습코드 9.9〉를 참고하라.

R연습코드 9.9 | t분포(자유도 100) t값 ±1.98에 해당하는 좌우측꼬리확률

```
> 2*(1-pt(1.98, df=100))
[1] 0.06431355
```

R연습그림 9.9 | t분포(자유도 100) t값 1.98에 해당하는 좌우측꼬리확률

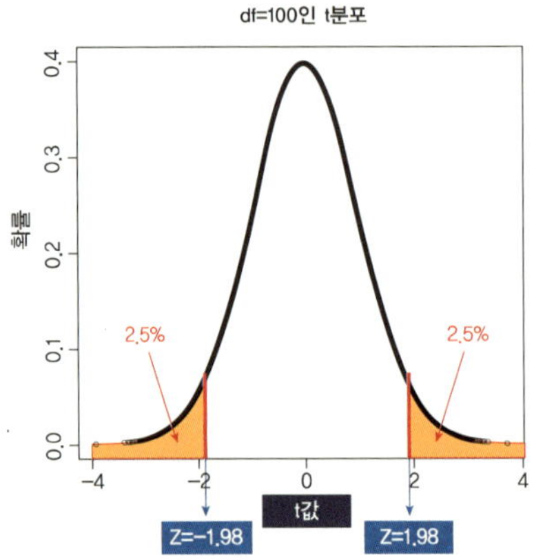

2. t검정을 위한 내장함수 : t.test()

모집단의 분산이 알려져 있는 두 개의 모집단의 평균에 관한 검정은 z검정으로 수행한다. 그러나 이 z검정에 관한 내장함수는 없다. 따라서 연구자가 사용자정의 함수를 만들든지, 아니면 간단한 연산을 통해 실행할 수 있다.

그러나 모집단의 분산이 알려져 있지 않은 경우에는 t검정을 사용하게 되는데, 이 경우 내장함수를 사용할 수 있으며, 함수는 t.test()이다. 8장에서 단일모집단에 대한 추론을 위해 이 함수를 사용한 것을 상기하기 바란다. 8장의 경우와 다른 점은 단일모집단이 아니라 비교의 대상이 되는 다른 모집단이 하나 더 있다는 차이 이외에는 코드의 작성은 대부분 동일하다. 이 점을 이해하면서 기본적인 내장함수를 이해해보자.

R연습코드 9.10 | 함수 t.test() 기본형

```
> prod=c(86,87,77,86,78,95,87,77,87,90) #표본데이터 1
> mana=c(80,85,65,70,75,80,75,70,75,75) #표본데이터 2
> t.test(x=prod, y=mana, alternative="less", paired=FALSE, var.equal
  =TRUE, conf.level=0.95) #t-검정
```

■ **함수에 대한 설명**

- t.test() : t검정을 위한 내장함수
- x=prod : 첫 번째 표본집단 데이터

- y=mana : 두 번째 표본집단 데이터
- alternative : "less"=좌측검정 , "greater"=우측검정, "two-sided"=양측검정(디폴트, 표시할 필요 없음)
- paired : (TRUE=대응모집단, FALSE=독립모집단)
- var.equal : 분산의 동일성 가정(TRUE=동일함, FALSE=동일하지 않음)
- conf.level : 신뢰수준(0.95, 0.99)

(1) 두 독립모집단의 평균비교 : 모집단의 분산이 동일한 경우

R연습코드 9.11 | t-test(모집단의 분산이 동일한 경우)

[입력]

```
> prod=c(86,87,77,86,78,95,87,77,87,90) #표본데이터 1
> mana=c(80,85,65,70,75,80,75,70,75,75) #표본데이터 2
> t.test(x=prod, y=mana,paired=FALSE, var.equal=TRUE, conf.level=0.95)
  #t-검정
```

[출력]

```
 Two Sample t-test

data:  prod and mana
t=3.8224, df=18, p-value=0.001248
alternative hypothesis: true difference in means is not equal to 0
95 percent confidence interval:
  4.503591 15.496409
sample estimates:
mean of x mean of y
       85        75
```

[설명] "두 모집단의 평균은 같지 않다"라는 대립가설(true difference in means is not equal to 0)에 대하여 검정통계량은 t=3.8224이고, 제1종의 오류(p-value)는 0.001248이다. 이는 유의수준 0.05보다 작으므로 귀무가설을 기각한다. 95%의 신뢰구간(95 percent confidence interval)에서 최소값은 4.503591, 최대값은 15.496409이다.

(2) 두 독립모집단의 평균비교 : 모집단의 분산이 동일하지 않는 경우

R연습코드 9.12 | t-test(모집단의 분산이 동일하지 않은 경우)

[입력]

```
> prod=c(86,87,77,86,78,95,87,77,87,90) #표본데이터 1
> mana=c(80,85,65,70,75,80,75,70,75,75) #표본데이터 2
> t.test(x=prod, y=mana, var.equal=FALSE, paired=FALSE,
  conf.level=0.95) #t검정
```

[출력]

```
 Welch Two Sample t-test
data:  prod and mana
t=3.8224, df=17.988, p-value=0.001249
alternative hypothesis: true difference in means is not equal to 0
95 percent confidence interval:
  4.503325 15.496675
sample estimates:
mean of x mean of y
       85        75
```

[설명] "두 개의 모집단의 평균은 같지 않다"라는 대립가설(true difference in means is not equal to 0)에 대하여 검정통계량은 t=3.8224이고, 제1종의 오류(p-value)는 0.001249이다. 이는 유의수준 0.05보다 작으므로 귀무가설을 기각한다. 다만 〈R연습코드 9.11〉과 비교하여 자유도가 약간 차이가 있음을 유의하라. 95%의 신뢰구간(95 percent confidence interval)에서의 최소값은 4.503325이고 최대값은 15.496675이다.

(3) 대응모집단의 평균비교

R연습코드 9.13 | t-test 대응표본

[입력]

```
> pre=c(80,85,65,70,75,80,75,70,75,75) #표본데이터 1
> pos=c(86,87,77,86,78,95,87,77,87,90) #표본데이터 2
> t.test(x=pre, y=pos, paired=TRUE, conf.level=0.95) #대응모집단에 대한 t검정
```

[출력]

```
 Paired t-test
data:  pre and pos
t=-6.1754, df=9, p-value=0.0001636
alternative hypothesis: true difference in means is not equal to 0
```

```
95 percent confidence interval:
 -13.663174  -6.336826
sample estimates:
mean of the differences
                    -10
```

[설명] “두 대응모집단의 평균은 같지 않다”라는 대립가설(true difference in means is not equal to 0)에 대하여 검정통계량은 t = −6.17540|고, 제1종의 오류는 (p-value) 0.00016360|다. 이는 유의수준 0.05보다 작으므로 귀무가설을 기각한다. 95%의 신뢰구간(95 percent confidence interval)에서의 최소값은 −13.6631740|고, 최대값은 −6.336820|다.

(4) 두 모집단의 비율비교

R연습코드 9.14 | 두 모집단의 비율비교

[입력]

```
> prop.test(c(42,38), c(50,50), correct=FALSE) #연속성 보정계수는 적용하지 않음(correct=FALSE)
```

[출력]

```
  2-sample test for equality of proportions without continuity
      correction

data:  c(42, 38) out of c(50, 50)
X-squared=1, df=1, p-value=0.3173
alternative hypothesis: two.sided
95 percent confidence interval:
 -0.07601116  0.23601116
sample estimates:
prop 1 prop 2
  0.84   0.76
```

[설명] “두 모집단의 비율은 같지 않다”라는 대립가설(equality of proportions without continuity correction)에 대하여 제1종의 오류(p-value)는 0.31730|다. 이는 유의수준 0.05보다 크므로 귀무가설을 기각하지 못한다. 95%의 신뢰구간(95 percent confidence interval)에서의 최소값은 −0.07601116이고 최대값은 0.236011160|다.

CHAPTER 10

상관관계분석

CHAPTER 10

상관관계분석

10장에서 학습해야 할 내용

관계성은 많은 상황에서 연구자가 알고 싶어하는 가장 근본적인 질문 중 하나이다. 이 장에서는 관계성을 의미하는 상관관계를 어떻게 측정하고, 그 관계성의 측정결과를 어떻게 해석할 것인가? 그리고 어떻게 받아들일 것인가를 생각해보자.

1. 상관관계분석이란 무엇이고 어떤 상황에서 사용할 수 있는가?
2. 상관관계분석에서 상관계수에는 어떤 유형이 있는가?
3. 상관관계분석에서 상관계수를 어떻게 구할 것인가?
4. 상관계수를 검정할 때 어떤 검정통계량을 사용하는가? 그리고 그 검정과정은 어떻게 되는가?
5. R코드를 이용하여 상관관계분석을 실행할 때 R코드는 어떻게 작성하고, 그 결과는 어떻게 해석할 것인가?

10.1 상관관계의 개념

수학을 잘하는 학생들이 과학도 잘한다는 생각을 한 적이 있을 것이다. 비슷한 맥락에서 영어를 잘하면 국어를 잘한다고 생각하기도 한다. 근거가 있는 것인지 모르지만 많은 사람들이 수학적 사고와 과학적 사고가 비슷하고, 국어와 영어는 언어적 사고라서 그 능력이 비슷하다고 생각하는 경향이 있다. 그래서 사람들은 전자의 학생을 이과적 성향의 학생이라고 생각하기도 하고, 후자의 경우를 문과적 성향의 학생이라고 단정하기도 한다.

기업들에게도 유사한 현상이 있을 수 있다. 직무성과와 근속년수와의 관계라든지(오래 근무한 사람들이 직무성과가 더 나을 것이다 – 물론 이 주장은 인과관계와 유사하기는 하다), 날씨와 불량품 개수와의 관계라든지(날씨가 좋지 않으면 불량률이 높다 – 이 주장도 나쁜 날씨가 직원들의 기분을 우울하게 해서 집중력을 떨어뜨려 제품의 불량률을 높일 수 있다는 인과관계를 생각해볼 수 있다) 등과 같이 다양한 현상에서의 관계성에 대한 합리적 추론이 있을 수 있다. 이 경우에 연구자는 각 현상들을 측정하는 변수들의 데이터를 이용하여 변수들의 관계를 분석해볼 수 있다.

관계성(relationship)이란 무엇인가? 어떤 현상의 변동(움직임)과 다른 현상의 변동(움직임)이 함께 발생하는 것이다. 물론 변동이 함께 발생한다는 것에 대해서는 두 가지 관점이 있을 수 있다. 특정 현상의 변동이 증가하는 방향일 때 다른 현상의 변동도 증가할 수도 있고, 반대로 변동이 감소할 수도 있다. 전자를 양(+, positive)의 관계성이라고, 후자를 음(−, negative)의 관계성이라고 한다. 이러한 관계성을 발견하는 것은 의사결정에 큰 도움이 된다. 관계성을 측정하는 한 방법을 통계학에서는 상관관계분석이라고 한다.

다음은 상관관계(관계성)를 생각해볼 만한 현상들이다.
(가) 기업 내에서 결근율과 직무성과에는 관련이 있는가? (음의 상관관계?)
(나) 브랜드의 시장점유율과 브랜드 인지율에는 관련이 있는가?(양의 상관관계?)
(다) 수리능력과 언어능력은 관련이 있는가?(음의 상관관계? 또는 양의 상관관계? 또는 상관관계 없음)

상관관계는 칼 피어슨(Karl Pearson)이 고안하였으며, 따라서 **피어슨 상관계수** 또는 피어슨 적률상관계수(product−moment correlation coefficient)라고 부르기도 한다. 따라서 상관관계를 분석할 때 통계 소프트웨어를 사용하게 되면 실행결과에 피어슨(Pearson)의 이름을 확인할 수 있다. 따라서 피어슨 상관계수는 보통의 상관계수와 '거의' 동일한 의미이다. '거의'라고 기술한 이유는 데이터의 형태에 따라 다른 상관계수(예를 들면, 스피어만(Spearman) 서열상관계수)가 있기 때문이다.

정의 10.1 ● 상관관계와 상관계수

- 상관관계(correlation) 두 변수 간의 상호종속관계를 이르는 말
- 상관계수(correlation coefficient) 두 변수 간의 상호 종속관계를 측정해주는 계수

10.2 상관관계의 유형과 성질

(1) 상관관계의 방향

앞서 언급한 바와 같이 상관관계는 어떤 현상의 변동과 다른 현상의 변동이 함께 발생하는 것이다. 특정 현상의 변동이 증가하는 방향일 때 다른 현상의 변동도 증가할 수도 있고, 반대로 변동이 감소할 수도 있다. 전자를 양(+, positive)의 관계성이라 하고, 후자를 음(−, negative)의 관계성이라고 한다.

〈그림 10.1〉의 그림(가)는 브랜드의 시장점유율과 브랜드 인지율의 관계로서 시장점유율이 증가하면 브랜드의 인지율도 증가하는 형태를 보여주고 있으며, 이를 **양의 상관관계**라고 한다, 사실 두 현상 간의 인과관계를 알 수는 없지만 변동의 방향은 같은 방향으로 나타나 있다.

〈그림 10.1〉의 그림(다)는 결근율과 직무성과와의 관계이다. 결근율이 증가하면 직무성과는 반대로 감소하는 형태를 보이고 있다. 이를 **음의 상관관계**라고 한다. 〈그림 10.1〉의 중간 그림(나)는 수리능력과 언어능력 간의 관계를 보여주고 있는데, 이 경우에는 변동의 방향이 일정한 경향을 보이고 있지 않다. 상관관계가 없다고 할 수 있다. 〈그림 10.1〉

그림 10.1 | 상관관계의 유형

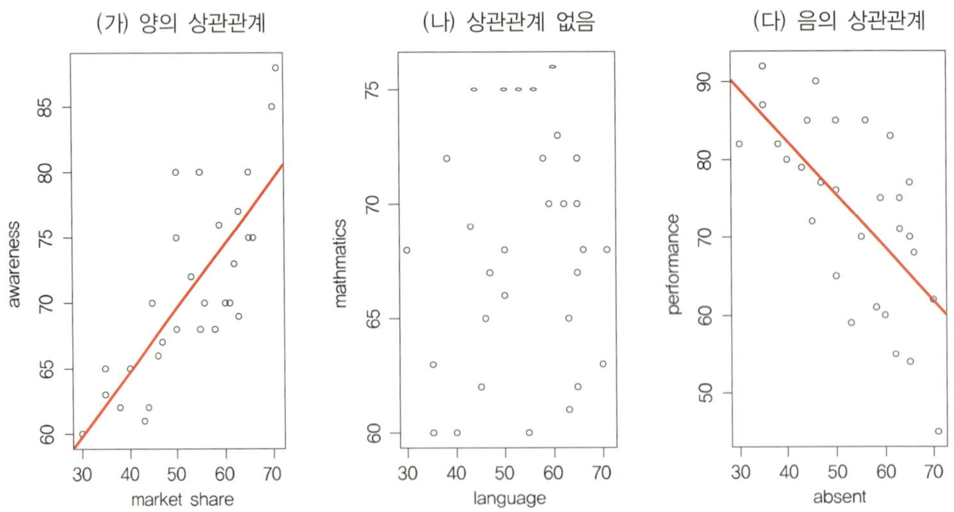

의 그림(다)는 음의 상관관계를 보여주고 있다. 결근율이 높아지면 기업에서 직원의 성과는 낮아진다. 다시 설명하지만 상관관계란 변동이 동시에 발생하지만 인과관계를 의미하지는 않는다. 변동이 동시에 발생하면서 인과관계를 보이는 현상은 11장 단순선형회귀분석에서 설명할 것이다.

(2) 상관관계의 성질

상관계수는 -1에서 1 사이의 값을 가지며, −1 또는 1에 가까울수록 상관관계는 완전하다. 〈그림 10.2〉는 완전한 상관관계로서 두 변수 간의 움직임(변동) 완전히 같은 경우이다. 〈그림 10.2〉의 왼쪽은 **완전한 양의 상관관계**를 의미하고, 오른쪽은 **완전한 음의 상관관계**를 의미한다.

정리 10.1 ● 상관계수의 성질

- 상관계수 r은 -1과 1 사이의 값을 가진다. 즉 $-1 \le r \le 1$이다.
- 상관계수 r이 양의 값을 가지면($r > 0$) 한 변수의 값이 증가하면 다른 변수의 값도 증가한다.
- 상관계수 r이 음의 값을 가지면($r < 0$) 한 변수의 값이 증가하면 다른 변수의 값은 감소한다.
- 상관계수 r이 0의 값을 가지면($r = 0$) 상관관계가 없다.

그림 10.2 | 완전한 상관관계

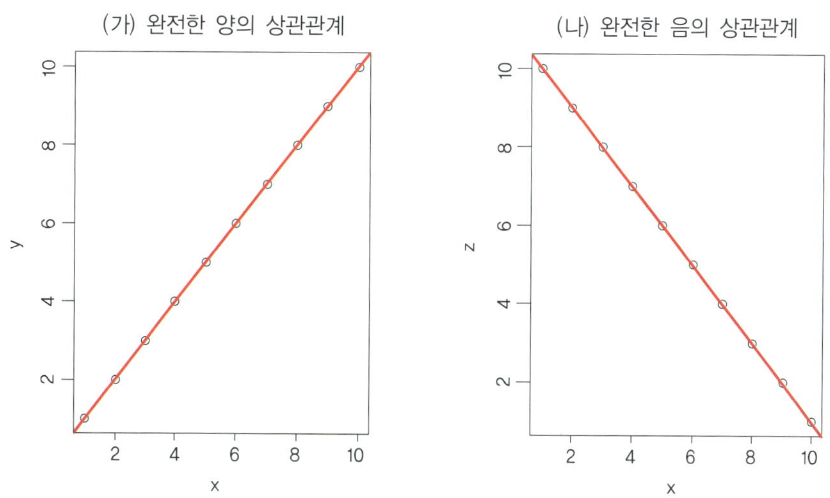

상관계수는 -1에서 1 사이의 값을 가진다고 하였다. 다시 말하면 0~|1| 사이의 값을 가지게 되는데, 0에 가까울수록 상관관계가 없음을, |1|에 가까울수록 높은 상관관계를 가진다.

통계를 위한 창 10.1 | 허위상관(spurious correlation)

〈그림 10.3〉을 살펴보자. 이 그림은 미국에서 질식에 의한 자살(저자들이 언어를 약간 순화시켰음)과 과학분야에 대한 비용지출과의 관계를 연도별 데이터를 가지고 분석한 결과 상관관계가 0.99789로 나타났다. 도대체 둘 간에는 어떤 합리적인 인과관계가 있는 것일까? 생각을 좀 해봐야 할 것 같다. 과학이 발전하면 사람들의 좌절과 허무감이 증가하여, 그것이 질식과 같은 방법을 통한 자살을 증가시키는 것일까? 만약 그렇다면 문제가 심각하다. 인간의 삶을 풍요롭게 해야 할 과학이 인간을 더욱 곤경에 빠뜨리고 있는 것이다. 대책은 과학에 대한 비용지출을 줄이는 것일까?

〈그림 10.4〉는 더 황당하다. 웅덩이에 빠진 사람의 수와 니콜라스 케이지라는 유명한 미국배우가 영화에 출연한 횟수 간의 관계이다. 상관관계는 0.666이다. 둘 간에는 무슨 관계가 있는가? 그래도 〈그림 10.3〉은 생각이라도 해봐야겠다고 주장할 수 있겠지만 〈그림 10.4〉는 정말 황당하다. 더구나 상관관계는 중간 이상의 높은 상관관계 아닌가?

데이터가 보여주는 상관관계가 중요한 것이 아니라, 그 상관관계에 대한 연구자의 가설이 중요하다. 연구자는 합리적이거나 이론에 근거한 가설을 구축하고, 데이터를 통해 상관관계를 분석하고, 자신의 가설을 검정해 나간다. 그러나 이론적 근거없이 단순히 데이터에만 기반한 높은 관계성은 의미가 없다. 허위상관이란 이론적으로 연결될 수 없는 데이터에만 기반한 높은 수준의 상관관계를 의미한다. 이런 연구는 결국 잘못된 결론에 도달하게 유도한다. 따라서 반드시 데이터의 분석에는 연구자의 논리적 추론과 합리적 추론, 그리고 기존의 이론 등이 연결되어 있어야만 한다.

그림 10.3 | 질식사와 과학에 대한 비용지출과의 관계

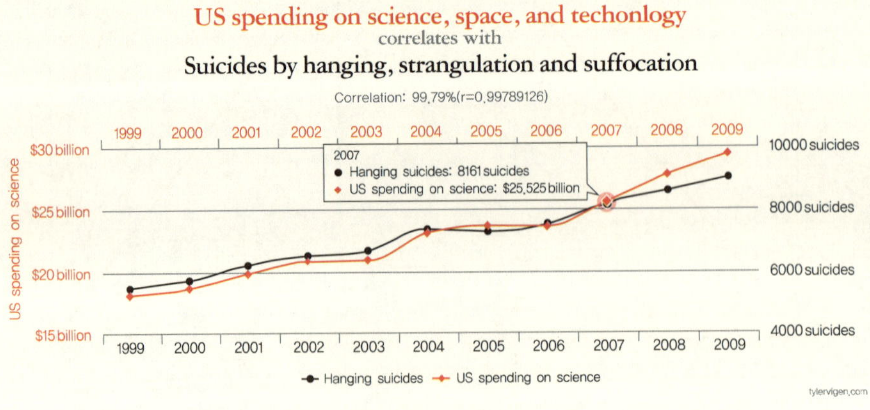

그림 10.4 |웅덩이에 빠진 사람의 수와 니콜라스 케이지가 출연한 영화의 수와의 관계

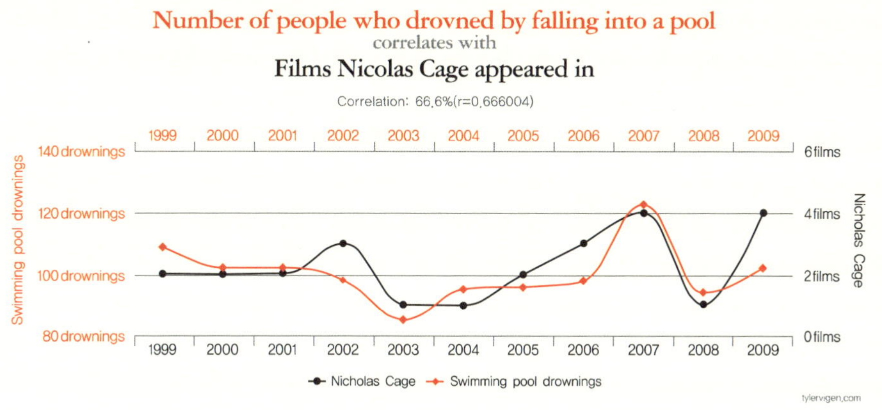

출처 : http://www.tylervigen.com/spurious-correlations

10.3 상관계수의 계산

두 현상(두 변수) 간의 관계성의 정도가 어느 정도인가를 살펴보기 위해 상관관계를 계산해볼 수 있다. 앞서 언급했듯이 −1 또는 1에 가까울수록 상관관계의 정도는 완전하다고 하였다. 따라서 연구자는 현상 간의 또는 변수 간의 상관관계가 어느 정도인가를 알고 싶어한다. 따라서 상관관계의 정도를 의미하는 상관계수는 어떻게 계산하는가?

다음 두 변수의 데이터를 살펴보자. 한국고등학교 3학년 2반 학생들 20명의 국어점수와 영어점수에 관한 데이터가 다음과 같이 주어졌다.

표 10.1 영어와 국어데이터

번호	1	2	3	4	5	6	7	8	9	10	11	12	13	14	15	16	17	18	19	20
영어(Eng)	67	90	93	88	75	48	42	32	56	59	69	50	70	72	72	85	95	65	64	73
국어(Kor)	57	85	80	76	80	35	45	56	65	55	65	45	65	68	71	90	60	64	71	68

두 변수 간의 관계를 먼저 육안으로 관찰하기 위하여 두 변수의 산점도(scatter plot)를 먼저 그려보았다. 산점도를 관찰하기 위한 R코드는 다음과 같다.

R코드 10.1 | 두 변수 간의 산점도

[입력]

```
> Eng=c(67,90,93,88,75,48,42,32,56,59,69,50,70,72,72,85,95,65,64,73)
  #영어데이터
> Kor=c(57,85,80,76,80,35,45,56,65,55,65,45,65,68,71,90,60,64,71,68)
  #국어데이터
> plot(Eng, Kor, main="plot of English and Korean") #산점도
```

[출력]

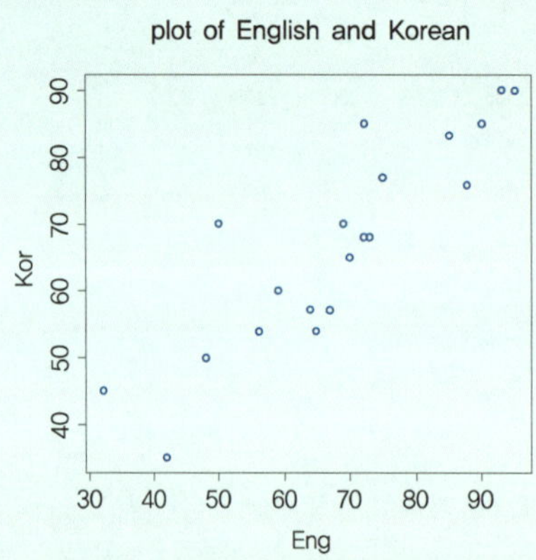

이 산점도를 살펴보면 변수 Eng의 값이 증가하면 변수 Kor의 값이 증가하는 것을 관찰할 수 있다. 따라서 두 변수 간의 관계가 밀접한 것을 확인할 수 있으나, 어느 정도(양)의 관계가 있는 것인지를 확인하기는 어렵다.

따라서 다음 단계는 두 변수 간의 관계성의 정도가 얼마인가를 계산하는 과정이 필요하다. 이때 변수 간의 관계성 정도를 상관관계라고 부른다. 특히 모집단의 상관계수를 **모상관계수**(population correlation coefficient)라고 부르고 ρ(그리스문자, 'rho(로)'라고 읽음)로 표기하고, 표본의 상관계수는 **표본상관계수**(sample correlation)라고 부르고 r로 표기한다.

관심이 있는 두 개의 측정변수를 각각 X, Y라고 하고 n개의 대상을 측정한 데이터를 각각 $(x_1, x_2, \cdots, x_n)$, $(y_1, y_2, \cdots, y_n)$라고 하자. 이때 두 변수의 모상관계수는 다음의 식을 통하여 계산된다.

$$\rho = \frac{Cov(X, Y)}{\sqrt{V(X)V(Y)}} = \frac{\sigma_{XY}}{\sqrt{\sigma_X^2 \sigma_Y^2}} = \frac{\sigma_{XY}}{\sigma_X \sigma_Y}(-1 \le \rho \le +1) \qquad \text{(식 10.1)}$$

$$\sigma_{xy} = \frac{1}{n}\sum_{i=1}^{n}(x_i - \bar{x})(y_i - \bar{y}) \qquad \text{(식 10.2)}$$

$$\sigma_x = \sqrt{\sigma_{xx}} = \sqrt{\frac{1}{n}\sum_{i=1}^{n}(x_i - \bar{x})^2} \qquad \text{(식 10.4)}$$

$$\sigma_y = \sqrt{\sigma_{yy}} = \sqrt{\frac{1}{n}\sum_{i=1}^{n}(y_i - \bar{y})^2} \qquad \text{(식 10.5)}$$

마찬가지의 방법으로 표본상관계수는 다음의 식을 통하여 계산된다.

$$r_{x,y} = \frac{S_{xy}}{\sqrt{S_{xx}}\sqrt{S_{yy}}} = \frac{S_{xy}}{S_x S_y} \qquad \text{(식 10.6)}$$

다만 표본상관계수는 두 변수의 표본공분산을 각 변수의 표본표준편차의 곱으로 나누어 준 것인데, 공분산과 표준편차를 구하는 방식(자유도가 n이 아니라 $n-1$)은 아래와 같이 3장에서 제시하였던 표본의 공분산과 표준편차라는 점을 상기하기 바란다.

$$S_{xy} = \frac{1}{n-1}\sum_{i=1}^{n}(x_i - \bar{x})(y_i - \bar{y}) \qquad \text{(식 10.7)}$$

$$S_x = \sqrt{S_{xx}} = \sqrt{\frac{1}{n-1}\sum_{i=1}^{n}(x_i - \bar{x})^2} \qquad \text{(식 10.8)}$$

$$S_y = \sqrt{S_{yy}} = \sqrt{\frac{1}{n-1}\sum_{i=1}^{n}(y_i - \bar{y})^2} \qquad \text{(식 10.9)}$$

이제 한국고등학교 학생들의 교과목 성적인 두 변수의 측정값을 이용하여 표본상관계수를 해보자.

위의 (식 10.7), (식 10.8), (식 10.9)에서 영어점수와 국어점수의 표본평균을 구해보면 각각 68.25와 65.05이다. 이를 이용하여 변수의 표본표준편차와 표본공분산을 구하면 다음과 같다.

$$S_x = \sqrt{S_{xx}} = \sqrt{\frac{1}{n-1}\sum_{i=1}^{n}(x_i - \overline{x})^2} = \sqrt{293.88} = 17.14$$

$$S_y = \sqrt{S_{yy}} = \sqrt{\frac{1}{n-1}\sum_{i=1}^{n}(y_i - \overline{y})^2} = \sqrt{192.47} = 13.97$$

$$S_{xy} = \frac{1}{n-1}\sum_{i=1}^{n}(x_i - \overline{x})(y_i - \overline{y}) = 176.93$$

이 값을 이용하여 (식 10.6)에 대입하면 상관계수를 다음과 같이 얻을 수 있다.

$$r_{x,y} = \frac{S_{xy}}{\sqrt{S_{xx}}\sqrt{S_{yy}}} = \frac{S_{xy}}{S_x S_y} \quad \text{(식 10.6)이므로}$$

$$r_{x,y} = \frac{176.93}{\sqrt{293.88} \times \sqrt{192.47}} = \frac{176.93}{17.14 \times 13.97} = 0.7439$$

두 변수 간의 상관계수를 R코드를 통해서 구해보자. R언어에서 상관계수를 구하는 함수는 cor()이며, 위의 두 측정변수 Eng와 Kor의 상관계수를 구하기 위한 R언어 함수는 〈R코드 10.2〉와 같다. 〈R코드 10.2〉에 나타난 바와 같이 변수 Eng와 Kor 간의 상관계수를 구한 결과 0.7438로 나타났다.

R코드 10.2 | 상관계수 : 함수 cor() 이용

[입력]
```
> cor(Eng, Kor) #상관계수
```
[출력]
```
[1] 0.7439486
```

R언어에서 (식 10.6)을 반영하여 간단한 계산식을 사용하여 구할 수도 있다. 〈R코드 10.3〉은 R언어로 계산식을 이용하여 상관관계를 구하는 방법이다.

R코드 10.3 | 상관계수(계산식의 이용)

[입력]

```
###데이터###
> Eng=c(67,90,93,88,75,48,42,32,56,59,69,50,70,72,72,85,95,65,64,73)
  #영어데이터
> Kor=c(57,85,80,76,80,35,45,56,65,55,65,45,65,68,71,90,60,64,71,68)
  #국어데이터
###영어의 분산###
> e.mean=mean(Eng) #영어평균
> e.dif=Eng-e.mean #영어점수-영어평균
> se.dif=e.dif%*%e.dif #(영어점수-영어평균)의 제곱합
> sxx=se.dif/(length(Eng)-1) #영어분산
> print(sxx) #영어분산의 출력

###국어의 분산###
> k.mean=mean(Kor) #국어평균
> k.dif=Kor-k.mean #고이점수-국어평균
> sk.dif=k.dif%*%k.dif #(국어점수-국어평균)의 제곱합
> syy=sk.dif/(length(Kor)-1) #국어분산
> print(syy) #국어분산의 출력

###공분산의 계산###
> sxy=(k.dif%*%e.dif)/(length(Eng)-1) #공분산
> print(sxy) #공분산 출력

###상관관계의 계산###
> r=sxy/(sqrt(sxx)*sqrt(syy)) #상관계수
> print(r) #상관계수의 출력
```

[출력]

```
          [,1]
[1,] 0.7439486
```

또는 간단하게 R의 표준편차와 공분산의 R함수를 이용하여 표본상관관계 공식에 대입하여 다음과 같이 계산할 수 있다.

[입력]

```
> rxy=cov(Eng,Kor)/(sd(Eng)*sd(Kor)) #영어-국어 공분산/(영어표준편차*국어표준편
  차)
> print(rxy)
```

[출력]

```
[1] 0.7439486
```

즉 두 변수 간의 상관관계는 0.7439이다. 이제 〈예제 10.1〉을 통해 상관관계를 구하는 과정을 살펴보자.

예제 10.1 • 상관관계의 계산

문| 연봉제를 실행하고 있는 기업에서 연봉수준과 업무성과 간의 관계를 분석하기 위하여 연봉수준과 업무성과 상관관계분석을 하기로 하였다. 이를 위해 직원 10명을 무작위로 추출하여 다음과 같은 데이터를 얻었다.

	직원 1	직원 2	직원 3	직원 4	직원 5	직원 6	직원 7	직원 8	직원 9	직원 10
연봉	4500	5000	6000	4000	3500	5500	5000	7000	6500	3000
성과	70	75	70	65	65	80	85	85	75	60

연봉수준은 백만원 단위로 측정되었고, 업무성과는 100점을 만점으로 객관적인 성과와 주관적인 평가를 합하여 측정되었다. 이 데이터를 활용하여 연봉수준과 업무성과 간의 산점도를 그리고 상관계수를 구하라.

풀이 1| 먼저 데이터를 이용하여 산점도를 그려보자.

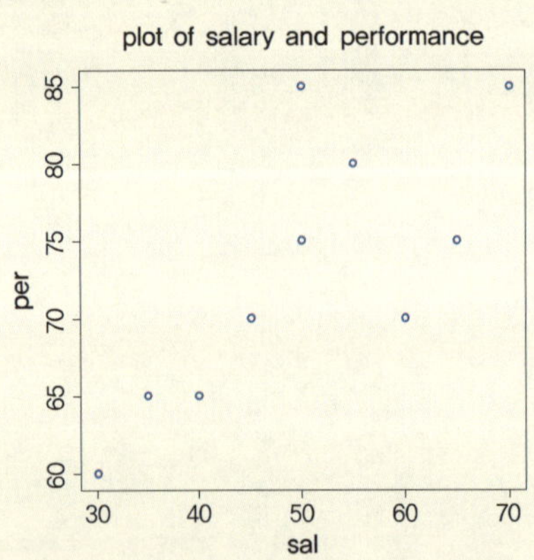

이 산점도를 보면 연봉과 성과에는 양의 상관관계가 있는 것으로 보인다. 이제 구체적으로 상관관계의 정도를 구해보자.

풀이 2| 상관계수를 구해보자.

상관계수 $r_{x,y} = \dfrac{S_{xy}}{\sqrt{S_{xx}}\sqrt{S_{yy}}}$ 이므로

$$S_x = \sqrt{S_{xx}} = \sqrt{\frac{1}{n-1}\sum_{i=1}^{n}(x_i - \overline{x})^2} = \sqrt{166.7} = 12.91$$

$$S_y = \sqrt{S_{yy}} = \sqrt{\frac{1}{n-1}\sum_{i=1}^{n}(y_i - \bar{y})^2} = \sqrt{73.3} = 8.56$$

$$S_{xy} = \frac{1}{n-1}\sum_{i=1}^{n}(x_i - \bar{x})(y_i - \bar{y}) = 83.33$$

$$r_{x,y} = \frac{S_{xy}}{\sqrt{S_{xx}}\sqrt{S_{yy}}} = \frac{S_{xy}}{S_x S_y} = 0.7538$$

이제 상관관계에 관한 R내장함수를 이용하여 상관계수를 구해보자.

R코드 10.4 | 내장함수 cor()을 이용한 상관계수의 계산

[입력]

```
> sal=c(45,50,60,40,35,55,50,70,65,30) #연봉수준데이터
> per=c(70,75,70,65,65,80,85,85,75,60) #성과데이터
> cor(sal, per) #상관계수 내장함수
```

[출력]

```
[1] 0.7537784
```

상관관계 공식을 이용하여 R코드로 계산식을 구현해보자.

R코드 10.5 | 계산식을 이용한 상관계수의 계산

[입력]

```
###데이터###
>sal=c(45,50,60,40,35,55,50,70,65,30) #연봉데이터
>per=c(70,75,70,65,65,80,85,85,75,60) #성과데이터
###연봉의 분산###
>sa.mean=mean(sal) #연봉평균
>sa.dif=sal-sa.mean #연봉점수-연봉평균
>ssa.dif=sa.dif%*%sa.dif #(연봉점수-연봉평균)의 제곱합
>sxx=ssa.dif/(length(sal)-1) #연봉분산
>print(sxx) #연봉분산출력
###성과의 분산###
>pe.mean=mean(per) #성과평균
>pe.dif=per-pe.mean #성과점수-성과평균
>spe.dif=pe.dif%*%pe.dif #(성과점수-성과평균)의 제곱합
>syy=spe.dif/(length(per)-1) #성과분산
>print(syy) #성과분산 출력
```

```
###공분산의 계산###
>sxy=(sa.dif%*%pe.dif)/(length(sal)-1)
>print(sxy) #공분산출력
###상관관계의 계산###
>r=sxy/(sqrt(sxx)*sqrt(syy)) #상관계수
>print(r) #상관계수 출력
```

[출력]

```
        [,1]
[1,] 0.7537784
```

또는 간단하게 표본표준편차와 표본공분산의 함수를 이용하여 다음과 같이 계산할 수 있다.

[입력]

```
> rxy=cov(sal,per)/(sd(sal)*sd(per)) #상관계수 공식
> print(rxy) #상관계수 출력
```

[출력]

```
[1] 0.7537784
```

10.4 상관계수에 관한 가설검정

표본에서 얻어진 표본상관관계가 모집단에서도 유의한가를 검정하기 위해 가설검정단계를 이용하여 살펴보자. 7장의 〈그림 7.1〉 가설검정의 단계를 다시 한번 상기하자.

그림 10.5 | 가설검정의 과정

1단계 : 가설의 설정(귀무가설과 대립가설)

↓

2단계 : 유의수준의 설정

↓

3단계 : 검정통계량의 결정

↓

4단계 : 의사결정규칙의 결정

↓

5단계 : 의사결정

↓

6단계 : 결과의 해석

▶ 1단계 : 가설의 설정

크기 20의 표본에서 얻어진 상관계수에 관한 귀무가설과 대립가설은 다음과 같다.

- 귀무가설(H_0) : $\rho = 0$(영어점수와 국어점수 간의 상관관계는 0이다)
- 대립가설(H_1) : $\rho \neq 0$(영어점수와 국어점수 간의 상관관계는 0이 아니다)

▶ 2단계 : 유의수준의 결정

2단계에서는 유의수준을 정한다. 5%로 유의수준을 정하였다고 하자.

▶ 3단계 : 검정통계량의 결정

3단계는 가설검정을 위한 검정통계량을 정하는 것이다. 상관관계에 관한 가설을 검정하기 위한 검정통계량은 t이며, t는 다음과 같이 계산된다.

$$t = \frac{r(\sqrt{n-2})}{\sqrt{1-r^2}} \sim t_{(n-2)} \qquad \text{(식 10.10)}$$

여기서, r : 표본상관계수
n : 표본의 크기

▶ 4단계 : 의사결정규칙의 결정

4번째 단계인 의사결정규칙의 결정은 두 가지 방법으로 할 수 있다고 하였다. 첫째, 표본에서 얻어진 검정통계량을 유의수준에 해당하는 검정통계량의 임계치와 비교한다. 둘째, 표본에서 얻어진 검정통계량에 해당하는 제1종의 오류를 유의수준과 비교하는 것이다. 첫 번째 방법으로 의사결정 규칙을 정해보자.

영어와 국어 간의 데이터에서 상관관계를 검정한다면 표본의 크기가 20이므로 〈표 10.3〉의 t분포표에서 5%의 양측검정에서 자유도 $(n-2)=18$에 해당하는 t값의 임계치는 2.101이다. 이를 표본에서 얻어진 검정통계량 t값인 4.7233과 비교한다. 따라서 양측검정이므로 $|t|>2.101$이면 귀무가설을 기각한다. 즉, $t>2.101$ 또는 $t<-2.101$이면 귀무가설을 기각한다.

표 10.3 t분포표

v \ α	0.4	0.25	0.1	0.05	0.025	0.01	0.005	0.0025	0.001	0.005
1	0.325	1.000	3.078	6.314	12.706	31.821	63.657	127.320	318.310	636.620
2	0.289	0.816	1.886	2.920	4.303	6.965	9.925	14.089	23.326	31.598
3	0.277	0.765	1.638	2.353	3.182	4.541	5.841	7.453	10.213	12.924
4	0.271	0.741	1.533	2.132	2.776	3.747	4.604	5.598	7.173	8.610
5	0.267	0.727	1.476	2.015	2.571	3.365	4.032	4.773	5.893	6.869
6	0.265	0.718	1.440	1.943	2.447	3.143	3.707	4.317	5.208	5.959
7	0.263	0.711	1.415	1.895	2.365	2.998	3.499	4.029	4.785	5.408
8	0.262	0.706	1.397	1.860	2.306	2.896	3.355	3.833	4.501	5.041
9	0.261	0.703	1.383	1.833	2.262	2.821	3.250	3.690	4.297	4.781
10	0.260	0.700	1.372	1.812	2.228	2.764	3.169	3.581	4.144	4.587
11	0.260	0.697	1.363	1.796	2.201	2.718	3.106	3.497	4.025	4.437
12	0.259	0.695	1.356	1.782	2.179	2.681	3.055	3.428	3.930	4.318
13	0.259	0.694	1.350	1.771	2.160	2.650	3.012	3.372	3.852	4.221
14	0.258	0.692	1.345	1.761	2.145	2.624	2.977	3.326	3.787	4.140
15	0.258	0.691	1.341	1.753	2.131	2.602	2.947	3.286	3.733	4.073
16	0.258	0.690	1.337	1.746	2.120	2.583	2.921	3.252	3.686	4.015
17	0.257	0.689	1.333	1.740	2.110	2.567	2.898	3.222	3.646	3.965
18	0.257	0.688	1.330	1.734	2.101	2.552	2.878	3.197	3.610	3.922
19	0.257	0.688	1.328	1.729	2.093	2.539	2.561	3.174	3.579	3.883
20	0.257	0.687	1.325	1.725	2.086	2.528	2.845	3.153	3.552	3.850
21	0.257	0.686	1.323	1.721	2.080	2.518	2.831	3.135	3.527	3.819
22	0.256	0.686	1.321	1.717	2.074	2.508	2.819	3.119	3.505	3.792
23	0.526	0.685	1.319	1.714	2.069	2.500	2.807	3.104	3.485	3.767
24	0.256	0.685	1.318	1.711	2.064	2.492	2.797	3.091	3.467	3.745
25	0.256	0.684	1.316	1.708	2.060	2.485	2.787	3.078	3.450	3.725
26	0.256	0.684	1.315	1.706	2.056	2.479	2.779	3.067	3.435	3.707
27	0.256	0.684	1.314	1.703	2.052	2.473	2.771	3.057	3.421	3.690
28	0.256	0.683	1.313	1.701	2.048	2.467	2.763	3.047	3.408	3.674
29	0.256	0.683	1.311	1.699	2.045	2.462	2.756	3.038	3.396	3.659
30	0.256	0.683	1.310	1.697	2.042	2.457	2.750	3.030	3.385	3.646
40	0.255	0.681	1.303	1.684	2.021	2.423	2.704	2.971	3.307	3.551
60	0.254	0.679	1.296	1.671	2.000	2.390	2.660	2.915	3.232	3.460
120	0.524	0.677	1.289	1.658	1.980	2.358	2.617	2.860	3.160	3.373
∞	0.253	0.674	1.282	1.645	1.960	2.326	2.576	2.807	3.090	3.291

그림 10.6 | $t_{(n-2)=18}$ 분포에서의 기각역과 채택역

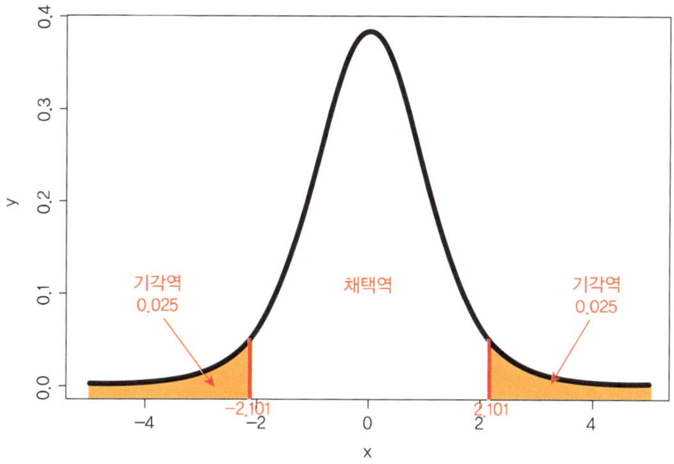

▶ 5단계 : 의사결정

(식 10.10)을 이용하여 t값을 구하면 다음과 같다.

$$t = \frac{0.7439486(\sqrt{20-2})}{\sqrt{1-0.7439486^2}} = 4.72$$

이때 t가 기각역에 있으면 귀무가설을 기각하고, 대립가설을 받아들인다. t값이 4.72이고, 기각역에 해당하는 임계치의 t값이 2.101이므로 귀무가설을 기각한다. 즉, $t = 4.72 > t_{(n-2)=18} = 2.101$ 이므로 귀무가설을 기각한다.

또한 R함수를 이용하여 자유도 18인 t분포표에서 표본에서 얻어진 t값의 유의수준을 다음과 같이 구할 수 있다.

R코드 10.6 | 자유도 18인 t검정에서 제1종의 오류계산[1)]

[입력]

```
> p_value=2*(1-pt(4.7233,df=18)) #t값 4.7233에서 제1종의 오류계산
> print(p_value) #제1종의 오류출력
```

[출력]

```
[1] 0.0001695728
```

이렇게 입력하면 제1종의 오류 0.0001695728로 출력해주고, 이 제1종의 오류가 기준이 되는 유의수준 0.05보다 작으므로 귀무가설을 기각한다.

R코드 10.7 | 상관계수에 대한 검정

[입력]

```
> Eng=c(67,90,93,88,75,48,42,32,56,59,69,50,70,72,72,85,95,65,64,73)
> Kor=c(57,85,80,76,80,35,45,56,65,55,65,45,65,68,71,90,60,64,71,68)
> cor.test(Eng, Kor)
```

[출력]

```
 Pearson's product-moment correlation

data:  Eng and Kor
t=4.7233, df=18, p-value=0.0001696
alternative hypothesis: true correlation is not equal to 0
95 percent confidence interval:
 0.4493642 0.8926106
sample estimates:
      cor
0.7439486
```

[설명] 검정통계량 t값은 4.7233이며, 자유도(df)는 18이고, p값(p-value)은 0.0001696이다. 이에 따라 귀무가설을 기각하고, 대립가설을 받아들인다. 대립가설은 상관계수가 0이 아니라는 것이다(alternative hypothesis: true correlation is not equal to 0). 모상관계수는 95%의 신뢰도에서(95percent confidence interval), $0.4493642 \le \rho \le 0.8926106$의 구간값을 가진다. 마지막으로 표본상관계수(cor, sample estimates)는 0.7439486이다.

1) 제1종의 오류를 계산하기 위한 구체적인 방법은 9장의 부록을 참고

연습문제

01 다음의 데이터는 연도별 광고비와 매출액 간의 관계에 관한 것이다.

연습표 10.1 광고비와 매출액데이터

연도	2011	2012	2013	2014	2015
광고비(억)	2	2	3	4	5
매출액(10억)	7	8	9	10	14

(1) 데이터를 이용하여 산점도를 그려보고 상관관계에 대하여 설명해보시오.
(2) 상관관계, 검정통계량을 계산하고, 가설검정 과정에 따라 가설을 검정해보시오. 가설검정은 양측검정을 활용하고, 유의수준은 5%로 정하시오.
(3) 데이터를 이용하여 R의 계산식을 이용하여 상관관계에 대하여 검정해보시오.
(4) 데이터를 R의 내장함수(cor.test)를 이용하여 상관관계에 대하여 검정해보시오.

02 다음의 데이터는 강우량과 백화점의 매출액에 관한 월별 데이터이다.

연습표 10.2 강우량과 매출액 데이터

연도	5월	6월	7월	8월	9월
강우량(미리)	50	100	150	50	100
매출액(10억)	150	120	90	170	100

(1) 데이터를 이용하여 산점도를 그려보고 상관관계에 대하여 설명해보시오.
(2) 상관관계, 검정통계량을 계산하고, 가설검정 과정에 따라 가설을 검정해보시오. 가설검정은 양측검정을 활용하고, 유의수준은 5%로 정하시오.
(3) 데이터를 이용하여 R의 계산식을 이용하여 상관관계에 대하여 검정해보시오.
(4) 데이터를 R의 내장함수(cor.test)를 이용하여 상관관계에 대하여 검정해보시오.

03 다음은 R내장데이터 iris이다. 이 데이터는 150개의 사례와 5개의 변수로 이루어져 있다.

R연습그림 10.1 | iris 내장데이터에 대한 설명

R: Edgar Anderson's Iris Data

iris {datasets} R Documentation

Edgar Anderson's Iris Data

Description

This famous (Fisher's or Anderson's) iris data set gives the measurements in centimeters of the variables sepal length and width and petal length and width, respectively, for 50 flowers from each of 3 species of iris. The species are *Iris setosa*, *versicolor*, and *virginica*.

Usage

```
iris
iris3
```

Format

`iris` is a data frame with 150 cases (rows) and 5 variables (columns) named `Sepal.Length`, `Sepal.Width`, `Petal.Length`, `Petal.Width`, and `Species`.

`iris3` gives the same data arranged as a 3-dimensional array of size 50 by 4 by 3, as represented by S-PLUS. The first dimension gives the case number within the species subsample, the second the measurements with names `Sepal L.`, `Sepal W.`, `Petal L.`, and `Petal W.`, and the third the species.

R연습그림 10.2 | iris 내장데이터(일부)

```
> iris
   Sepal.Length Sepal.Width Petal.Length Petal.Width  Species
1           5.1         3.5          1.4         0.2   setosa
2           4.9         3.0          1.4         0.2   setosa
3           4.7         3.2          1.3         0.2   setosa
4           4.6         3.1          1.5         0.2   setosa
5           5.0         3.6          1.4         0.2   setosa
6           5.4         3.9          1.7         0.4   setosa
7           4.6         3.4          1.4         0.3   setosa
8           5.0         3.4          1.5         0.2   setosa
9           4.4         2.9          1.4         0.2   setosa
10          4.9         3.1          1.5         0.1   setosa
11          5.4         3.7          1.5         0.2   setosa
12          4.8         3.4          1.6         0.2   setosa
13          4.8         3.0          1.4         0.1   setosa
14          4.3         3.0          1.1         0.1   setosa
15          5.8         4.0          1.2         0.2   setosa
16          5.7         4.4          1.5         0.4   setosa
17          5.4         3.9          1.3         0.4   setosa
18          5.1         3.5          1.4         0.3   setosa
19          5.7         3.8          1.7         0.3   setosa
20          5.1         3.8          1.5         0.3   setosa
```

이 데이터를 이용하여 꽃받침의 길이(Sepal.Length)와 꽃잎의 너비(Petal.Width) 간의 상관관계에 대하여 가설검정 과정에 따라 R코드를 이용하여 검정해보시오. 가설검정은 양측검정을 활용하고, 유의수준은 5%로 정하시오.

부록 통계분석을 위한 R활용 10

1. R함수를 이용한 상관계수의 검정

상관계수의 t검정을 위한 R함수는 cor.test()이다.

R연습코드 10.1 | 상관계수의 검정

[입력]

```
> Eng=c(67,90,93,88,75,48,42,32,56,59,69,50,70,72,72,85,95,65,64,73)
> Kor=c(57,85,80,76,80,35,45,56,65,55,65,45,65,68,71,90,60,64,71,68)
> cor.test(x=Eng, y=Kor, conf.level=0.95) #두 변수의 상관관계에 대한 양측검정이
  며, 신뢰구간의 계산은 신뢰도 0.95에서 구한다.
```

[출력]

```
   Pearson's product-moment correlation

data:  Eng and Kor
t=4.7233, df=18, p-value=0.0001696
alternative hypothesis: true correlation is not equal to 0
95 percent confidence interval:
 0.4493642 0.8926106
sample estimates:
      cor
0.7439486
```

[풀이] 검정통계량 t값은 4.7233이며, 자유도(df)는 18이고, p값(p-value)은 0.0001696이다. 이에 따라 귀무가설을 기각하고, 대립가설을 받아들인다. 대립가설은 상관계수가 0이 아니라는 것이다(alternative hypothesis: true correlation is not equal to 0). 모상관계수는 95%의 신뢰도에서(95 percent confidence interval), $0.4493642 \leq \rho \leq 0.8926106$의 구간값을 가진다. 마지막으로 표본상관계수(cor, sample estimates)는 0.7439486이다.

2. 그래픽 장치

앞에서 아쉬운 대로 몇 개의 그림을 그린 바 있다. 이제 그 그림을 더 잘 그리기 위한 그래픽 장치들을 다루어보자. R에서 그래픽 장치라면 그래프가 출력되는 장치를 의미한

다. R콘솔은 주로 문자가 입출력되는 장치이다. 이미 plot() 함수를 통해 그래프를 그려 본 바 있다. 이 함수를 사용했을 때 새롭게 출력물이 나오는데, 이를 그래픽 장치라고 한다. 이제 이를 조금 다루어 보자.

(1) R그래프의 구조

그래프의 영역은 ① 그래프(plot region), ② 내부여백(inner margin, figure region), ③ 외부여백(outer margin)으로 나누어진다. 여백을 주는 방법은 par() 함수를 이용한다. 여백의 순서는 **아래에서부터 시계방향으로** 1,2,3,4이다. 이는 함수 par()에서 확인해 볼 수 있다.

R연습그림 10.3 | R에서의 그래프 구조

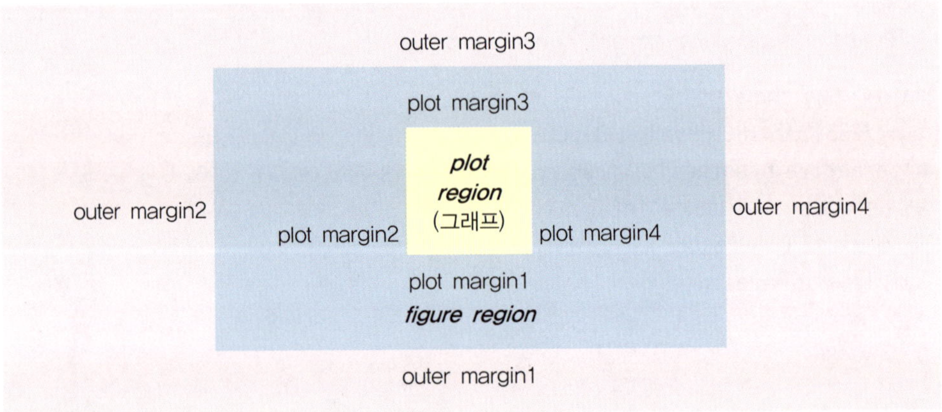

(2) 함수 par()를 이용한 그림의 여백주기

R연습코드 10.2 | 그래프에서의 여백지정

[입력]

```
> Eng=c(67,90,93,88,75,48,42,32,56,59,69,50,70,72,72,85,95,65,64,73)
> Kor=c(57,85,80,76,80,35,45,56,65,55,65,45,65,68,71,90,60,64,71,68)
> par(mar=c(7,5,7,2), oma=c(2,5,2,5)) #내부여백(mar=c(7,5,7,2), 아래 7, 왼쪽 5, 위 7, 오른쪽 2칸만큼의 여백), 외부여백(oma=c(2,5,2,5), 아래 2, 왼쪽 5, 위 2, 오른쪽 5칸만큼의 여백))
> plot(Eng, Kor, main="scatter plot", xlab="English", ylab="Korean")
```

[출력]

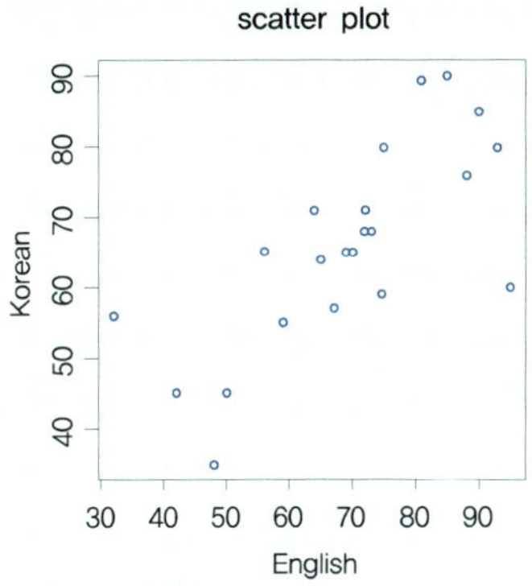

[풀이] 이 그림은 실제 그림을 조금 축소해서 탑재한 것이다. 그림에서 보듯이 그래프가 있는 영역이 바로 plot region이고, 그래프의 설명(x, y축에 대한 설명, 그래프의 제목 등)이 있는 영역이 figure region 영역이며, 나머지가 외부여백이다. 디폴트는 외부여백이 0이다. 여백의 숫자는 칸 또는 줄(행)을 의미한다.

CHAPTER 11

단순선형회귀분석

CHAPTER 11

단순선형회귀분석

11장에서 학습해야 할 내용

10장에서 연구자가 근본적으로 관심을 가지는 관계성이란 개념을 좀 더 확장해보자. 회귀분석도 상관관계 중의 하나이다. 다만 관점과 방법이 다를 뿐이다. 학습자는 상관관계의 연장선상에서 회귀분석을 바라볼 필요가 있다. 따라서 다음의 내용을 유의해서 회귀분석을 학습해보자.

1. 단순선형회귀분석이란 무엇이며, 상관관계분석과는 어떻게 다른가?
2. 회귀식에서 연구자는 어떤 의미를 얻을 수 있는가?
3. 회귀식의 회귀계수를 어떻게 구할 것인가?
4. 회귀식의 회귀계수를 검정할 때 어떤 검정통계량을 사용하는가? 그리고 그 과정은 어떻게 되는가?
5. 회귀식이 특정의 현상을 설명하고자 하는 것이라면, 회귀식에서 사용되는 변수들이 그 현상을 어느 정도 설명할 수 있다는 것을 어떻게 알 수 있는가?
6. R코드를 이용하여 단순선형회귀분석을 실행할 때 R코드는 어떻게 작성하고, 그 결과는 어떻게 해석해야 하는가?

11.1 단순선형회귀분석의 개념

상관관계분석이 두 변수 간의 관계를 파악하기 위한 것이라면, 회귀분석은 단순한 상관관계의 개념을 넘어 그 관계의 방향성을 분석하는 것이다. 관계의 방향성이란 어떤 변수가 어떤 변수에 **영향을 주는가** 하는 것이다. 아래의 〈그림 11.1〉에 나타난 바와 같이 상관관계는 그림의 왼쪽처럼 두 변수 서로 간의 관계를 의미하는 것이고, 회귀분석은 변수 A가 변수 B에 영향을 주는 관계이다. 이처럼 회귀분석은 상관관계에 **영향의 방향성**을 더한 개념이다.

그림 11.1 | 회귀분석과 상관관계분석

많은 사회현상이나 자연현상에서, 특정의 현상이 다른 현상의 원인이 되고, 다른 현상이 결과가 된다고 판단되는 경우가 많다. 이때 영향을 주는 변수(현상)를 **독립변수(independent variable)** 또는 **설명변수(explanatory variable)**라고 하고, 영향을 받는 변수(현상)를 **종속변수(dependent variable)** 또는 **반응변수(response variable)**라고 한다. 상관관계분석은 영향을 주거나 받는 경우가 아니라 변수 간의 관계성만을 분석하는 것이며, 그 방향은 알 수 없다. 그러나 회귀분석은 그러한 영향의 방향성을 분석해볼 수 있다. 이러한 관계를 식으로 표현해보면 다음과 같이 표현할 수 있다.

$$Y = \beta_0 + \beta_1 X + \epsilon \qquad \text{(식 11.1)}$$

(식 11.1)에서 X를 독립변수(또는 설명변수, 영향을 주는 변수) Y를 종속변수(또는 반응변수, 영향을 받는 변수)라고 하고, ϵ(ipsilon이라고 읽음)는 오차항이라고 부른다. 또 β_0, β_1을 **회귀모수(regression parameter)**, 또는 **회귀계수(regression coefficient)**라고 부른다.

기업에서 상여금(독립변수, 설명변수)이 종업원의 업무성과(종속변수, 반응변수)에 주는 영향이라든지, 광고비(독립변수, 설명변수)가 매출(종속변수, 반응변수)에 주는 영향이라든지, 생산직 종업원의 훈련시간(독립변수, 설명변수)이 불량률(종속변수, 반응변수)의 개선에 주는 영향이라든지, 많은 현상들이 이러한 독립변수(설명변수)와 종속변수(반응변수)와 같은 영향 관계를 가지고 있다. (식 11.1)은 이러한 관계를 수식으로 표현한 것이며, 이를 **회귀식(regression)**이라고 한다. 이 책에서는 독립변수 또는 설명변수를 독립변수로, 종속변수 또는 반응변수를 종속변수로 사용한다.[1]

---

1) 독립변수의 명칭에 대하여 학자들 간에는 약간의 이론이 있기는 하다. 독립변수에서 독립이라는 명칭 때문이다. 이 독립이라는 용어는 종속변수와 관계없이 독자적인 변동을 보인다는 의미이지만, 다중선형회귀분석의 경우 독립변수의 수가 증가하면서 독립변수 간의 관계가 존재하는 경우가 있다. 이럴 때 독립변

정의 11.1 ● 독립변수와 종속변수

- 독립변수(independent variable) 또는 설명변수(explanatory variable) : 영향을 주는 변수(현상)
- 종속변수(dependent variable) 또는 반응변수(responsive variable) : 영향을 받는 변수(현상)

(식 11.1)은 변수 간의 관계 중에서 선형의 관계를 다루는 **선형회귀(linear regression)** 이며, 종속변수에 영향을 주는 독립변수의 수는 한 개이므로 이를 **단순회귀(simple regression)** 라고 한다. 두 개의 개념을 종합해보면 독립변수의 수는 1개, 변수 간의 관계는 선형이므로 **단순선형회귀(simple linear regression)** 라고 한다.

이 개념을 확장해볼 수 있다. 즉, 독립변수가 하나가 아니라 여러 개의 독립변수가 있는 **다중선형회귀(multiple linear regression)** 가 있다. 그러나 이 책에서는 다중선형회귀에 대해서는 다루지 않는다.

정의 11.2 ● 단순선형회귀와 다중선형회귀

- 단순선형회귀(simple linear regression) : 독립변수와 종속변수 간에 선형의 관계가 있으며, 독립변수가 하나인 경우의 회귀모형
- 다중선형회귀(multiple linear regression) : 독립변수와 종속변수 간에 선형의 관계가 있으며, 독립변수가 두 개 이상인 경우의 회귀모형

수 간에 관계가 없다면 이를 독립변수 간에는 서로 독립이라는 의미의 '직교한다(orthogonal)'는 말로 표현하는 것이 더 적합하다. 따라서 독립변수에서 종속변수의 변동에 관계없는 '독자적'이라는 의미의 독립이라는 용어 사용은 독립이 가진 여러 의미 때문에 약간의 혼동을 줄 수 있어 사용을 권하지 않는 경우가 있기는 하다. 이때문에 '설명변수', '예측변수'라는 용어를 더 추천하기도 한다.

11.2 회귀식의 의미

(식 11.1) $Y = \beta_0 + \beta_1 X + \epsilon$를 다시 생각해보자. 이 식에서 β_0는 X가 0의 값을 가질 때의 Y의 값이다. 즉, **절편(intercept)**이다. β_1은 X가 1단위 증가할 때 발생하는 Y의 변동량이다. **기울기(slope)**라고 한다. ϵ(ipsilon)은 X와 Y의 관계에서 X에 의해서 설명이 되지 않는 Y변동의 나머지 부분이며, **확률변수**이다.

이러한 점에서 이 모형을 다시 설명해보면 Y의 변화는 X가 0일 때는 β_0만큼의 값을 가지며, X가 1단위 변화할 때 β_1만큼 변하고, Y의 변동에 대하여 X로 설명되지 않는 부분이 ϵ이다. 이를 〈그림 11.2〉와 같이 표현해 볼 수 있다.

그림 11.2 | 회귀식

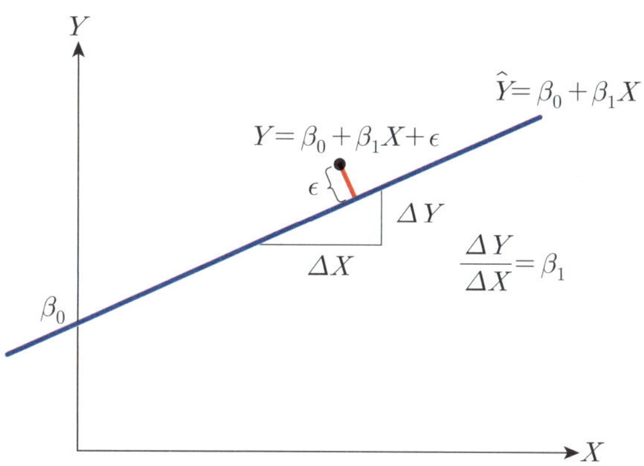

종속변수 Y의 변화를 독립변수 X의 변화로 설명하고자 할 때, 독립변수 X가 설명할 수 없는 ϵ을 **오차(error)**라고 하고, ϵ은 다음과 같다고 가정한다.

정리 11.1 ● 오차 ϵ의 특징

- ϵ의 평균($E(\epsilon)$)은 0이다.
- ϵ의 분산은 σ^2이다.
- 독립변수 X와는 독립적이다.
- ϵ는 정규분포를 따른다. 즉 $\epsilon \sim N(0, \sigma^2)$이다.

이러한 가정에 따라 회귀식 $Y = \beta_0 + \beta_1 X + \epsilon$의 기댓값 $E(Y) = \beta_0 + \beta_1 X$이다. 왜냐하면 $E(\epsilon) = 0$이기 때문이다.

11.3 회귀계수의 계산과 최소제곱법

회귀식에서 관심이 있는 것은 $Y = \beta_0 + \beta_1 X + \epsilon$에서 X를 통하여 Y가 어떻게 설명되어지는가 하는 것이다. 즉, X가 0일 때 Y는 어떤 값을 가지며, X가 변화할 때 Y는 어떻게 변화하는가이다. 이는 β_0와 β_1은 어떤 값을 가지는가와 같은 의미이다. 그렇다면 β_0와 β_1은 어떻게 계산할 것인가?

이를 위해 **최소제곱법(least square method)**을 사용한다. β_0와 β_1을 계산하기 위하여 확률변수 X와 Y의 실제관측값을 가지고 최소제곱법을 이용하여 계산한다. 그렇다면 X와 Y의 실제 관측값을 가지고 회귀계수 β_0, β_1을 어떻게 계산(추정)하는지 살펴보자. 〈표 11.1〉과 같이 n개의 관측데이터가 있다고 하자.

표 11.1 회귀분석을 위한 관측데이터

관측개체	종속변수 Y	독립변수 X
1	y_1	x_1
2	y_2	x_2
⋮	⋮	⋮
n	y_n	x_n

관측데이터를 이용하여 회귀식을 다시 표현하면 다음과 같다.

$$y = \beta_0 + \beta_1 x + \epsilon \quad \text{(식 11.2)}$$

이 식은 실제 관측데이터를 이용한 회귀모형이므로 대문자 X, Y로 표현된 확률변수를 소문자 변수 x, y로 표현하였으며, 이 식에 관측데이터를 통해서 **추정된 회귀계수**를 이용하여 만들어진 회귀식은 다음과 같이 다시 쓸 수 있다.

$$\hat{y} = \widehat{\beta_0} + \widehat{\beta_1}x \quad \text{(식 11.3)}$$

$\widehat{\beta_0}$와 $\widehat{\beta_1}$은 실제 관측값을 이용하여 얻어진 **모회귀계수** β_0와 β_1에 대한 추정치이다. 즉, x의 변화에 따라 y는 추정된 회귀계수 $\widehat{\beta_0}$와 $\widehat{\beta_1}$에 의하여 새로운 추정치를 가지게 되므로 $\hat{y}$으로 표현한다.[2] **이 식이 관측된 데이터에 의하여 추정된 회귀식**이다.

이제 최소제곱법에 의해 β_0와 β_1를 추정하는 과정을 살펴보자. 최소제곱법은 모회귀계수 β_0와 β_1에 대한 추정치로서 $\widehat{\beta_0}$와 $\widehat{\beta_1}$를 계산할 때 오차항 ϵ의 제곱의 합($\sum_{i=1}^{n}\epsilon_i^2$)이 최소가 되도록 하는 방법으로 한다는 의미이다. 즉, 계산과정은 다음과 같다.

다음의 세 개의 (식 11.1), (식 11.4), (식 11.5)를 보자. 첫 번째 식은 회귀식이고, 두 번째 식은 추정된 회귀식이다. 이 두 개의 차이가 (식 11.5)이다.

$$Y = \beta_0 + \beta_1 X + \epsilon \quad \text{(식 11.1)}$$

$$\widehat{Y} = \beta_0 + \beta_1 X \quad \text{(식 11.4)}$$

$$Y - \widehat{Y} = \epsilon \quad \text{(식 11.5)}$$

최소제곱법이란 실제값과 추정치 간의 차이값의 제곱합을 최소화하는 방법으로 회귀계수를 추정하는 방법이므로, ϵ의 전체 제곱합($\sum_{i=1}^{n}\epsilon_i^2$)이 최소가 되도록 회귀계수를 계산하면 된다. 즉,

$$\sum_{i=1}^{n}\epsilon^2 = \sum_{i=1}^{n}(Y - \widehat{Y})^2 \quad \text{(식 11.6)}$$

이며, 이를 다음과 같이 다시 쓸 수 있다.

$$\sum_{i=1}^{n}\epsilon^2 = \sum_{i=1}^{n}(Y - \beta_0 - \beta_1 X)^2 \quad (\because \widehat{Y} = \beta_0 + \beta_1 X) \quad \text{(식 11.7)}$$

2) 이미 설명했듯이 추정치라는 의미에서 모자(hat)를 y에 붙여서 표현한다. 그러나 모자를 씌우는 대신 영어 소문자 b_0, b_1으로 표기해도 좋다.

이 식을 β_0, β_1에 대하여 각각 편미분해서 0으로 놓는다.[3)]

먼저 β_0에 대하여 편미분하여 0으로 놓는다.

$$\frac{\partial \sum_{i=1}^{n} \epsilon^2}{\partial \beta_0} = -2\sum_{i=1}^{n}(Y - \beta_0 - \beta_1 X) = 0 \qquad \text{(식 11.8)}$$

이를 정리하면 다음과 같다.

$$\sum_{i=1}^{n} Y = n\beta_0 + \beta_1 \sum_{i=1}^{n} X \qquad \text{(식 11.9)}$$

두 번째로 β_1에 대하여 편미분하여 0으로 놓는다.

$$\frac{\partial \sum_{i=1}^{n} \epsilon^2}{\partial \beta_1} = -2\sum_{i=1}^{n}(Y - \beta_0 - \beta_1 X)X = 0 \qquad \text{(식 11.10)}$$

이를 정리하면 다음과 같다.

$$\sum_{i=1}^{n} XY = \sum_{i=1}^{n} \beta_0 X + \beta_1 \sum_{i=1}^{n} X^2 \qquad \text{(식 11.11)}$$

(식 11.9)과 (식 11.11)을 연립하여 풀면 다음과 같이 β_0, β_1을 얻을 수 있다.

---

3) 편미분(partial derivative)은 다변수 함수의 미분에서 미분의 대상이 되는 변수 이외에는 모두 상수로 간주하는 방식이다. 두 개의 변수로 이루어진 함수 $f(x,y) = x^2 + 2xy + y^2$이 있다고 하자. 이를 먼저 x에 대하여 편미분하면 다음과 같다. 즉, $\frac{\partial f(x,y)}{\partial x} = 2x + 2y$가 된다. 즉, 미분의 대상이 되는 x 이외에 y, y^2을 모두 상수로 간주했기 때문이다. y^2이 상수로 간주되었기 때문에 미분하면 상수의 미분이기 때문이 0이 된다. 고등학교에서 이과 수학을 접하지 않은 경우 이 미분법은 생소할 수 있다. 만약 모른다면 건너뛰고 결과만을 이용하기 바란다.

$$\beta_1 = \frac{n\sum_{i=1}^{n} XY - \sum_{i=1}^{n} X \sum_{i=1}^{n} Y}{n\sum_{i=1}^{n} X^2 - (\sum_{i=1}^{n} X)^2} = \frac{\sum_{i=1}^{n} XY - n\overline{X}\,\overline{Y}}{\sum_{i=1}^{n} X^2 - n\overline{X}^2} \quad \text{(식 11.12)}$$

$$\beta_0 = \overline{Y} - \beta_1 \overline{X} \quad \text{(식 11.13)}$$

예제 11.1 ● 회귀계수의 계산

문| 아래의 〈표 11.2〉는 회사 내 종업원들의 주당 근무시간과 직무만족도에 관한 데이터이며, 인사관리 담당자는 주당 근무시간이 종업원의 직무만족도에 영향을 준다고 생각하고 있다. 즉, 근무시간이 짧을수록 직무만족도가 높아진다고 생각하고 근무시간 조정을 통한 직무만족도를 개선하려고 계획하고 있다.

표 11.2 | 직무만족도와 주간근무시간에 관한 관측데이터

관측개체	종속변수 Y (직무만족도 1–10점)	독립변수 X (주간근무시간)
1	7	50
2	10	45
3	9	45
4	7	55
5	6	60
6	5	65
7	6	60
8	8	55
9	8	40
10	4	75

풀이| 앞에서 최소제곱법에 의하여 회귀계수는 다음과 같이 계산된다고 하였다. 이 식을 활용하여 회귀계수를 구해보자.

$$\beta_1 = \frac{n\sum_{i=1}^{n} XY - \sum_{i=1}^{n} X \sum_{i=1}^{n} Y}{n\sum_{i=1}^{n} X^2 - (\sum_{i=1}^{n} X)^2} = \frac{\sum_{i}^{n} XY - n\overline{X}\,\overline{Y}}{\sum_{i=1}^{n} X^2 - n\overline{X}^2}$$ 이고, $\beta_0 = \overline{Y} - \beta_1 \overline{X}$이므로,

〈표 11.2〉의 데이터를 이용하여 계산해보자. 먼저 〈표 11.2〉를 이용하여 다음의 〈표 11.3〉을 얻을 수 있다.

표 11.3 회귀계수 추정을 위한 관측데이터의 변형

관측개체	독립변수 X (주간근무시간)	종속변수 Y (직무만족도1-10점)	XY	X^2
1	50	7	350	2500
2	45	10	450	2025
3	45	9	405	2025
4	55	7	385	3025
5	60	6	360	3600
6	65	5	325	4225
7	60	6	360	3600
8	55	8	440	3025
9	40	8	320	1600
10	75	4	300	5625
합	$\sum_{i=1}^{10} x_i=550$	$\sum_{i=1}^{10} y_i=70$	$\sum_{i=1}^{10} x_i y_i=$ 3695	$\sum_{i=1}^{10} x_i^2$ 31250
평균	$\bar{x}=55$	$\bar{y}=7$	$\frac{1}{10}\sum_{i=1}^{10} x_i y_i$ 369.5	$\frac{1}{10}\sum_{i=1}^{10} x_i^2$ 3125

이 표를 이용하여 회귀계수를 구하면 다음과 같다.

$$\beta_1 = \frac{n\sum_{i=1}^{n} XY - \sum_{i=1}^{n} X \sum_{i=1}^{n} Y}{n\sum_{i=1}^{n} X^2 - (\sum_{i=1}^{n} X)^2} = \frac{\sum_{i}^{n} XY - n\overline{X}\overline{Y}}{\sum_{i=1}^{n} X^2 - n\overline{X^2}} = \frac{3695 - 10\times 7\times 55}{31250 - 10\times 55^2} = -0.155$$

$\beta_0 = \overline{Y} - \beta_1\overline{X} = 7 - (-0.155)\times 55 = 15.525$이다.

R코드 11.1 | 회귀계수의 계산(〈예제 11.1〉에 대한 R코드)

[입력]

```
> y=c(7,10,9,7,6,5,6,8,8,4)
> x=c(50,45,45,55,60,65,60,55,40,75)
> output=lm(formula = y ~ x)
> print(output)
```

[출력]

```
Call:
lm(formula = y ~ x)

Coefficients:
(Intercept)          x
     15.525     -0.155
```

[해설]

$\hat{y}=\hat{\beta_0}+\hat{\beta_1}x$에서 $\beta_0=15.525$ $\beta_1=-0.155$이므로, 즉 추정된 회귀식은 $\hat{y}=15.525-0.155x$이다. print(output)이라는 명령어를 보자. 사실 이렇게만 입력하면 회귀계수는 보여주지만 회귀계수에 대한 검정결과는 보여주지 않는다는 것을 기억하라. 일단 이 예제의 목표는 회귀계수의 계산에 있으므로 이 정도 살펴보자.

정의 11.3 ● 최소제곱법

- 최소제곱법(Least Square Method) : 실제값과 추정치 간 차이의 제곱합을 최소화하는 방법으로 회귀계수를 추정하는 방법

통계를 위한 창 11.1 | 비용함수(cost function)

요즈음 인공지능의 한 모형으로 회귀분석이 사용되고 있다. 사실 인공지능이 많은 부분이 통계적 알고리즘에 의하고 있다는 것은 통계학도라면 대부분 알게된다. 재미있는 것은 최소제곱법은 인공지능에서 비용함수(cost function)로 불리우고 있다는 사실이다. 학습자들은 한 번 인공지능에서 사용되는 회귀모형을 검색해보라. 그러면 비용함수를 발견하게 될 것이고, 이것이 최소제곱법 또는 오차의 제곱과 같다는 것을 알게 된다.

통계학을 공부하면 인공지능의 영역에 보다 용이하게 입문할 수 있다. 특히 다변량통계는 인공지능의 영역과 많이 겹친다. 결국 계산(computation)의 문제라고나 할까?

11.4 회귀계수에 대한 가설검정

계산된 회귀계수는 모집단의 회귀계수(모회귀계수)에 관한 것이지만, 만약 표본데이터를 통해 얻어진 표본회귀계수라면 구해진 표본회귀계수를 이용하여 모회귀계수가 통계적 유

의성을 가지는가를 검정하여야 한다. 따라서 표본회귀계수를 이용하여 모회귀계수에 대한 가설검정은 다음과 같은 과정을 거쳐 실행한다. 다음의 가설검정과정을 다시 한번 상기해보자.

회귀계수는 β_0과 β_1의 두 개가 있지만, β_0에 대한 검정은 이에 대해 관심이 있는 경우가 아니면 검정할 필요가 없다. 따라서 이 책에서는 β_1에 대한 검정만을 다룬다.

그림 11.3 | 가설검정의 과정

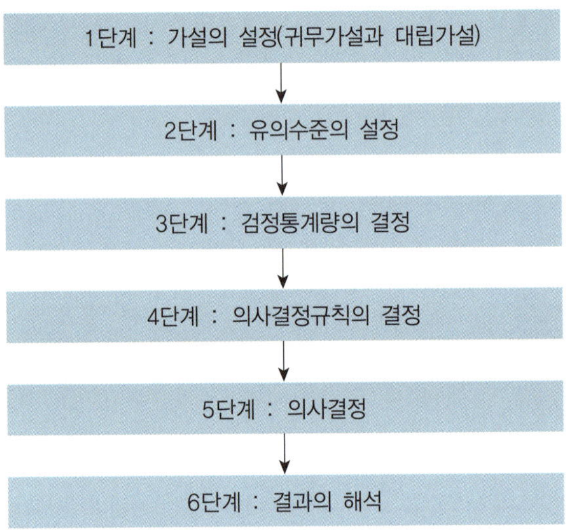

▶ 1단계 : 귀무가설과 대립가설의 설정(양측검정)

H_0 : $\beta_1 = 0$ (독립변수는 종속변수에 영향을 미치지 않는다)

H_1 : $\beta_1 \neq 0$ (독립변수는 종속변수에 영향을 미친다)

▶ 2단계 : 유의수준의 결정

유의수준이 5%일 때 가설이 H_0 : $\beta_1 = 0$으로 양측검정에 해당하므로 자유도 $(n-2)$에서 양측 각각 2.5%(0.025)에 해당한다.

▶ 3단계 : 검정통계량의 결정

회귀계수에 대한 검정통계량은 자유도 $(n-2)$를 따르는 t값이며 t는 다음과 같이 계산된다.

$$t = \frac{\widehat{\beta_1}}{SE(\widehat{\beta_1})}, \ \sim t(n-2)$$ (식 11.14)

$$\text{여기에서, } SE(\beta_1) = \frac{\sqrt{\frac{\Sigma(Y-\widehat{Y})^2(=SSE)}{n-2}}}{\sqrt{\Sigma(X-\overline{X})^2}}$$ (식 11.15)

▶ 4단계 : 의사결정규칙의 설정

첫 번째 규칙은 기각역의 임계치 t와 관측데이터에서 얻어진 t값을 비교하는 의사결정의 규칙이다. 즉, $|t| > t_{0.025}$이면 귀무가설을 기각하고, $|t| \le t_{0.025}$이면 귀무가설을 기각하지 못한다. 두 번째 의사결정 규칙은 표본에서 얻어진 t값에 대한 제1종의 오류가 0.05보다 작으면 귀무가설을 기각한다.

▶ 5단계 : 의사결정

구해진 검정통계량 t를 임계치와 비교하여 가설에 대한 기각 여부를 결정한다.

이제 이 과정을 이용하여 회귀계수에 대한 가설검정을 다루어보자. 〈예제 11.2〉는 회귀계수에 대한 가설검정을 다루고 있다.

예제 11.2 ● 회귀계수에 대한 가설검정

문| 앞의 〈예제 11.1〉의 데이터를 이용하여 가설검정을 해보자. 즉, 연구자는 회사 내 종업원들의 주당 근무시간과 직무만족도에 관한 데이터이며, 인사관리 담당자는 주당 근무시간이 종업원의 직무만족도에 음의 영향을 준다고 생각하고 있다. 상식적으로 주당 근무시간이 길어지면 직무만족도는 감소할 것이다. 이러한 추론에 근거하여 가설을 설정하고, 검정해보자.

풀이| 연구자는 주당 근무시간이 직무만족에 음(마이너스)의 영향을 준다고 가정하고 있으므로 다음과 같은 가설을 설정하여 검정하여야 한다.

- **1단계 : 가설의 설정(좌측검정)**
  귀무가설(H_0) : $\beta_1 \geq 0$이다. (주당 근무시간은 직무만족에 영향을 주지 않거나 양의 영향을 준다)
  대립가설(H_1) : $\beta_1 < 0$이다. (주당 근무시간은 직무만족에 음의 영향을 준다)
- **2단계 : 유의수준을 설정**
  5%로 설정한다.

• 3단계 : 검정통계량의 결정

$t = \dfrac{\widehat{\beta}_1}{SE(\widehat{\beta}_1)}, \ \sim t(n-2)$ 이다.

❙ 표 11.4 ❙ 회귀계수 검정을 위한 관측데이터의 변형

관측 개체	독립변수 X (주간근무시간)	종속변수 Y (직무만족도 1~10점)	$\hat{Y}$	$(Y-\hat{Y})^2$	$(X-\overline{X})^2$
1	50	7	7.775	0.600625	25
2	45	10	8.550	2.102500	100
3	45	9	8.550	0.202500	100
4	55	7	7.000	0.000000	0
5	60	6	6.225	0.050625	25
6	65	5	5.450	0.202500	100
7	60	6	6.225	0.050625	25
8	55	8	7.000	1.000000	0
9	40	8	9.325	1.755625	225
10	75	4	3.900	0.010000	400
합	550	70	70.000	5.97500	1000
평균	55	7	7	0.59750	100

• 4단계 : 의사결정기준을 결정

가설에 따라 $t < -t_{0.05}$ 이면 귀무가설을 기각하고, $t \geq -t_{0.05}$ 이면 귀무가설을 기각하지 못한다.

$-t_{0.05} = -1.860$ 이므로 $t < -t_{0.05} = -1.860$ 이면 귀무가설을 기각한다.

❙ 표 11.5 ❙ t분포표

v \ α	0.4	0.25	0.1	0.05	0.025	0.01	0.005	0.0025	0.001	0.005
1	0.325	1.000	3.078	6.314	12.706	31.821	63.657	127.320	318.310	636.620
2	0.289	0.816	1.886	2.920	4.303	6.965	9.925	14.089	23.326	31.598
3	0.277	0.765	1.638	2.353	3.182	4.541	5.841	7.453	10.213	12.924
4	0.271	0.741	1.533	2.132	2.776	3.747	4.604	5.598	7.173	8.610
5	0.267	0.727	1.476	2.015	2.571	3.365	4.032	4.773	5.893	6.869
6	0.265	0.718	1.440	1.943	2.447	3.143	3.707	4.317	5.208	5.959
7	0.263	0.711	1.415	1.895	2.365	2.998	3.499	4.029	4.785	5.408
8	0.262	0.706	1.397	1.860	2.306	2.896	3.355	3.833	4.501	5.041
9	0.261	0.703	1.383	1.833	2.262	2.821	3.250	3.690	4.297	4.781
10	0.260	0.700	1.372	1.812	2.228	2.764	3.169	3.581	4.144	4.587
11	0.260	0.697	1.363	1.796	2.201	2.718	3.106	3.497	4.025	4.437
12	0.259	0.695	1.356	1.782	2.179	2.681	3.055	3.428	3.930	4.318
13	0.259	0.694	1.350	1.771	2.160	2.650	3.012	3.372	3.852	4.221
14	0.258	0.692	1.345	1.761	2.145	2.624	2.977	3.326	3.787	4.140
15	0.258	0.691	1.341	1.753	2.131	2.602	2.947	3.286	3.733	4.073
16	0.258	0.690	1.337	1.746	2.120	2.583	2.921	3.252	3.686	4.015
17	0.257	0.689	1.333	1.740	2.110	2.567	2.898	3.222	3.646	3.965
18	0.257	0.688	1.330	1.734	2.101	2.552	2.878	3.197	3.610	3.922
19	0.257	0.688	1.328	1.729	2.093	2.539	2.561	3.174	3.579	3.883

• 5단계 : 의사결정

$\widehat{\beta_1}=-0.155$ 이고, $SE(\beta_1)=\dfrac{\sqrt{\dfrac{\Sigma(Y-\widehat{Y})^2}{n-2}}}{\sqrt{\Sigma(X_i-\overline{X})^2}}$ 이므로

이를 계산하면 다음과 같다.

$$\sqrt{\frac{\Sigma(Y-\widehat{Y})^2(=SSE)}{n-2}}=\sqrt{\frac{5.9750}{(10-2)}}=\sqrt{\frac{5.9750}{8}}=0.864$$

$\Sigma\sqrt{(X-\overline{X})^2}=\sqrt{(1000)}=31.62$이므로 $SE(\widehat{\beta_1})=\dfrac{0.864}{31.62}=0.0273$이다.

$t=\dfrac{\widehat{\beta_1}}{SE(\widehat{\beta_1})}=\dfrac{-0.155}{0.0273}=-5.672(<-t_{0.05}=-1.860)$이므로

귀무가설을 기각한다.

R코드 11.2 | 회귀계수에 대한 가설검정(〈예제 11.2〉에 대한 R코드)

앞의 〈예제 11.2〉를 이용하여 회귀계수의 추정결과와 추정된 회귀계수에 대한 검정결과를 같이 얻어보자. 〈예제 11.1〉과의 차이는 출력물에 대한 결과명령어 summary(output)이 달라진다. 이 경우 핵심이 되는 회귀분석에 대한 추정과 검정에 대한 요약통계량을 모두 출력해준다.

[입력]

```
> y=c(7,10,9,7,6,5,6,8,8,4) #y데이터
> x=c(50,45,45,55,60,65,60,55,40,75) #x데이터
> output=lm(formula = y ~ x) #y를 종속변수로 x를 독립변수로 하여 선형모형(lm, linear
  model)을 실행하여 output에 할당저장
> summary(output) #output에 저장된 요약통계량을 출력
```

[출력]

```
Call:
lm(formula = y ~ x)

Residuals:
    Min      1Q  Median      3Q     Max
-1.3250 -0.3937 -0.1125  0.3625  1.4500

Coefficients:
            Estimate Std. Error t value Pr(>|t|)
(Intercept) 15.52500    1.52774  10.162 7.53e-06 ***
x           -0.15500    0.02733  -5.672  0.00047 ***
```

```
---
Signif. codes:  0 '***' 0.001 '**' 0.01 '*' 0.05 '.' 0.1 ' ' 1

Residual standard error: 0.8642 on 8 degrees of freedom
Multiple R-squared:  0.8008,    Adjusted R-squared:  0.7759
F-statistic: 32.17 on 1 and 8 DF,  p-value: 0.0004695
```

[설명] 굵은 글씨로 표시된 부분에서 추정된 계수에 대한 검정결과를 보여준다. (Intercept)의 추정치는 15.5250이며, 이의 표준오차(Std. Error)는 1.52774, 검정을 위한 t값은 10.162, 그리고 1종의 오류가 7.53e-06($=\frac{7.53}{10^6}=0.00000753$)임을 보여주고 있다. 그리고 독립변수 x의 회귀계수 추정치는 -0.155000이며, 표준오차(Std. Error)는 0.02773, 검정을 위한 t값은 -5.672, 그리고 유의수준이 0.00047임을 보여주고 있다. 따라서 이 경우 추정된 회귀식은 $y=1.52774-0.15500x$이다. 앞에서 설명한 대로 특별한 경우가 아니면 상수항에 대한 검정은 할 필요가 없다. 상수항에 대한 검정결과가 의미가 있으려면, 독립변수가 0의 값을 가질 때 종속변수가 가지는 상수값이 의미를 가질 때이다. 따라서 이러한 특별한 경우를 제외한다면 상수항의 검정결과에 관계없이 추정된 회귀식에는 상수항의 검정결과와 관계없이 상수항을 포함시킨다.

11.5 회귀식의 설명력

유의성이 검정되면 독립변수가 종속변수에 의미있는 영향을 준다고 할 수 있다. 그렇다면 이 독립변수의 변동이 종속변수의 변동을 설명하는 설명력은 얼마나 될까? 설명력이란 종속변수(반응변수)인 Y의 변동에 독립변수(설명변수) X의 변동이 얼마나 기여하는가를 의미한다.

회귀분석의 목적을 다시 한번 상기해보자. Y라는 종속변수의 움직임(변동)에 영향을 주는 X라는 독립변수가 있고, 연구자는 독립변수 X가 종속변수 Y에 의미있는 영향을 주는가를 알고 싶어한다.

연구자의 또 다른 의문은 종속변수 Y의 변동에 대하여 독립변수 X의 변동이 의미있는 영향을 준다면, 그 양은 어느 정도인가이다. 이를 설명력이라는 용어로 정의하려고 한다. 이 설명력은 어떻게 나타낼 수 있을까? 종속변수 Y의 변동을 모두 설명한다고 하면 이는 100%를 설명한다고 할 수 있으며, 반대로 하나도 설명하지 못하다면 0%이다. 설명력은 종속변수에 대한 독립변수의 설명력을 0~100%의 값으로 또는 0~1 사이의 값으로 표현하려고 한다.

이러한 설명력은 어떻게 계산될 수 있는지 살펴보자. 이를 위해 다음과 같은 식을 생각해 보자.

먼저 회귀식을 (식 11.16)과 같이 다시 써보자. 즉, 종속변수 Y의 관측치 Y_i와 Y의 평균 $\overline{Y}$ 간의 차이 $(Y_i - \overline{Y})$를 중간에 추정치 항$(\hat{Y}_i)$을 한번 빼고, 다시 한번 더함으로써 다음과 같이 다시 표현할 수 있다.

관측치 − 관측치의 평균(오차) = (관측치 − 추정치) + (추정치 − 관측치의 평균)

$$(Y_i - \overline{Y}) = (Y_i - \hat{Y}_i) + (\hat{Y}_i - \overline{Y}) \qquad \text{(식 11.16)}$$

〈그림 11.4〉에 나타난 바와 같이, 관측값(원래의 데이터) Y_i를 추정된 Y_i인 $\hat{Y}$와의 차이$(Y_i - \hat{Y})$와 추정된 Y인 $\hat{Y}$과 관측값의 평균 간의 차이인 $(\hat{Y} - \overline{Y})$의 합으로 다시 표현한 것이다.

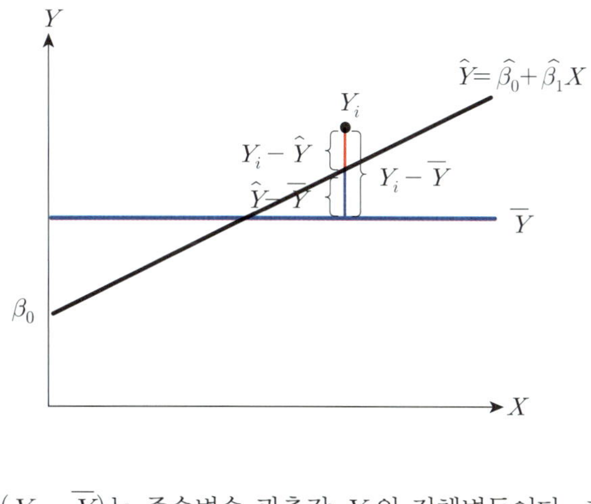

그림 11.4 | 회귀식의 설명력

$(Y_i - \overline{Y})$는 종속변수 관측값 Y_i의 전체변동이다. 그런데 이들을 모두 합하면 0이 되기 때문에 변동의 크기를 관찰하기 위하여 이를 제곱하여 그 변동의 크기를 확인한다. 즉 총변동을 제곱하면 $(Y_i - \overline{Y})^2$이 되고, 이 제곱을 모두 더하면 $\sum(Y_i - \overline{Y})^2$이 된다. 이렇

게 하는 이유는 종속변수 Y_i의 변동이 어느 정도이며 어떻게 구성되어 있는가를 살펴보기 위한 것이다.

$$\begin{aligned}\sum_{i=1}^{n}(Y_i-\overline{Y})^2 &= \sum_{i=1}^{n}(Y_i-\widehat{Y}_i)^2+2\sum_{i=1}^{n}(Y_i-\widehat{Y}_i)(\widehat{Y}_i-\overline{Y})+\sum_{i=1}^{n}(\widehat{Y}_i-\overline{Y})^2 \\ &= \sum_{i=1}^{n}(Y_i-\widehat{Y}_i)^2+\sum_{i=1}^{n}(\widehat{Y}_i-\overline{Y})^2 \qquad \left(\because \sum_{i=1}^{n}(Y_i-\widehat{Y}_i)=\sum_{i=1}^{n}\epsilon_i=0\right)\end{aligned}$$

따라서, 위 결과는 다음과 같이 요약된다.

$$\sum_{i=1}^{n}(Y_i-\overline{Y})^2=\sum_{i=1}^{n}(Y_i-\widehat{Y}_i)^2+\sum_{i=1}^{n}(\widehat{Y}_i-\overline{Y})^2 \qquad \text{(식 11.17)}$$

이는 다음과 같은 의미를 가진다.

$\sum_{i=1}^{n}(Y_i-\overline{Y})^2$: 종속변수 관측값 Y_i의 총변동(sum of squares of total variation, SST)

$\sum_{i=1}^{n}(Y_i-\widehat{Y}_i)^2$: 종속변수 관측값 Y_i가 추정된 회귀식 $\widehat{Y}_i$에 의하여 설명이 안되는 변동(sum of squares due to error, SSE)

$\sum_{i=1}^{n}(\widehat{Y}_i-\overline{Y})^2$: 종속변수 관측값 Y_i가 추정된 회귀식 $\widehat{Y}_i$에 의하여 설명되는 변동(sum of squares due to regression, SSR)

(식 11.17)에서 등호의 왼쪽은 **데이터에 의한 전체변동**이며, 이를 SST(sum of squares of total variation)라고 한다. 등호의 **오른쪽 첫 번째 항은 회귀식에 의해서 설명이 안 되는 부분**(sum of squares due to error, SSE)이고, 등호의 **오른쪽 두 번째 항은 회귀식에 의해서 설명이 되는 부분**(sum of squares due to regression, SSR)이고, 따라서 **데이터에 의한 전체 변동 SST는** 다음과 같이 다시 쓸 수 있다.

$$SST = SSE + SSR \quad \text{(식 11.18)}$$

다시 이 식의 양변을 각각 SST로 나누어주면

$$\frac{SST}{SST} = \frac{SSE}{SST} + \frac{SSR}{SST},\ 1 = \frac{SSE}{SST} + \frac{SSR}{SST} \quad \text{(식 11.19)}$$

이 된다.

이때 $\frac{SSR}{SST}$을 총변동에서 회귀식에 의해 설명이 되는 부분이라고 하고, 회귀식의 설명력 또는 결정계수라고도 하고 R^2('알스퀘어'로 읽는다)로 표시한다. 즉, $R^2 = \frac{SSR}{SST}$이며, 0과 1 사이의 값을 가지게 된다.

근무시간과 직무만족에 관한 데이터를 이용하여 결정계수를 구해보자. 식이 원하는 값을 구하기 위해 앞의 〈표 11.6〉을 다시 살펴보자. 이 표를 이용하여 설명력을 계산해볼 수 있다.

표 11.6 설명력 계산을 위한 관측데이터의 변형

관측개체	독립변수 X (주간근무시간)	종속변수 Y (직무만족도 1~10점)	$\hat{Y}$	$(Y-\hat{Y})^2$	$(\hat{Y}-\overline{Y})^2$	$(Y-\overline{Y})^2$
1	50	7	7.775	0.600625	0.600625	0
2	45	10	8.550	2.102500	2.402500	9
3	45	9	8.550	0.202500	2.402500	4
4	55	7	7.000	0.000000	0.000000	0
5	60	6	6.225	0.050625	0.600625	1
6	65	5	5.450	0.202500	2.402500	4
7	60	6	6.225	0.050625	0.600625	1
8	55	8	7.000	1.000000	0.000000	1
9	40	8	9.325	1.755625	5.405625	1
10	75	4	3.900	0.010000	9.610000	9
합	550	70	70.000	5.97500 =SSE	24.0250 =SSR	30 =SST
평균	55	7	7	0.59750	**2.4025**	**3**

즉,

$$\sum_{i=1}^{n}(Y_i - \overline{Y_i})^2 = \sum_{i=1}^{n}(Y_i - \widehat{Y_i})^2 + \sum_{i=1}^{n}(\widehat{Y_i} - \overline{Y})^2$$

$$SST = SSE + SSR = 1 = \frac{SSE}{SST} + \frac{SSR}{SST}$$

이 식을 이용하여 결정계수를 구하면 다음과 같다.

$$R^2 = \frac{SSR}{SST} = \frac{2.4025}{3} = 0.8008$$

이 결과는 위의 〈R코드 11.2〉의 [출력]에서 Multiple R-squared: 0.8008에서 확인할 수 있다.

다른 사례를 이용하여 회귀식의 설명력 또는 결정계수를 R을 사용해서 계산해보자. 다음의 데이터는 아버지와 아들의 키를 분석한 데이터이다. 첫 번째 변수 'no'는 '일련번호'를, 두 번째 변수 'child'는 '아들의 키'를, 세 번째 변수 'father'는 '아버지의 키'이다. 연구자가 관심을 가지는 것은 아들의 키는 아버지의 키로부터 영향을 받는다는 사실이며, 이 생각을 증명하기 위하여 15쌍의 부자의 키를 무작위로 추출하여 다음과 같은 데이터를 얻었다. 이 데이터 테이블의 이름은 〈reg_dat.R〉로 명명하였다. 물론 이 분석도 각 아들과 아버지의 데이터를 벡터 형태로 만들어 저장하여 분석할 수도 있지만, 데이터 테이블의 활용을 위하여 데이터 테이블 형태를 사용하였다.

R코드 11.3 | 데이터 테이블을 이용한 회귀분석

[입력]

```
데이터 명 : reg_dat.R
no child father
01   167    170
02   180    180
03   158    165
04   178    175
05   153    162
06   182    179
```

```
07    175    172
08    165    171
09    172    170
10    177    175
11    190    185
12    185    178
13    173    170
14    168    170
15    160    155
```

```
> reg <- read.table(reg_dat.R", header=T) #데이터 파일을 읽어들여 reg라는 R데이터 테이블로 저장. 읽어들일 때 데이터의 첫 번째 행은 변수(header=T)임
> attach(reg) #데이터 파일을 R코드 실행창에 불러들임
> plot(father, child, main="plot of child and father") #산점도
> output <-lm(child ~ father,data=reg) #회귀분석을 실행하여 그 결과를 output이라는 파일에 저장
> summary(output) #저장된 회귀분석결과의 요약통계량을 출력
> abline(output,col="red") #산점도 그래프에 붉은색 회귀직선을 추가
```

[출력] 산점도와 회귀직선 그림

(가) 산점도(함수plot())　　(나) 회귀식이 추가된 산점도(함수abline())

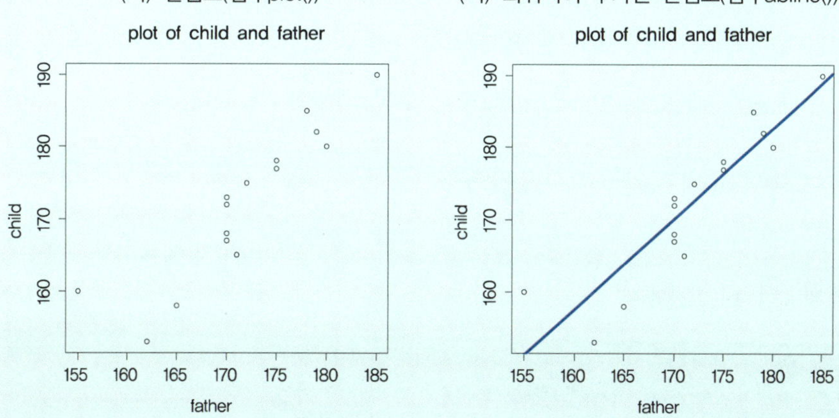

[출력]

```
Call:
lm(formula = child ~ father, data = reg)

Residuals:
    Min      1Q  Median      3Q     Max
-6.8682 -2.7267  0.7733  2.3067  8.9403
```

```
Coefficients:
            Estimate Std. Error t value Pr(>|t|)
(Intercept) -43.9846    27.7105  -1.587    0.136
father        1.2584     0.1612   7.808 2.91e-06 ***
---
Signif. codes:  0 '***' 0.001 '**' 0.01 '*' 0.05 '.' 0.1 ' ' 1

Residual standard error: 4.531 on 13 degrees of freedom
Multiple R-squared:  0.8243,	Adjusted R-squared:  0.8107
F-statistic: 60.97 on 1 and 13 DF,  p-value: 2.913e-06
```

[설명] 출력에 의한 추정된 회귀식은 $\hat{y}=-43.9848+1.2584x$이고, 설명력은 0.8243이다. 앞서 설명하였듯이 상수항(intercept)에 대한 검정결과는 무시하고, 독립변수의 회귀계수에 대해서만 검정하여 회귀모형을 추정한다.

11.6 회귀계수의 신뢰구간

이제 추정된 회귀계수를 이용하여 모회귀계수에 신뢰구간을 구해보자. 이미 앞에서 신뢰구간은 다음과 같은 과정에 의하여 구할 수 있다고 설명한 바 있다.

$$\widehat{\beta_1}-t_{\alpha/2}(n-2)\times SE(\widehat{\beta_1}) \le \beta_1 \le \widehat{\beta_1}+t_{\alpha/2}(n-2)\times SE(\widehat{\beta_1})$$

그런데 앞의 (식 11.15)에서

$$SE(\beta_1)=\frac{\sqrt{\dfrac{\sum(Y-\widehat{Y})^2(=SSE)}{n-2}}}{\sqrt{\sum(X-\overline{X})^2}} \quad \text{(식 11.15)이므로}$$

실제 관측자료를 이용하는 경우

$$SE(\widehat{\beta_1}) = \frac{\sqrt{\frac{\sum(y_i - \bar{y})^2}{n-2}}}{\sqrt{\sum(x-\bar{x})^2}} = \frac{\sqrt{\frac{SSE}{n-2}}}{\sqrt{\sum(x-\bar{x})^2}}$$ 로 계산하면 된다.

이 신뢰구간을 R코드를 이용하여 구해보자.

R코드 11.4 | 회귀계수에 대한 신뢰구간(〈예제 11.2〉의 데이터를 이용한 R코드)

앞의 〈예제 11.2〉를 이용하여 모회귀계수 β_1에 대한 신뢰구간을 구해보자.

[입력]

```
> y=c(7,10,9,7,6,5,6,8,8,4) #y데이터
> x=c(50,45,45,55,60,65,60,55,40,75) #x데이터
> output=lm(formula = y ~ x) #y를 종속변수로 x를 독립변수로 하여 선형모형(lm)을 실행
  하여 output에 할당저장
> confint(output) #output에 저장된 신뢰구간을 출력
```

[출력]

```
                  2.5 %      97.5 %
(Intercept) 12.0020291 19.04797088
x           -0.2180208 -0.09197918
```

[설명] 95%의 유의수준에서 모회귀계수 β_1의 신뢰구간은 하한값이 -0.2180이고 상한값이 -0.0919이다. 상수항의 신뢰구간은 하한값이 12.0020이고 상한값이 19.0479이다.

연습문제

01 다음의 데이터[4]를 이용하여 질문에 답하시오.

수리시간 = (23, 29, 49, 64, 74, 87, 96, 97, 109, 119)
수리될 부품의 수 = (1, 2, 3, 4, 4, 5, 6, 6, 7, 8)

(1) '수리될 부품의 수'를 독립변수로, '수리시간'을 종속변수로 한 회귀식을 구해보자.
(2) 회귀계수에 대하여 회귀계수가 0이 아니라는 양측검정의 가설을 설정하고, 검정해 보자.
(3) 결정계수(설명력)를 구해보자.

02 문제 1의 데이터에 대하여 R코드를 이용하여 다음의 질문에 답해보자.
(1) 산점도를 그려보고 두 변수 간의 관계를 파악해보자.
(2) 수리될 부품의 수를 독립변수로, 수리시간을 종속변수로 하여 회귀식을 구해보자.
(3) 회귀계수에 대하여 회귀계수가 0이 아니라는 양측검정의 가설을 설정하고, 검정해 보자.
(4) 결정계수(설명력)를 구해보자.
(5) 회귀계수의 신뢰구간을 구해보자.

03 다음은 R내장데이터 cars이다. 이 데이터는 자동차의 속도와 브레이크를 밟았을 때의 제동거리에 관한 것이다. R코드를 이용하여 이 데이터에 대한 다음의 질문에 답해보자.

R연습그림 11.1 | 데이터 cars에 대한 설명

Speed and Stopping Distances of Cars

Description

The data give the speed of cars and the distances taken to stop. Note that the data were recorded in the 1920s.

Usage

cars

Format

A data frame with 50 observations on 2 variables.

[,1] speed numeric Speed (mph)
[,2] dist numeric Stopping distance (ft)

4) 이 데이터는 Chatterjee, Samprit & Ali S. Hadi(2012)의 책을 김기영 외 3인(2017)이 번역한 "예제를 통한 회귀분석"의 p.31의 데이터 일부를 발췌한 것이다.

연습표 11.1 데이터 cars(50개의 데이터 중 10개 예시)

```
> cars
   speed dist
      speed   dist
1         4      2
2         4     10
3         7      4
4         7     22
5         8     16
6         9     10
7        10     18
8        10     26
9        10     34
10       11     17
```

(1) 두 개의 변수에 대한 산점도를 그려보고, 그 특성을 설명해보자.
(2) 자동차의 속도(speed)를 독립변수로, 제동거리(dist)를 종속변수로 하여 회귀식을 구해보자.
(3) 회귀계수에 대하여 회귀계수가 0이 아니라는 양측검정의 가설을 설정하고, 검정해보자.
(4) 결정계수(설명력)를 구해보자.
(5) 95% 신뢰도에서 회귀계수의 신뢰구간을 구해보자.

부록 통계분석을 위한 R활용 11

1. 회귀분석을 위한 함수 : lm( )

회귀분석을 위한 함수 lm()의 사용은 〈R연습코드 11.1〉에 제시되어 있다. 다만 출력결과물을 사용하는 방법에 대하여 다양한 예를 제시하였다.

R연습코드 11.1 | 함수 lm()의 문법

```
> out=lm(종속변수 ~ 독립변수, data=데이터 명)
> print(out) #회귀계수만을 출력
> summary(out) #회귀분석에 관한 요약통계량 출력
> confint(out) #회귀계수에 대한 신뢰구간 출력
> predict(out) #회귀모형에 의한 예측값 출력
```

R연습코드 11.2 | 내장데이터 swiss를 이용한 회귀분석

데이터 설명| 내장데이터는 1888년 스위스에서 프랑스어를 사용하는 지역의 사회경제적 지표에 관한 데이터이다. 데이터는 6개의 변수에 총 관찰개수는 47개(지역)이다. 변수 Fertility는 표준화된 값으로 측정되었고 나머지 5개의 변수는 모두 비율로 측정되었다. 사용된 변수는 다음과 같다.

Fertility	*Ig*, 'common standardized fertility measure'
Agriculture	% of males involved in agriculture as occupation
Examination	% draftees receiving highest mark on army examination
Education	% education beyond primary school for draftees.
Catholic	% 'catholic' (as opposed to 'protestant').
Infant.Mortality	live births who live less than 1 year.

회귀모형| Fertility에 영향을 미치는 변수로서 Agriculture를 이용하여 회귀분석을 실행

[입력]

```
> attach(swiss) #데이터 swiss를 읽어들임
> out2=lm(Fertility ~ Agriculture, data=swiss) #회귀분석을 실행하고, 그 결과를
  out2에 저장
> print(out2) #회귀계수만을 출력
> summary(out2) #회귀분석에 관한 요약통계량 출력
> confint(out2) #회귀계수에 대한 신뢰구간 출력
> predict(out2) #회귀모형에 의한 예측값 출력
```

[출력]

```
> print(out2) #회귀계수만을 출력
Call:
lm(formula = Fertility ~ Agriculture, data = swiss)

Coefficients:
(Intercept)  Agriculture
    60.3044       0.1942

> summary(out2) #회귀분석에 관한 요약통계량 출력
Call:
lm(formula = Fertility ~ Agriculture, data = swiss)

Residuals:
     Min       1Q   Median       3Q      Max
-25.5374  -7.8685  -0.6362   9.0464  24.4858

Coefficients:
            Estimate Std. Error t value Pr(>|t|)
(Intercept) 60.30438    4.25126  14.185   <2e-16 ***
Agriculture  0.19420    0.07671   2.532   0.0149 *
---
Signif. codes:  0 '***' 0.001 '**' 0.01 '*' 0.05 '.' 0.1 ' ' 1

Residual standard error: 11.82 on 45 degrees of freedom
Multiple R-squared:  0.1247,    Adjusted R-squared:  0.1052
F-statistic: 6.409 on 1 and 45 DF,  p-value: 0.01492

> confint(out2) #회귀계수에 대한 신뢰구간 출력
                  2.5 %     97.5 %
(Intercept) 51.74190689 68.8668436
Agriculture  0.03969634  0.3487072

> predict(out2) #회귀모형에 의한 예측값 출력
  Courtelary     Delemont Franches-Mnt      Moutier   Neuveville
    63.60580     69.06287     68.01418     67.39274     68.75215
  Porrentruy        Broye        Glane      Gruyere       Sarine
    67.15970     73.93734     73.47125     70.65533     69.08229
```

```
     Veveyse        Aigle      Aubonne     Avenches     Cossonay
    72.83039     72.34488     73.41299     72.09242     73.76256
   Echallens     Grandson     Lausanne    La Vallee       Lavaux
    74.40342     66.90723     64.07189     63.25624     74.48110
      Morges       Moudon        Nyone         Orbe         Oron
    71.91764     71.00489     70.18924     70.81069     74.13154
     Payerne Paysd'enhaut        Rolle        Vevey      Yverdon
    71.58750     72.63619     72.11184     65.50898     69.91736
     Conthey    Entremont       Herens    Martigwy      Monthey
    76.98631     76.79210     77.72427     75.49095     72.90807
  St Maurice       Sierre         Sion   Boudry La    Chauxdfnd
    75.04429     76.73384     72.55851     67.76172     61.79973
    Le Locle    Neuchatel   Val de Ruz ValdeTravers V. De Geneve
    63.54754     63.72233     67.60636     63.93595     60.53742
 Rive Droite  Rive Gauche
    69.35418     65.68376
```

2. 직선을 그리는 저수준 그래픽함수 : abline()

고수준의 그래프에 직선이나 곡선 등과 같이 그림을 추가하여 그리는 방법이 저수준 그래프 함수이다. abline()는 말 그대로 기존에 만들어진 고수준의 그래프에 직선을 추가할 수 있는 함수이다. 〈R연습코드 11.3〉은 함수 abline()의 문법이며, 〈R연습코드 11.4〉는 회귀분석의 직선 그림인 고수준의 그래프에 추가적으로 함수 abline()을 이용하여 그래프를 추가하는 코드이다.

R연습코드 11.3 | 함수 abline()의 문법

```
> abline(v=5,col="red") #x축의 좌표 5에 붉은색 수직선
> abline(h=5,col="blue") #y축의 좌표 5에 파란색 수평선
> abline(a=20, b=1, col="green") #직선 a+bx에서 상수 a=20, b=1의 녹색직선
> abline(out2, col="red") #출력물 out2의 회귀계수를 이용하여 붉은색 직선
> abline(coef=out2$coef, col="blue") #출력물 out2의 회귀계수를 이용하여 붉은색
  직선
```

R연습코드 11.4 | swiss의 산점도에 저수준의 그래픽함수 abline()을 활용한 직선

[입력]

```
> attach(swiss) #데이터 swiss 활용
> out2=lm(Fertility ~ Agriculture, data=swiss) #회귀분석을 실행하여 그 결과를 out2에 저장
> plot( Agriculture, Fertility, main="plot of regression and lines") #고수준의 그래프 산점도
> abline(out2, col="red", lty=2, lwd=5) #산점도 그래프에 붉은색 out2에 저장된 회귀직선을 추가, 굵기 5의 긴점선
> abline(v=40,col="red", lwd=2) #산점도 그래프에 x축의 좌표 5에 선굵기 2의 붉은색 수직선
> abline(h=60,col="blue", lwd=3) #산점도 그래프에 y축의 좌표 5에 선굵기 3의 파란색 수평선
> abline(a=50, b=1, col="green", lwd=4, lty=3) #산점도 그래프에 상수 a=50, 기울기 b=1의 굵기 4의 녹색 점선직선
```

[출력]

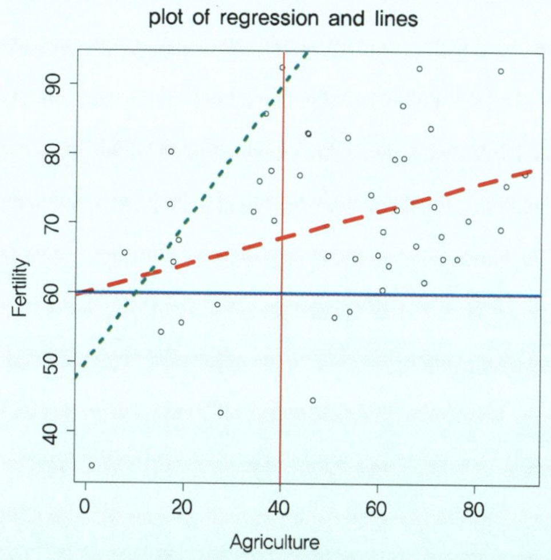

[참고] 함수 abline()에서 선의 굵기, 종류에 사용되는 인수(lwd, lty 등)와 인수값은 plot() 함수와 동일하다. 4장의 부록을 참고하라.

CHAPTER 12

일원분산분석

CHAPTER 12

일원분산분석

12장에서 학습해야 할 내용

분산분석도 회귀분석과 마찬가지로 영향의 관계(어떤 변수가 어떤 변수에게 영향을 주는가)를 살펴보고자 하는 것이다. 다만 데이터를 얻는 과정과 데이터의 형태가 다를 뿐이며, 근본적으로 알고자 하는 목표는 같다. 따라서 학습자는 회귀분석과 어떤 관점에서 비교가능한지도 살펴볼 필요가 있다.

1. 분산분석은 어떤 상황에서 사용하는 통계적 방법인가?
2. 실험과 분산분석은 어떤 관계가 있는가?
3. 분산분석에는 어떤 종류가 있는가?
4. 분산분석을 위해 사용되는 독립변수, 종속변수, 요인, 처리, 수준 등의 개념이란 구체적으로 무엇을 의미하는가?
5. 분산분석을 이용하여 가설을 검정하고자 할 때 가설은 어떻게 설정할 것인가?
6. 분산분석에서 사용되는 검정통계량은 무엇이며, 어떻게 계산되는가?
7. 분산분석결과 작성되는 분산분석표는 어떻게 구성되어 있는가?
8. 분산분석을 이용하여 가설을 검정할 때 어떤 과정을 거치는가?
9. R코드를 이용하여 분산분석을 실행할 때 R코드는 어떻게 작성하고, 그 결과는 어떻게 해석해야 하는가?

12.1 분산분석의 개념

두 집단에 대한 평균비교는 9장에서 **두 모집단에 대한 가설검정(t 검정)**이라는 주제로 다룬 바 있다. 그러나 연구자는 두 개의 모집단보다도 많은 수의 집단에 대해 관심을 가질 수 있다. 예컨대 자동차 소비자를 보더라도 소형차, 중형차, 대형차를 선호하는 3개의 소비자 집단으로 나누어질 수 있고, 정당을 지지하는 지지자들도 보수, 중도, 진보, 이렇게 3개의 집단으로 나누어질 수 있다. 따라서 이 장에서는 집단의 수가 2개 이상인 경우의 평균값 비교를 다룬다. 이러한 분석을 **분산분석(analysis of variance, ANOVA)**이라고 한다.

분산분석이 2개 이상의 평균비교를 다룬다는 것은 $k(\geq 2)$개의 평균을 비교한다는 것이다. 예를 들어 과자 브랜드 광고를 담당하는 광고기획자는 광고모델의 종류(일반인 모델, 과자 전문가모델, 유명 연예인 모델)에 따라 광고에 대한 소비자의 광고에 대한 태도가 다를 것이라는 생각을 하고 있고, 이 생각을 검증하려고 한다. 여기에는 각 광고모델이 출연한 광고를 접한 3개의 독립적인 소비자 집단이 존재하고, 각 소비자 집단들이 가지는 각 광고모델이 출연한 광고에 대한 태도가 다를 것이라는 연구자의 생각이 들어 있다. 연구자가 비교하려고 하는 것은 각 소비자 집단들이 가지고 있는 광고에 대한 태도이다. 그런데 광고에 대한 태도 차이를 만들어내는 것은 무엇일까? 바로 광고모델의 차이이다. 광고모델의 차이가 각 광고에 대한 태도에 영향을 주고, 차이를 만들어낸다는 것이다.

분산분석은 회귀분석과 마찬가지로 인과관계를 다룬다. 원인이 되는 독립변수와 결과가 되는 종속변수 간의 관계를 다루는 것이다. 세 명의 각기 다른 광고모델을 사용한 과자 브랜드의 광고를 생각해보자. 연구자는 동일한 내용을 가진 광고에, 광고모델만 각기 상이한 세 가지 광고를 제작하여 소비자들에게 제시함으로써, 광고에 대한 소비자들의 태도 차이를 분석해볼 수 있다. 제작된 세 가지 광고의 차이는 오로지 광고모델의 유형에만 있다. 이때 광고모델의 차이는 독립변수가 되고, 광고에 대한 태도는 종속변수가 되며, 광고에 대한 태도의 차이는 광고모델의 차이에서 발생한 것이라고 볼 수 있다.

분산분석에서 사용되는 변수 중에 **독립변수**는 **요인**(factor)이라고 부른다. 앞의 예에서 광고모델이라는 독립변수가 **요인**이다. 연구자가 인위적으로 차이를 만들어낸 독립변수인 광고모델에는 세 가지 종류, 즉 일반인 모델, 과자 전문가 모델, 유명 연예인 모델이 있는데, 이를 **요인수준**(factor level), 또는 **수준**(level)이라고 한다. **처리**(treatment)라는 용어도 사용되는데, 이는 여러 개의 인자와 수준이 있을 때 여러 요인이나 수준의 조합을 의미한다. 그러나 이 책에서 다루려고 하는 일원(배치)분산분석에서 보면 독립변수가 하나이므로 '요인=처리'로 이해해도 좋고, '요인수준=처리(수준)'으로 이해해도 문제가 없다. 다만 구체적으로 실험에 투입되는 요인수준의 조합이라는 의미에서 이 책에서는 요인수준을 '**처리**'라는 용어를 쓰기로 한다. 이러한 용어는 **실험**(experiment)이라는 연구방법을 이해하는 것이 중요하며, 분산분석은 실험이라는 연구방법의 결과를 분석하기 위한 통계적 방법이다.

정의 12.1 ● 독립변수, 처리, 요인수준, 종속변수

- 독립변수(independent variable) 또는 요인(factor) : 영향을 주는 변수(현상)
- 처리(treatment) : 요인이나 요인수준의 조합
- 요인수준(factor level), 수준(level) : 독립변수 또는 요인을 이루는 요소 또는 단계
- 종속변수(dependent variable) 또는 반응변수(response variable) : 영향을 받는 변수(현상)

그림 12.1 | 광고모델에 따른 광고에 대한 태도 차이 검증

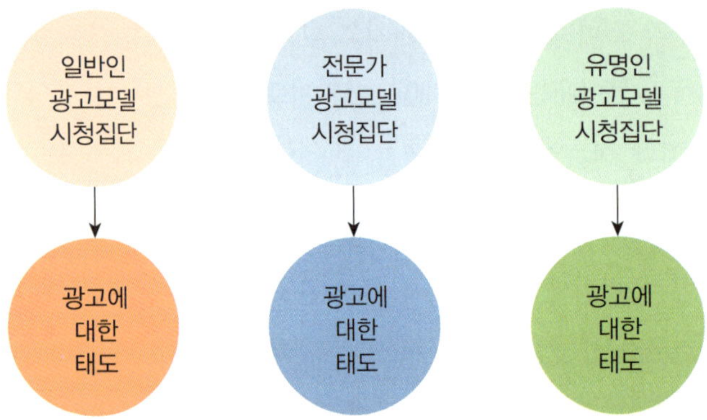

분산분석을 사용할 수 있는 몇 가지 예를 다시 한번 살펴보자.

- S기업의 직급은 임원, 관리직, 일반직으로 이루어져 있으며, 이들의 직무만족도에는 차이가 있는가를 검증하고자 한다.
- 자동차회사에서는 다양한 판촉방법을 고려하고 있다. 이들이 고려하는 판촉방법에는, 첫째 구매금액의 3%에 해당하는 소모품 교체 비용 할인, 둘째 구매금액의 3%를 다양한 상황에서 사용할 수 있는 포인트 지급, 셋째 구매금액의 3%에 해당하는 보험료의 할인 등이다. 이들에 대해서 고객들이 어떻게 반응이 다른가를 검증하고자 한다.
- 한국대학에서는 교육방법에 따른 학습자의 성과를 비교하려고 한다. 교육방법은, 첫째 학생들이 주도하는 학습방식 둘째 프로젝트 중심의 학습방식, 셋째 토론 중심의 학습방식이다. 이 세 가지 학습방법에 대하여 학습교과 내용에 대한 지식정도의 차이를 비교하려고 한다.

분산분석을 이용하기 위해서는 데이터를 얻어내는 과정과 데이터의 특성에 관한 기본적인 가정이 필요하다. 첫째, 각 집단에 할당된 표본들은(피험자들은) 무작위로 이루어져야 한다. 둘째, 각 집단의 종속변수 또는 반응변수의 분산은 같아야 한다(등분산성). 셋째, 잔차는 독립적이어야 하며, 잔차의 분포는 정규분포를 가져야 한다. 넷째, 실험의 처리에 관한 효과는 가산적(additive)이어야 한다.

정리 12.1 ● 분산분석의 가정

- 각 집단에 할당된 표본들은(피험자들은) 무작위로 이루어져야 한다.
- 각 집단의 종속변수 또는 반응변수의 분산은 같아야 한다(등분산성).
- 잔차는 독립적이어야 하며, 잔차의 분포는 정규분포를 가져야 한다.
- 실험의 처리에 관한 효과는 가산적(additive)이어야 한다.

12.2 분산분석의 종류

분산분석은 독립변수(설명변수, 요인, 처리)와 종속변수(반응변수) 간의 관계를 다루는 분석방법이다. 회귀분석과 유사하게 독립변수의 수가 하나일 수도 있고 여러 개일 수도 있다. 독립변수가 하나인 경우를 **일원(배치)분산분석(one-way ANOVA)**이라고 하고, 여러 개(두 개 이상)인 경우를 **다원(배치)분산분석(multi-way ANOVA)**이라고 한다. 다원(배치) 분산분석 중에서 흔히들 많이 쓰이는 독립변수가 2개인 경우를 **이원(배치)분산분석(two-way ANOVA)**이라고 한다. 이 책에서는 '배치'라는 말을 생략해서 사용하기로 한다.

다변량 분산분석(multivariate ANOVA, MANOVA)은 종속변수, 즉 반응변수가 여러 개일 때이다. 독립변수의 수와 종속변수의 수를 모두 고려해서 분산분석의 명칭을 정리해보면 일원(배치)다변량분산분석(독립변수 한 개, 종속변수 두 개 이상), 이원(배치) 다변량 분산분석(독립변수 두 개, 종속변수 두 개 이상)과 같이 불리워진다. 이를 정리하면 〈표 12.1〉과 같다.

표 12.1 **분산분석의 종류**

구분	일원(배치)분산분석	이원(배치)분산분석	다변량 분산분석
독립변수(설명변수)	1개	2개	1~여러 개
종속변수(반응변수)	1개	1개	여러 개

따라서 흔히 **다변량통계**라고 부르는 것은 종속변수, 즉 반응변수의 수가 여러 개일 때 사용되는 용어이며, 이 책은 그 범위를 벗어나므로 다루지는 않을 것이다. 이 책에서는 기초통계학이라는 점을 고려하여 가장 간단한 일원분산분석에 대해서 다룰 것이다.

12.3 일원분산분석

이제 일원분산분석에 대하여 살펴보자. 앞서 독립변수가 하나이고 종속변수가 하나인 경우를 **일원분산분석(one-way ANOVA)**이라고 하였다. **이는 2개 이상의 처리((요인)수준 (factor level))**으로 구성된 하나의 독립변수가 하나의 종속변수에 미치는 영향을 분석하고자 하며, 그 영향을 종속변수의 평균값 차이를 통해 검증하려고 하는 것이다.

(1) 일원분산분석에 사용되는 데이터에 대한 이해

앞서 언급한 과자브랜드의 광고로 돌아가자. 연구자는 동일한 내용을 가진 광고에 광고모델만 상이한 세 가지 광고를 제작하여 소비자들이 가진 광고에 대한 태도 차이를 분석하고자 한다. 제작된 세 가지 광고의 차이는 오로지 광고모델의 유형에만 있다. 세 개의 광고모델에 대한 소비자들의 광고에 대한 태도 데이터는 〈표 12.2〉와 같이 만들 수 있다. 이 데이터는 계산의 편의성을 위하여 저자들이 만들어낸 가상적인 데이터임을 밝힌다.

표 12.2 세 가지 광고모델에 따른 광고에 대한 태도 데이터

구분	처리 1 (=요인수준 1[1]) (유명인모델)	처리 2 (=요인수준 2) (일반인모델)	처리 3 (=요인수준 3) (전문인모델)	행평균
피험자 1	2	4	6	4
피험자 2	3	5	7	5
피험자 3	4	6	8	6
열평균	3	5	7	5

* 각 값(점수)은 1~10점으로 측정된 광고에 대한 소비자들의 태도 점수

(2) 일원분산분석 모형

〈표 12.2〉는 다음의 〈표 12.3〉과 같이 **기호를 활용하여** 일반적인 형태로 다시 만들 수 있다. 열(column)에는 요인을, 행에는 피험자를 배치하여 분산분석에 사용되는 데이터를 다음과 같이 정리해볼 수 있으며, 각 데이터를 기호를 이용하여 표현하였다. 다만 행렬데이터를 표현할 때 $m \times n$ 행렬인 경우 m개의 행과 n개의 열로 이루어진 데이터를

표 12.3 m개의 처리(열)와 n개의 피험자(행)에 대한 데이터

구분	처리 1 (=요인 수준 1)	처리 2 (=요인 수준 2)	…	처리 i, (=요인 수준 i)	…	처리 m (=요인 수준 m)	행평균
피험자 1[2]	y_{11}	y_{21}	…	y_{i1}	…	y_{m1}	$\overline{y}_{.1}$
피험자 2	y_{12}	y_{22}	…	y_{i2}	…	y_{m2}	$\overline{y}_{.2}$
피험자 j	y_{1j}	y_{2j}	…	y_{ij}	…	y_{mj}	$\overline{y}_{.j}$
⋮	⋮	⋮	…	⋮	…	⋮	⋮
피험자 n	y_{1n}	y_{2n}	…	y_{in}	…	y_{mn}	$\overline{y}_{.n}$
열평균 (처리평균)	$\overline{y}_{1.}= \frac{1}{n}\sum_{j=1}^{n} y_{1j}$	$\overline{y}_{2.}= \frac{1}{n}\sum_{j=1}^{n} y_{2j}$	…	$\overline{y}_{i.}= \frac{1}{n}\sum_{j=1}^{n} y_{ij}$	…	$\overline{y}_{m.}= \frac{1}{n}\sum_{j=1}^{n} y_{mj}$	$\overline{y}= \frac{1}{m \times n}\sum_{i=1}^{m}\sum_{j=1}^{n} y_{ij}$
처리모평균	$\mu_{1.}$	$\mu_{2.}$	…	$\mu_{i.}$	…	$\mu_{m.}$	μ

1) 학습자들의 이해를 돕기 위하여 일반적으로 많이 사용되는 용어들을 같이 표기하였다.

2) 표로 보면 전체 피험자의 수가 n개처럼 보이지만 실제로 하나의 처리집단에 대한 피험자의 수가 n개라는 것이다. 이 표에서는 m개의 처리가 있으므로 전체 피험자의 수는 $m \times n$개다.

의미하는 것과는 달리 이 책의 분산분석에서는 m개의 열과 n개의 행으로 표시하였다는 점을 고려하여 읽어가길 바란다.[3)]

여기에서 특정의 광고에 대한 소비자들의 반응값인 광고에 대한 태도점수를 의미하는 y_{ij}는 다음과 같이 수학적 모델로 표현할 수 있다.

$$y_{ij} = \mu_{i.} + e_{ij},\ i = 1, \cdots, m,\ j = 1, \cdots, n \qquad \text{(식 12.1)}$$

여기서, y_{ij} : i번째 처리에 대한 j번째 피험자의 반응값
$\mu_{i.}$: i번째 처리에 대한 (모)평균
e_{ij} : 오차항

이 수학적 모델에서 연구자의 관심은 각 처리집단의 모평균이 같은가를 검정하는 것이다. 즉 다음과 같이 가설을 검정하고자 하는 것이다. 전체 요인의 수준 수(처리의 수)를 m개라고 하면 가설은 다음과 같이 표현할 수 있다.

- 귀무가설(H_0) : $\mu_{1.} = \mu_{2.} = \cdots = \mu_{m.}$ (모든 처리집단의 평균은 같다)
- 대립가설(H_1) : not H_0 (각 처리집단의 평균은 적어도 하나는 다르다)

즉, 귀무가설은 'm개 집단의 모평균이 같은가'이며, 대립가설은 '그 중 적어도 하나는 다르다'이다. 이러한 귀무가설을 검정하기 위하여 각 모집단에서 무작위로 추출된 표본들의 평균값을 분산을 통하여 그 차이를 검정하는 것이다. 이때 검정통계량은 분산의 비를 의미하는 F통계량이다.

(3) 검정통계량 F의 계산

그렇다면 분산비인 F는 어떻게 계산되는가? 분산분석은 집단의 평균값 차이를 분석하기 위하여 분산을 활용한다고 하였고, 구체적으로는 **평균분산의 비**를 의미하는 F를 검정통계량으로 사용한다고 하였다. 그렇다면 F는 어떻게 계산되는가? 계산을 위해 사용되는

---

3) 보통 $m \times n(3 \times 2)$ 행렬은 $\begin{pmatrix} 1 & 2 \\ 3 & 4 \\ 5 & 6 \end{pmatrix}$과 같이 행($m$)이 3개이고 열($n$)이 2개인 데이터를 의미하는데, 이 분산분석 데이터에서는 열을 m으로 행을 n으로 표현했으며, 아래첨자를 표기할 때 y_{mn}과 같이 행보다 열을 먼저 표현했다는 점을 이해하길 바란다.

개념들을 하나씩 살펴보자.

▶ 전체변동의 계산과 분해

$y_{ij} - \bar{y}$를 살펴보자. 이 값은 **개별 피험자의 측정치**와 **전체 측정치의 평균**의 차이이다. 즉, i번째 처리에 대한 j번째 피험자의 측정값과 전체 피험자의 평균과의 차이이다. 이 차이를 분해하기 위하여 각 처리의 평균($\overline{y_{i.}}$)을 **앞에서 한번 더하고, 뒤에서 한번 다시 빼면 결과는 동일하므로** 다음과 같이 다시 쓸 수 있다. 기호는 앞의 〈표 12.3〉을 참고하라.

$$y_{ij} - \bar{y} = (\overline{y_{i.}} - \bar{y}) + (y_{ij} - \overline{y_{i.}}) \qquad \text{(식 12.2)}$$

$$\underset{(=A)}{\underline{y_{ij} - \bar{y}}} = \underset{(=B)}{\underline{(\overline{y_{i.}} - \bar{y})}} + \underset{(=C)}{\underline{(y_{ij} - \overline{y_{i.}})}} \qquad \text{(식 12.3)}$$

이는 다음과 같은 의미를 가진다.

$$A(=\text{전체변동}) = B(=\text{처리에 의한 변동}) + C(=\text{피험자 간의 변동}) \qquad \text{(식 12.4)}$$

B는 i번째 처리에 대한 피험자들의 평균($\overline{y_{i.}}$)과 피험자 전체평균($\bar{y}$)과의 차이로 인한 변동이다. 이 차이는 어디에서 발생했을까? 이 차이는 바로 **처리**에 의해 발생한 것이다. 독립변수 중에서 특정의 처리(요인수준)가 영향을 준 것이다. 예를 들어 〈표 12.2〉에 의하면 유명인 모델, 일반인 모델, 전문가 모델 등에 의해서 나타난 태도변화의 효과이다.

C는 i번째 처리에 대한 j번째 피험자의 측정치(y_{ij})와 i번째 처리에 대한 피험자들의 평균($\overline{y_{i.}}$)과의 차이로 인한 변동이다. 즉, i번째 처리에 대하여 **피험자들 간의 차이에 의해 발생한** 것이다. i라는 동일한 처리에 대해 피험자들 간의 개별적인 차이에 의하여 발생한 값이다.

이 차이는 단순히 모두 더하면 0이 되므로, 변동의 크기를 계산하기 위하여 이 식의 양변을 **제곱**해서 전개하여 다시 써보자.

$$(y_{ij}-\overline{y})^2=(\overline{y_{i.}}-\overline{y})^2+(y_{ij}-\overline{y_{i.}})^2+2(\overline{y_{i.}}-\overline{y})(y_{ij}-\overline{y_{i.}})$$ (식 12.4)[4]

이 식을 i와 j에 대하여 각각 합을 구하면 다음과 같이 다시 쓸 수 있다.

$$\sum_{i=1}^{m}\sum_{j=1}^{n}(y_{ij}-\overline{y})^2$$ (식 12.5)

$$=\sum_{i=1}^{m}\sum_{j=1}^{n}(\overline{y_{i.}}-\overline{y})^2+\sum_{i=1}^{m}\sum_{j=1}^{n}(y_{ij}-\overline{y_{i.}})^2+2\sum_{i=1}^{m}\sum_{j=1}^{n}(\overline{y_{i.}}-\overline{y})(y_{ij}-\overline{y_{i.}})$$

그런데 $2\sum_{i=1}^{m}\sum_{j=1}^{n}(\overline{y_{i.}}-\overline{y})(y_{ij}-\overline{y_{i.}})$를 살펴보면,

$2\sum_{i=1}^{m}\sum_{j=1}^{n}(\overline{y_{i.}}-\overline{y})(y_{ij}-\overline{y_{i.}})=2\sum_{i=1}^{m}(\overline{y_{i.}}-\overline{y})\sum_{j=1}^{n}(y_{ij}-\overline{y_{i.}})$이고,

$\sum_{j=1}^{n}(y_{ij}-\overline{y_{i.}})=0$이므로 $2\sum_{i=1}^{m}\sum_{j=1}^{n}(\overline{y_{i.}}-\overline{y})(y_{ij}-\overline{y_{i.}})=0$이 된다.

따라서 결국 (식 12.6)이 남는다.

$$\sum_{i=1}^{m}\sum_{j=1}^{n}(y_{ij}-\overline{y})^2=\sum_{i=1}^{m}\sum_{j=1}^{n}(\overline{y_{i.}}-\overline{y})^2+\sum_{i=1}^{m}\sum_{j=1}^{n}(y_{ij}-\overline{y_{i.}})^2$$ (식 12.6)

이 정리된 식을 기초로 하여 변동에 대하여 다음과 같이 정리할 수 있다.

전체제곱합 = 처리제곱합 + 오차제곱합 또는

전체변동 = 처리에 의한 변동 + 처리가 아닌 다른 원인에 의해 발생하는 변동

▶ F(분산비)의 계산

전체제곱합이란 전체평균을 중심으로 각각의 측정값들이 가지는 차이의 제곱을 합한 것을 의미하며, 전체변동의 크기이다. 이런 의미에서 이를 TSS(total sum of squares)라고 부르고 다음과 같이 계산한다.

---

4) 제곱식을 전개한 것이며, $A^2=(B+C)^2=B^2+C^2+2BC$이다.

$$TSS = \sum_{i=1}^{m}\sum_{j=1}^{n}(y_{ij} - \overline{y})^2 \qquad \text{(식 12.7)}$$

처리제곱합이란 처리에 의해 발생하는 차이를 제곱하여 합한 것이며, 처리에 의한 변동이다. 줄여서 SST(sum of squares for the treatment)라고 한다.

$$SST = \sum_{i=1}^{m}\sum_{j=1}^{n}(\overline{y_{i.}} - \overline{y})^2 = \sum_{i=1}^{m} n(\overline{y_{i.}} - \overline{y})^2 \qquad \text{(식 12.8)}$$

이를 자유로(D.F.)도 나누면 **평균처리제곱합(처리제곱합의 평균,** mean square for the treatment, MST)이 되며, 다음과 같이 계산한다.

$$MST = \frac{SST}{D.F.} = \frac{\sum_{i=1}^{m}\sum_{j=1}^{n}(\overline{y_{i.}} - \overline{y})^2}{m-1} = \frac{\sum_{i=1}^{m} n(\overline{y_{i.}} - \overline{y})^2}{m-1} \qquad \text{(식 12.9)}$$

오차제곱합은 하나의 처리 내에서 피험자 측정값과 처리 내 평균 간의 차이인데, 각 처리에서는 동일한 처리에 의한 영향만 있으므로 동일처리 내의 차이는 개인적인 차이에 의해서만 발생한다. 그러나 분산분석의 관심은 처리에 의한 차이이므로 이 부분을 묶어서 **오차제곱합**이라고 부르며, 이는 처리가 아닌 다른 원인에 의한 변동이다. 줄여서 SSE(sum of squares for the error)라고 하며, 다음과 같이 계산된다.

$$SSE = \sum_{i=1}^{m}\sum_{j=1}^{n}(y_{ij} - \overline{y_{i.}})^2 \qquad \text{(식 12.10)}$$

이를 자유로도 나누면 **평균오차제곱합**(mean squares for the error, MSE)이 되며, 다음과 같이 계산한다.

$$MSE = \frac{SSE}{D.F.} = \frac{\sum_{i=1}^{m}\sum_{j=1}^{n}(y_{ij} - \overline{y_{i.}})^2}{N-m} \qquad \text{(식 12.11)}$$

여기에서 $N = n \times m$이다. 즉, 전체 표본의 크기이다.

이제 (식 12.9)와 (12.11)의 비를 구하면 이것이 바로 F가 되며 다음과 같이 계산한다.

$$F = \frac{MST}{MSE} = \frac{SST/(m-1)}{SSE/(N-m)} \qquad \text{(식 12.12)}$$

검정통계량 F는 분산분석에서 평균의 차이를 검정하기 위한 통계량이다. 이제 이 검정통계량을 이용하여 3개 이상의 모집단의 평균에 대한 차이를 검정해보자.

12.4 일원분산분석의 가설검정

(1) 일원분산분석의 가설검정과정

이제 일원분산분석에서의 가설검정과정을 살펴보자. 일원분산분석의 목표는 '처리에 의한 효과가 있는가' 하는 것이며, 처리에 의한 효과는 종속변수의 평균으로 나타나므로, 각 처리에 대한 종속변수의 평균을 각각 $\mu_{1.}, \mu_{2.}, \cdots, \mu_{m.}$라고 하면, 가설검정과정은 8장에서 설명한 바와 같이 다음과 같이 정리할 수 있다.

그림 12.2 | 가설검정 과정

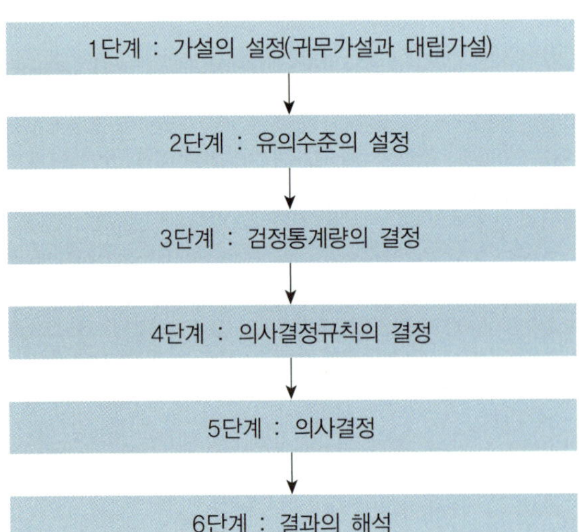

▶ 가설의 설정

세 개 이상의 모집단 평균비교에 관한 가설이므로 다음과 같이 설정할 수 있다.

귀무가설(H_0) : $\mu_{1.} = \mu_{2.} = \cdots = \mu_{m.}$ (모든 처리에 대한 반응수준은 같다)

대립가설(H_1) : not H_0 (모든 처리에 대한 반응수준 중 적어도 하나는 다르다)

'모든 처리에 대한 집단의 평균은 같다'는 것이 귀무가설이다. 반대로 대립가설은 귀무가설이 아닌 것, 즉 집단 간의 차이가 있을 수 있다는 것이며, 집단 중에서 적어도 어떤 집단 간에서는 통계적으로 유의한 차이를 보인다는 의미이다.

▶ 유의수준의 결정

유의수준을 5%(0.05)로 정한다.

▶ 검정통계량의 결정

세 집단 이상의 평균값의 차이에 대한 가설을 검정하기 위하여 사용되는 검정통계량은 F통계량이며, 다음과 같이 계산된다.

$$F = \frac{MST}{MSE} = \frac{SST/(m-1)}{SSE/(N-m)} = F_\alpha(m-1, N-m) \quad \text{(식 12.12)}$$

$$SST = \sum_{i=1}^{m}\sum_{j=1}^{n}(\overline{y_{i.}} - \overline{y})^2 = \sum_{i=1}^{m} n(\overline{y_{i.}} - \overline{y}) \quad \text{(식 12.8)}$$

$$SSE = \sum_{i=1}^{m}\sum_{j=1}^{n}(y_{ij} - \overline{y_{i.}})^2 \quad \text{(식 12.10)}$$

여기서, m : 처리의 수

n : 각 집단의 피험자 수

N : 전체 피험자의 수($N = m \times n$)[5)]

(식 12.12)의 $F_\alpha(m-1, N-m)$은 유의수준 α에서 분자의 자유도 $m-1$과 분모의 자유도 $N-m$에 해당하는 F통계량의 값을 의미한다. 만약 $F_{0.05}(2,6)$은 유의수준 5%에서 분자의 자유도가 2이고 분모의 자유도가 6인 F통계량의 값이다. 검정통계량을 계산하기 위하여 다음 〈표 12.4〉의 일원분산분석표(one-way ANOVA table)를 만들면 이

5) 이 책에서는 모든 처리집단에 대한 피험자의 수가 같다고 가정하였다. 즉, $n_1 = n_2 = \ldots = n_m = n$

해가 보다 용이해진다.

표 12.4 일원분산분석표

분산의 원천 (Source of Variance)	제곱합 (Sum of Squares)	자유도 (Degree of Freedom)	평균제곱합 (Mean Square)	분산비 (F ratio, F Values)
처리에 의한 분산 (Model)	SST	$m-1$	$MST = SST/(m-1)$	$F = \frac{MST}{MSE}$
오차에 의한 분산 (Error)	SSE	$N-m$	$MSE = SSE/(N-m)$	
전체 (Total)	TSS	$N-1$		

분산분석표에서 얻어진 F통계량을 유의수준 5%에 해당하는 임계치와 비교하게 되는데, 이 임계치는 F분포표에서 확인할 수 있다. 〈표 12.5〉는 유의수준 5%에서 F분포표인데. 이 F분포표를 이용하여 분자의 자유도와 분모의 자유도에 해당하는 임계치를 확인할 수 있다. 만약 분자의 자유도가 2이고 분모의 자유도가 6이라면 F값은 5.14가 되고 이 값이 임계치로서 귀무가설 기각 여부의 의사결정기준이 된다.

표 12.5 유의수준 5%에서의 F분포표

분자의 자유도 (열) / 분모의 자유도 (행)

V2	1	2	3	4	5	6	7	8	9	10
1	161.45	199.50	215.71	224.58	230.16	233.99	236.77	238.88	240.54	241.88
2	18.51	19.00	19.16	19.25	19.30	19.33	19.35	19.37	19.38	19.40
3	10.13	9.55	9.28	9.12	9.01	8.94	8.89	8.85	8.81	8.79
4	7.71	6.94	6.59	6.39	6.26	6.16	6.09	6.04	6.00	5.96
5	6.61	5.79	5.41	5.19	5.05	4.95	4.88	4.82	4.77	4.74
6	5.99	5.14	4.76	4.53	4.39	4.28	4.21	4.15	4.10	4.06
7	5.59	4.74	4.35	4.12	3.97	3.87	3.79	3.73	3.68	3.64
8	5.32	4.46	4.07	3.84	3.69	3.58	3.50	3.44	3.39	3.35
9	5.12	4.26	3.86	3.63	3.48	3.37	3.29	3.23	3.18	3.14
10	4.96	4.10	3.71	3.48	3.33	3.22	3.14	3.07	3.02	2.98
11	4.84	3.98	3.59	3.36	3.20	3.09	3.01	2.95	2.90	2.85
12	4.75	3.89	3.49	3.26	3.11	3.00	2.91	2.85	2.80	2.75
13	4.67	3.81	3.41	3.18	3.03	2.92	2.83	2.77	2.71	2.67
14	4.60	3.74	3.34	3.11	2.96	2.85	2.76	2.70	2.65	2.60
15	4.54	3.68	3.29	3.06	2.90	2.79	2.71	2.64	2.59	2.54
16	4.49	3.63	3.24	3.01	2.85	2.74	2.66	2.59	2.54	2.49
17	4.45	3.59	3.20	2.96	2.81	2.70	2.61	2.55	2.49	2.45
18	4.41	3.55	3.16	2.93	2.77	2.66	2.58	2.51	2.46	2.41
19	4.38	3.52	3.13	2.90	2.74	2.63	2.54	2.48	2.42	2.38
20	4.35	3.49	3.10	2.87	2.71	2.60	2.51	2.45	2.39	2.35
21	4.32	3.47	3.07	2.84	2.68	2.57	2.49	2.42	2.37	2.32
22	4.30	3.44	3.05	2.82	2.66	2.55	2.46	2.40	2.34	2.30
23	4.28	3.42	3.03	2.80	2.64	2.53	2.44	2.37	2.32	2.27
24	4.26	3.40	3.01	2.78	2.62	2.51	2.42	2.36	2.30	2.25
25	4.24	3.39	2.99	2.76	2.60	2.49	2.40	2.34	2.28	2.24

이 값이 의미하는 바를 표현하면 〈그림 12.3〉과 같다. 즉, 유의수준 5%에서 분자의 자유도 2, 분모의 자유도 6인 F분포표에서 우측 기각역에 해당하는 F값은 5.14이며, 만약 5% 유의수준에서 귀무가설을 기각하려면 표본데이터의 F값이 5.14보다는 커야 한다.

그림 12.3 | 유의수준 5%에서의 F분포 그림

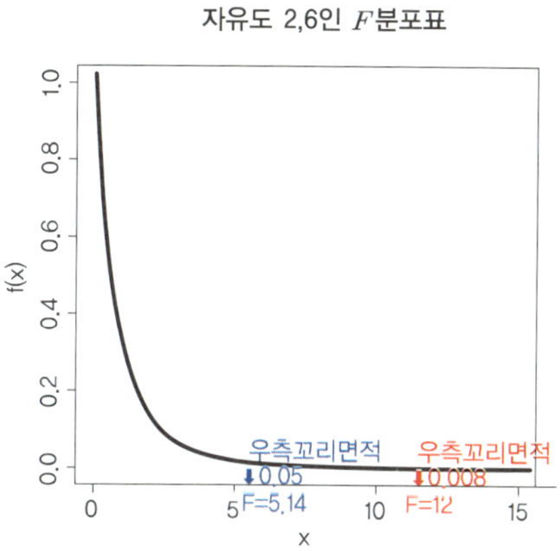

F분포는 자유도에 따라 다른 모양을 갖는다. 〈그림 12.4〉와 같이 분모의 자유도가 커짐에 따라 **오른쪽으로** 치우친 종모양을 이룬다.

그림 12.4 | 유의수준 5%에서 자유도 변화($F(2,18) \rightarrow F(8,18)$)에 따른 F분포의 변화

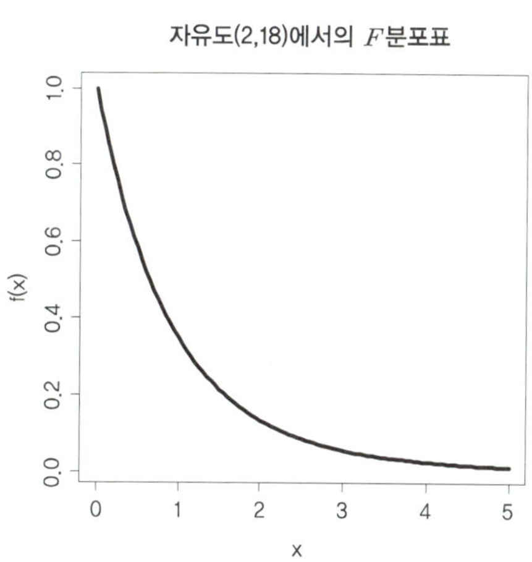

자유도(2,18)에서의 F분포

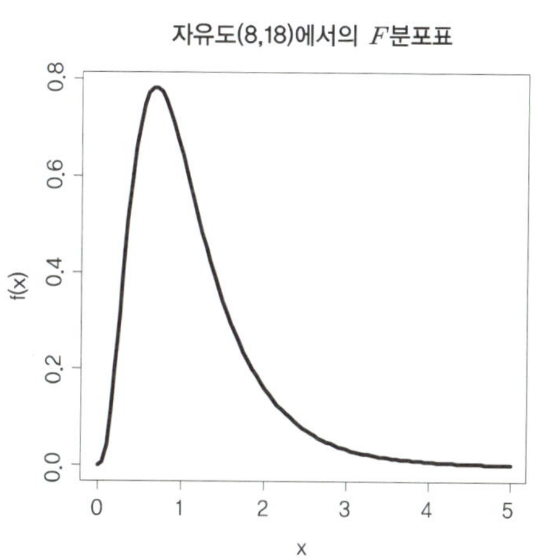

자유도(8,18)에서의 F분포

▶ 의사결정규칙의 결정

유의수준 5%와 검정통계량 F를 이용하여 의사결정의 규칙을 정하면 다음과 같다.

첫째, 표본데이터에서 얻어진 F통계량을 유의수준에서의 임계치인 F와 비교한다. 만약 $F > F_{\alpha}(m-1, N-m)$이면 귀무가설을 기각한다. 즉, 표본에서 구한 검정통계량 F가 유의수준 0.05에서 분자의 자유도 $m-1$과 분모의 자유도 $N-m$에 해당하는 임계치보다 크면 귀무가설을 기각한다. 앞에서 학습한 바 있는 Z통계량이나 T통계량과는 달리 F통계량은 음(−)의 값을 갖지 않는다는 것을 유의하라.

둘째, 표본데이터에서 얻어진 F값에 대한 제1종의 오류수준을 확인한다. 만약 확인된 1종의 오류가 0.05(5%)보다 작으면 귀무가설을 기각한다.

▶ 의사결정

첫 번째 결정규칙을 이용하여 의사결정을 하면, 표본데이터에서 얻어진 F값을 구하고, 이 값이 임계치보다 크면 귀무가설을 기각한다.

(2) 일원분산분석의 가설검정 사례

1) 데이터

앞서 제시한 과자기업의 광고모델에 따른 광고에 대한 태도 데이터를 이용하여 분산분석을 해보자. 앞에 제시된 데이터 〈표 12.2〉는 다음과 같다.

표 12.6 세 가지 광고모델에 따른 광고에 대한 태도 데이터

구분	처리 1 (요인 1, 수준 1) (유명인모델)	처리 2 (요인 2, 수준 2) (일반인모델)	처리 3 (요인 3, 수준 3) (전문인모델)	행평균
피험자 1	2	4	6	4
피험자 2	3	5	7	5
피험자 3	4	6	8	6
열평균	3	5	7	5

* 각 값(점수)은 1~10점으로 측정된 광고에 대한 소비자들의 태도 점수

2) 가설검정

▶ 가설의 설정

귀무가설(H_0) : $\mu_{1.} = \mu_{2.} = \mu_{3.}$ (모든 처리집단에 대한 소비자의 태도는 같다)

대립가설(H_1) : not H_0 (모든 처리집단에 대한 소비자의 태도 중 적어도 하나는 다르다)

▶ 유의수준의 결정

유의수준은 5%(0.05)로 정한다.

▶ 검정통계량의 결정

3개 이상의 집단에 대한 평균비교는 검정통계량 F를 이용한다.

▶ 의사결정규칙의 결정

얻어진 검정통계량 F값이 유의수준 5%에서 분자의 자유도 2, 분모의 자유도 6인 F값의 임계치와 비교하여 임계치보다 크면 귀무가설을 기각한다. 즉, 유의수준 5%에서 분자의 자유도 2, 분모의 자유도 6인 $F_{0.05}(2,6)$ 임계치는 5.14이다. 따라서 $F > F_{0.05}(2,6) = 5.14$ 이면 귀무가설을 기각한다.

▶ 의사결정

이제 표본데이터를 이용하여 검정통계량 F값을 구해보자.

첫째, 처리제곱합(sum of squares for the treatment, SST)을 구하면,

$$SST = \sum_{i=1}^{m}\sum_{j=1}^{n}(\overline{y_{i.}} - \overline{y})^2 = \sum_{i=1}^{m} n(\overline{y_{i.}} - \overline{y})^2 \text{이므로,}$$

$$SST = \sum_{i=1}^{m} n(\overline{y_{i.}} - \overline{y})^2 = 3[(3-5)^2 + (5-5)^2 + (7-5)^2] = 24 \text{이다.}$$

이를 이용하여 평균 처리제곱합 MST를 구하면

$$MST = \frac{SST}{D.F.} = \frac{\sum_{i=1}^{m}\sum_{j=1}^{n}(\overline{y_{i.}} - \overline{y})^2}{m-1} = \frac{\sum_{i=1}^{m} n(\overline{y_{i.}} - \overline{y})^2}{m-1}$$ 이므로,

$$MST = \frac{SST}{D.F.} = \frac{24}{3-1} = 12$$ 이다.

둘째, 오차제곱합(SSE)을 구하면, $SSE = \sum_{i=1}^{m}\sum_{j=1}^{n}(y_{ij} - \overline{y_{i.}})^2$ 이므로,

$$SSE = \sum_{i=1}^{m}\sum_{j=1}^{n}(y_{ij} - \overline{y_{i.}})^2 = [(2-3)^2 + (3-3)^2 + (4-3)^2]$$
$$+ [(4-5)^2 + (5-5)^2 + (6-5)^2] + [(6-7)^2 + (7-7)^2 + (8-7)^2] = 6$$
이다.

이를 자유도로 나누면 평균오차제곱합(mean square for the error, MSE)이 되므로

$$MSE = \frac{SSE}{D.F.} = \frac{\sum_{i=1}^{m}\sum_{j=1}^{n}(y_{ij} - \overline{y_i})^2}{N-m} = \frac{6}{9-3} = 1$$

셋째, 이를 이용하여 분산분석표를 작성하면 다음과 같다.

▌표 12.7 ▌ 세 가지 광고모델에 따른 분산분석표

분산의 원천 (Source of Variance)	제곱합 (Sum of Squares)	자유도 (Degree of Freedom)	평균제곱합 (Mean Square)	분산비 (F ratio)
처리에 의한 분산 (Model)	$SST=24$	$m-1$ $=3-1$ $=2$	MST $=SST/(m-1)$ $=24/2$ $=12$	$F = \frac{MST}{MSE}$ $=12$
오차에 의한 분산 (Error)	$SSE=6$	$N-m$ $=9-3$ $=6$	MSE $=SSE/(N-m)$ $=6/6$ $=1$	
전체 분산 (Total)	$TSS=30$	$N-1$ $=8$		

이제 이 분산분석표를 이용하여 의사결정을 해보자. 〈표 12.6〉에서 5% 유의수준에서 분모의 자유도 6과 분자의 자유도 2에 해당하는 $F_{0.05}(2,6)$값은 5.14이고, 표본데이터에서 계산된 F값은 12(>5.14)이므로 귀무가설을 기각한다. 즉, 임계치 $F_{0.5}(2,6)=5.14$보다 크므로 귀무가설을 기각한다.

표 12.8 | *F*분포표

분자의 자유도

분모의 자유도

V2	1	2	3	4	5	6	7	8	9	10
1	161.45	199.50	215.71	224.58	230.16	233.99	236.77	238.88	240.54	241.88
2	18.51	19.00	19.16	19.25	19.30	19.33	19.35	19.37	19.38	19.40
3	10.13	9.55	9.28	9.12	9.01	8.94	8.89	8.85	8.81	8.79
4	7.71	6.94	6.59	6.39	6.26	6.16	6.09	6.04	6.00	5.96
5	6.61	5.79	5.41	5.19	5.05	4.95	4.88	4.82	4.77	4.74
6	5.99	5.14	4.76	4.53	4.39	4.28	4.21	4.15	4.10	4.06
7	5.59	4.74	4.35	4.12	3.97	3.87	3.79	3.73	3.68	3.64
8	5.32	4.46	4.07	3.84	3.69	3.58	3.50	3.44	3.39	3.35
9	5.12	4.26	3.86	3.63	3.48	3.37	3.29	3.23	3.18	3.14
10	4.96	4.10	3.71	3.48	3.33	3.22	3.14	3.07	3.02	2.98
11	4.84	3.98	3.59	3.36	3.20	3.09	3.01	2.95	2.90	2.85
12	4.75	3.89	3.49	3.26	3.11	3.00	2.91	2.85	2.80	2.75
13	4.67	3.81	3.41	3.18	3.03	2.92	2.83	2.77	2.71	2.67
14	4.60	3.74	3.34	3.11	2.96	2.85	2.76	2.70	2.65	2.60
15	4.54	3.68	3.29	3.06	2.90	2.79	2.71	2.64	2.59	2.54
16	4.49	3.63	3.24	3.01	2.85	2.74	2.66	2.59	2.54	2.49
17	4.45	3.59	3.20	2.96	2.81	2.70	2.61	2.55	2.49	2.45
18	4.41	3.55	3.16	2.93	2.77	2.66	2.58	2.51	2.46	2.41
19	4.38	3.52	3.13	2.90	2.74	2.63	2.54	2.48	2.42	2.38
20	4.35	3.49	3.10	2.87	2.71	2.60	2.51	2.45	2.39	2.35
21	4.32	3.47	3.07	2.84	2.68	2.57	2.49	2.42	2.37	2.32
22	4.30	3.44	3.05	2.82	2.66	2.55	2.46	2.40	2.34	2.30
23	4.28	3.42	3.03	2.80	2.64	2.53	2.44	2.37	2.32	2.27
24	4.26	3.40	3.01	2.78	2.62	2.51	2.42	2.36	2.30	2.25
25	4.24	3.39	2.99	2.76	2.60	2.49	2.40	2.34	2.28	2.24

예제 12.1 ● 일원분산분석

문| 보험회사는 보험상품의 판매를 증대시키기 위해 고민하고 있으며, 이를 위해 영업사원에 대한 인센티브의 변화를 통해 이를 해결하고자 하였다. 따라서 자동차 기업은 완전한 인센티브형(기본급 없음), 기본소득 인센티브형(적정급여 + 판매대수당 고정 인센티브), 인센티브 증가형(기본급여 + 판매증가에 따른 인센티브의 증가)의 세 가지 방식을 도입하고자 하였다. 세 가지 방법 모두 장·단점을 가지고 있었으며, 영업사원들도 자신들을 위해 어떤 방식이 좋은지 정확한 판단이 서지 않았다. 따라서 각 방식별로 5명의 영업사원을 무작위로 선택하여 그 효과 차이를 분석하려고 한다. 6개월 동안 이 세 가지 방식을 도입한 결과 월별 판매대수에 관한 다음과 같은 결과를 얻었다.

구분	완전인센티브형	고정인센티브형	인센티브증가형	행평균
사원 1	3	5	7	5
사원 2	4	6	8	6
사원 3	5	7	9	7
사원 4	6	8	10	8
사원 5	7	9	11	9
열평균	5	7	9	7

위의 결과를 이용하여 세 가지 인센티브 정책에 관한 가설을 설정하여 가설검정 절차에 따라 검정해보시오.

풀이

- 가설의 설정

  귀무가설(H_0) : $\mu_{1.} = \mu_{2.} = \mu_{3.}$ (모든 인센티브 정책에 대한 영업사원의 성과는 같다)

  대립가설(H_1) : not H_0 (모든 인센티브 정책에 대한 영업사원의 성과 중 적어도 하나는 다르다)

- 유의수준의 결정

  유의수준은 5%(0.05)로 정한다.

- 검정통계량의 결정

  3개 이상의 집단에 대한 평균비교는 검정통계량 F값을 이용한다.

- 의사결정규칙의 결정

  얻어진 검정통계량 F값이 유의수준 5%에서 분자의 자유도 2, 분모의 자유도 12인 F값의 임계치와 비교하여 임계치보다 크면 귀무가설을 기각한다. 즉, 유의수준 5%에서 분자의 자유도 2, 분모의 자유도 12인 $F_{0.05}(2,12)$의 임계치는 3.89이다. 따라서 $F > F_{0.05}(2,12) = 3.89$이면 귀무가설을 기각한다.

분자의 자유도

분모의 자유도

V2	1	2	3	4	5	6	7	8	9	10
1	161.45	199.50	215.71	224.58	230.16	233.99	236.77	238.88	240.54	241.88
2	18.51	19.00	19.16	19.25	19.30	19.33	19.35	19.37	19.38	19.40
3	10.13	9.55	9.28	9.12	9.01	8.94	8.89	8.85	8.81	8.79
4	7.71	6.94	6.59	6.39	6.26	6.16	6.09	6.04	6.00	5.96
5	6.61	5.79	5.41	5.19	5.05	4.95	4.88	4.82	4.77	4.74
6	5.99	5.14	4.76	4.53	4.39	4.28	4.21	4.15	4.10	4.06
7	5.59	4.74	4.35	4.12	3.97	3.87	3.79	3.73	3.68	3.64
8	5.32	4.46	4.07	3.84	3.69	3.58	3.50	3.44	3.39	3.35
9	5.12	4.26	3.86	3.63	3.48	3.37	3.29	3.23	3.18	3.14
10	4.96	4.10	3.71	3.48	3.33	3.22	3.14	3.07	3.02	2.98
11	4.84	3.98	3.59	3.36	3.20	3.09	3.01	2.95	2.90	2.85
12	4.75	3.89	3.49	3.26	3.11	3.00	2.91	2.85	2.80	2.75
13	4.67	3.81	3.41	3.18	3.03	2.92	2.83	2.77	2.71	2.67
14	4.60	3.74	3.34	3.11	2.96	2.85	2.76	2.70	2.65	2.60
15	4.54	3.68	3.29	3.06	2.90	2.79	2.71	2.64	2.59	2.54
16	4.49	3.63	3.24	3.01	2.85	2.74	2.66	2.59	2.54	2.49
17	4.45	3.59	3.20	2.96	2.81	2.70	2.61	2.55	2.49	2.45
18	4.41	3.55	3.16	2.93	2.77	2.66	2.58	2.51	2.46	2.41
19	4.38	3.52	3.13	2.90	2.74	2.63	2.54	2.48	2.42	2.38
20	4.35	3.49	3.10	2.87	2.71	2.60	2.51	2.45	2.39	2.35

• 의사결정

이제 표본데이터를 이용하여 검정통계량 F값을 구해보자.

첫째, 처리제곱합(SST)을 구하면,

$$SST=\sum_{i=1}^{m}\sum_{j=1}^{n}(\overline{y_{i.}}-\overline{y})^2=\sum_{i=1}^{m}n(\overline{y_{i.}}-\overline{y})^2 \text{이므로,}$$

$$SST=\sum_{i=1}^{m}n(\overline{y_{i.}}-\overline{y})^2=5[(5-7)^2+(7-7)^2+(9-7)^2]=40\text{이다.}$$

이를 이용하여 평균 처리제곱합 MST를 구하면,

$$MST=\frac{SST}{D.F.}=\frac{\sum_{i=1}^{m}\sum_{j=1}^{n}(\overline{y_{i.}}-\overline{y})^2}{m-1}=\frac{\sum_{i=1}^{m}n(\overline{y_{i.}}-\overline{y})^2}{m-1} \text{ 이므로,}$$

$$MST=\frac{SST}{D.F}=\frac{40}{3-1}=20\text{이다.}$$

둘째, 오차제곱합(SSE)을 구하면,

$$SSE=\sum_{i=1}^{m}\sum_{j=1}^{n}(y_{ij}-\overline{y_{i.}})^2\text{이므로,}$$

$$\begin{aligned}SSE=\sum_{i=1}^{m}\sum_{j=1}^{n}(y_{ij}-\overline{y_{i.}})^2&=[(3-5)^2+(4-5)^2+(5-5)^2+(6-5)^2+(7-5)^2]\\&+[(5-7)^2+(6-7)^2+(7-7)^2+(8-7)^2+(9-7)^2]\\&+[(7-9)^2+(8-9)^2+(9-9)^2+(10-9)^2+(11-9)^2]=30\end{aligned}$$

이다.

이를 자유도로 나누면 평균오차제곱합(MSE)이 되므로

$$MSE=\frac{SSE}{D.F.}=\frac{\sum_{i=1}^{m}\sum_{j=1}^{n}(y_{ij}-\overline{y_{i.}})^2}{N-m}=\frac{30}{15-3}=2.5\text{이다.}$$

셋째, 이를 이용하여 분산분석표의 작성하면 다음과 같다.

표 12.9 세 가지 인센티브 유형에 따른 분산분석표

분산의 원천 (Source of Variance)	제곱합 (Sum of Squares)	자유도 (Degree of Freedom)	평균제곱합 (Mean Square)	분산비 (F ratio)
처리에 의한 분산(Model)	$SST=40$	$m-1$ $=3-1$ $=2$	MST $=SST/(m-1)$ $=40/2$ $=20$	$F=\dfrac{MST}{MSE}$ $=8$
오차에 의한 분산(Error)	$SSE=30$	$N-m$ $=15-3$ $=12$	MSE $=SSE/(N-m)$ $=30/12$ $=2.5$	
전체 분산 (Total)	$TSS=30$	$N-1$ $=14$		

이제 이 분산분석표를 이용하여 의사결정을 하면 〈표 12.6〉에서 5% 유의수준에서 분모의 자유도 6과 분자의 자유도 2에 해당하는 F값은 3.89이고, 계산된 F값은 8(>3.89)이므로 귀무가설을 기각한다. 즉, $8>F_{0.5}(2,12)=3.89$이므로 귀무가설을 기각한다.

12.5 R을 이용한 일원분산분석

(1) 광고모델에 대한 소비자의 태도차이 분석

앞의 광고모델의 차이에 따른 광고에 대한 소비자의 태도차이를 검정하기 위해 R코드를 활용해보자.

R코드 12.1 | 일원분산분석 : 광고모델의 효과 차이

[입력]

```
> response=c(2,3,4,4,5,6,6,7,8) #종속(반응)변수 데이터
> x=rep(c("enter","general","expert"),c(3,3,3)) #독립(처리)변수 데이터
> levels=factor(x) #독립(처리)변수의 요인화
> ano.result=aov(response~levels) #일원배치 분산분석
> summary(ano.result) #분산분석 결과의 출력
```

```
[출력]
Df Sum Sq Mean Sq F value Pr(>F)
levels      2    24     12     12  0.008 **
Residuals   6     6      1
---
Signif. codes:  0 '***' 0.001 '**' 0.01 '*' 0.05 '.' 0.1 ' ' 1
```

Df=자유도, Sum Sq=제곱합, Mean Sq=평균제곱합, F value=F값, Pr(>F)=유의수준, levels=처리, Residuals=오차

[설명] F통계량(F vlaue)은 12로 계산되었으며, 제1종의 오류는 0.008로 1%의 유의수준(**)에서 유의한 것으로 나타났다. 결과적으로 귀무가설을 기각하고, 대립가설을 받아들인다.

F통계량을 통해 가설을 검정해보자. 〈표 12.6〉 F분포표에 나타난 바와 같이 유의수준 5%(0.05)에 해당하는 F통계량 임계치는 5.14이므로, 귀무가설을 기각하려면 데이터에 의해 계산된 $F(=12)$가 유의수준 0.05에 해당하는 임계치 $F(=5.14)$보다 크므로 귀무가설을 기각한다. 즉, $F(=12) > F_{0.5}(2,6)(=5.14)$이므로 귀무가설을 기각한다.

그림 12.5 | 자유도(2,6)의 분포표에 따른 가설검정

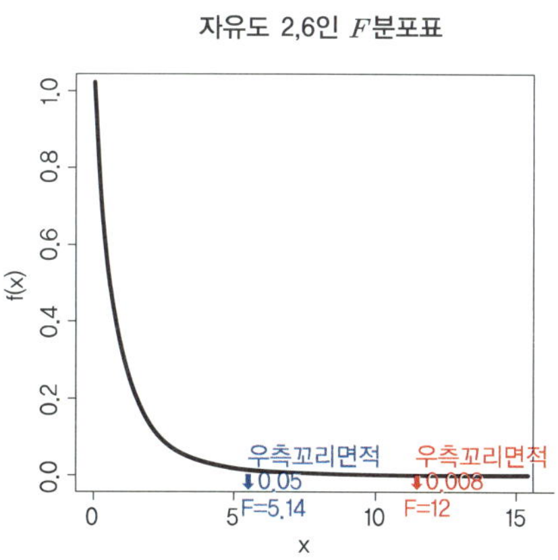

(2) 인센티브방식에 따른 영업사원의 성과분석

〈예제 12.1〉의 인센티브의 변화에 따른 영업사원의 성과차이를 검정하기 위해 R코드를

활용해보자.

R코드 12.2 | 일원분산분석 : 영업사원의 성과 차이

(데이터)

```
no response trt
1       3     trt1
2       4     trt1
3       5     trt1
4       6     trt1
5       7     trt1
6       5     trt2
7       6     trt2
8       7     trt2
9       8     trt2
10      9     trt2
11      7     trt3
12      8     trt3
13      9     trt3
14      10    trt3
15      11    trt3
```

[입력]

```
> data=read.table("incentive.txt", header=T) #텍스트데이터(incentive.txt)를 읽어
  들여 변수명 data에 저장6)
> trt1=factor(data$trt) #데이터에서 독립변수의 요인화
> aov.result=aov(response ~ trt1, data=data) #일원분산분석 실행
> summary(aov.result) #분산분석 실행결과의 출력
```

[출력]

```
            Df   Sum Sq  Mean Sq  F value  Pr(>F)
trt1         2    40      20.0       8     0.0062 **
Residuals   12    30       2.5
---
Signif. codes:  0 '***' 0.001 '**' 0.01 '*' 0.05 '.' 0.1
```

`Df`=자유도, `Sum Sq`=제곱합, `Mean Sq`=평균제곱합, `F value`=F값, `Pr(>F)`=유의수준, `levels`=처리, `Residuals`=오차

[설명] F통계량(F vlaue)은 8로 계산되었으며, 제1종의 오류는 0.0062로 1%의 유의수준(**)에서 유의한 것으로 나타났다. 결과적으로 귀무가설을 기각하고, 대립가설을 받아들인다.

마찬가지로 유의수준 5%에서, 분자의 자유도 2와 분모의 자유도 12에 해당하는 F통계량 임계치는 3.89이므로 이를 표본데이터에서 얻어진 F값과 비교해보면 $F(=8) > F_{0.05}(2,12)(=3.89)$이므로 귀무가설을 기각한다.

통계를 위한 창 12.1 | 실험설계의 기본조건

실험설계(experimental design, design of experiment)는 외생변수를 통제한 상태에서 원인이 되는 독립변수와 결과가 되는 종속변수 간의 관계를 분석하고자 하는 연구방법이다. 이러한 실험의 결과가 타당성이 있으려면 독립변수 외에 종속변수에 영향을 줄 가능성이 있는 외생변수를 통제하여야 하고, 실험대상이 무작위로 배치되어야 한다.
외생변수 중 하나를 예를 들어 보자. 어떤 연구자가 온라인 강의와 오프라인 강의 중 어떤 강의가 효과적인가를 연구한다고 하자. 실험결과 온라인 강의의 성과가 훨씬 좋게 나타났다. 측정된 종속변수는 동일한 시험문제에 대한 시험점수였다. 이 결과를 믿을 수 있는가? 온라인 강의를 수강한 학생들의 이전 학점평균은 3.9였고, 오프라인 강의를 수강한 학생들의 학점평균은 3.2였다. 이미 온라인 강의를 수강한 학생들의 학업에 대한 열의가 강의 초기부터 존재했다. 때문에 강의에 대한 성과도 더 좋게 나타날 가능성이 높다.

이를 선별바이어스(selection bias)라고 한다. 결국 실험대상으로 선정된 피험자들의 초기상태가 다르기 때문에 나타난 것이다. 이 바이어스를 방지할 수 있는 방법은 실험대상을 두 개의 집단에 무작위로 배치하여 집단의 초기상태를 동일하게 만드는 것이다.

이외에도 종속변수에 영향을 미치는 다른 외생변수는 많다. 이를 잘 통제할 수 있는 방법이 바로 실험설계이다. 연구자가 원하는 실험의 결과를 얻으려면 실험의 방법, 즉 실험설계를 정교하게 실행하는 것이 필요하다.

6) 학습자의 코드작성에 대한 이해도와 기법을 높이기 위해 〈R코드 12.1〉과는 약간 다른 방식으로 코드를 구성하였다.

연습문제

01 다음의 데이터에 대하여 물음에 답하시오. 이 데이터는 R프로그램 라이브러리 MASS의 내장데이터 anorexia의 일부이다. 이는 거식증 환자에 대한 3가지 치료법의 차이에 대한 총 72개의 피험자 데이터이다. 이 데이터는 치료방법에 관한 처리변수와 치료 전과 치료 후의 몸무게 등 3개의 변수에 대하여 72명의 피험자데이터이다. 이 데이터로부터 각 처리에 대한 3개의 데이터를 골라 다음과 같은 표를 다시 만들었다. 이 데이터를 이용하여 3개의 처리(Cont, CBT, FT)에 대하여 몸무게의 변화[7]에 대한 가설검정과정을 계산과정을 제시하여 진행해보시오. 3개의 처리는 각각 "Cont"(통제집단), "CBT"(Cognitive Behavioural treatment: 인지적 행동처리), "FT"(family treatment: 가족처리)이다.

R연습표 12.1 내장데이터 anorexia

	Treat	Prewt	Postwt
1	Cont	80.7	80.2
2	Cont	89.4	80.1
3	Cont	91.8	86.4
4	CBT	80.5	82.2
5	CBT	84.9	85.6
6	CBT	81.5	81.4
7	FT	83.8	95.2
8	FT	83.3	94.3
9	FT	86.0	91.5

02 1번의 anorexia 전체 데이터에 대하여 다음의 질문에 답하시오.

(1) 변수 Prewt와 Postwt에 대한 요약통계량을 만들어보시오.

(2) 변수 Prewt와 Postwt에 대한 상자그림을 그려보시오.

(3) 변수 Prewt와 Postwt에 대한 상관관계를 구하고 상관계수에 대한 검정을 해보시오.

(4) R의 분산분석 함수 aov()를 이용하여 3개의 처리방법과 몸무게의 변화에 대하여 분산분석을 실행해서 해석해보시오. 이때 라이브러리 MASS를 이용하시오. 실행 시에는 다음의 R코드를 참고하시오.

7) 몸무게의 변화를 다시 계산하여야 한다.

R연습표 12.2 내장데이터의 사용을 위한 R코드

```
> library(MASS) #라이브러리 MASS
> attach(anorexia) #데이터 'anorexia'의 선언
> levels=factor(treat) #데이터 'anorexia'에서 변수 'treate'의 요인으로 활용
> change=Postwt-Prewt #차이의 계산
> result=aov(formula = change ~ Treat) #일원분산분석
> summary(result) #요약통계량 출력
```

부록 통계분석을 위한 R활용 12

1. 분산분석 함수 aov( )

R에서 제공하고 있는 다음의 내장데이터를 이용하여 가설을 설정하고, R을 이용하여 분석한 뒤 가설을 검정해보자. 이 데이터는 하나의 통제집단(group 변수에서 ctrl로 변수값이 주어져 있다)과 두 개의 처리집단(group 변수에서 trt1과 trt2로 변수값이 주어져 있다)의 식물성장에 관한 데이터이다. 두 개의 처리집단에 대한 식물의 무게를 통제집단과 비교하려는 데이터이다.

연습표 12.3 R내장데이터 'PlantGrowth'

데이터의 구조

```
   weight group
1   4.17  ctrl
2   5.58  ctrl
3   5.18  ctrl
4   6.11  ctrl
5   4.50  ctrl
6   4.61  ctrl
7   5.17  ctrl
8   4.53  ctrl
9   5.33  ctrl
10  5.14  ctrl
11  4.81  trt1
12  4.17  trt1
13  4.41  trt1
14  3.59  trt1
15  5.87  trt1
16  3.83  trt1
17  6.03  trt1
18  4.89  trt1
19  4.32  trt1
20  4.69  trt1
21  6.31  trt2
22  5.12  trt2
23  5.54  trt2
24  5.50  trt2
```

```
25  5.37  trt2
26  5.29  trt2
27  4.92  trt2
28  6.15  trt2
29  5.80  trt2
30  5.26  trt2
```

R연습코드 12.1 | 일원분산분석과 사후다중비교(Tukey법)

[입력]

```
> attach(PlantGrowth) #분석대상 데이터
> trt=factor(group) #데이터에서 변수 'group'의 요인화
> ano.result=aov(weight ~ trt) #일원배치 분산분석
> summary(ano.result) #분산분석결과의 출력
> TukeyHSD(ano.result) #Tukey에 의한 사후검정
```

[출력]

```
            Df Sum Sq Mean Sq F value Pr(>F)
trt          2  3.766  1.8832   4.846 0.0159 *
Residuals   27 10.492  0.3886
---
Signif. codes:  0 '***' 0.001 '**' 0.01 '*' 0.05 '.' 0.1 ' ' 1

  TukeyHSD(ano.result) #Tukey에 의한 사후검정
  Tukey multiple comparisons of means
    95% family-wise confidence level

Fit: aov(formula = weight ~ trt)

$trt
            diff        lwr       upr     p adj
trt1-ctrl -0.371 -1.0622161 0.3202161 0.3908711
trt2-ctrl  0.494 -0.1972161 1.1852161 0.1979960
trt2-trt1  0.865  0.1737839 1.5562161 0.0120064
```

[설명] 통제집단(ctrl)과 두 개의 처리집단(trt1, trt2)에 대한 분산분석결과에서 유의수준(0.0159 <0.05)로 나타나 세 집단 간의 평균은 동일하다는 귀무가설을 기각하고, 세 집단 간에는 평균값의 차이가 존재한다는 대립가설을 받아들인다. 추가적으로 세 집단 간의 쌍대비교를 Tukey방법으로 검정한 결과 처리집단 1(trt1)과 처리집단 2(trt2) 사이에서 유의수준(p) 0.0120064(<0.05)으로 유의한 차이가 나는 것으로 나타났다.

2. 분산분석에서의 사후다중비교 함수 PostHocTest()

R코드에서 사후다중비교를 위한 별도의 패키지가 준비되어 있다. 이 패키지 명은 DescTools이며, 이 패키지에서 사후다중비교를 위한 함수는 PostHocTest()이다. 사후다중비교의 방법으로는 "hsd", "bonf", "lsd", "scheffe", "newmankeuls"의 방법이 있으며, 인수 method에 이 중 하나를 입력하면 된다.

R연습코드 12.2 | 원분산분석의 사후다중비교(Scheffe법)

[입력]

```
> install.packages("DescTools") #패키지의 설치
> library(DescTools) #설치된 패키지에 대한 접근
> attach(PlantGrowth) #분석대상 데이터의 선택
> trt=factor(group) #데이터에서 변수의 요인화
> PostHocTest(aov(formula=weight ~ trt), method="scheffe",
  conf.level=0.95) #신뢰수준 95%에서 scheffe법에 의한 사후다중비교
```

[출력]

```
  Posthoc multiple comparisons of means: Scheffe Test
  95% family-wise confidence level

$trt
             diff     lwr.ci    upr.ci   pval
trt1-ctrl -0.371 -1.0930531 0.3510531 0.4241
trt2-ctrl  0.494 -0.2280531 1.2160531 0.2265
trt2-trt1  0.865  0.1429469 1.5870531 0.0163 *

---
Signif. codes:  0 '***' 0.001 '**' 0.01 '*' 0.05 '.' 0.1 ' ' 1
```

[설명] 이 결과에서도 분산분석이 유의한 결과를 보여준 것은 유의수준이 0.05보다 작은 집단 간의 차이인 trt2와 trt1 간의 차이(pval=0.0163)인 것으로 나타났다. 마찬가지로 각 쌍의 처리의 차이에 대한 신뢰구간(하한값 : lwr.ci, 상한값 : upr.ci)을 95%의 신뢰도에서 산출해주고 있다.

CHAPTER 13

분할표와 카이제곱검정

CHAPTER 13

분할표와 카이제곱검정

13장에서 학습해야 할 내용

13장의 내용은 흔히 통계학에서 이야기하는 비모수통계 중의 하나이다. 비모수란 모수에 대한 가정이 필요치 않다는 것이다. 이 장에서는 대표적인 비모수통계기법 중의 하나인 카이제곱검정에 대하여 살펴본다. 학습자는 보통의 통계적 분석에서 많이 사용되는 분할표와 카이제곱검정의 개념을 잘 이해하고, 어떻게 활용할 것인지를 살펴보아야 한다.

1. 일반적인 통계분석에서 가장 많이 쓰이는 분할표란 무엇이며, 어디에 사용하는 것인가?
2. 분할표를 이용하여 변수 간의 관계성을 분석할 때 사용하는 검정통계량은 무엇인가?
3. 분할표를 이용한 가설검정은 어떤 과정은 가지는가?
4. R코드를 이용하여 분할표를 어떻게 작성할 것인가?
5. R코드를 이용하여 가설검정을 어떻게 실행할 수 있는가?

13.1 분할표의 개념

분할표(contingency table)란 질적 데이터 또는 범주형 데이터로 이루어진 변수 간의 관계를 살펴볼 수 있는 표를 의미한다. 이를 **상황표**라고 부르기도 한다. 예를 들어 연구자는 소비자가 거주하는 지역에 따라 선호하는 브랜드가 같은지, 또는 다른지를 확인하고자 한다. 즉, 연구자는 소비자들이 자신들의 거주지역과 관계가 있는 기업의 브랜드를 더 선호할 수 있다는 생각을 하고 있고, 그에 따라 이 사실을 데이터를 통해 검증하려고 하는 것이다.

다음 〈표 13.1〉은 연구자가 200명을 조사하여 얻은 데이터를 요약한 표이며 데이터는 각 지역별로 브랜드를 선호하는 소비자의 수이다.

표 13.1 지역과 선호 생수브랜드에 관한 분할표 (단위 : 명)

구분	K지역	J지역	행합계
P브랜드	70	30	100
S브랜드	30	70	100
열합계	100	100	200

〈표 13.1〉을 살펴보면 K지역은 P브랜드를 선호하는 소비자의 수가 많으며, J지역은 S브랜드를 좋아하는 소비자의 수가 많다. 이렇게 범주형 데이터도 되어 있는 두 개의 변수를 통하여 지역과 선호브랜드 간의 특징을 확인해볼 수 있으며, 이렇게 만들어진 표를 **분할표**라고 한다.

이러한 분석이 사용될 수 있는 경우는 다음과 같다.

- 기업의 직군(관리직과 생산직)에 따라 선호하는 급여형태(직무급과 능력급)의 차이
- 소비자의 거주지역(중부지방, 남부지방)에 따른 라면 선호브랜드(A라면, B라면)의 차이
- 사회계층(상류층, 중산층, 하류층)에 따른 자동차 선호 차급(대형, 중형, 소형)의 차이

분할표의 행과 열의 수가 각각 r(row)과 c(column)일 때 이 표를 $r \times c$ 분할표라 한다. 따라서 $r \times c$ 분할표는 $r \times c$개의 칸(cell)을 갖게 된다. 〈표 13.1〉은 2×2 분할표이고, 2×2=4칸을 가지고 있다.

정의 13.1 ● 분할표

- 분할표(contingency table) : 개체를 어떤 특성(예를 들어 성별, 나이)에 따라 분류할 때 얻어지는 정리표

13.2 카이제곱통계량

분할표는 질적 데이터 또는 범주형 데이터로 이루어진 **변수 간의 관계**를 살펴볼 수 있는 표를 의미한다. 그렇다면 질적 데이터 또는 범주형 데이터로 이루어진 **변수 간의 관계**는 어떤 방법으로 파악할 수 있는가? 이때 사용하는 통계량이 **카이제곱통계량(χ^2)**이다. 이러한 카이제곱통계량에 의한 검정을 **독립성검정(independence test)**이라고도 한다.

〈표 13.1〉의 분할표를 이용하여 카이제곱통계량을 구해보자. 〈표 13.1〉의 분할표는 각 범주에 속하는 도수(빈도)를 의미하고 있으며, 이는 실제로 관찰된 관찰도수이다. 분할표의 셀(칸)에 있는 관찰데이터를 다음과 같은 기호로 표현할 수 있다.

즉, i번째 행(r(=row))과 j번째 열(c(=column))의 **관찰도수(관찰빈도)**를 다음과 같이 표현한다.

O_{ij} : i번째 행(r(row))과 j번째 열(c(column))의 관찰도수

그리고 행의 합계 O_{i+}와 열의 합계 O_{+j}, 그리고 전체합계 N을 각각 다음과 같이 계산하여 표현한다.

$$O_{i+} = \sum_{j=1}^{c} O_{ij} \qquad \text{(식 13.1)}$$

$$O_{+j} = \sum_{i=1}^{r} O_{ij} \qquad \text{(식 13.2)}$$

$$N = \sum_{j=1}^{c} \sum_{i=1}^{r} O_{ij} \qquad \text{(식 13.3)}$$

O_{ij}는 각 셀의 관찰된 도수이다. 여기에 대응되는 개념으로 **기대도수(기대빈도)**라는 개념이 있다. 기대도수는 각 행과 열의 확률을 이용하여 셀에서 발생할 것으로 예측되는 도수를 의미하며, E_{ij}로 표현하고 다음과 같이 정의한다.

E_{ij} : i번째 행(r(row))과 j번째 열(c(column))의 기대도수

$$P(E_{i+}) \ : \ \frac{O_{i+}}{N} = \frac{\sum_{j=1}^{c} O_{ij}}{N}$$: i번째 행이 발생할 것으로 기대되는 확률, N은 전체도수 **(식 13.4)**

$$P(E_{+j}) \ : \ \frac{O_{+j}}{N} = \frac{\sum_{i=1}^{r} O_{ij}}{N}$$: j번째 열이 발생할 것으로 기대되는 확률, N은 전체도수 **(식 13.5)**

$$E_{ij} \ : \ P(E_{i+}) \times P(E_{+j}) \times N = \frac{O_{i+}}{N} \times \frac{O_{+j}}{N} \times N,$$ N은 전체도수 : i번째 열과 j번째 행의 기대도수 **(식 13.6)**

관찰도수와 기대도수의 개념을 이용하여 카이제곱통계량은 다음과 같이 계산된다.

$$X^2 = \sum_{j=1}^{c} \sum_{i=1}^{r} \frac{(O_{ij} - E_{ij})^2}{E_{ij}}$$ **(식 13.7)**

〈표 13.1〉의 분할표를 이용하여 카이제곱통계량을 구해보자. 〈표 13.1〉에 기호를 첨가하여 만든 새로운 분할표는 다음의 〈표 13.2〉와 같다.

표 13.2 지역과 선호 생수브랜드의 관찰도수 분할표 (단위 : 명)

구분	K지역	J지역	행합계
P브랜드	$O_{11}=70$	$O_{12}=30$	$O_{1+}=100$
S브랜드	$O_{21}=30$	$O_{22}=70$	$O_{2+}100$
열합계	$O_{+1}100$	$O_{+2}100$	$N=200$

〈표 13.2〉를 (식 13.1)~(식 13.6)을 이용하여 카이제곱통계량을 계산하기 위해 다음과 같이 기대도수를 계산하여 표로 만들면 다음과 같다. 계산의 용이함을 위해 행과 열의 합이 동일하도록 만들었음을 독자들은 이해하기 바란다.

| 표 13.3 | 지역과 선호 생수 브랜드의 기대도수 분할표 (단위 : 명)

구분	K지역	J지역	행합계
P브랜드	$E_{11}=50$	$E_{12}=50$	$O_{1+}=100$
S브랜드	$E_{21}=50$	$E_{22}=50$	$O_{2+}=100$
열합계	$O_{+1}=100$	$O_{+2}=100$	$N=200$

$$E_{11}\ :\ P(E_{1+})\times P(E_{+1})\times N=\frac{O_{1+}}{N}\times\frac{O_{+1}}{N}\times N=\frac{100}{200}\times\frac{100}{200}\times 200=50$$

$$E_{12}\ :\ P(E_{1+})\times P(E_{+2})\times N=\frac{O_{1+}}{N}\times\frac{O_{+2}}{N}\times N=\frac{100}{200}\times\frac{100}{200}\times 200=50$$

$$E_{21}\ :\ P(E_{2+})\times P(E_{+1})\times N=\frac{O_{2+}}{N}\times\frac{O_{+1}}{N}\times N=\frac{100}{200}\times\frac{100}{200}\times 200=50$$

$$E_{22}\ :\ P(E_{2+})\times P(E_{+2})\times N=\frac{O_{2+}}{N}\times\frac{O_{+2}}{N}\times N=\frac{100}{200}\times\frac{100}{200}\times 200=50$$

관찰도수인 〈표 13.2〉와 기대도수인 〈표 13.3〉을 이용하여 카이제곱통계량을 구해보자.

$X^2=\sum_{j=1}^{c}\sum_{i=1}^{r}\frac{(O_{ij}-E_{ij})^2}{E_{ij}}$ 이므로 다음과 같이 계산된다.

$$X^2=\sum_{j=1}^{c}\sum_{i=1}^{r}\frac{(O_{ij}-E_{ij})^2}{E_{ij}}=\frac{(70-50)^2}{50}+\frac{(30-50)^2}{50}+\frac{(30-50)^2}{50}+\frac{(70-50)^2}{50}=32$$

이제 얻어진 카이제곱통계량은 변수 간의 독립성을 검정하는 데 사용된다.

13.3 카이제곱통계량을 이용한 가설검정

분할표는 질적 데이터 또는 범주형 데이터로 이루어진 변수 간의 관계를 살펴볼 수 있는 표를 의미한다고 하였고, 그 관계는 카이제곱통계량을 통해 확인할 수 있다고 하였다. 그렇다면 이제부터 이 통계량을 이용하여 변수 간의 독립성에 대한 가설검정을 해보자. 이 책의 8장에서는 가설검정의 과정을 다음과 같이 제시하였다. 이 단계에 따라 가설검정과정을 진행해보자.

그림 13.1 | 가설검정과정

1단계 : 가설의 설정(귀무가설과 대립가설)

↓

2단계 : 유의수준의 설정

↓

3단계 : 검정통계량의 결정

↓

4단계 : 의사결정규칙의 결정

↓

5단계 : 의사결정

↓

6단계 : 결과의 해석

(1) 가설의 설정

〈표 13.1〉을 다시 한번 생각해보자. 연구자는 지역별로 선호하는 브랜드가 다르다고 생각하고 있으며, 이 생각을 검증하고자 한다. 실제로 동일한 상품이라고 하더라도 경쟁기업들은 서로 다른 지역에서 상품을 생산할 수 있으며, 이때문에 그 지역에 거주하는 소비자들은 지역에서 생산되는 상품에 대하여 더 선호를 가질 수 있다. 연구자는 이러한 애향심이 구매에 어떠한 영향을 주는가를 파악하고자 하는 것이며, 이를 통계적으로 검정하려고 한다. 따라서 다음과 같이 가설을 설정할 수 있다.

- 귀무가설(H_o) : 소비자의 거주지역과 브랜드 선호는 관계가 없다. (서로 독립적이다)
- 대립가설(H_1) : 소비자의 거주지역과 브랜드 선호는 관계가 있다. (서로 관련이 있다)

(2) 유의수준의 결정

유의수준을 5%(0.05)로 정한다.

(3) 검정통계량의 결정

범주형 데이터로 이루어진 두 변수 간의 관계는 카이제곱통계량(χ^2)을 사용하며, 다음과 같이 계산한다.

$$\chi^2 = \sum_{j=1}^{c}\sum_{i=1}^{r}\frac{(O_{ij}-E_{ij})^2}{E_{ij}} \quad \text{(식 13.7)}$$

(4) 의사결정규칙 결정

의사결정 규칙은 다음의 두 가지 방법 중의 하나라고 하였다. 첫 번째 방법은 구해진 카이제곱통계량(χ^2)을 유의수준에 해당하는 카이제곱통계량(χ^2)의 임계치와 비교하여, 임계치보다 크면 귀무가설을 기각한다. 두 번째 방법은 계산된 카이제곱통계량(χ^2)에 해당하는 제1종의 오류를 계산하여 이 제1종의 오류가 연구자가 정한 유의수준 기준(예를 들어 5%(0.05))보다 작으면 귀무가설을 기각한다.

첫 번째 방법을 적용해보자. 표본데이터에서 얻어진 카이제곱통계량(χ^2)의 값을 유의수준에 해당하는 임계치와 비교하여, 임계치보다 크면 귀무가설을 기각한다. 임계치는 다음과 같이 구한다. 즉, 유의수준 α, 자유도(df)에 해당하는 χ^2임계치를 〈표 13.4〉의 카이제곱분포표를 이용하여 구한다. 자유도는 (행의 수$-$1)×(열의 수$-$1), 즉 $(r-1)\times(c-1)$이다.

만약 유의수준 5%에서 자유도 1이라면 이에 해당하는 카이제곱통계량(χ^2) 값은 3.84이며, 이 값이 임계치가 된다. 유의수준 α, 자유도 df의 χ^2을 $\chi^2_\alpha(df)$로 표현한다. 따라서 χ^2(표본에서 얻어진 카이제곱통계량)$>\chi^2_\alpha(df)$(임계치)이면 귀무가설을 기각한다.

(5) 의사결정

먼저 임계치를 찾아보자. 〈표 13.4〉를 활용해보자. 행에는 유의수준이, 열에는 자유도가 표시되어 있다. 이 사례에서 연구자는 유의수준을 5%(0.05)로 정하였고, 자유도는 $(2-1)\times(2-1)=1$이므로, 그에 해당하는 카이제곱통계량 $\chi^2_{0.05}(1)=3.84$가 임계치이다.

$$\chi^2_{\alpha}(df)=\chi^2_{0.05}(1)=3.84$$

이를 표본데이터에서 구해진 카이제곱통계량(χ^2)값과 비교한다. 표본에서 얻어진 카이제곱통계량(χ^2) 값은 32이므로 이를 임계치와 비교하여 귀무가설의 기각 여부를 결정한다. 이 경우 $\chi^2(=32)>\chi^2_{\alpha}(df)=\chi^2_{0.05}(1)=3.84$이므로 귀무가설을 기각하고 대립가설을 받아들인다. 이를 그림으로 표현하면 〈그림 13.2〉와 같다.

표 13.4 카이제곱 분포표

v \ α	0.995	0.99	0.975	0.95	0.9	0.5	0.1	0.05	0.025	0.01	0.005
1	0.00004	0.0002	0.001	0.004	0.02	0.45	2.71	3.84	5.02	6.63	7.88
2	0.01	0.02	0.05	0.10	0.21	1.39	4.61	5.99	7.38	9.21	10.60
3	0.07	0.11	0.22	0.35	0.58	2.37	6.25	7.81	9.35	11.34	12.84
4	0.21	0.30	0.48	0.71	1.06	3.36	7.78	9.49	11.14	13.28	14.86
5	0.41	0.55	0.83	1.15	1.61	4.35	9.24	11.07	12.83	15.09	16.75
6	0.68	0.87	1.24	1.64	2.20	5.35	10.64	12.59	14.45	16.81	18.55
7	0.99	1.24	1.69	2.17	2.83	6.35	12.02	14.07	16.01	18.48	20.28
8	1.34	1.65	2.18	2.73	3.49	7.34	13.36	15.51	17.53	20.09	21.95
9	1.73	2.09	2.70	3.33	4.17	8.34	14.68	16.92	19.02	21.67	23.59
10	2.16	2.56	3.25	3.94	4.87	9.34	15.99	18.31	20.48	23.21	25.19
11	2.60	3.05	3.82	4.57	5.58	10.34	17.28	19.68	21.92	24.72	26.76
12	3.07	3.57	4.40	5.23	6.30	11.34	18.55	21.03	23.34	26.22	28.30
13	3.57	4.11	5.01	5.89	7.04	12.34	19.81	22.36	24.74	27.69	29.82
14	4.07	4.66	5.63	6.57	7.79	13.34	21.06	23.68	26.12	29.14	31.32
15	4.60	5.23	6.26	7.26	8.55	14.34	22.31	25.00	27.49	30.58	32.80
16	5.14	5.81	6.91	7.96	9.31	15.34	23.54	26.30	28.85	32.00	34.27
17	5.70	6.41	7.56	8.67	10.09	16.34	24.77	27.59	30.19	33.41	35.72
18	6.26	7.01	8.23	9.39	10.86	17.34	25.99	28.87	31.53	34.81	37.16
19	6.84	7.63	8.91	10.12	11.65	18.34	27.20	30.14	32.85	36.19	38.58
20	7.43	8.26	9.59	10.85	12.44	19.34	28.41	31.41	34.17	37.57	40.00
21	8.03	8.90	10.28	11.59	13.24	20.34	29.62	32.67	35.48	38.93	41.40
22	8.64	9.54	10.98	12.34	14.04	21.34	30.81	33.92	36.78	40.29	42.80
23	9.26	10.20	11.69	13.09	14.85	22.34	32.01	35.17	38.08	41.64	44.18
24	9.89	10.86	12.40	13.85	15.66	23.34	33.20	36.42	39.36	42.98	45.56
25	10.52	11.52	13.12	14.61	16.47	24.34	34.38	37.65	40.65	44.31	46.93
26	11.16	12.20	13.84	15.38	17.29	25.34	35.56	38.89	41.92	45.64	48.29
27	11.81	12.88	14.57	16.15	18.11	26.34	36.74	40.11	43.19	46.96	49.64
28	12.46	13.56	15.31	16.93	18.94	27.34	37.92	41.34	44.46	48.28	50.99
29	13.12	14.26	16.05	17.71	19.77	28.34	39.09	42.56	45.72	49.59	52.34
30	13.79	14.95	16.79	18.49	20.60	29.34	40.26	43.77	46.98	50.89	53.67
40	20.71	22.16	24.43	26.51	29.05	39.34	51.81	55.76	59.34	63.69	66.77
50	27.99	29.71	32.36	34.76	37.69	49.33	63.17	67.50	71.42	76.15	79.49
60	35.53	37.48	40.48	43.19	46.46	59.33	74.40	79.08	83.30	88.38	91.95
70	43.28	45.44	48.76	51.74	55.33	69.33	85.53	90.53	95.02	100.43	104.21
80	51.17	53.54	57.15	60.39	64.28	79.33	96.58	101.88	106.63	112.33	116.32
90	59.20	61.75	65.65	69.13	73.29	89.33	107.57	113.15	118.14	124.12	128.30
100	67.33	70.06	74.22	77.93	82.36	99.33	118.50	124.34	129.56	135.81	140.17

그림 13.2 | 자유도 1에서의 카이제곱통계량 분포곡선

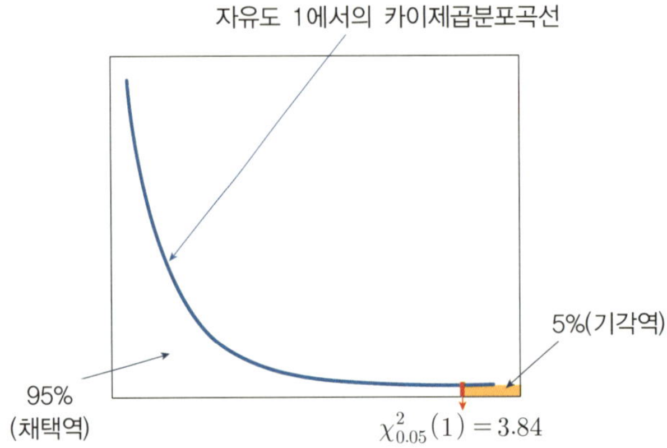

13.4 R을 이용한 카이제곱검정

(1) 분할표데이터를 이용한 R활용 카이제곱검정

〈표 13.2〉의 분할표 데이터를 R을 활용하여 카이제곱검정을 해보자. 이 검정방법은 원데이터를 이용하여 분할표를 작성했을 때 사용할 수 있는 방법임을 기억하자. 원데이터를 이용하여 분할표를 만들고, 이를 이용해 다시 카이제곱통계량을 구하는 방법도 다음에 이어지는 (2) 원데이터를 이용한 카이제곱검정에 제시되어 있다.

다음과 같은 지역에 따른 생수브랜드에 관한 분할표가 있다고 하자.

표 13.2 | 지역에 따른 선호 생수 브랜드의 관찰도수 (단위 : 명)

구분	K지역	J지역	행합계
P브랜드	$O_{11}=70$	$O_{12}=30$	$O_{1+}=100$
S브랜드	$O_{21}=30$	$O_{22}=70$	$O_{2+}=100$
열합계	$O_{+1}=100$	$O_{+2}=100$	$N=200$

R코드 13.1 | 분할표를 이용한 카이제곱검정 : chisq.test()

[입력]

```
> brand=matrix(c(70, 30, 30, 70), nrow=2, ncol=2, byrow=T) #분할표 구성
> dimnames(brand)=list(c("brand P","brand S"), c("area K","area J")) #분
  할표의 행과 열에 이름부여
> print(brand) #입력데이터 출력
> chisq.test(brand, correct=F) #카이제곱검정
```

[출력]

```
> print(brand) #입력데이터 출력
        area K area J
brand P     70     30
brand S     30     70

> chisq.test(brand, correct=F) #카이제곱검정

        Pearson's Chi-squared test

data:  brand
X-squared=32, df=1, p-value=1.542e-08
```

[설명] 카이제곱통계량(X-squared=32)과 자유도(df=1)를 출력해주고 있으며, 그에 따른 제1종의 오류수준(p-value=1.542e-08)을 출력해주고 있다. 제1종의 오류수준이 $\frac{1.542}{100,000,000} = 0.00000001542$ 이고, 이는 연구자가 정한 유의수준 0.05보다 작으므로 귀무가설을 기각한다.

(2) 원데이터를 이용한 카이제곱검정

이제 원데이터를 이용하여 분할표를 만들고, 이 분할표를 이용하여 카이제곱검정을 해보자. 다음의 데이터는 40명의 학생에 관한 선호 생수브랜드 데이터이다. 총 40명의 고학년과 저학년 학생들이 좋아하는 생수의 브랜드를 기록한 것이다.

표 13.5 | 학생들의 선호 생수브랜드 데이터

학생	1	2	3	4	5	6	7	8	9	10
학년	H	L	L	L	H	H	H	L	L	H
생수	P	C	C	P	P	P	C	C	P	C

학생	11	12	13	14	15	16	17	18	19	20
학년	L	H	H	H	L	L	L	H	H	L
생수	P	C	P	P	P	C	C	P	P	C
학생	21	22	23	24	25	26	27	28	29	30
학년	H	H	H	H	L	L	L	L	H	L
생수	P	C	P	P	P	C	C	P	P	C
학생	31	32	33	34	35	36	37	38	39	40
학년	L	L	H	L	H	L	H	H	L	H
생수	P	C	C	P	P	P	C	C	P	C

* H : 고학년, L : 저학년, P : 브랜드 P, H : 브랜드 C

R코드 13.2 | 원데이터를 이용한 카이제곱검정

[입력]

```
> s.grade=c('H','L','L','L','H','H','H','L','L','H',
            'L','H','H','H','L','L','L','H','H','L',
            'H','H','H','H','L','L','L','L','H','L',
            'L','L','H','L','H','L','H','H','L','H') #학생분류 데이터
> w.brand=c('P','C','C','C','P','P','P','C','C','P',
            'P','C','P','P','C','C','C','P','P','C',
            'P','C','P','P','C','C','C','P','P','C',
            'P','C','C','C','P','P','P','P','P','C') #학생 선호생수브랜드 데
                                                      이터
> prefer=data.frame(s.grade,w.brand) #학생분류 데이터와 선호생수브랜드 데이터
  를 데이터프레임 함수(data.frame())를 이용하여 'prefer'라는 이름의 행렬데이터로 저장
> contin = table(prefer$s.grade, prefer$w.brand) #행렬데이터 prefer를 이용, 분
  할표를 작성하여 'contin'에 저장
> print(contin) #분할표 출력
> chisq.test(contin, correct=F) #분할표에 대한 카이제곱검정
```

[출력]

```
> print(contin) #분할표 출력하여 확인
       w.brand
s.grade  C  P
      H  4 16
      L 15  5

> chisq.test(s.grade, w.brand) #카이제곱검정

        Pearson's Chi-squared test with Yates' continuity correction
```

```
data:  s.grade and w.brand
X-squared=10.025, df=1, p-value=0.001544
```

[설명] 카이제곱통계량(X-squared=10.025)과 자유도(df=1)를 출력해주고 있으며, 카이제곱통계량에 해당하는 제1종의 오류가 0.001544임을 보여주고 있다. 연구자가 유의수준을 0.05로 정하였다면 제1종의 오류가 유의수준보다 작으므로 귀무가설을 기각하고 대립가설을 받아들인다. 예이츠 연속성 보정(Yeates')은 표본의 수가 200 이하인 경우 연속분포에 가깝도록 하기 위해 빈도에 1/2을 더하거나 빼서 수정한 것을 의미한다.

[R코드 힌트] 이 장 또는 이책에서 분할표를 작성하는 방법을 다양한 방법으로 제시하였다. 그 이유는 R코드를 활용하는 학습자들의 능력을 높이기 위한 것이다. 단순히 따라만 하지 말고 생각을 하면서 하면 R코드의 원리를 잘 알 수 있다.

통계를 위한 창 13.1 | 반증가능성

과학과 이론은 관찰을 통해 발전해나간다. 반증주의(falsification)는 말 그대루 반대되는 증거이다. 과학자는 관찰을 통해 많은 것을 증명해 나가고 일반화해나간다. 과학자들이 만들어내는 이론이란 세상의 질서와 현상에 관한 주장이며, 이는 초기에는 가설의 형태로 나타난다. 반증주의자들은 좋은 가설이란 '반증가능해야 한다'고 믿는다. 이러한 반증가능성을 통해 과학과 이론이 발전해나간다는 것이다.

유명한 사례는 백조에 대한 가설과 반증이다. 자연과학자들은 "백조는 희다"고 주장한다. 그러나 모든 백조가 흰 것인가? 그렇지 않은 경우가 존재한다. 반증가능하다. 백조 중에서 검은색 백조가 존재한다. 그렇다면 "백조는 희다"라는 가설은 "모든 백조가 흰 것은 아니다"라는 주장으로 발전한다. 특정의 주장, 즉 가설은 반증가능하고, 반증가능성에 의하여 새로운 가설이 만들어지거나, 반증을 견뎌내면서 더 나은 과학과 이론으로 발전해나간다. 이 반증주의는 귀납주의의 "수많은 관찰 필요성"과 "그 관찰을 통한 검증"이라는 한계를 지적하면서 과학의 발전에 기여하였다.

연습문제

01 다음은 기업의 직군(관리직과 생산직)에 따라 선호하는 급여형태(직무급과 능력급)의 차이에 관한 표이다. 이 표를 보고 기업의 직군과 선호하는 급여형태에 관련성이 있는가를 가설검정과정을 이용하여 검정하시오. 표의 각 셀은 도수를 의미한다. 단, 유의수준은 5%로 한다.

연습표 13.1 직군에 따른 선호급여형태 (단위 : 명)

구분	관리직	생산직	행의합
직무급	15	25	40
능력급	35	25	60
열의합	50	50	100

02 문제 1의 데이터를 R코드를 이용하여 카이제곱검정을 실행해보시오.

03 라이브러리 MASS에 있는 데이터 survey에 대하여 변수 성별(Sex)과 변수 운동(Exer) 간의 관계성을 R코드를 활용하여 다음의 절차 (1), (2), (3)에 따라 분석해보시오.

(1) 가설의 설정
(2) 분할표의 작성(관찰도수, 기대도수, 행비율, 열비율, 전체비율, 각 셀의 카이제곱을 포함한 표를 작성) – 이 분할표를 위한 R코드는 이어지는 '13장 부록 통계분석을 위한 R활용 13의 2'를 이용
(3) 5%의 유의수준에서 분할표에 대한 카이제곱검정

R연습코드 13.1 | survey 데이터에 대한 접근

```
> library(MASS)
> attach(survey)
```

R연습코드 13.2 | 분할표 작성

```
> install.packages("gmodels") #패키지 gmodels의 설치
> library(gmodels) #gmodels에 대한 접근
> attach(survey) #라이브러리의 분석대상 데이터의 선언
> CrossTable() #분할표의 작성
```

부록 통계분석을 위한 R활용 13

1. 함수 chisq.test()를 이용한 카이제곱검정

카이제곱검정을 위한 chisq.test() 함수는 다음과 같다. x와 y는 데이터벡터를 의미하지만, x가 분할표로 이루어진 행렬데이터인 경우 y는 생략한다. 인수 correct는 연속성 보정계수를 사용할 것인가 말것인가를 의미한다.

R연습코드 13.3 | 카이제곱검정 함수 chisq.test()

```
> chisq.test(x, y, correct=F) #카이제곱검정
```

(1) 벡터데이터를 활용한 카이제곱검정

이 함수에서 x와 y는 모두 범주형으로 이루어진 벡터 형태의 데이터이다. 즉, 다음과 같은 형태이다.

R연습코드 13.4 | 벡터데이터를 이용한 카이제곱검정

[입력]

```
> s.grade=  c('H','L','L','L','H','H','H','L','L','H',
            'L','H','H','H','L','L','L','H','H','L',
            'H','H','H','H','L','L','L','L','H','L',
            'L','L','H','L','H','L','H','H','L','H') #학생 분류데이터
> w.brand=c('P','C','C','C','P','P','P','C','C','P',
            'P','C','P','P','C','C','C','P','P','C',
            'P','C','P','P','C','C','C','P','P','C',
            'P','C','C','C','P','P','P','P','P','C') #학생 선호생수브랜드 데
                                                     이터
> chisq.test(s.grade, w.brand, correct=F) #카이제곱검정
```

[출력]

```
        Pearson's Chi-squared test

data:  s.grade and w.brand
X-squared=12.13, df=1, p-value=0.0004961
```

[설명] 카이제곱통계량은 12.130이고, 자유도는 1이며, 그에 따른 제1종의 오류는 0.0004961이다. 이는 연구자가 설정한 유의수준 0.05보다 작으므로 귀무가설을 기각한다.

(2) 벡터데이터를 행렬데이터(분할표)로 전환한 후 카이제곱검정

만약 x가 행렬데이터로 되어 있으면 y는 필요없다. 여기에서 x는 행렬데이터이지만 분할표에 의해서 만들어진 행렬데이터를 의미한다. 따라서 y를 생략하려면 벡터데이터를 이용하여 분할표를 만들고, 그 분할표에 대한 카이제곱검정을 실행한다.

R연습코드 13.5 | 벡터데이터의 분할표의 행렬데이터로 전환 후 카이제곱검정

[입력]

```
> s.grade=  c('H','L','L','L','H','H','H','L','L','H',
            'L','H','H','H','L','L','L','H','H','L',
            'H','H','H','H','L','L','L','L','H','L',
            'L','L','H','L','H','L','H','H','L','H') #학생분류 데이터, H(고
                                                     학년), L(저학년)
> w.brand=c('P','C','C','C','P','P','P','C','C','P',
            'P','C','P','P','C','C','C','P','P','C',
            'P','C','P','P','C','C','C','P','P','C',
            'P','C','C','C','P','P','P','P','P','C') #학생 선호생수 브랜드
                                                     데이터
> contin=table(s.grade, w.brand) #분할표를 작성하여 'contin'에 저장
> chisq.test(contin, correct=F) #분할표에 대한 카이제곱검정
```

[출력]

```
        Pearson's Chi-squared test

data:  contin
X-squared=12.13, df=1, p-value=0.0004961
```

[설명] 자유도 1에서 카이제곱통계량은 12.13으로 계산되었으며, 제1종의 오류는 0.0004961이다. 이는 유의수준 0.05(5%)보다 작으므로 귀무가설을 기각한다.

(3) 분할표를 이용한 카이제곱검정

이미 만들어진 분할표를 이용하여 카이제곱검정을 실시한다. 이 경우 행과 열로 이루어

진 분할표가 필요하다.

R연습코드 13.6 | 분할표를 이용한 카이제곱검정

[입력]

```
> brand=matrix(c(4, 16, 15, 5), nrow=2, ncol=2, byrow=T) #분할표 데이터의 구성
> dimnames(brand)=list(c(" H "," L "),c(" brand C", " brand P")) #분할표 데이터의 행과 열의 이름 부여
> brand #분할표 데이터 출력
> chisq.test(brand, correct=F) #분할표 데이터 brand를 이용하여 카이제곱검정
```

[출력]

```
> brand #분할표 데이터를 출력
     brand C  brand P
 H         4       16
 L        15        5
> chisq.test(brand, correct=F) #카이제곱검정

        Pearson's Chi-squared test

data: brand
X-squared=12.13, df=1, p-value=0.0004961
```

[설명] 카이제곱값은 12.13으로 계산되었으며, 제1종의 오류는 0.0004961이다. 이는 유의수준 0.05(5%)보다 작으므로 귀무가설을 기각한다.

2. 패키지 gmodels의 CrossTable() 함수를 이용한 분할표의 작성

R프로그램에서 분할표 작성을 위한 함수 table()은 표의 형태가 그리 시각적으로 매력적이지 못하다. 〈R연습코드 13.5〉의 분할표 출력결과를 보라.

R연습코드 13.7 | 함수 table()를 이용한 분할표의 작성

[입력]

```
> s.grade=  c('H','L','L','L','H','H','H','L','L','H',
            'L','H','H','H','L','L','L','H','H','L',
            'H','H','H','H','L','L','L','L','H','L',
            'L','L','H','L','H','L','H','H','L','H') #학생분류 데이터
> w.brand=c('P','C','C','C','P','P','P','C','C','P',
```

```
         'P','C','P','P','C','C','C','P','P','C',
         'P','C','P','P','C','C','C','P','P','C',
         'P','C','C','C','P','P','P','P','P','C') #학생 선호생수 브랜드
                                                   데이터
> contin=table(s.grade, w.brand) #분할표를 작성하여 'contin'에 저장
> print(contin) #분할표 출력
```

```
[출력]
       w.brand
s.grade  C  P
      H  4 16
      L 15  5
```

이 경우 패키지 gmodels를 이용하면 분할표와 카이제곱통계량을 좀 더 나은 형태로 확인할 수 있다. 이를 위해서는 먼저 패키지 gmodels를 설치하여야 한다. 이 패키지를 설치하고 나서 분할표를 작성하는 함수 CrossTable()를 사용하여 분할표를 시각적으로 보기 좋게 만들 수 있다.

(1) 분할표 작성 함수 CrossTable()

R연습코드 13.8 | 함수 CrossTable()를 이용한 분할표의 작성

```
> CrossTable(x, y, digits=3, max.width = 5, expected=T, prop.r=T,
  prop.c=T, prop.t=T, chisq=T)
```

패키지 gmodels에서 분할표를 작성하기 위한 함수는 CrossTable()이다. x와 y는 각각 데이터 벡터이고, 인수 expected는 기대도수, 인수 prop.r는 행비율(퍼센트), prop.c는 열비율(퍼센트), prop.t는 전체비율(퍼센트), chisq는 카이제곱통계량의 출력을 의미한다. 필요하면 인수값에 T(TRUE), 필요없으면 F(FALSE)를 삽입한다. 앞의 학년데이터와 선호생수브랜드 데이터를 이용하여 분할표를 작성해보자.

(2) 분할표 작성 함수 CrossTable()를 이용한 분할표의 작성

R연습코드 13.9 | 함수 CrossTable()를 이용한 분할표의 작성

[입력]

```
> library(gmodels) #패키지 gmodels의 이용
> CrossTable(prefer$s.grade, prefer$w.brand, expected=TRUE, chisq=TRUE)
  #분할표의 작성
```

[출력]

```
   Cell Contents
|-------------------------|
|                       N |
|              Expected N |
| Chi-square contribution |
|           N / Row Total |
|           N / Col Total |
|         N / Table Total |
|-------------------------|


Total Observations in Table:  40


               | prefer$cola.brand
prefer$s.grade |         C |         P | Row Total |
---------------|-----------|-----------|-----------|
             H |         4 |        16 |        20 |
               |     9.500 |    10.500 |           |
               |     3.184 |     2.881 |           |
               |     0.200 |     0.800 |     0.500 |
               |     0.211 |     0.762 |           |
               |     0.100 |     0.400 |           |
---------------|-----------|-----------|-----------|
             L |        15 |         5 |        20 |
               |     9.500 |    10.500 |           |
               |     3.184 |     2.881 |           |
               |     0.750 |     0.250 |     0.500 |
               |     0.789 |     0.238 |           |
               |     0.375 |     0.125 |           |
---------------|-----------|-----------|-----------|
  Column Total |        19 |        21 |        40 |
               |     0.475 |     0.525 |           |
---------------|-----------|-----------|-----------|


Statistics for All Table Factors


Pearson's Chi-squared test
------------------------------------------------------------
Chi^2 =  12.13033     d.f. =  1     p =  0.0004960845

Pearson's Chi-squared test with Yates' continuity correction
------------------------------------------------------------
Chi^2 =  10.02506     d.f. =  1     p =  0.001544244
```

[설명] 맨 위의 범례(cell contents)는 각 셀에 있는 정보를 보여준다. 순서대로 관찰도수(N), 기대

도수(Expected N), 각 셀의 카이제곱통계량(Chi-square Contribution), 행비율(N/Row Total), 열비율(N/Col Total), 전체비율(N/Table Total)의 의미이다.
아래에는 카이제곱통계량과 유의수준(0.00049)을, 그리고 그 아래에는 연속성 보정계수를 고려한 카이제곱통계량과 유의수준(0.00154)을 보여주고 있다.

APPENDIX

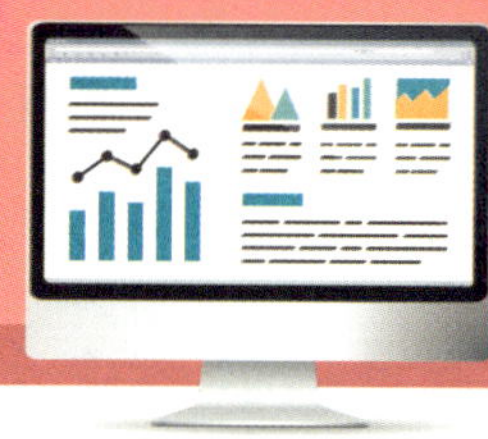

부록

[부록 1] 이항분포표

$$P(X=x) = {}_nC_x \pi^x (1-\pi)^{n-x}$$

		π									
n	x	0.05	0.10	0.15	0.20	0.25	0.30	0.35	0.40	0.45	0.50
1	0	.9500	.9000	.8500	.8000	.7500	.7000	.6500	.6000	.5500	.5000
	1	.0500	.1000	.1500	.2000	.2500	.3000	.3500	.4000	.4500	.5000
2	0	.9025	.8100	.7225	.6400	.5625	.4900	.4225	.3600	.3025	.2500
	1	.0950	.1800	.2550	.3200	.3750	.4200	.4550	.4800	.4950	.5000
	2	.0025	.0100	.0225	.0400	.0625	.0900	.1225	.1600	.2025	.2500
3	0	.8574	.7290	.6141	.5120	.4219	.3430	.2746	.2160	.1664	.1250
	1	.1354	.2430	.3251	.3840	.4219	.4410	.4436	.4320	.4084	.3750
	2	.0071	.0270	.0574	.0960	.1406	.1890	.2389	.2880	.3341	.3750
	3	.0001	.0010	.0034	.0080	.0156	.0270	.0429	.0640	.0911	.1250
4	0	.8145	.6561	.5220	.4096	.3164	.2401	.1785	.1296	.0915	.0625
	1	.1715	.2916	.3685	.4096	.4219	.4116	.3845	.3456	.2995	.2500
	2	.0135	.0486	.0975	.1536	.2109	.2646	.3105	.3456	.3675	.3750
	3	.0005	.0036	.0115	.0256	.0469	.0756	.1115	.1536	.2005	.2500
	4	.0000	.0001	.0005	.0016	.0039	.0081	.0150	.0256	.0410	.0625
5	0	.7738	.5905	.4437	.3277	.2373	.1681	.1160	.0778	.0503	.0312
	1	.2036	.3280	.3915	.4096	.3955	.3602	.3124	.2592	.2059	.1562
	2	.0214	.0729	.1382	.2048	.2637	.3087	.3364	.3456	.3369	.3125
	3	.0011	.0081	.0244	.0512	.0879	.1323	.1811	.2304	.2757	.3125
	4	.0000	.0004	.0022	.0064	.0146	.0248	.0488	.0768	.1128	.1562
	5	.0000	.0000	.0001	.0003	.0010	.0024	.0053	.0102	.0185	.0132
6	0	.7351	.5314	.3771	.2621	.1780	.1176	.0754	.0467	.0277	.0156
	1	.2321	.3543	.3993	.3932	.3560	.3025	.2437	.1866	.1359	.0938
	2	.0305	.0984	.1762	.2458	.2966	.3241	.3280	.3110	.2780	.2344
	3	.0021	.0146	.0415	.0819	.1318	.1852	.2355	.2765	.3032	.3125
	4	.0001	.0012	.0055	.0154	.0330	.0595	.0951	.1385	.1861	.2344
	5	.0000	.0001	.0004	.0015	.0044	.0102	.0205	.0369	.0609	.0938
	6	.0000	.0000	.0000	.0001	.0002	.0007	.0018	.0041	.0083	.0156
7	0	.6983	.4783	.3206	.2097	.1335	.0824	.0490	.0280	.0152	.0078
	1	.2573	.3720	.3960	.3670	.3115	.2471	.1848	.1306	.0872	.0547
	2	.0406	.1240	.2097	.2753	.3115	.3177	.2985	.2613	.2140	.1641
	3	.0036	.0230	.0617	.1147	.1730	.2269	.2679	.2903	.2918	.2734
	4	.0002	.0026	.0109	.0287	.0577	.0972	.1442	.1935	.2388	.2734
	5	.0000	.0002	.0012	.0043	.0115	.0250	.0466	.0774	.1172	.1641
	6	.0000	.0000	.0001	.0004	.0013	.0036	.0084	.0172	.0320	.0547
	7	.0000	.0000	.0000	.0000	.0001	.0002	.0006	.0016	.0037	.0078

(예: n=3, x=1, π=0.05일 때 확률은 0.1354임)

n	x	π 0.05	0.10	0.15	0.20	0.25	0.30	0.35	0.40	0.45	0.50
8	0	.6634	.4305	.2725	.1678	.1001	.0576	.0319	.0168	.0084	.0039
	1	.2793	.3826	.3847	.3355	.2670	.1977	.1373	.0896	.0548	.0312
	2	.0515	.1488	.2376	.2936	.3115	.2965	.2587	.2090	.1569	.1094
	3	.0054	.0331	.0839	.1468	.2076	.2541	.2786	.2787	.2568	.2188
	4	.0004	.0046	.0185	.0459	.0865	.1361	.1875	.2322	.2627	.2734
	5	.0000	.0004	.0026	.0092	.0231	.0467	.0808	.1239	.1719	.2188
	6	.0000	.0000	.0002	.0011	.0038	.0100	.0217	.0413	.0703	.1094
	7	.0000	.0000	.0000	.0001	.0004	.0012	.0033	.0079	.0164	.0312
	8	.0000	.0000	.0000	.0000	.0000	.0001	.0002	.0007	.0017	.0039
9	0	.6302	.3874	.2316	.1342	.0751	.0404	.0207	.0101	.0046	.0020
	1	.2985	.3874	.3679	.3020	.2253	.1556	.1004	.0605	.0339	.0176
	2	.0629	.1722	.2597	.3020	.3003	.2668	.2162	.1612	.1110	.0703
	3	.0077	.0446	.1069	.1762	.2336	.2668	.2716	.2608	.2119	.1641
	4	.0006	.0074	.0283	.0661	.1168	.1715	.2194	.2508	.2600	.2461
	5	.0000	.0008	.0050	.0165	.0389	.0735	.1181	.1672	.2128	.2461
	6	.0000	.0001	.0006	.0028	.0087	.0210	.0424	.0743	.1160	.1641
	7	.0000	.0000	.0000	.0003	.0012	.0039	.0098	.0212	.0407	.0703
	8	.0000	.0000	.0000	.0000	.0001	.0004	.0013	.0035	.0083	.0176
	9	.0000	.0000	.0000	.0000	.0000	.0000	.0001	.0003	.0008	.0020
10	0	.5987	.3487	.1969	.1074	.0563	.0282	.0135	.0060	.0025	.0010
	1	.3151	.3874	.3474	.2684	.1877	.1211	.0725	.0403	.0207	.0098
	2	.0746	.1937	.2759	.3020	.2816	.2335	.1757	.1209	.0763	.0439
	3	.0105	.0574	.1298	.2013	.2503	.2668	.2522	.2150	.1665	.1172
	4	.0010	.0112	.0401	.0881	.1460	.2001	.2377	.2508	.2384	.2051
	5	.0001	.0015	.0085	.0264	.0584	.1029	.1536	.2007	.2340	.2461
	6	.0000	.0001	.0012	.0055	.0162	.0368	.0689	.1115	.1596	.2051
	7	.0000	.0000	.0001	.0008	.0031	.0090	.0212	.0425	.0746	.1172
	8	.0000	.0000	.0000	.0001	.0004	.0014	.0043	.0106	.0229	.0439
	9	.0000	.0000	.0000	.0000	.0000	.0001	.0005	.0016	.0042	.0098
	10	.0000	.0000	.0000	.0000	.0000	.0000	.0000	.0001	.0003	.0010
11	0	.5688	.3138	.1673	.0859	.0422	.0198	.0088	.0036	.0014	.0005
	1	.3293	.3835	.3248	.2362	.1549	.0932	.0518	.0266	.0125	.0054
	2	.0867	.2131	.2866	.2953	.2581	.1998	.1395	.0887	.0513	.0269
	3	.0137	.0710	.1517	.2215	.2581	.2568	.2254	.1774	.1259	.0806
	4	.0014	.0158	.0536	.1107	.1721	.2201	.2428	.2365	.2060	.1611
	5	.0001	.0025	.0132	.0388	.0803	.1321	.1830	.2207	.2360	.2256
	6	.0000	.0003	.0023	.0097	.0268	.0566	.0985	.1471	.1931	.2256
	7	.0000	.0000	.0003	.0017	.0064	.0173	.0379	.0701	.1128	.1611
	8	.0000	.0000	.0000	.0002	.0011	.0037	.0102	.0234	.0462	.0806
	9	.0000	.0000	.0000	.0000	.0001	.0005	.0018	.0052	.0126	.0269
	10	.0000	.0000	.0000	.0000	.0000	.0000	.0002	.0007	.0021	.0054
	11	.0000	.0000	.0000	.0000	.0000	.0000	.0000	.0000	.0002	.0005

n	x	π 0.05	0.10	0.15	0.20	0.25	0.30	0.35	0.40	0.45	0.50
12	0	.5404	.2824	.1422	.0687	.0317	.0138	.0057	.0022	.0008	.0002
	1	.3413	.3766	.3012	.2062	.1267	.0712	.0368	.0174	.0075	.0029
	2	.0988	.2301	.2924	.2835	.2323	.1678	.1088	.0639	.0339	.0161
	3	.0173	.0852	.1720	.2362	.2581	.2397	.1954	.1419	.0923	.0537
	4	.0021	.0213	.0683	.1329	.1936	.2311	.2367	.2128	.1700	.1208
	5	.0002	.0038	.0193	.0532	.1032	.1585	.2039	.2270	.2225	.1934
	6	.0000	.0005	.0040	.0155	.0401	.0792	.1281	.1766	.2124	.2256
	7	.0000	.0000	.0006	.0033	.0115	.0291	.0591	.1009	.1489	.1934
	8	.0000	.0000	.0001	.0005	.0024	.0078	.0199	.0420	.0762	.1208
	9	.0000	.0000	.0000	.0001	.0004	.0015	.0048	.0125	.0277	.0537
	10	.0000	.0000	.0000	.0000	.0000	.0002	.0008	.0025	.0068	.0161
	11	.0000	.0000	.0000	.0000	.0000	.0000	.0001	.0003	.0010	.0029
	12	.0000	.0000	.0000	.0000	.0000	.0000	.0000	.0000	.0001	.0002
13	0	.5133	.2542	.1209	.0550	.0238	.0097	.0037	.0013	.0004	.0001
	1	.3512	.3672	.2774	.1787	.1029	.0540	.0259	.0113	.0045	.0016
	2	.1109	.2448	.2937	.2680	.2059	.1388	.0836	.0453	.0220	.0095
	3	.0214	.0997	.1900	.2457	.2517	.2181	.1651	.1107	.0660	.0349
	4	.0028	.0277	.0838	.1535	.2097	.2337	.2222	.1845	.1350	.0873
	5	.0003	.0055	.0266	.0691	.1258	.1803	.2154	.2214	.1989	.1571
	6	.0000	.0008	.0063	.0230	.0559	.1030	.1546	.1968	.2169	.2095
	7	.0000	.0001	.0011	.0058	.0186	.0442	.0833	.1312	.1775	.2095
	8	.0000	.0000	.0001	.0011	.0047	.0142	.0336	.0656	.1086	.1571
	9	.0000	.0000	.0000	.0001	.0009	.0034	.0101	.0243	.0495	.0873
	10	.0000	.0000	.0000	.0000	.0001	.0006	.0022	.0065	.0162	.0349
	11	.0000	.0000	.0000	.0000	.0000	.0001	.0003	.0012	.0036	.0095
	12	.0000	.0000	.0000	.0000	.0000	.0000	.0000	.0001	.0005	.0016
	13	.0000	.0000	.0000	.0000	.0000	.0000	.0000	.0000	.0000	.0001
14	0	.4877	.2288	.1028	.0440	.0178	.0063	.0024	.0008	.0002	.0001
	1	.3593	.3559	.2539	.1539	.0832	.0407	.0181	.0073	.0027	.0009
	2	.1229	.2570	.2912	.2501	.1802	.1134	.0634	.0317	.0141	.0056
	3	.0259	.1142	.2056	.2501	.2402	.1943	.1366	.0845	.0462	.0222
	4	.0057	.0349	.0998	.1720	.2202	.2290	.2022	.1549	.1040	.0611
	5	.0004	.0078	.0352	.0860	.1468	.1963	.2178	.2066	.1701	.1222
	6	.0000	.0013	.0093	.0322	.0734	.1262	.1759	.2066	.2088	.1833
	7	.0000	.0002	.0019	.0092	.0280	.0618	.1082	.1574	.1952	.2095
	8	.0000	.0000	.0003	.0020	.0082	.0232	.0510	.0918	.1398	.1833
	9	.0000	.0000	.0000	.0003	.0018	.0066	.0183	.0408	.0762	.1222
	10	.0000	.0000	.0000	.0000	.0003	.0014	.0049	.0136	.0312	.0611
	11	.0000	.0000	.0000	.0000	.0000	.0002	.0010	.0033	.0093	.0222
	12	.0000	.0000	.0000	.0000	.0000	.0000	.0001	.0005	.0019	.0056
	13	.0000	.0000	.0000	.0000	.0000	.0000	.0000	.0001	.0002	.0009
	14	.0000	.0000	.0000	.0000	.0000	.0000	.0000	.0000	.0000	.0001

n	x	0.05	0.10	0.15	0.20	0.25	0.30	0.35	0.40	0.45	0.50
						π					
15	0	.4633	.2059	.0874	.0352	.0134	.0047	.0016	.0005	.0001	.0000
	1	.3658	.3432	.2312	.1319	.0668	.0305	.0126	.0047	.0016	.0005
	2	.1348	.2669	.2856	.2309	.1559	.0916	.0476	.0219	.0090	.0032
	3	.0307	.1285	.2184	.2501	.2252	.1700	.1110	.0634	.0318	.0139
	4	.0049	.0428	.1156	.1876	.2252	.2186	.1792	.1268	.0780	.0417
	5	.0006	.0105	.0449	.1032	.1651	.2061	.2123	.1859	.1404	.0916
	6	.0000	.0019	.0132	.0430	.0917	.1472	.1906	.2066	.1914	.1527
	7	.0000	.0003	.0030	.0138	.0393	.0811	.1319	.1771	.2013	.1964
	8	.0000	.0000	.0005	.0035	.0131	.0348	.0710	.1181	.1647	.1964
	9	.0000	.0000	.0001	.0007	.0034	.0116	.0298	.0612	.1048	.1527
	10	.0000	.0000	.0000	.0001	.0007	.0030	.0096	.0245	.0515	.0916
	11	.0000	.0000	.0000	.0000	.0001	.0006	.0024	.0074	.0191	.0417
	12	.0000	.0000	.0000	.0000	.0000	.0001	.0004	.0016	.0052	.0139
	13	.0000	.0000	.0000	.0000	.0000	.0000	.0001	.0003	.0010	.0032
	14	.0000	.0000	.0000	.0000	.0000	.0000	.0000	.0000	.0001	.0005
	15	.0000	.0000	.0000	.0000	.0000	.0000	.0000	.0000	.0000	.0000

[부록 2] 포아송분포표

$$P(X-x)-\frac{e^{-\lambda}\lambda^{x}}{x!}$$

x	λ = 0.1	0.2	0.3	0.4	0.5	0.6	0.7	0.8	0.9	1.0
0	.9048	.8187	.7408	.6703	.6065	.5488	.4966	.4493	.4066	.3679
1	.0905	.1637	.2222	.2681	.3033	.3293	.3476	.3595	.3659	.3679
2	.0045	.0164	.0333	.0536	.0758	.0988	.1217	.1438	.1647	.1839
3	.0002	.0011	.0033	.0072	.0126	.0198	.0284	.0383	.0494	.0613
4	.0000	.0001	.0003	.0007	.0016	.0030	.0050	.0077	.0111	.0153
5	.0000	.0000	.0000	.0001	.0002	.0004	.0007	.0012	.0020	.0031
6	.0000	.0000	.0000	.0000	.0000	.0000	.0001	.0002	.0003	.0005
7	.0000	.0000	.0000	.0000	.0000	.0000	.0000	.0000	.0000	.0001

x	λ = 1.1	1.2	1.3	1.4	1.5	1.6	1.7	1.8	1.9	2.0
0	.3329	.3012	.2725	.2466	.2231	.2019	.1827	.1653	.1496	.1353
1	.3662	.3614	.3543	.3452	.3347	.3230	.3106	.2975	.2842	.2707
2	.2014	.2169	.2303	.2417	.2510	.2584	.2640	.2678	.2700	.2707
3	.0738	.0867	.0998	.1128	.1255	.1378	.1496	.1607	.1710	.1804
4	.0203	.0260	.0324	.0395	.0471	.0551	.0636	.0723	.0812	.0902
5	.0045	.0062	.0084	.0111	.0141	.0176	.0216	.0260	.0309	.0361
6	.0008	.0012	.0018	.0026	.0035	.0047	.0061	.0078	.0098	.0120
7	.0001	.0002	.0003	.0005	.0008	.0011	.0015	.0020	.0027	.0034
8	.0000	.0000	.0001	.0001	.0001	.0002	.0003	.0005	.0006	.0009
9	.0000	.0000	.0000	.0000	.0000	.0000	.0001	.0001	.0001	.0002

x	λ = 2.1	2.2	2.3	2.4	2.5	2.6	2.7	2.8	2.9	3.0
0	.1225	.1108	.1003	.0907	.0821	.0743	.0672	.0608	.0550	.0498
1	.2572	.2438	.2306	.2177	.2052	.1931	.1815	.1703	.1596	.1494
2	.2700	.2681	.2652	.2613	.2565	.2510	.2450	.2384	.2314	.2240
3	.1890	.1966	.2033	.2090	.2138	.2176	.2205	.2225	.2237	.2240
4	.0992	.1082	.1169	.1254	.1336	.1414	.1488	.1557	.1622	.1680
5	.0417	.0476	.0538	.0602	.0668	.0735	.0804	.0872	.0940	.1008
6	.0146	.0174	.0206	.0241	.0278	.0319	.0362	.0407	.0455	.0504
7	.0044	.0055	.0068	.0083	.0099	.0118	.0139	.0163	.0188	.0216
8	.0011	.0015	.0019	.0025	.0031	.0038	.0047	.0057	.0068	.0081
9	.0003	.0004	.0005	.0007	.0009	.0011	.0014	.0018	.0022	.0027
10	.0001	.0001	.0001	.0002	.0002	.0003	.0004	.0005	.0006	.0008
11	.0000	.0000	.0000	.0000	.0000	.0001	.0001	.0001	.0002	.0002
12	.0000	.0000	.0000	.0000	.0000	.0000	.0000	.0000	.0000	.0001

x	3.1	3.2	3.3	3.4	3.5	3.6	3.7	3.8	3.9	4.0
0	.0450	.0408	.0369	.0334	.0302	.0273	.0247	.0224	.0202	.0183
1	.1397	.1304	.1217	.1135	.1057	.0984	.0915	.0850	.0789	.0733
2	.2165	.2087	.2008	.1929	.1850	.1771	.1692	.1615	.1539	.1465
3	.2237	.2226	.2209	.2186	.2158	.2125	.2087	.2046	.2001	.1954
4	.1734	.1781	.1823	.1858	.1888	.1912	.1931	.1944	.1951	.1954
5	.1075	.1140	.1203	.1264	.1322	.1377	.1429	.1477	.1522	.1563
6	.0555	.0608	.0662	.0716	.0771	.0826	.0881	.0936	.0989	.1042
7	.0246	.0278	.0312	.0348	.0385	.0425	.0466	.0508	.0551	.0595
8	.0095	.0111	.0129	.0148	.0169	.0191	.0215	.0241	.0269	.0298
9	.0033	.0040	.0047	.0056	.0066	.0076	.0089	.0102	.0116	.0132
10	.0010	.0013	.0016	.0019	.0023	.0028	.0033	.0039	.0045	.0053
11	.0003	.0004	.0005	.0006	.0007	.0009	.0011	.0013	.0016	.0019
12	.0001	.0001	.0001	.0002	.0002	.0003	.0003	.0004	.0005	.0006
13	.0000	.0000	.0000	.0000	.0001	.0001	.0001	.0001	.0002	.0002
14	.0000	.0000	.0000	.0000	.0000	.0000	.0000	.0000	.0000	.0001

x	4.1	4.2	4.3	4.4	4.5	4.6	4.7	4.8	4.9	5.0
0	.0166	.0150	.0136	.0123	.0111	.0101	.0091	.0082	.0074	.0067
1	.0679	.0630	.0583	.0540	.0500	.0462	.0427	.0395	.0365	.0337
2	.1393	.1323	.1254	.1188	.1125	.1063	.1005	.0948	.0894	.0842
3	.1904	.1852	.1798	.1743	.1687	.1631	.1574	.1517	.1460	.1404
4	.1951	.1944	.1933	.1917	.1898	.1875	.1849	.1820	.1789	.1755
5	.1600	.1633	.1662	.1687	.1708	.1725	.1738	.1747	.1753	.1755
6	.1093	.1143	.1191	.1237	.1281	.1323	.1362	.1398	.1432	.1462
7	.0640	.0686	.0732	.0778	.0824	.0869	.0914	.0959	.1002	.1044
8	.0328	.0360	.0393	.0428	.0463	.0500	.0537	.0575	.0614	.0653
9	.0150	.0168	.0188	.0209	.0232	.0255	.0281	.0307	.0334	.0363
10	.0061	.0071	.0081	.0092	.0104	.0118	.0132	.0147	.0164	.0181
11	.0023	.0027	.0032	.0037	.0043	.0049	.0056	.0064	.0073	.0082
12	.0008	.0009	.0011	.0014	.0016	.0019	.0022	.0026	.0030	.0034
13	.0002	.0003	.0004	.0005	.0006	.0007	.0008	.0009	.0011	.0013
14	.0001	.0001	.0001	.0001	.0002	.0002	.0003	.0003	.0004	.0005
15	.0000	.0000	.0000	.0000	.0001	.0001	.0001	.0001	.0001	.0002

	λ									
x	5.1	5.2	5.3	5.4	5.5	5.6	5.7	5.8	5.9	6.0
0	.0061	.0055	.0050	.0045	.0041	.0037	.0033	.0030	.0027	.0025
1	.0311	.0287	.0650	.0244	.0225	.0207	.0191	.0176	.0162	.0149
2	.0793	.0746	.0701	.0659	.0618	.0580	.0544	.0509	.0477	.0446
3	.1348	.1293	.1239	.1185	.1133	.1082	.1033	.0985	.0938	.0892
4	.1719	.1681	.1641	.1600	.1558	.1515	.1472	.1428	.1383	.1339
5	.1753	.1748	.1740	.1728	.1714	.1697	.1678	.1656	.1632	.1606
6	.1490	.1515	.1537	.1555	.1571	.1584	.1594	.1601	.1605	.1606
7	.1086	.1125	.1163	.1200	.1234	.1267	.1298	.1326	.1353	.1377
8	.0692	.0731	.0771	.0810	.0849	.0887	.0925	.0962	.0998	.1033
9	.0392	.0423	.0454	.0486	.0519	.0552	.0586	.0620	.0654	.0688
10	.0200	.0220	.0241	.0262	.0285	.0309	.0334	.0359	.0386	.0413
11	.0093	.0104	.0116	.0129	.0143	.0157	.0173	.0190	.0207	.0225
12	.0039	.0045	.0051	.0058	.0065	.0073	.0082	.0092	.0102	.0113
13	.0015	.0018	.0021	.0024	.0028	.0032	.0036	.0041	.0046	.0052
14	.0006	.0007	.0008	.0009	.0011	.0013	.0015	.0017	.0019	.0022
15	.0002	.0002	.0003	.0003	.0004	.0005	.0006	.0007	.0008	.0009
16	.0001	.0001	.0001	.0001	.0001	.0002	.0002	.0002	.0003	.0003
17	.0000	.0000	.0000	.0000	.0000	.0000	.0001	.0001	.0001	.0001

	λ									
x	6.1	6.2	6.3	6.4	6.5	6.6	6.7	6.8	6.9	7.0
0	.0022	.0020	.0018	.0017	.0015	.0014	.0012	.0011	.0010	.0009
1	.0137	.0126	.0116	.0106	.0098	.0090	.0082	.0076	.0070	.0064
2	.0417	.0390	.0364	.0340	.0318	.0296	.0276	.0258	.0240	.0223
3	.0848	.0806	.0765	.0726	.0688	.0652	.0617	.0584	.0552	.0521
4	.1294	.1249	.1205	.1162	.1118	.1076	.1034	.0992	.0952	.0912
5	.1579	.1549	.1519	.1487	.1454	.1420	.1385	.1349	.1314	.1277
6	.1605	.1601	.1595	.1586	.1575	.1562	.1546	.1529	.1511	.1490
7	.1399	.1418	.1435	.1450	.1462	.1472	.1480	.1486	.1489	.1490
8	.1066	.1099	.1130	.1160	.1188	.1215	.1240	.1263	.1284	.1304
9	.0723	.0757	.0791	.0825	.0858	.0891	.0923	.0954	.0985	.1014
10	.0441	.0469	.0498	.0528	.0558	.0588	.0618	.0649	0679	.0710
11	.0244	.0265	.0285	.0307	.0330	.0353	.0377	.0401	.0426	.0452
12	.0124	.0137	.0150	.0164	.0179	.0194	.0210	.0227	.0245	.0263
13	.0058	.0065	.0073	.0081	.0089	.0099	.0108	.0119	.0130	.0142
14	.0025	.0029	.0033	.0037	.0041	.0046	.0052	.0058	.0064	.0071
15	.0010	.0012	.0014	.0016	.0018	.0020	.0023	.0026	.0029	.0033
16	.0004	.0005	.0005	.0006	.0007	.0008	.0010	.0011	.0013	.0014
17	.0001	.0002	.0002	.0002	.0003	.0003	.0004	.0004	.0005	.0006
18	.0000	.0001	.0001	.0001	.0001	.0001	.0001	.0002	.0002	.0002
19	.0000	.0000	.0000	.0000	.0000	.0000	.0000	.0001	.0001	.0001

	λ									
x	7.1	7.2	7.3	7.4	7.5	7.6	7.7	7.8	7.9	8.0
0	.0008	.0007	.0007	.0006	.0006	.0005	.0005	.0004	.0004	.0003
1	.0059	.0054	.0049	.0045	.0041	.0038	.0035	.0032	.0029	.0027
2	.0208	.0194	.0180	.0167	.0156	.0145	.0134	.0125	.0116	.0107
3	.0492	.0464	.0438	.0413	.0389	.0366	.0345	.0324	.0305	.0286
4	.0874	.0836	.0799	.0764	.0729	.0696	.0663	.0632	.0602	.0573
5	.1241	.1204	.1167	.1130	.1094	.1057	.1021	.0986	.0951	.0916
6	.1468	.1445	.1420	.1394	.1367	.1339	.1311	.1282	.1252	.1221
7	.1489	.1486	.1481	.1474	.1465	.1454	.1442	.1428	.1413	.1396
8	.1321	.1337	.1351	.1363	.1373	.1381	.1388	.1392	.1395	.1396
9	.1042	.1070	.1096	.1121	.1144	.1167	.1187	.1207	.1224	.1241
10	.0740	.0770	.0800	.0829	.0858	.0887	.0914	.0941	.0967	.0993
11	.0478	.0504	.0531	.0558	.0585	.0613	.0640	.0667	.0695	.0722
12	.0283	.0303	.0323	.0344	.0366	.0388	.0411	.0434	.0457	.0481
13	.0154	.0168	.0181	.0196	.0211	.0227	.0243	.0260	.0278	.0296
14	.0078	.0086	.0095	.0104	.0113	.0123	.0134	.0145	.0157	.0169
15	.0037	.0041	.0046	.0051	.0057	.0062	.0069	.0075	.0083	.0090
16	.0016	.0019	.0021	.0024	.0026	.0030	.0033	.0037	.0041	.0045
17	.0007	.0008	.0009	.0010	.0012	.0013	.0015	.0017	.0019	.0021
18	.0003	.0003	.0004	.0004	.0005	.0006	.0006	.0007	.0008	.0009
19	.0001	.0001	.0001	.0002	.0002	.0002	.0003	.0003	.0003	.0004
20	.0000	.0000	.0001	.0001	.0001	.0001	.0001	.0001	.0001	.0002
21	.0000	.0000	.0000	.0000	.0000	.0000	.0000	.0000	.0001	.0001

[부록 3] 표준정규분포표

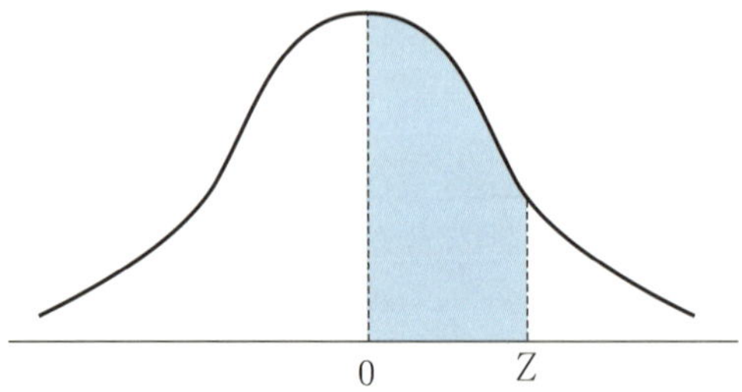

Z	0.00	0.01	0.02	0.03	0.04	0.05	0.06	0.07	0.08	0.09
0.0	.0000	.0040	.0080	.0120	.0160	.0199	.0239	.0279	.0319	.0359
0.1	.0398	.0438	.0478	.0517	.0557	.0596	.0636	.0675	.0714	.0753
0.2	.0793	.0832	.0871	.0910	.0948	.0987	.1026	.1064	.1103	.1141
0.3	.1179	.1217	.1255	.1293	.1331	.1368	.1406	.1443	.1480	.1517
0.4	.1554	.1591	.1628	.1664	.1700	.1736	.1772	.1808	.1844	.1879
0.5	.1915	.1950	.1985	.2019	.2054	.2088	.2123	.2157	.2190	.2224
0.6	.2257	.2291	.2324	.2357	.2389	.2422	.2454	.2486	.2518	.2549
0.7	.2580	.2612	.2642	.2673	.2704	.2734	.2764	.2794	.2823	.2852
0.8	.2881	.2910	.2939	.2967	.2995	.3023	.3051	.3078	.3106	.3133
0.9	.3159	.3186	.3212	.3238	.3264	.3289	.3315	.3340	.3365	.3389
1.0	.3413	.3438	.3461	.3485	.3508	.3531	.3554	.3577	.3599	.3621
1.1	.3643	.3665	.3686	.3708	.3729	.3749	.3770	.3790	.3810	.3830
1.2	.3849	.3869	.3888	.3907	.3925	.3944	.3962	.3980	.3997	.4015
1.3	.4032	.4049	.4066	.4082	.4099	.4115	.4131	.4147	.4162	.4177
1.4	.4192	.4207	.4222	.4236	.4251	.4265	.4279	.4292	.4306	.4319
1.5	.4332	.4345	.4357	.4370	.4382	.4394	.4406	.4418	.4429	.4441
1.6	.4452	.4463	.4474	.4484	.4495	.4505	.4515	.4525	.4535	.4545
1.7	.4554	.4564	.4573	.4582	.4591	.4599	.4608	.4616	.4625	.4633
1.8	.4641	.4649	.4656	.4664	.4671	.4678	.4686	.4693	.4699	.4706
1.9	.4713	.4719	.4726	.4732	.4738	.4744	.4750	.4756	.4761	.4767
2.0	.4772	.4778	.4783	.4788	.4793	.4798	.4803	.4808	.4812	.4817
2.1	.4821	.4826	.4830	.4834	.4838	.4842	.4846	.4850	.4854	.4857
2.2	.4861	.4864	.4868	.4871	.4875	.4878	.4881	.4884	.4887	.4890
2.3	.4893	.4896	.4898	.4901	.4904	.4906	.4909	.4911	.4913	.4916
2.4	.4918	.4920	.4922	.4925	.4927	.4929	.4931	.4932	.4934	.4936
2.5	.4938	.4940	.4941	.4943	.4945	.4946	.4948	.4949	.4951	.4952
2.6	.4953	.4955	.4956	.4957	.4959	.4960	.4961	.4962	.4963	.4964
2.7	.4965	.4966	.4967	.4968	.4969	.4970	.4971	.4972	.4973	.4974
2.8	.4974	.4975	.4976	.4977	.4977	.4978	.4979	.4979	.4980	.4981
2.9	.4981	.4982	.4982	.4983	.4984	.4984	.4985	.4985	.4986	.4986
3.0	.4987	.4987	.4987	.4988	.4988	.4989	.4989	.4989	.4990	.4990
4.0	.4999									

(예: Z=1.96일때 컬러 부분의 확률은 0.4750임)

[부록 4] t분포표

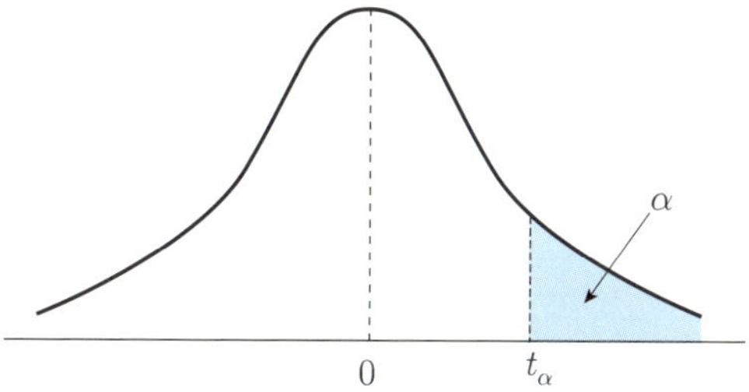

df	α 0.4	0.25	0.1	0.05	0.025	0.01	0.005
1	.325	1.000	3.078	6.314	12.706	31.821	63.657
2	.289	.817	1.886	2.920	4.303	6.965	9.925
3	.277	.765	1.638	2.353	3.182	4.541	5.841
4	.271	.741	1.533	2.132	2.776	3.747	4.604
5	.267	.727	1.476	2.015	2.571	3.365	4.032
6	.265	.718	1.440	1.943	2.447	3.143	3.707
7	.263	.711	1.415	1.895	2.365	2.998	3.499
8	.262	.706	1.397	1.860	2.306	2.896	3.355
9	.261	.703	1.383	1.833	2.262	2.821	3.250
10	.260	.700	1.372	1.812	2.228	2.764	3.169
11	.260	.697	1.363	1.796	2.201	2.718	3.106
12	.259	.695	1.356	1.782	2.179	2.681	3.055
13	.259	.694	1.350	1.771	2.160	2.650	3.012
14	.258	.692	1.345	1.761	2.145	2.624	2.977
15	.258	.691	1.341	1.753	2.131	2.602	2.947
16	.258	.690	1.337	1.746	2.120	2.583	2.921
17	.257	.689	1.333	1.740	2.110	2.567	2.898
18	.257	.688	1.330	1.734	2.101	2.552	2.878
19	.257	.688	1.328	1.729	2.093	2.539	2.861
20	.257	.687	1.325	1.725	2.086	2.528	2.845
21	.257	.686	1.323	1.721	2.080	2.518	2.831
22	.256	.686	1.321	1.717	2.074	2.508	2.819
23	.256	.685	1.319	1.714	2.069	2.500	2.807
24	.256	.685	1.318	1.711	2.064	2.492	2.797
25	.256	.684	1.316	1.708	2.060	2.485	2.787
26	.256	.684	1.315	1.706	2.056	2.479	2.779
27	.256	.684	1.314	1.703	2.052	2.473	2.771
28	.256	.683	1.313	1.701	2.048	2.467	2.763
29	.256	.683	1.311	1.699	2.045	2.462	2.756
30	.256	.683	1.310	1.697	2.042	2.457	2.750
40	.255	.681	1.303	1.684	2.021	2.423	2.704
60	.254	.679	1.296	1.671	2.000	2.390	2.660
120	.254	.677	1.289	1.658	1.980	2.358	2.617
∞	.253	.674	1.282	1.645	1.960	2.326	2.576

(예: df=15이고 t값이 2.131일 때 오른쪽 끝의 컬러 부분의 면적은 0.025임)

[부록 5] χ^2분포표

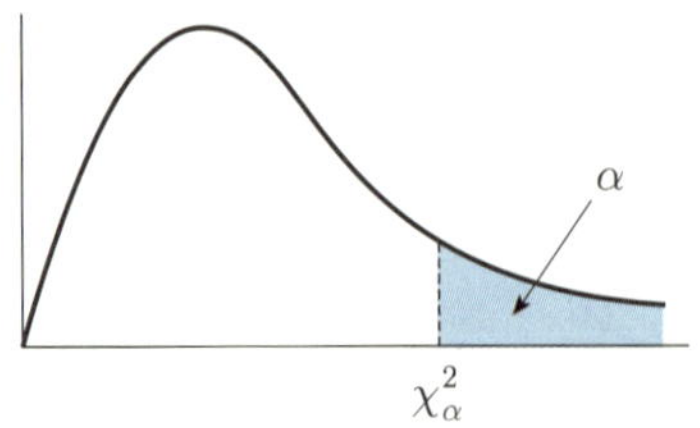

df \ α	0.995	0.990	0.975	0.950	0.900	0.750	0.500	0.250	0.100	0.050	0.025	0.010	0.005
1	.00004	.0002	.0010	.0040	.0158	.102	.455	1.32	2.71	3.84	5.02	6.63	7.88
2	.0100	.020	.051	.103	.211	.575	1.39	2.77	4.61	5.99	7.38	9.21	10.6
3	.0717	.115	.216	.352	.584	1.21	2.37	4.11	6.25	7.81	9.35	11.3	12.8
4	.207	.297	.484	.711	1.06	1.92	3.36	5.39	7.78	9.49	11.1	13.3	14.9
5	.412	.554	.831	1.15	1.61	2.68	4.35	6.63	9.24	11.1	12.8	15.1	16.7
6	.676	.872	1.24	1.64	2.20	3.46	5.35	7.84	10.6	12.6	14.4	16.8	18.5
7	.989	1.24	1.69	2.17	2.83	4.26	6.35	9.04	12.0	14.1	16.0	18.5	20.3
8	1.34	1.65	2.18	2.73	3.49	5.07	7.34	10.2	13.4	15.5	17.5	20.1	22.0
9	1.73	2.09	2.70	3.33	4.17	5.90	8.34	11.4	14.7	16.9	19.0	21.7	23.6
10	2.16	2.56	3.25	3.94	4.87	6.74	9.34	12.5	16.0	18.3	20.5	23.2	25.2
11	2.60	3.05	3.82	4.57	5.58	7.58	10.3	13.7	17.3	19.7	21.9	24.7	26.8
12	3.07	3.57	4.40	5.23	6.30	8.44	11.3	14.8	18.5	21.0	23.3	26.2	28.3
13	3.57	4.11	5.01	5.89	7.04	9.30	12.3	16.0	19.8	22.4	24.7	27.7	29.8
14	4.07	4.66	5.63	6.57	7.79	10.2	13.3	17.1	21.1	23.7	26.1	29.1	31.3
15	4.60	5.23	6.26	7.26	8.55	11.0	14.3	18.2	22.3	25.0	27.5	30.6	32.8
16	5.14	5.81	6.91	7.96	9.31	11.9	15.3	19.4	23.5	26.3	28.8	32.0	34.3
17	5.70	6.41	7.56	8.67	10.1	12.8	16.3	20.5	24.8	27.6	30.2	33.4	35.7
18	6.26	7.01	8.23	9.39	10.9	13.7	17.3	21.6	26.0	28.9	31.5	34.8	37.2
19	6.84	7.63	8.91	10.1	11.7	14.6	18.3	22.7	27.2	30.1	32.9	36.2	38.6
20	7.43	8.26	9.56	10.9	12.4	15.5	19.3	23.8	28.4	31.4	34.2	37.6	40.0
21	8.03	8.90	10.3	11.6	13.2	16.3	20.3	24.9	29.6	32.7	35.5	38.9	41.4
22	8.64	9.54	11.0	12.3	14.0	17.2	21.3	26.0	30.9	33.9	36.8	40.3	42.8
23	9.26	10.2	11.7	13.1	14.8	18.1	22.3	27.1	32.0	35.2	38.1	41.3	44.2
24	9.89	10.9	12.4	13.8	15.7	19.0	23.3	28.2	33.2	36.4	39.4	43.0	45.6
25	10.5	11.5	13.1	14.6	16.5	19.9	24.3	29.3	34.4	37.7	40.6	44.3	46.9
26	11.2	12.2	13.8	15.4	17.3	20.8	25.3	30.4	35.6	38.9	41.9	45.6	48.3
27	11.8	12.9	14.6	16.2	18.1	21.7	26.3	31.5	36.7	40.1	43.2	47.0	49.6
28	12.5	13.6	15.3	16.9	18.9	22.7	27.3	32.6	37.9	41.3	44.5	48.3	51.0
29	13.1	14.3	16.0	17.7	19.8	23.6	28.3	33.7	39.1	42.6	45.7	49.6	52.3
30	13.8	15.0	16.8	18.5	20.6	24.5	29.3	34.8	40.3	43.8	47.0	50.9	53.7
40	20.7	22.2	24.4	26.5	29.1	33.7	39.3	45.6	51.8	55.8	59.3	63.7	66.8
50	28.0	29.7	32.4	34.8	37.7	42.9	49.3	56.3	63.2	67.5	71.4	76.2	79.5
60	35.5	37.5	40.5	43.2	46.5	52.3	59.3	67.0	74.4	79.1	83.3	88.4	92.0
70	43.3	45.4	48.8	51.7	55.3	61.7	69.3	77.6	85.5	90.5	95.0	100.4	104.2
80	51.2	53.5	57.2	60.4	64.3	71.1	79.3	88.1	96.6	101.9	106.6	112.3	116.3
90	59.2	61.8	65.6	69.1	73.3	80.6	89.3	98.6	107.6	113.1	118.1	124.1	128.3
100	67.3	70.1	74.2	77.9	82.4	90.1	99.3	109.1	118.5	124.3	129.6	135.8	140.2

(예: df=6이고 카이제곱의 값이 12.6일 때 오른쪽 끝의 컬러 부분의 면적은 0.05임)

[부록 6] F분포표

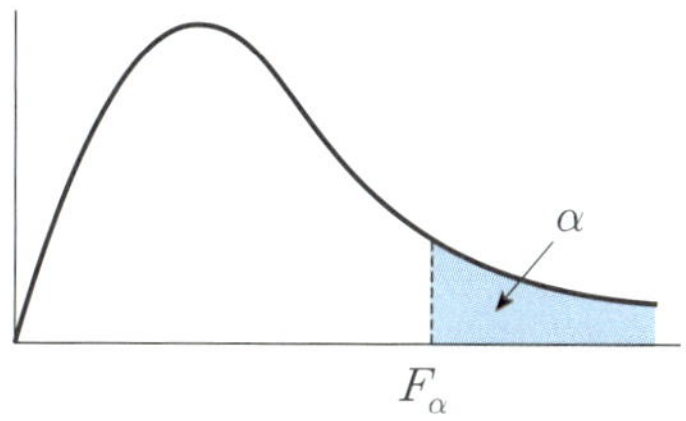

α=0.1(df_1=분자의 자유도, df_2=분모의 자유도)

df_2 \ df_1	1	2	3	4	5	6	7	8	9	10
1	39.86	49.50	53.59	55.83	57.24	58.20	58.91	59.44	59.86	60.19
2	8.53	9.00	9.16	9.24	9.29	9.33	9.35	9.37	9.38	9.39
3	5.54	5.46	5.39	5.34	5.31	5.28	5.27	5.25	5.24	5.23
4	4.54	4.32	4.19	4.11	4.05	4.01	3.98	3.95	3.94	3.92
5	4.06	3.78	3.62	3.52	3.45	3.40	3.37	3.34	3.32	3.30
6	3.78	3.46	3.29	3.18	3.11	3.05	3.01	2.98	2.96	2.94
7	3.59	3.26	3.07	2.96	2.88	2.83	2.78	2.75	2.72	2.70
8	3.46	3.11	2.92	2.81	2.73	2.67	2.62	2.59	2.56	2.50
9	3.36	3.01	2.81	2.69	2.61	2.55	2.51	2.47	2.44	2.42
10	3.29	2.92	2.73	2.61	2.52	2.46	2.41	2.38	2.35	2.32
11	3.23	2.86	2.66	2.54	2.45	2.39	2.34	2.30	2.27	2.25
12	3.18	2.81	2.61	2.48	2.39	2.33	2.28	2.24	2.21	2.19
13	3.14	2.76	2.56	2.43	2.35	2.28	2.23	2.20	2.16	2.14
14	3.10	2.73	2.52	2.39	2.31	2.24	2.19	2.15	2.12	2.10
15	3.07	2.70	2.49	2.36	2.27	2.21	2.16	2.12	2.09	2.06
16	3.05	2.67	2.46	2.33	2.24	2.18	2.13	2.09	2.06	2.03
17	3.03	2.64	2.44	2.31	2.22	2.15	2.10	2.06	2.03	2.00
18	3.01	2.62	2.42	2.29	2.20	2.13	2.08	2.04	2.00	1.98
19	2.99	2.61	2.40	2.27	2.18	2.11	2.06	2.02	1.98	1.96
20	2.97	2.59	2.38	2.25	2.16	2.09	2.04	2.00	1.96	1.94
21	2.96	2.57	2.36	2.23	2.14	2.08	2.02	1.98	1.95	1.92
22	2.95	2.56	2.35	2.22	2.13	2.06	2.01	1.97	1.93	1.90
23	2.94	2.55	2.34	2.21	2.11	2.05	1.99	1.95	1.92	1.89
24	2.93	2.54	2.33	2.19	2.10	2.04	1.98	1.94	1.91	1.88
25	2.92	2.53	2.32	2.18	2.09	2.02	1.97	1.93	1.89	1.87
26	2.91	2.52	2.31	2.17	2.08	2.01	1.96	1.92	1.88	1.86
27	2.90	2.51	2.30	2.17	2.07	2.00	1.95	1.91	1.87	1.85
28	2.89	2.50	2.29	2.16	2.06	2.00	1.94	1.90	1.87	1.84
29	2.89	2.50	2.28	2.15	2.06	1.99	1.93	1.89	1.86	1.83
30	2.88	2.49	2.28	2.14	2.05	1.98	1.93	1.88	1.85	1.82
40	2.84	2.44	2.23	2.09	2.00	1.93	1.87	1.83	1.79	1.76
60	2.79	2.39	2.18	2.04	1.95	1.87	1.82	1.77	1.74	1.71
120	2.75	2.35	2.13	1.99	1.90	1.82	1.77	1.72	1.68	1.65
∞	2.71	2.30	2.08	1.94	1.85	1.77	1.72	1.67	1.63	1.60

(예: 분자의 df_1=9이고 분모의 df_2=10이고 F값이 2.35일 때 오른쪽 끝의 컬러 부분의 면적은 0.10임)

α=0.1(df_1=분자의 자유도, df_2=분모의 자유도)

	12	15	20	24	30	40	60	120	∞
1	60.71	61.22	61.74	62.00	62.26	62.53	62.79	63.06	63.33
2	9.41	9.42	9.44	9.45	9.46	9.47	9.47	9.48	9.49
3	5.22	5.20	5.18	5.18	5.17	5.16	5.15	5.14	5.13
4	3.90	3.87	3.84	3.83	3.82	3.80	3.79	3.78	3.76
5	3.27	3.24	3.21	3.19	3.17	3.16	3.14	3.12	3.10
6	2.90	2.87	2.84	2.82	2.80	2.78	2.76	2.74	2.72
7	2.67	2.63	2.59	2.58	2.56	2.54	2.51	2.49	2.47
8	2.50	2.46	2.42	2.40	2.38	2.36	2.34	2.32	2.29
9	2.38	2.34	2.30	2.28	2.25	2.23	2.21	2.18	2.16
10	2.28	2.24	2.20	2.18	2.16	2.13	2.11	2.08	2.06
11	2.21	2.17	2.12	2.10	2.08	2.05	2.03	2.00	1.97
12	2.15	2.10	2.06	2.04	2.01	1.99	1.96	1.93	1.90
13	2.10	2.05	2.01	1.98	1.96	1.93	1.90	1.88	1.85
14	2.05	2.01	1.96	1.94	1.91	1.89	1.86	1.83	1.80
15	2.02	1.97	1.92	1.90	1.87	1.85	1.82	1.79	1.76
16	1.99	1.94	1.89	1.87	1.84	1.81	1.78	1.75	1.72
17	1.96	1.91	1.86	1.84	1.81	1.78	1.75	1.72	1.69
18	1.93	1.89	1.84	1.81	1.78	1.75	1.72	1.69	1.66
19	1.91	1.86	1.81	1.79	1.76	1.73	1.70	1.67	1.63
20	1.89	1.84	1.79	1.77	1.74	1.71	1.68	1.64	1.61
21	1.87	1.83	1.78	1.75	1.72	1.69	1.66	1.62	1.59
22	1.86	1.81	1.76	1.73	1.70	1.67	1.64	1.60	1.57
23	1.84	1.80	1.74	1.72	1.69	1.66	1.62	1.59	1.55
24	1.83	1.78	1.73	1.70	1.67	1.64	1.61	1.57	1.53
25	1.82	1.77	1.72	1.69	1.66	1.63	1.59	1.56	1.52
26	1.81	1.76	1.71	1.68	1.65	1.61	1.58	1.54	1.50
27	1.80	1.75	1.70	1.67	1.64	1.60	1.57	1.53	1.49
28	1.79	1.74	1.69	1.66	1.63	1.59	1.56	1.52	1.48
29	1.78	1.73	1.68	1.65	1.62	1.58	1.55	1.51	1.47
30	1.77	1.72	1.67	1.64	1.61	1.57	1.54	1.50	1.46
40	1.71	1.66	1.61	1.57	1.54	1.51	1.47	1.42	1.38
60	1.66	1.60	1.54	1.51	1.48	1.44	1.40	1.35	1.29
120	1.60	1.55	1.48	1.45	1.41	1.37	1.32	1.26	1.19
∞	1.55	1.49	1.42	1.38	1.34	1.30	1.24	1.17	1.00

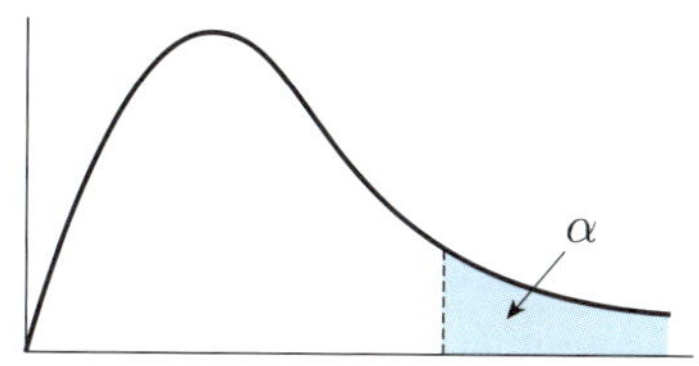

α=0.05(df_1=분자의 자유도, df_2=분모의 자유도)

df_2 \ df_1	1	2	3	4	5	6	7	8	9	10
1	161.45	199.50	215.71	224.58	230.16	233.99	238.77	238.88	240.54	241.88
2	18.51	19.00	19.16	19.25	19.30	19.33	19.35	19.37	19.38	19.40
3	10.13	9.55	9.28	9.12	9.01	8.94	8.89	8.85	8.81	8.79
4	7.71	6.94	6.59	6.39	6.26	6.16	6.09	6.04	6.00	5.96
5	6.61	5.79	5.41	5.19	5.05	4.95	4.88	4.82	4.77	4.74
6	5.99	5.14	4.76	4.53	4.39	4.28	4.21	4.15	4.10	4.06
7	5.59	4.74	4.35	4.12	3.97	3.87	3.79	3.73	3.68	3.64
8	5.53	4.46	4.07	3.84	3.69	3.58	3.50	3.44	3.39	3.35
9	5.12	4.26	3.86	3.63	3.48	3.37	3.29	3.23	3.18	3.14
10	4.96	4.10	3.71	3.48	3.33	3.22	3.14	3.07	3.02	2.98
11	4.84	3.98	3.59	3.36	3.20	3.09	3.01	2.95	2.90	2.85
12	4.75	3.89	3.49	3.26	3.11	3.00	2.91	2.85	2.80	2.75
13	4.67	3.81	3.41	3.18	3.03	2.92	2.83	2.77	2.71	2.67
14	4.60	3.74	3.34	3.11	2.96	2.85	2.76	2.70	2.65	2.60
15	4.54	3.68	3.29	3.06	2.90	2.79	2.71	2.64	2.59	2.54
16	4.49	3.63	3.24	3.01	2.85	2.74	2.66	2.59	2.54	2.49
17	4.45	3.59	3.20	2.96	2.81	2.70	2.61	2.55	2.49	2.45
18	4.41	3.55	3.16	2.93	2.77	2.66	2.58	2.51	2.46	2.41
19	4.38	3.52	3.13	2.90	2.74	2.63	2.54	2.48	2.42	2.38
20	4.35	3.49	3.10	2.87	2.71	2.60	2.51	2.45	2.39	2.35
21	4.32	3.47	3.07	2.84	2.68	2.57	2.49	2.42	2.37	2.32
22	4.30	3.44	3.05	2.82	2.66	2.55	2.46	2.40	2.34	2.30
23	4.28	3.42	3.03	2.80	2.64	2.53	2.44	2.37	2.32	2.27
24	4.26	3.40	3.01	2.78	2.62	2.51	2.42	2.36	2.30	2.25
25	4.24	3.39	2.99	2.76	2.60	2.49	2.40	2.34	2.28	2.24
26	4.23	3.37	2.98	2.74	2.59	2.47	2.39	2.32	2.27	2.22
27	4.21	3.35	2.96	2.73	2.57	2.46	2.37	2.31	2.25	2.20
28	4.20	3.34	2.95	2.71	2.56	2.45	2.36	2.29	2.24	2.19
29	4.18	3.33	2.93	2.70	2.55	2.43	2.35	2.28	2.22	2.18
30	4.17	3.32	2.92	2.69	2.53	2.42	2.33	2.27	2.21	2.16
40	4.08	3.23	2.84	2.61	2.45	2.34	2.25	2.18	2.12	2.08
60	4.00	3.15	2.76	2.53	2.37	2.25	2.17	2.10	2.04	1.99
120	3.92	3.07	2.68	2.45	2.29	2.17	2.09	2.02	1.96	1.91
3	3.84	3.00	2.60	2.37	2.21	2.10	2.01	1.94	1.88	1.83

(예: df_1=9, df_2=15이고 F값이 2.59일 때 오른쪽 끝의 컬러 부분의 면적은 0.05임)

α=0.05(df_1=분자의 자유도, df_2=분모의 자유도)

df_2 \ df_1	12	15	20	24	30	40	60	120	∞
1	242.98	245.95	248.01	249.05	250.10	251.10	252.20	253.25	254.30
2	19.41	19.43	19.45	19.45	19.46	19.48	19.48	19.49	19.50
3	8.74	8.70	8.66	8.64	8.62	8.57	8.57	8.55	8.53
4	5.91	5.86	5.80	5.77	5.75	5.72	5.69	5.66	5.63
5	4.68	4.62	4.56	4.53	4.50	4.46	4.43	4.40	4.36
6	4.00	3.94	3.87	3.84	3.81	3.77	3.74	3.70	3.67
7	3.57	3.51	3.44	3.41	3.38	3.34	3.30	3.27	3.23
8	3.28	3.22	3.15	3.12	3.08	3.04	3.01	2.97	2.93
9	3.07	3.01	2.94	2.90	2.86	2.83	2.79	2.75	2.71
10	2.91	2.85	2.77	2.74	2.70	2.66	2.62	2.58	2.54
11	2.79	2.72	2.65	2.61	2.57	2.53	2.49	2.45	2.40
12	2.69	2.62	2.54	2.51	2.47	2.43	2.38	2.34	2.30
13	2.60	2.53	2.46	2.42	2.38	2.34	2.30	2.25	2.21
14	2.53	2.46	2.39	2.35	2.31	2.27	2.22	2.18	2.13
15	2.48	2.40	2.33	2.29	2.25	2.20	2.16	2.11	2.07
16	2.42	2.35	2.28	2.24	2.19	2.15	2.11	2.06	2.01
17	2.38	2.31	2.23	2.19	2.15	2.10	2.06	2.01	1.96
18	2.34	2.27	2.19	2.15	2.11	2.06	2.02	1.97	1.92
19	2.31	2.23	2.16	2.11	2.07	2.03	1.98	1.93	1.88
20	2.28	2.20	2.12	2.08	2.04	1.99	1.95	1.90	1.84
21	2.25	2.18	2.10	2.05	2.01	1.96	1.92	1.87	1.81
22	2.23	2.15	2.07	2.03	1.98	1.94	1.89	1.84	1.78
23	2.20	2.13	2.05	2.01	1.96	1.91	1.86	1.81	1.76
24	2.18	2.11	2.03	1.98	1.94	1.89	1.84	1.79	1.73
25	2.16	2.09	2.01	1.96	1.92	1.87	1.82	1.77	1.71
26	2.15	2.07	1.99	1.95	1.90	1.85	1.80	1.75	1.69
27	2.13	2.06	1.97	1.93	1.88	1.84	1.79	1.73	1.67
28	2.12	2.04	1.96	1.91	1.87	1.82	1.77	1.71	1.65
29	2.10	2.03	1.94	1.90	1.85	1.81	1.75	1.70	1.64
30	2.09	2.01	1.93	1.89	1.84	1.79	1.74	1.68	1.62
40	2.00	1.92	1.84	1.79	1.74	1.69	1.64	1.58	1.51
60	1.92	1.84	1.75	1.70	1.65	1.59	1.53	1.47	1.39
120	1.83	1.75	1.66	1.61	1.55	1.50	1.43	1.35	1.25
∞	1.75	1.67	1.57	1.52	1.46	1.39	1.32	1.22	1.00

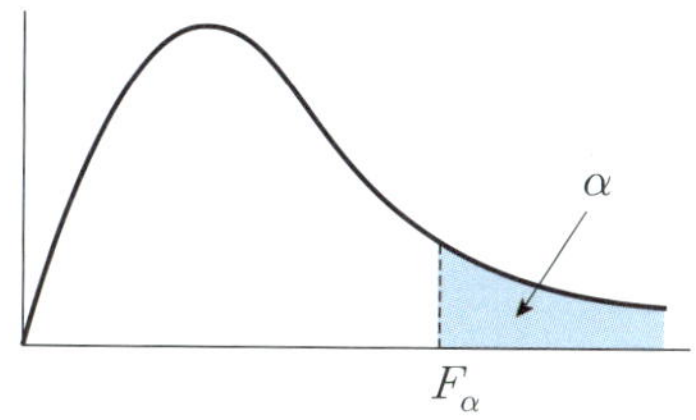

α=0.025(df_1=분자의 자유도, df_2=분모의 자유도)

df_2 \ df_1	1	2	3	4	5	6	7	8	9	10
1	647.79	799.50	864.16	899.58	921.85	937 .11	948.22	956.66	963 .28	968.63
2	38.51	39.00	39.17	39.25	39.30	30.33	39.36	39.37	39.39	39.40
3	17.44	16.04	15.44	15.10	14.88	14.73	14.62	14.54	14.47	14.42
4	12.22	10.65	9.98	9.60	9.36	9.20	9.07	8.98	8.90	8.84
5	10.01	8.43	7.76	7.39	7.15	6.98	6.85	6.76	6.68	6.62
6	8.81	7.26	6.60	6.23	5.99	5.82	5.70	5.60	5.52	5.46
7	8.07	6.54	5.89	5.52	5.29	5.12	4.99	4.90	4.82	4.76
8	7.57	6.06	5.42	5.05	4.82	4.65	4.53	4.43	4.36	4.30
9	7.21	5.71	5.08	4.72	4.48	4.32	4.20	4.10	4.03	3.96
10	6.94	5.46	4.83	4.47	4.24	4.07	3.95	3.85	3.78	3.72
11	6.72	5.26	4.63	4.28	4.04	3.88	3.76	3.66	3.59	3.53
12	6.55	5.10	4.47	4.12	3.89	3.73	3.61	3.51	3.44	3.37
13	6.41	4.97	4.35	4.00	3.77	3.60	3.48	3.39	3.31	3.25
14	6.30	4.86	4.24	3.89	3.66	3.50	3.38	3.29	3.21	3.15
15	6.20	4.77	4.15	3.80	3.58	3.41	3.29	3.20	3.12	3.06
16	6.12	4.69	4.08	3.73	3.50	3.34	3.22	3.12	3.05	2.99
17	6.04	4.62	4.01	3.66	3.44	3.28	3.16	3.06	2.98	2.92
18	5.98	4.56	3.95	3.61	3.38	3.22	3.10	3.01	2.93	2.87
19	5.92	4.51	3.90	3.56	3.33	3.17	3.05	2.96	2.88	2.82
20	5.87	4.46	3.86	3.51	3.29	3.13	3.01	2.91	2.84	2.77
21	5.83	4.42	3.82	3.48	3.25	3.09	2.97	2.87	2.80	2.73
22	5.79	4.38	3.78	3.44	3.22	3.05	2.93	2.84	2.76	2.70
23	5.75	4.35	3.75	3.41	3.18	3.02	2.90	2.81	2.73	2.67
24	5.72	4.32	3.72	3.38	3.15	2.99	2.87	2.78	2.70	2.64
25	5.69	4.29	3.69	3.35	3.13	2.97	2.85	2.75	2.68	2.61
26	5.66	4.27	3.67	3.33	3.10	2.94	2.82	2.73	2.65	2.59
27	5.63	4.24	3.65	3.31	3.08	2.92	2.80	2.71	2.63	2.57
28	5.61	4.22	3.63	3.29	3.06	2.90	2.78	2.69	2.61	2.55
29	5.59	4.20	3.61	3.27	3.04	2.88	2.76	2.67	2.59	2.53
30	5.57	4.18	3.59	3.25	3.03	2.87	2.75	2.65	2.57	2.51
40	5.42	4.05	3.46	3.13	2.90	2.74	2.62	2.53	2.45	2.39
60	5.29	3.93	3.34	3.01	2.79	2.63	2.51	2.41	2.33	2.27
120	5.15	3.80	3.23	2.89	2.67	2.52	2.39	2.30	2.22	2.16
∞	5.02	3.69	3.12	2.79	2.57	2.41	2.29	2.19	2.11	2.05

$\alpha=0.025$(df_1=분자의 자유도, df_2=분모의 자유도)

df_2 \ df_1	12	15	20	24	30	40	60	120	∞
1	976.71	984.87	993.10	997.24	1001	1006	1010	1014	1018
2	39.41	39.43	39.45	39.46	39.46	39.47	39.48	39.49	39.50
3	14.34	14.25	14.17	14.12	14.08	14.04	13.99	13.95	13.90
4	8.75	8.66	8.56	8.51	8.46	8.41	8.36	8.31	8.26
5	6.52	6.43	6.33	6.28	6.23	6.18	6.12	6.07	6.02
6	5.37	5.27	5.17	5.12	5.07	5.01	4.96	4.90	4.85
7	4.67	4.57	4.47	4.42	4.36	4.31	4.25	4.20	4.14
8	4.20	4.10	4.00	3.95	3.89	3.84	3.78	3.73	3.67
9	3.87	3.77	3.67	3.61	3.56	3.51	3.45	3.39	3.33
10	3.62	3.52	3.42	3.37	3.31	3.26	3.20	3.14	3.08
11	3.43	3.33	3.23	3.17	3.12	3.06	3.00	2.94	2.88
12	3.28	3.18	3.07	3.02	2.96	2.91	2.85	2.79	2.72
13	3.15	3.05	2.95	2.89	2.84	2.78	2.72	2.66	2.60
14	3.05	2.95	2.84	2.79	2.73	2.67	2.61	2.55	2.49
15	2.96	2.86	2.76	2.70	2.64	2.59	2.52	2.46	2.40
16	2.89	2.79	2.68	2.63	2.57	2.51	2.45	2.38	2.32
17	2.82	2.72	2.62	2.56	2.50	2.44	2.38	2.32	2.25
18	2.77	2.67	2.56	2.50	2.44	2.38	2.32	2.26	2.19
19	2.72	2.62	2.51	2.45	2.39	2.33	2.27	2.20	2.13
20	2.68	2.57	2.46	2.41	2.35	2.29	2.22	2.16	2.09
21	2.64	2.53	2.42	2.37	2.31	2.25	2.18	2.11	2.04
22	2.60	2.50	2.39	2.33	2.27	2.21	2.14	2.08	2.00
23	2.57	2.47	2.36	2.30	2.24	2.18	2.11	2.04	1.97
24	2.54	2.44	2.33	3.27	2.21	2.15	2.08	2.01	1.94
25	2.51	2.41	2.30	2.24	2.18	2.12	2.05	1.98	1.91
26	2.49	2.39	2.28	2.22	2.16	2.09	2.03	1.95	1.88
27	2.47	2.36	2.25	2.19	2.13	2.07	2.00	1.93	1.85
28	2.45	2.34	2.23	2.17	2.11	2.05	1.98	1.91	1.83
29	2.43	2.32	2.21	2.15	2.09	2.03	1.96	1.89	1.81
30	2.41	2.31	2.20	2.14	2.07	2.01	1.94	1.87	1.79
40	2.29	2.18	2.07	2.01	1.94	1.88	1.80	1.72	1.64
60	2.17	2.06	1.94	1.88	1.82	1.74	1.67	1.58	1.48
120	2.05	1.94	1.82	1.76	1.69	1.61	1.53	1.43	1.31
∞	1.94	1.83	1.71	1.64	1.57	1.48	1.39	1.27	1.00

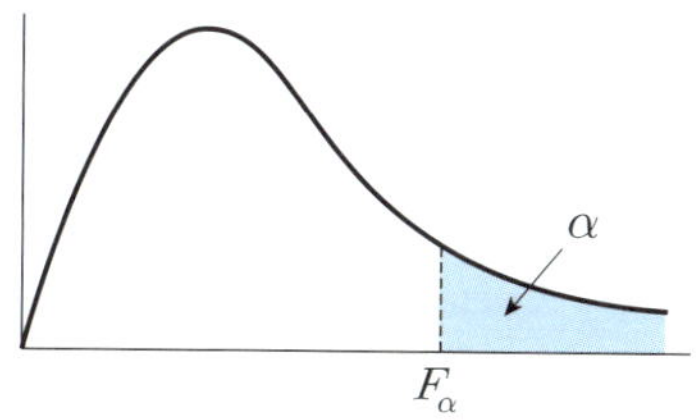

α=0.01(df_1=분자의 자유도, df_2=분모의 자유도)

df_2 \ df_1	1	2	3	4	5	6	7	8	9	10
1	4052	5000	5403	5625	5764	5859	5928	5982	6022	6056
2	98.50	99.00	99.17	99.25	99.30	99.33	99.36	99.37	99.39	99.40
3	34.12	30.82	29.46	28.71	28.24	27.91	27.67	27.49	27.35	27.23
4	21.20	18.00	16.69	15.98	15.52	15.21	14.98	14.80	14.66	14.55
5	16.26	13.27	12.06	11.39	10.97	10.67	10.46	10.29	10.16	10.05
6	13.75	10.92	9.78	9.15	8.75	8.47	8.26	8.10	7.98	7.87
7	12.25	9.55	8.45	7.85	7.46	7.19	6.99	6.84	6.72	6.62
8	11.26	8.65	7.59	7.01	6.63	6.37	6.18	6.03	5.91	5.81
9	10.56	8.02	6.99	6.42	6.06	5.80	5.61	5.47	5.35	5.26
10	10.04	7.56	6.55	5.99	5.64	5.39	5.20	5.06	4.94	4.85
11	9.65	7.21	6.22	5.67	5.32	5.07	4.89	4.74	4.63	4.54
12	9.33	6.93	5.95	5.41	5.06	4.82	4.64	4.50	4.39	4.30
13	9.07	6.70	5.74	5.21	4.86	4.62	4.44	4.30	4.19	4.10
14	8.86	6.51	5.56	5.04	4.69	4.46	4.28	4.14	4.03	3.94
15	8.68	6.36	5.42	4.89	4.56	4.32	4.14	4.00	3.89	3.80
16	8.53	6.23	5.29	4.77	4.44	4.20	4.03	3.89	3.78	3.69
17	8.40	6.11	5.18	4.67	4.34	4.10	3.93	3.79	3.68	3.59
18	8.29	6.01	5.09	4.58	4.25	4.01	3.84	3.71	3.60	3.51
19	8.18	5.93	5.01	4.50	4.17	3.94	3.77	3.63	3.52	3.43
20	8.10	5.85	4.94	4.43	4.10	3.87	3.70	3.56	3.46	3.37
21	8.02	5.78	4.87	4.37	4.04	3.81	3.64	3.51	3.40	3.31
22	7.95	5.72	4.82	4.31	3.99	3.76	3.59	3.45	3.35	3.26
23	7.88	5.66	4.76	4.26	3.94	3.71	3.54	3.41	3.30	3.21
24	7.82	5.61	4.72	4.22	3.90	3.67	3.50	3.36	3.26	3.17
25	7.77	5.57	4.68	4.18	3.85	3.63	3.46	3.32	3.22	3.13
26	7.72	5.53	4.64	4.14	3.82	3.59	3.42	3.29	3.18	3.09
27	7.68	5.49	4.60	4.11	3.78	3.56	3.39	3.26	3.15	2.06
28	7.64	5.45	4.57	4.07	3.75	3.53	3.36	3.23	3.12	2.03
29	7.60	5.42	4.54	4.04	3.73	3.50	3.33	3.20	3.09	3.00
30	7.56	5.39	4.51	4.02	3.70	3.47	3.30	3.17	3.07	2.98
40	7.31	5.18	4.31	3.83	3.51	3.29	3.12	2.99	2.89	2.80
60	7.08	4.98	4.13	3.65	3.34	3.12	2.95	2.82	2.72	2.63
120	6.85	4.79	3.95	3.48	3.17	2.96	2.79	2.66	2.56	2.47
∞	6.63	4.61	3.78	3.32	3.02	2.80	2.64	2.51	2.41	2.32

df_2 \ df_1	12	15	20	24	30	40	60	120	∞
1	6106	6157	6209	6235	6261	6287	6313	6339	6366
2	99.42	99.43	99.45	99.46	99.47	99.47	99.48	99.49	99.50
3	27.05	26.87	26.69	26.60	26.50	26.41	26.32	26.22	26.13
4	14.37	14.20	14.02	13.93	13.84	13.75	13.65	13.56	13.46
5	9.89	9.72	9.55	9.47	9.38	9.29	9.20	9.11	9.02
6	7.72	7.56	7.40	7.31	7.23	7.14	7.06	6.97	6.88
7	6.47	6.31	6.16	6.07	5.99	5.91	5.82	5.74	5.65
8	5.67	5.52	5.36	5.28	5.20	5.12	5.03	4.95	4.86
9	5.11	4.96	4.81	4.73	4.65	4.57	4.48	4.40	4.31
10	4.71	4.56	4.41	4.33	4.25	4.17	4.08	4.00	3.91
11	4.40	4.25	4.10	4.02	3.94	3.86	3.78	3.69	3.60
12	4.16	4.01	3.86	3.78	3.70	3.62	3.54	3.45	3.36
13	3.96	3.82	3.66	3.59	3.51	3.43	3.34	3.25	3.17
14	3.80	3.66	3.51	3.43	3.35	3.27	3.18	3.09	3.00
15	3.67	3.52	3.37	3.29	3.21	3.13	3.05	2.96	2.87
16	3.55	3.41	3.26	3.18	3.10	3.02	2.93	2.84	2.75
17	3.46	3.31	3.16	3.08	3.00	2.92	2.83	2.75	2.65
18	3.37	3.23	3.08	3.00	2.92	2.84	2.75	2.66	2.57
19	3.30	3.15	3.00	2.92	2.84	2.76	2.67	2.58	2.49
20	3.23	3.09	2.94	2.86	2.78	2.69	2.61	2.52	2.42
21	3.17	3.03	2.88	2.80	2.72	2.64	2.55	2.46	2.36
22	3.12	2.98	2.83	2.75	2.67	2.58	2.50	2.40	2.31
23	3.07	2.93	2.78	2.70	2.62	2.54	2.45	2.35	2.26
24	3.03	2.89	2.74	2.66	2.58	2.49	2.40	2.31	2.21
25	2.99	2.85	2.70	2.62	2.54	2.45	2.36	2.27	2.17
26	2.96	2.81	2.66	2.58	2.50	2.42	2.33	2.23	2.13
27	2.93	2.78	2.63	2.55	2.47	2.38	2.29	2.20	2.10
28	2.90	2.75	2.60	2.52	2.44	2.35	2.26	2.17	2.06
29	2.87	2.73	2.57	2.49	2.41	2.33	2.23	2.14	2.03
30	2.84	2.70	2.55	2.47	2.39	2.30	2.21	2.11	2.01
40	2.66	2.52	2.37	2.29	2.20	2.11	2.02	1.92	1.80
60	2.50	2.35	2.20	2.12	2.03	1.94	1.84	1.73	1.60
120	2.34	2.19	2.03	1.95	1.86	1.76	1.66	1.53	1.38
∞	2.18	2.04	1.88	1.79	1.70	1.59	1.47	1.32	1.00

| 찾아보기 |

| 저자약력 |

전병찬

동국대학교 경영학과 학사
고려대학교 대학원 경영학석사
고려대학교 대학원 경영학박사
현, 강남대학교 경영학부 교수

이성근

고려대학교 영문학과 학사
고려대학교 대학원 경영학석사
고려대학교 대학원 경영학박사
고려대학교 대학원 통계학박사
현, 성신여자대학교 경영학과 교수

R을 활용한 통계학

2022년 3월 5일 1판 1쇄 인쇄
2022년 3월 10일 1판 1쇄 발행

저 자 | 전병찬 이성근
발 행 인 | 이수영
발 행 처 | 도서출판 청람
서울시 마포구 독막로 288(대흥동, 세양상가 109호)
전 화 | 02) 3272－2601~2
팩 스 | 02) 3272－2603
홈페이지 | http://www.crbooks.co.kr
이 메 일 | crbooks@daum.net
등 록 | 2000년 8월 26일 제6－0509호

ISBN 978-89-5972-866-4 93320 [정가 28,000원]